# 城乡规划管理

## ——法规、实务和案例

边经卫　编著

**Management of the Urban and Rural Planning: Regulations, Practices and Cases**

中国建筑工业出版社

图书在版编目（CIP）数据

城乡规划管理——法规、实务和案例 / 边经卫编著 . — 北京：
中国建筑工业出版社，2014.11
ISBN 978-7-112-17487-4

Ⅰ.①城… Ⅱ.①边… Ⅲ.①城乡规划 — 管理 — 中
国 Ⅳ.①TU984.2

中国版本图书馆CIP数据核字（2014）第260264号

本书是一本集城乡规划管理法规、实务和案例为一体的实用性图书。

本书的编写以法规政策为统领，以依法行政为平台，以规划技术为基础，扼要地介绍了城乡规划管理的基础知识；结合《城乡规划法》对规划管理的各个环节，以规划管理实务的形式对法规进行了详解，使实务与法规紧密结合；最后以一个实际的规划管理案例，对规划管理的主要工作环节和权力运行机制进行了解读。

本书分上、中、下三篇，分别为基础知识、法规与实务、案例解读，是一本以城乡规划管理与法制保障相结合，实操性极强的规划管理书籍。本书可作为高等院校城乡规划学专业教材，也可供城乡规划管理工作者及相关专业技术人员参考。

责任编辑：吴宇江
责任校对：陈晶晶　张　颖

城乡规划管理——法规、实务和案例
边经卫　编著
*
中国建筑工业出版社出版、发行（北京西郊百万庄）
各地新华书店、建筑书店经销
北京京点图文设计有限公司制版
北京建筑工业印刷厂印刷
*
开本：787×1092毫米　1/16　印张：22¾　字数：508千字
2015年3月第一版　2020年7月第五次印刷
定价：88.00元
ISBN 978-7-112-17487-4
（35583）

# 前　言

最近，习近平总书记强调要“把权力关进制度的笼子里”。这句话很形象，也很耐人寻味，理解其中的深刻含义：权力必须在法律法规的框架内行使，权力行使必须受到制约和监督。

城乡规划管理也是如此，如何把规划的权力关进制度的笼子里，必须增强规划管理的法治意识。一是权力是赋予的。规划管理手中的权力是通过一定的法定形式授予的，权力依法授予，权力也必须依法行使。二是权力是有边界的。权力是有限的，规划管理在行使权力过程中，必须清楚哪些权力可以行使，哪些权力不可以行使。三是权力运行是有程序的。在权力行使中，必须以程序的合理来保障结果的合理。四是权力运行必须是阳光的。权力运行越公开，越透明，越阳光，质疑就越少，反之，则越大。五是权力行使必须受监督。人民在赋予权力的同时，也掌握着对权力的监督。作为规划管理工作者，必须清醒认识到不受监督的权力必然产生腐败，必须自觉把权力置于法律和制度的框架下行使。

基于以上的思考，本书打破了以往城乡规划管理书籍的一般性写法，在编写过程中始终将法规、实务和案例三者紧密结合，减少一些不完全相关的内容，集中体现了城乡规划的依法管理、制度管理和阳光管理，建立权力运行的制约机制。在上篇的基础知识中，仅包括规划管理必要的基础知识、法制建设和依法行政三部分内容。中篇的法规与实务，以《中华人民共和国城乡规划法》相对应，分为城乡规划总则、城乡规划的制定、城乡规划的实施、城乡规划的修改、城乡规划的监督检查和违反城乡规划的法律责任等6个主要章节。为便于理解，以规划实务贯穿于各章节之中，并提出了城乡规划管理的法制保障要求。下篇以厦门市规划管理为例进行案例解读，使读者通过对实际案例的阅读，加强对城乡规划管理的实操性把握。最后一章以走向法治化的城乡规划管理作为本书结尾，其目的是实现城乡规划管理的法治化决策。

本书最后附有《中华人民共和国城乡规划法》、《福建省实施〈中华人民共和国城乡规划法〉办法》和《厦门市城乡规划条例》3部法规，供读者学习查阅。

由于作者水平有限，书中缺点、错误在所难免，恳请读者批评、指正。

**边经卫**

2014年5月于厦门

# 目　录

## 上篇　基础知识



## 中篇　法规与实务

## 下篇　案例解读——以厦门市规划管理为例

# 上篇　基础知识

# 第一章 城乡规划管理基础知识

2008年1月1日《中华人民共和国城乡规划法》的施行，标志着我国城乡规划管理工作进入了一个新的历史阶段。我国在实行社会主义市场经济体制的进程中，城乡规划管理越来越显示出它的重要性，同时也面临许多新的问题，如城乡二元分治，规划体系法律地位缺失，重技术管制轻依法管理，监督机制不完善和规划严肃性不足等。城市是由各种不同功能的物质要素构成的复杂、动态、关联的大系统，通过城乡规划使各种物质要素形成合理的布局结构，才能发挥系统的最大效益，如何编制好、实施好城乡规划，则需要城乡规划管理给予组织、控制、引导和监督。

## 第一节 城乡规划管理概述

城乡规划管理是一项行政管理工作，近年来，伴随着我国经济社会的发展，依法治国理念的提出，要求我国在城乡规划管理领域实施依法行政，城乡规划管理逐步走向法治化、科学化和标准化的轨道。在新的形势下，按照科学管理和依法行政的原则，对于城乡规划管理工作进行规范是十分必要的，而这一切应该是建立在对城乡规划管理相关知识的认识之上。

### 一、城乡规划管理的概念

城乡规划管理是行政管理的一个工作领域，属于行政管理的范畴。在国外，行政管理也称公共管理。要深入理解城乡规划管理的含义，还需要理解管理、行政管理等相关概念。

（一）管理

我国古代把开锁的钥匙称为管，《左传·僖公三十二年》中就有“郑人使我掌其北门之管”的说法。所谓管理，从字面上理解是管辖和治理的意思，主其事为管，治其事为理。在英语中，管理（management）是指驾驭的技术。这个词被美国人最早用于管理学中。管理是人类社会基本活动之一，是人类社会中普遍存在的现象。历史上，许多管理学家从不同角度对管理下过不同的定义。近年来，我国出版的许多管理学著作，对管理的含义也有许多大同小异的解释。我们认为，管理的概念可以作如下表述：管理是社会组织为了实现预期的目标，以人为中心进行的协调。这一表述包括了以下几个方面的含义：

（1）管理的目的是为了实现预期的目标。世界上既不存在无目标的管理，也不可能实现无管理的目标。

（2）管理的本质是协调。协调就是使个人的努力与集体的预期目标相一致。

（3）协调必定产生在社会组织之中。组织中各成员之间会出现意见和行动的不一致，协调就成为社会组织不可少的活动。

（4）协调的中心是人。在任何组织中都存在人与人、人与物的关系，但人与物的关系最终仍表现为人与人的关系，因为任何资源的分配也都是以人为中心的。人的信仰、文化背景、价值观、利益需求、精神状态等都会对协调活动产生重大影响。

（5）协调的方法是多样的，需要理论、经验，也需要专门的技术。

（二）行政管理

行政管理与行政是一回事。行政是随着国家的产生而产生的，是国家的一种基本职能形态。在我国古代，行政是指执掌政务、推行政令的意思。在西方，一般把行政理解为国家事务的管理活动。《中国百科大辞典》解释为："行政"指的是一定的社会组织，在其活动过程中所进行的各种组织、控制、协调、监督等特定手段发生作用的活动的总称。首先，它属于国家的范围，即属于公务，不是其他社会组织和个人的任务；其次，也不是一切国家权力都是行政权力，只有行政机关或者政府的权力才是行政权力。它有别于议会的立法权和司法机关的检察和审判权；第三，行政权属于"执行权"，它是按照法律规定的权限和程序去行使国家职能从而实施的法律的行为。行政管理是面向社会、服务大众的管理活动。这种管理活动首先和主要地是由在任何社会中都是最大和最具权威性的公共组织——政府来承担和完成的。从这一意义上说，行政管理就是政府管理，行政管理学是研究政府的管理活动及其规律的科学。

（三）城乡规划管理

根据《城乡规划基本术语标准》(GB/T 50280—98)，城乡规划管理应解释为：组织编制和审批城乡规划，并依法对城市土地的使用和各项建设的安排实施控制、引导和监督的行政管理活动。对于城乡规划管理概念的理解，必须把握以下 4 点：

（1）城乡规划管理是一项行政管理工作，是城市政府的职能之一。城乡规划管理部门是城市政府的一个工作部门，在城市政府领导下开展工作。

（2）城乡规划管理的目的是为了促进城乡经济、社会、环境的全面、协调和可持续发展，体现了社会公众利益。城乡规划管理不存在部门的利益。

（3）城乡规划管理必须依法行政。即依据国家法律、法规，运用国家法定的权力实施管理，正确地行使管理职权，不能随心所欲地进行管理。

（4）城乡规划管理有其特定的工作范畴。即依法制定城乡规划并对规划区内的土地使用和各项建设活动实行规划管理。

## 二、城乡规划管理的性质

任何管理都具有自然属性和社会属性的双重属性，城乡规划管理也不例外。

（一）城乡规划管理的自然属性

首先，城乡规划管理是城市建设活动的客观需要。一个城市的建设包罗万象，既有为满足市民生活需要的住宅、商场、学校、医院等的建设，又有满足城市社会经济生活需要的办公楼、展览馆、运动场、剧场、工厂、仓库、码头、车站等的建设。如果没有城乡规划管理，一切建设活动就要发生混乱，都不可能正常进行。正如马克思在《资本论》中所说："一个单独的提琴手是自己指挥自己，一个乐队就需要一个乐队指挥。"可见，城乡规划管理相对应一个乐队的指挥，需要协调城市建设活动的方方面面。其次，城乡规划管理也是生产力。任何社会的生产力是否发达，都取决于它所拥有的各种经济资源及生产要素是否做到有效的利用。城市对于经济发展的聚集效应，不是取决于各种经济资源和生产要素的简单堆砌，而是取决于它们在空间上的优化配置，而这正是制定和实施城乡规划的目的，即城乡规划管理应发挥的作用。再次，城乡规划管理的成败，与任何管理一样，决定于是否尊重、遵循事物发展的客观规律。以上这些都是不以人的意志为转移的，也不因国家制度和意识形态的不同而有所改变。它完全是客观存在的，故称之为自然属性。

（二）城乡规划管理的社会属性

在人类漫长的历史中，管理从来就是为统治阶级、生产资料占有者服务的。管理是一定社会生产关系的反映。社会制度、经济发展、文化背景、科技进步等都对管理产生莫大影响，城乡规划管理也不例外，不同的社会制度和经济发展水平，城乡规划管理不尽相同。一部管理思想史折射着社会、经济发展的变化。我国改革开放以来，城市社会、经济发展出现了许多新情况、新问题，例如土地使用制度改革、住房制度改革、城市建设投资主体的多元化、房地产业的兴起等等。社会、经济的变化促使城乡规划管理从管理的观念、模式到方法都需要相应改革，与时俱进。社会主义是一个发展过程，当它尚处于初级阶段时，由于封建主义、资本主义意识形态的影响，总要在管理实践中不同程度地表现出来。城乡规划管理也和整个社会一样，总要经过一定的历史阶段，才能逐步发展成熟。可见，社会的发展促进了管理的发展，管理必须适应社会发展的需要。

## 三、城乡规划管理的特征

城乡规划管理属于行政管理范畴，又是一项城乡规划工作。城乡规划管理的特征是由行政管理和城乡规划的特点所决定的。我国已处于由计划经济向社会主义市场经济转型的时期，城乡规划管理具有时代的特征。择其要者，城乡规划管理具有以下基本特征。

（一）综合性

城乡规划管理的综合性，是由于城市这个有机综合体具有多功能、多层次、多因素和错综复杂、动态关联的本质所决定的。城乡规划管理与城市政府其他方面的行政管理，诸如土地管理、环境保护管理、交通管理、文物保护管理、公共卫生管理和绿化管理等相互联系，共同构成了城市政府行政管理的脉络。城乡规划的制定和实施涉及土地的利用和各项建设的综合安排，因其区位和性质的不同，会涉及相关行政管理部门的要求。再者，每一项城市建设工程与城市的其他相关的建设工程存在着千丝万缕的关系。例如，对环境有污染的工业建设工程与对环境要求较高的高新技术建设工程不能相互干扰；建筑工程的建设与使用又与相关的水、电、通信等市政设施有密切关系；市政道路建设与市政管线建设相关；各类市政管线建设又需要综合平衡等等。这些情况说明城乡规划管理是一项综合性的管理。

认识城乡规划管理的综合性的目的是：城乡规划要运用系统方法进行综合管理，系统分析，综合平衡，妥善协调有关问题。

（二）科学性

现代城乡规划是伴随着工业化、城市化的发展而产生的一门新兴学科，是一门探索城市建设和发展规律的学科。由此决定了城乡规划管理具有很强的科学性。具体表现在，一是城市的发展受到社会、经济发展和自然地理条件的制约，城乡规划管理必须根据不同的环境条件，认识和探索城市发展的规律。二是城市建设的多样性、综合性涉及社会、经济、工程、建筑，生态，景观等多学科内容，城乡规划管理必须全面认识各项建设之间的相互关系，深入探讨其内在联系，从中探索城市建设的规律。三是要充分认识社会主义市场经济转型期出现的新情况、新问题，并依照社会主义市场经济发展规律的要求，不断地改革和调整管理方式。城乡规划管理只有尊重科学，尊重城市发展的客观规律，才能保障城乡协调、有序和可持续发展。一切违反科学客观规律的城乡规划决策行为，必将造成难以挽回的后果。

认识城乡规划管理具有科学性的目的是：城乡规划管理人员必须具备广泛的科学知识，管理行为必须尊重知识、尊重科学。要不断认识和把握不同地域城市的发展规律，各项建设事业的发展规律和管理活动本身的客观规律，并按照客观规律的要求组织有效的管理。

（三）法治性

依法治国是我国的治国方略。依法行政是依法治国的核心。现代国家的行政管理，就是依法运用法定的国家权力，管理国家事务和社会事务的活动。城乡规划管理的法治性，首先是由城乡规划管理是一项行政管理活动所决定的；其次是由城乡规划的制定、实施必须反映公众利益这一基本要求所决定的，因为只有通过法的形式把反映社会公众利益的相关内容固定下来，使其成为城乡规划管理的准则和依据，才可能促使其实现；再次是由城乡规划管理综合性的特点所决定的，在城乡规划制定和实施过程中需要综合协调、平衡相关方面的关系，在社会主义市场经济条件下，这种相互关系表现为利益关系，只有通过法定的形式进行调整，才能奏效。

加强法制建设并依法行政是对城乡规划管理的必然要求。城乡规划管理对所管理的事务必须以有关法律为依据，并承担相应的法律责任。城乡规划管理人员必须严格按照有关法律规定行事，并自觉接受法制监督，不断提高依法行政的水平。

（四）服务性

我国宪法规定了我国是人民民主专政的国家性质，决定了我国只有人民才是国家和社会的主人。一切权力属于人民，一切从人民的利益出发，是我国行政管理制度的核心内容和根本准则，对于城乡规划管理亦然。城乡规划的编制是对城乡未来社会、经济发展的空间安排，保障城市社会、经济和环境在城市空间中的协调和可持续发展，体现人民群众的根本利益。城乡规划的实施管理面对的是一项项具体的建设工程，这些建设工程的安排，既影响社会、经济的发展，又影响到城乡空间的合理发展，还涉及周围相关方面的合法权益。严肃认真地实施城乡规划，正确处理局部与整体，近期与远期，城市建设与历史文化遗产保护等的关系，妥善协调相关方面的矛盾，促进社会、经济的协调发展，维护公共利益，保护相关方面的合法权益是城乡规划管理的重要工作职责。在城乡规划管理活动中，为了保护公共利益而采取的相关的控制措施，是一种积极的制约。其目的也是使相关建设不致影响人民的根本的、长远的利益，制约也是为了更好地服务。

城乡规划管理人员要全心全意地为人民服务。在城乡规划管理活动中实行政务公开，提倡公众参与，接受公众监督，维护人民群众的利益。在管理中，要正确处理服务与制约的关系，强调服务为先，管在其中。

（五）政策性

社会、经济的发展是一个漫长的历史过程。城市作为社会、经济发展的载体，其形成和发展也是一个漫长的历史过程。城乡规划是为了实现一定时期的社会、经济和环境发展的目标而制定的城乡空间发展计划。城乡规划管理作为政府的一项职能，要体现政府对社会、经济和环境发展的意图。城乡规划实施的时间、空间跨度很大。由于社会、经济和环境发展的动态变化，政府会适时地制定相关政策加以指导。这些政策有些具有长效性，有些具有阶段性。城乡规划的编制与实施需要贯彻执行这些政策。

城乡规划管理人员应当充分认识城市建设与发展是一个动态的过程，应该根据社会、经济和环境的发展需要适时地依法编制或修编城乡规划，正确处理近期规划与远期发展的关系，使城市建设用地的安排和各项建设行为既不妨碍城市远期发展目标，又能适应近期社会、经济和环境建设的需要。

（六）地方性

由于城市社会、经济发展的不平衡性，决定了各个城市的发展速度、规模和建设的内容不尽一致。例如经济发达地区城市化进程较快，其中有些地区形成了城市连绵地区；有些经济发展滞后的地区，城市建设规模不大，速度不快。又如有些历史悠久的城市，历史文化遗产比较丰富，而新兴城市则相对较少。另外，各城市所在地区的自然地理条件不同，历史文化传统的不一，也造成城市发展形态各异，城市建筑精彩纷呈，城市建设的要求也不一样。处于寒带和温带的城市，居住建筑日照要求较高，处于热带的城市居住建筑并无日照要求，更多地强调通风良好，山地城市与平原城市也有不同的建设要求。因此，城乡规划的编制和实施必须适应各地方的不同特点和要求，不能千篇一律。

城乡规划管理必须适应地方特点，要不断研究探索本地城市的发展规律，要因地制宜地进行管理；要根据本地具体情况，实事求是地借鉴外来经验，切忌千篇一律地生搬硬套。

城乡规划和建设要反映地方特色，切实保护反映地方特点的自然景观和历史文化遗产。

## 四、学习《城乡规划管理》的意义

城乡规划管理在我国城市现代化建设中具有重要的地位和作用。城乡规划管理是城乡规划学科一个重要的组成部分。国务院学位委员会、教育部2011年公布了新的《学位授予和人才培养学科目录（2011年）》，新目录增加了“城乡规划学”一级学科，属于工学(专业代码0833)。同时，明确城乡规划学学科可归属的二级学科包括以下6个学科方向：①区域发展与规划；②城乡规划与设计；③住房与社区建设规划；④城乡发展历史与遗产保护规划；⑤城乡生态环境与基础设施规划；⑥城乡规划管理。城乡规划管理为城乡规划学的6个学科方向之一，因此加强对城乡规划管理理论与实务知识的学习具有十分重要意义。

（一）适应新时期工作任务的需要

改革开放以来，各项建设蓬勃发展，城市化进程加快，城市旧区更新改造规模扩大，加快编制城乡规划并对城市各项建设实施规划管理成为城乡规划工作的繁重任务。1997年，党的十五大明确宣告了“依法治国，建设社会主义法治国家”的治国方略，并载入了我国《宪法》。依法行政是依法治国的核心，是对城乡规划管理的要求。现代化城市建设的新形势，对城乡规划管理提出了法治化、科学化、现代化的新要求。新中国成立以来，我国城乡规划管理工作，积累了丰富的经验。但是，从总体上说，我国现行的城乡规划管理体制、机制和法制还不完善。从行政组织上看，城乡规划管理机构的设置还不健全，人员编制严重不足，管理效率不高。从管理制度上看，城乡规划编制体系和管理方式还有待深入改革。城乡规划的实施机制尚未真正形成，仅仅依靠城乡规划管理部门单枪匹马的操作，工作非常被动。城乡规划法律规范体系尚处在逐步完善之中，很多城乡规划管理应该规范的对象和内容，还无法可依；某些现行法律规范，还需要根据社会主义市场经济的运行要求进行修改。从思想观念上看，官本位的思想还有广泛的市场，以言代法，个人说了算，对于城乡规划管理的地位和作用，缺乏正确的认识。对于城乡规划管理为什么管？管什么？怎么管？在总体上若明若暗等等。上述问题的存在，难以应付城乡规划管理繁重而复杂的工作任务，必须进行改革。改革要有理论准备和思想基础，学习和研究《城乡规划管理》将在这方面起着重要的作用。

（二）城乡规划学科发展的需要

以1898年霍华德提出的“田园城市”为标志的现代城乡规划理论，经历了一个多世纪的发展，日趋丰富，城乡规划已经成为一门独立的学科。一个城市的发展规划是指导城市未来5年、10年甚至20年发展的。科学地编制好这样一个城乡规划，需要对城市社会经济发展形势进行深入分析，需要对城市所在区位及现状进行调查研究，需要有城乡规划理论的指导。这就决定了构成城乡规划学科的知识内容是十分广泛的。组织编制和实施城乡规划是一项涉及面广且又十分复杂的行政管理工作。城乡规划的组织编制—编制—审批—实施—实施监督检查是一条连续的完整的工作链。任何一个环节上的失误，都是城乡规划工作的失误。多年来的实践证明，城乡规划的编制不当对城市发展会造成难以挽回的损失，这就要求城乡规划管理工作需要科学的组织和慎重的决策。而城乡规划实施方面的失误，也会对城市发展造成更直接的损失。因此，就有了“三分规划，七分管理”的说法。城乡规划工作的实践，要求城乡规划学科的发展必须重视城乡规划管理理论知识的充实和提高。当今世界，社会经济的发展，需要借助于科学技术和管理所产生的巨大无比的力量。即使科学技术的发展，也离不开管理。美国学者在总结阿波罗火箭送宇航员登陆月球的经验时曾说过，与其说这是科学技术的成功，倒不如说这是系统管理的成功。所以说，科学技术和管理是推动社会进步和经济发展的两个轮子，缺一不可。这里所说的管理，当然也包括城乡规划管理。城乡规划管理既具有行政管理的一般共性，又具有城乡规划学科的特点。城乡规划学科建设必须充实城乡规划管理的理论知识。凡是有志于从事城乡规划事业的人员，必须重视城乡规划管理的学习和研究。

学习城乡规划法制的根本目的，在于了解中国城乡规划法制建设的历程，掌握城乡规划法规体系构成与框架，从而依靠法律的权威，运用法律的手段，使各级政府能够对城乡发展建设更加有效地依法行使规划、建设、管理的职能，做到城乡规划管理的依法行政。保证科学、合理地制定和实施城乡规划，统筹城乡建设和发展，实现我国城乡的经济和社会发展目标，走具有中国特色的新型城镇化道路和新农村建设，从而推动我国城乡经济社会全面、协调、可持续发展。

## 第二节　城乡规划管理的系统、环境与方法

系统理论的发展为我们打开了认识世界的新窗口。以系统论的观点认识管理，任何管理都是对一个系统的管理，任何管理自身都构成一个系统。城乡规划管理是一个系统，其管理内容由若干工作系统组成，这些工作系统互相联系、互相影响。城乡规划管理系统由若干要素形成整体结构。城乡规划管理系统与外界环境即外部系统时刻发生联系，形成动态关联的更高层次的大系统。

### 一、城乡规划管理的系统构成

城乡规划编制、审批、实施和监督检查是一个实践过程。经批准的城乡规划，通过城乡各项建设来实施，并检查实施情况。把城乡规划管理作为一个系统来分析，如果将城乡规划的组织编制与审批管理作为决策系统，城乡规划实施管理则是执行系统，城乡规划实施监督检查则是反馈系统，三者构成城乡规划管理系统的大环境。为了保证这个大系统的顺利运行，还需要有城乡规划法律规范加以保障，即保障系统。

（一）决策系统

城乡规划组织编制和审批管理是规划管理决策工作，主要负责制定城乡规划。城乡规

划编制和审批必须是连续的过程，组织编制管理是制定城乡规划的前期管理工作，审批管理是后期管理工作。为了保证城乡规划的编制质量，还需要对城乡规划设计单位进行资格管理工作，这三者是互相联系的。决策系统不同于普通的作出决定，而是科学地、动态地进行系统管理。

（二）执行系统

城乡规划实施管理是规划执行工作，主要包括对建筑工程、道路交通工程、管线工程、村镇建设工程进行建设项目选址、建设用地、建设工程规划管理，即“一书三证”管理工作。实施系统是落实决策系统指令的具体工作环节，直接影响到城乡规划的具体落实。

（三）反馈系统

城乡规划实施的监督检查是规划管理反馈工作。它主要负责建设工程规划批后管理和查处违法用地、违法建设等管理工作。它的工作任务不仅是就事论事的检查、处理，还需要将检查中发现的问题向决策系统、执行系统反馈。反馈系统的存在是由于城乡建设本身就是一项动态的活动存在诸多可变的因素，行政管理机构必须及时地掌握各类信息以保障建设活动的合法性。

（四）保障系统

城乡规划管理系统运行保障条件很多，诸如组织、人员、体制、法制等。其中法制保障尤其重要，城乡规划法律法规、相关法律法规、行政规章的制定与实施是法制保障的基础。

上述 4 个系统互相联系、互相影响，形成一种网络状态，如图 1-1 所示。

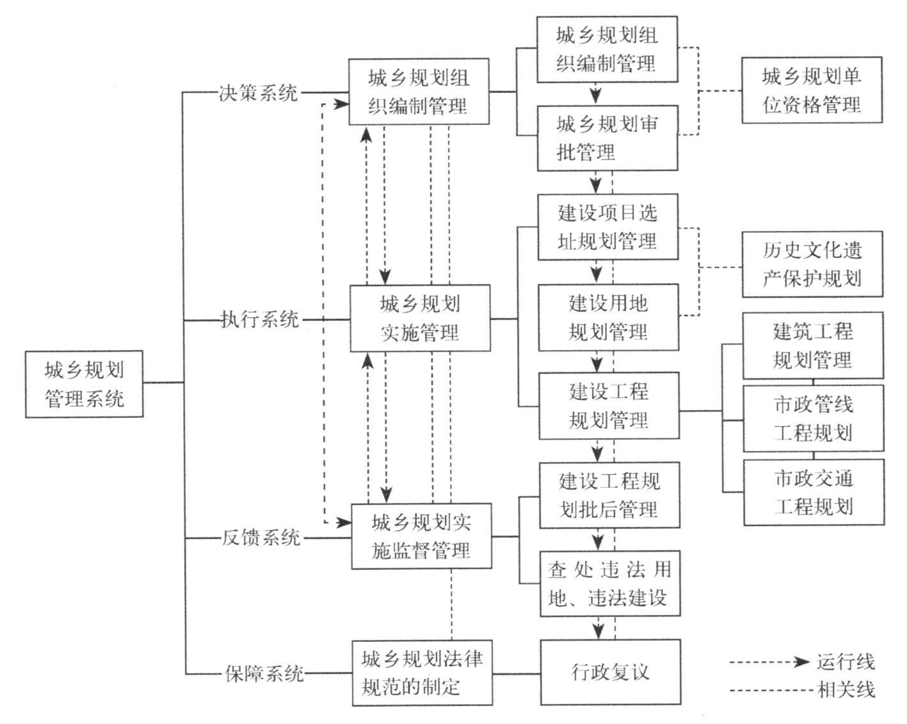


图 1-1　城乡规划管理系统构成及关系

## 二、城乡规划管理的构成要素

城乡规划管理是一项有组织的、有目的的社会活动。它是管理人员通过一定的管理中介手段，规范管理对象，作用于被管理者，以实现管理的目标。规划管理活动的构成要素包括：管理目标、管理人员、管理对象、行政管理相对人、管理中介 5 项要素。

（一）管理目标

城乡规划管理目标实际上是一种状态。即通过管理努力争取并期望达到的城乡未来的理想状态。管理目标的实施是个转化的过程。

规划管理作为一项城乡政府行政管理职能，其管理目标是维护和健全社会主义法制，保障城乡建设公共利益，保护城乡相关方面的合法权益。规划管理又是一项专业技术行政管理工作，它以制定并实施城乡规划，促进经济、社会和环境在城乡空间上的协调、可持续发展作为专业管理目标。

（二）管理人员

任何管理都与管理人员密切相关。管理的水平与成败在相当大的程度上取决于管理人员的素质及其努力程度。管理人员是一个组织管理活动的执行者和组织者。规划管理人员在规划管理部门扮演的角色和所起的作用是多方面的。不同层次的管理人员扮演着不同的角色，起着不同的作用。就基层规划管理人员所扮演的角色和所起的作用讲，一是人际关系方面：规划管理人员是政府代表，又是联络员的角色，联系内外、上下、横向之间关系；二是信息沟通方面：扮演信息传播的角色，发挥上情下达、下情上达的作用；三是决策方面：扮演矛盾处理者角色，发挥组织、协调作用；又是谈判者，发挥影响和引导作用；还在某种程度上参与决策，发挥参谋作用。

从城乡规划管理工作职能要求以及城乡规划事业发展要求来看，城乡规划管理人员必须具备良好的职业道德，合理的知识结构和较强的工作能力。

（三）管理对象

管理对象是管理的客体。城乡规划管理的对象是城乡规划区内土地的使用和各项建设活动。在城乡规划管理中所审核的城乡规划图纸和建设工程图纸，都是土地使用和各项建设活动在图纸上的反映。再进一步分析，这些用地或者建设工程是整个城乡的一部分。它们对城乡的发展都产生一定影响。从这一层意义上认识，城乡本身也是规划管理的对象。不过，前者是直接的、微观的、显性的，后者则是间接的、宏观的、隐性的。

（四）规划管理相对人

规划管理相对人是规划管理系统中受着某种控制的管理相对方，又是其所在单位的代表，同样具有积极主动性，能够反作用于规划管理人员。对于规划管理的意见，既可以欣然接受，坚决执行；也可能充耳不闻、消极对待；甚至可以要求、迫使规划管理人员改变管理决策。就是接受管理意见时，他也可以选择有利于自己愿望的途径和结果。这就要求规划管理活动不仅要充分发挥规划管理人员的主观能动性，也要通过各种方法与管理对象的代表人统一思想，发挥他们的主观能动作用，使每一个管理项目符合规划管理的目标要求。这种以人为中心的管理，是当代管理发展的明显趋势。

（五）管理中介

管理中介是管理主体作用于管理对象，使其由原始状态达到目标状态的依据和手段。规划管理中介由3方面构成：权力、规则、组织。

规划管理的权力，就是改变和协调管理对象的行为，使之实现规划管理目标的能力。一般来说，规划管理主体具有审批权、惩治权、执行权、参议权、表彰权。

这里的规则是个广义的概念，它是规范各种城乡规划编制和建设行为的准则。它主要包括：已获得批准的城乡规划文本、图纸，各种有关法律、法规及技术规范。

规划管理的组织，有两层含义：

（1）规划管理是有组织的行政管理，表现为动态的组织行为。

（2）规划管理是通过管理组织进行的，表现为静态的组织机构。规划管理部门是城乡规划行政管理机构，它具有政治性、权威性、开放性和层次性。

## 三、城乡规划管理的环境

城乡规划管理作为一个系统存在，必然受到来自于内外部环境的制约，不同的自然条件、差异的人文环境都影响到管理活动的进行，因此需要在规划管理活动中充分了解相关影响环境，并将其考虑进管理活动中，方能取得良好的管理效果。

（一）城乡规划管理环境的构成

1．自然环境

自然环境是指规划管理所处地域的地理位置，以及这一地理上的地形、气候、土壤、山林、水源、动植物、矿藏等自然物的综合体。作为规划管理的自然环境，它是城乡规划和建设活动的载体和物质基础，它总是与规划管理相联系的，例如山地城乡，在规划编制中的竖向规划就比平原城乡更为重要。

2．人文环境

人文环境是指规划管理活动涉及的所在城乡规划地区或者建设工程基地周围原有的社区邻里、文化习俗、道德观念以及历史形成的街区、建筑物、构筑物等各种物质和精神要素的综合体。它是会与编制的城乡规划和建设工程发生着某种联系，在规划管理中必须予以了解、研究、协调。其中文物保护单位和各种优秀历史建筑的保护和环境的控制，又构成了城乡规划管理的一项主要内容。人文环境还包括教育、科技发展水平。它们对规划管理人员的素质、管理手段、价值取向、行为规范等产生了重要影响。

3．社会环境

社会环境是与规划管理有关的各种社会条件的总体。它是由经济环境和政治环境组成的。经济环境主要因素是经济状况和经济制度，在当前经济环境又集中表现为市场经济环境。在我国实行社会主义市场经济条件下，规划管理必须采取与之相适应的管理方式和方法。政治环境主要是影响规划管理的社会政治制度、法律制度、政府机构及其行为的综合体。它对规划管理的影响也是显而易见的。

（二）管理环境与规划管理的相互作用

规划管理的过程也是管理环境与规划管理相互适应和相互作用的过程，这是一个双向的、辩证的运动过程，两者相互产生作用与反作用。

所谓管理环境与规划管理的相互适应，主要表现为：一是管理环境决定了规划管理的方向、方式、方法和效果；二是规划管理也可以“趋利避害”，选择有利于实现管理目标的“小环境”。

所谓管理环境与规划管理活动的相互作用，主要表现为：规划管理通过合理布局各项建设，或合理调整旧区用地布局，或加强环境建设，减少污染，改善环境，提高城乡环境质量。另一方面，经济、社会的发展给规划管理提出了新的课题，促使规划管理去探索、研究、解决，进一步促进了规划管理工作的改革。而规划管理的改革，如城乡规划法制化、政务公开、公众参与等作为城乡管理的一个组成部分，也对管理环境增添了新的内容。

## 四、城乡规划管理的方法

方法是为了实现管理目的、提高管理系统功效，在管理活动中所采取的手段、措施和途径。城乡规划管理的方法很多，一般来说，主要有行政的方法、法律的方法、经济的方法和咨询的方法。只有把这些方法有机地结合起来运用，才能更好地发挥城乡规划管理在城市现代化建设中的作用。

（一）行政方法

行政方法是城乡规划行政主管部门依靠行政组织的授权，采取命令、指示、规定、制度、计划、标准、工作程序等行政方式来组织、指挥城乡规划的编制、实施、监督检查活动。行政方法的原意是通过职务和职位而不是通过个人能力来管理。它十分强调职位、职责、职权的统一。城乡规划行政各级组织和领导人的职责和权力范围是有严格规定的，各级之间的关系是明确的，搞好城乡规划行政管理工作，核心的要求是各级组织和领导人一定要有责、有权、有才能。如果在职责与权力相脱离、职务与才能相脱离的情况下行使行政管理，就不可能是名副其实的行政管理。科学的城乡规划管理的行政方法，要求各级行政组织的设立应符合城市发展的内在联系，行政管理手段必须符合管理对象的实际情况。

行政方法是城乡规划管理的重要方法，它最基本的优点有：

（1）保持行政统一性。城乡规划管理集中统一，有利于发挥规划管理强大的调控职能。

（2）决策灵活性。具有一定应变性，在实现管理目标的前提下，可以因时、因地、因事、因人而采取比较灵活的行政手段。

（3）规划管理各种方法具有互补性，而行政管理方法是实施其他方法的必要手段。

行政方法也有本身的局限性，主要表现为：

（1）行政方法的无偿性。行政方法不注意不同经济利益的要求，是无偿性的。而实际上，城市生活的趋向却与经济利益是密切相关的，城市建设的经济效益也是规划管理追求的目标。因此如果不适当地扩大使用这种方法，就会损害某些方面正当的经济利益。

（2）行政集权的局限性。行政方法强调管理权力的高度集中，高层决策者往往拥有管理的全权。由于认识的局限性，高层决策者有时很难及时掌握外界各种活动信息，城市系统本身的动态性和复杂性使得管理城市成为一项艰巨的任务，高层决策往往失之偏颇。如果过分夸大行政方法容易造成决策失误。

（3）行政方法的强制性。行政管理方法带有强制性，它注重工作中职权关系，不重视人与人之间思想感情的交流，这与现代化管理强调"以人为中心"的管理理念存在矛盾。

（二）法律方法

法律方法也就是通常所说在城乡规划管理中的"法治"。城乡规划管理的法律方法，就是通过《城乡规划法》及其相关的法律、法规、规章和各种技术规范、标准，规范城乡规划编制和各项建设行为。

城乡规划管理采取法律的方法，要加强立法、执法、守法和司法工作。法制建设是由立法、执法、守法和司法互相联系的方面构成的统一体，其中主要是立法，否则，就谈不到执法、守法和司法，也就谈不到法治。城乡规划法规是调整城乡规划、建设和管理中各种社会关系的总称。目前我国城乡规划法规还没有形成很完整的体系，适合于各地的城乡规划管理条例办法更不完善。城乡规划法制建设就是要形成包括国家城乡规划法、国家城乡规划行政法规、地方城乡规划法规、部门规章、相关法律法规、专业技术规范以及城乡规划文本和图则等城乡规划法规体系。

城乡规划管理应严格依法行政，依法行政是法治原则在行政管理中的体现和具体化。这就要求：第一，任何行政法律关系的主体都必须严格执行和遵守法律，在法定范围内依照法律规定办事。第二，任何行政法律关系的主体都不能够享有不受行政法调节的特权，权利的享受和义务的免除都必须有明文的法律依据。第三，国家行政机关进行行政管理必须有明确的法律依据，一般来说，一个国家的法律对行政机关行为的规定与行政相对人的规定不一样，对于行政机构来说，只有法律规定能做的行为，才能为之，即"法无授权不得行，法有授权必须行"。而对于行政相对人来说，只要法律不禁止的行为都可以为之，只有法律明文禁止的行为才不能为之。因为行政权力是一种公共权力，它以影响公民的权益为特征。为了防止行政机关行使权力时侵犯公民的合法权益，就必须对行政权力的使用范围加以设定。第四，任何违反行政法律规范的行为都是行政违法行为，它自发生之日起就不具有法律效力。一切行政违法主体和个人都必须承担相应的法律责任。

加强城乡规划管理法制建设，除了加强立法、执法工作外，还有很重要的守法、司法问题。要做到这一点，首先，要加强法制教育和宣传工作，让公众对城乡规划管理法规体系有所认识、了解，从而自觉遵守。其次，应建立强有力的监督机构，为城乡规划管理法律、法规付诸实施提供组织保证。第三，加强监督检查工作，加大对违法用地和违法建设的查处力度。及时总结行政复议和行政诉讼中的经验教训，不断改进规划管理工作。

（三）经济方法

经济方法就是通过经济杠杆，运用价格、税收、奖金、罚款等经济手段，按照客观经济规律的要求来进行规划管理。用经济的方法管理，核心或实质就是通过物质利益调配处理政府、经济组织、个人等经济关系。其目的是把城市各种所有制单位和广大居民的利益同国家利益、地区利益或城市整体利益较好地结合起来，以便为城市的高效率运转提供经济上的活力。

经济方法的优点在于：第一，兼顾城市整体利益。在社会主义市场经济条件下，经济的方法更显得尤为重要。由于社会主义经济中还存在着国家和企业、企业与企业、劳动者之间和不同所有制经济成分之间物质利益上的差别，仅凭行政方法难以照顾到各方面的物质利益。第二，激发城市经济活力。城市中各地区、各部门、各环节之间存在着密切的分工协作关系，而且分工协作关系日益复杂多样，利用市场经济规律，运用价格、税收、财政信贷等经济杠杆，可以激励城市各部门、各集团以及市民个人从自身的经济利益出发，把自身的活动与城乡规划的意图和城市发展结合起来。第三，城市建设调控作用。利用经济规律这只“看不见的手”，在城乡规划管理中来间接地协调各方面的关系，从而使城市布局结构、规模和发展速度等朝着利于规划目标的方向发展。例如可以通过增加贷款、减少纳税等经济手段鼓励城市基础设施、公益设施建设，加快城市建设步伐。也可以通过减少投入，增加税收等手段来抑制房地产开发规模。

（四）咨询方法

城乡规划管理咨询方法是指吸取智囊团或各类现代化咨询研究机构中专家们的集体智慧，制定城乡规划，帮助政府领导对城市的建设和发展进行决策，或为开发建设单位提供技术参考的一种方式。

现代城乡规划管理中运用咨询方法有利于集思广益，提高决策水平。城市系统的复杂性，使得无论是建设和发展的宏观决策，还是某个建设项目的微观决策，常常涉及许多确定和不确定因素，单靠个人的知名度、经验和智慧或开发建设单位的良好愿望是不够的，必须运用专业咨询机构的力量来帮助决策。咨询方法的运用，既能减少决策的失误，又能集思广益，从而比较准确地表达社会的真正需求，科学地确定发展目标和实施对策。现代城市各类咨询机构作为一种组织形式正在蓬勃发展，诸如政策研究、科技咨询、工程咨询、管理咨询、综合咨询、专业咨询机构等大量涌现出来，很多城乡规划部门也在开展规划咨询业务活动。

## 第三节　城乡规划编制与规划管理

### 一、城乡规划编制与规划管理的关系

（一）规划编制文件是规划管理的依据

依据《城乡规划法》，城乡建设必须在规划区内进行，而城乡规划区必须由有关人民

政府组织编制规划，建设活动必须依据规划进行，未曾编制规划的地区不能进行建设活动。因此，规划编制是规划管理的前提，规划文件是规划管理的直接依据。

以城市为例，城市总体规划、控制性详细规划明确规定了各类地区城市功能和发展控制要求，规定了每个地块的土地性质，建设开发的强度，交通和市政基础设施的配置条件、公共安全和环境控制要求等，从而为各种建设活动提供了基本的规则或图则。

（二）规划管理是对规划文件的实施

城乡规划以城市土地使用的部署和安排为核心，建立起城市未来发展的结构，反映国家意志和政策，同时限定城市各项未来建设的空间区位和建设强度，使各类建设活动都纳入实现规划的既定目标。为此，城乡规划主要是通过法律赋予的权力，运用控制性的手段对城市建设项目进行直接的管理，将它们纳入到法定规划文件所确立的未来发展方向上。城乡规划对城市发展的指导主要体现在对城市建设活动的引导和控制上。

规划编制文件以文本和图则的形式对规划区内空间资源利用、土地资源使用进行具体安排。这些规划蓝图的实现是通过具体的建设开发行为，通过各个建设项目的建设来实现的。规划管理是保证各类建设项目符合规划文件的安排，从而使规划的蓝图从整体上得以实现的管理活动。

（三）规划管理的实施评估是修订规划文件的依据

规划编制是面向未来的，而规划管理是针对当时、当地的具体建设活动的。城乡规划文件在空间上是对一定区域，在时间上是在一定规划期内的建设行为空间特性的安排。在规划管理的过程中，必定会出现原有规划不符合发展需要，没有妥善协调各种空间关系的情况，从而需要根据新情况和总体情况进行部分调整。规划文件要根据规划管理过程中遇到的新情况、新问题依照有关程序进行修订，因此规划编制和规划管理也是一个互动的过程。规划编制文件是规划管理从事建设项目审批的基本依据，规划管理是保证规划编制文件实施的管理手段。同时，规划管理遇到的具体情况和问题通过规划实施的评估，又是规划文件修订的客观依据。

## 二、“三大规划”与“三规合一”

在中国政府的管理实践中，制定和实施规划是一种常规的管理手段，具体体现为国民经济和社会发展规划、城市总体规划和土地利用总体规划这三大手段，称作“三大规划”。作为物质空间规划的城市总体规划，是由西方发达国家引进的，在新中国成立之初的北京等城市开始实践。国民经济和社会发展规划源于计划经济时代的苏联经验，在 1953 年开始实施第一个“五年计划”。土地利用总体规划自 20 世纪 80 年代开始实践，源于我国保护农地的基本国策。

国民经济和社会发展规划是由各级政府的发展与改革部门负责编制和实施的规划，规划期限为 5 年。国家发展与改革委员会组织编制全国的国民经济和社会发展规划纲要，由全国人民代表大会常务委员会审批。据此，各省、市、区县、乡镇，各行各业及各单位（国有企业和公共事业单位）都制定相应的国民经济和社会发展规划，并由各级发展与改革委员会组织实施，主要内容包括经济社会发展的目标、重大项目安排、重要政策和重大措施。国民经济和社会发展规划是确定财政预算和拨款、建设项目立项、研究制定相关政策的基本依据。

城市总体规划是由国家住房和城乡建设部门（含城乡规划管理部门）负责指导或组织编制，各省、市建设行政主管部门（或城乡规划部门）负责组织编制和实施管理。城市总体规划的主要内容是城市空间资源的配置和土地利用的引导与控制。城市总体规划期限为20年，一般10年修订一次。城市总体规划主要内容包括城市性质、规模、空间布局和重大基础设施、公共设施安排。城乡规划的管理手段主要有各层级规划的审批、建设项目审批，各类建设项目建设开工前必须通过规划审批，项目的规划设计条件必须符合已经审批的规划成果。

土地利用总体规划是由国土资源部和各省市的国土资源管理局组织编制并实施管理。土地利用规划体系以土地利用总体规划为统领。土地利用总体规划与城市总体规划的规划期限基本一致，约15~20年，土地利用总体规划的主要内容是以土地资源管理为核心，包括保护基本农田和一般耕地，合理供给建设用地，开展土地整理、复垦，组织矿产资源开采管理等；管理手段主要有年度土地供应计划、建设项目用地预审、地籍管理和土地市场管理等。

“三大规划”在规划管理中的关系是，城市总体规划的规划期较长，土地利用总体规划一般与城市总体规划的规划期一致，具有较强的稳定性，其所确定的城市发展定位和空间布局具有长期指导性。国民经济和社会发展规划的规划期较短，与政策衔接比较好，具有灵活性和更综合的政策属性。对于城乡规划已经确定的公共项目，只有列入国民经济和社会发展规划，并经过发展改革部门立项，才能纳入规划建设日程。城市总体规划是制定土地利用总体规划的基础，根据总体规划确定的建设用地规模和布局，制定土地利用总体规划，根据近期建设规划以及国民经济和社会发展规划，确定年度土地供应规模和重点。已经立项的公共项目和上市的商业项目，都需要经过土地管理部门预审，并得到土地管理部门办理用地手续。土地利用总体规划是城乡规划的核心，而经济社会发展政策和公共项目建设立项，又是规划实施的必要条件和必要环节，这也是“三大规划”的关键所在。如2013年厦门市政府在推进“美丽厦门战略规划”建设中，提出了建立以“三规合一”落实战略规划的体制机制。推进国民经济和社会发展规划、土地利用总体规划、城乡总体规划等各类规划在空间上整合，形成空间层次、规划内容和行政管理协调一致，发展目标、用地指标、空间坐标“三标衔接”的规划体系。表1-1为“三大规划”比较表。

"三大规划"比较表 表1-1

| 三大规划 | 主要内容 | 规划期限 | 审批机关 | 管理机构 | 管理手段 |
|---|---|---|---|---|---|
| 国民经济和社会发展规划 | 经济社会发展目标、重大项目安排、政策和措施 | 5年 | 人民代表大会常务委员会 | 发展改革部门 | 财政拨款、建设项目立项、相关政策 |
| 城市总体规划 | 城市性质、规模、空间布局和基础设施、公共设施安排 | 城市总体规划一般为20年，5年一小修、10年重新修订一次 | 国务院、建设部门或规划部门 | 建设部门或规划部门 | 各层次空间规划控制、建设项目审批 |
| 土地利用总体规划 | 土地资源管理、保护耕地、合理供给建设用地、土地整理、复垦等 | 15~20年 | 国务院<br>国土资源部 | 国土资源部 | 土地供给计划、项目用地审批、土地市场管理 |

随着城市经济社会的发展，环境问题越来越成为地方政府关注的重大问题。因此，环境保护规划也越来越得到各级地方政府的重视。对城市发展至关重要的国民经济与社会发展规划、城市总体规划、土地利用总体规划、环境保护（生态保护）规划"四规"之间，在规划编制、审批、实施、监督等方面均存在一定程度的不相适应性，在一定程度上制约了城市经济社会的健康快速发展。如2013年海南省海口市委市政府专门研究"关于进一步发挥规划在海口科学发展中的引领和管控作用"有关问题，开展"统筹规划体系，增强城市规划龙头地位，以科学的城市规划引领海口科学发展"的课题研究工作，以"四规合一"为重点，构建具有海口特色的科学规划体系，统筹协调、综合管理各类规划，具体包括协调"四规"编制的内容体系，做到"可对接、不打架"；建立健全"一级政府、一个规划"、"一张图管理、一套班子协调、多部门实施"的规划管理体制。

## 三、城乡规划编制与规划管理的整合

各个城市在规划管理实践过程中，其城乡规划编制和实施管理的不协调问题比比皆是，这种不协调带来了规划编制与实施管理之间的矛盾。这其中既有规划编制上存在的问题，也有实施管理中存在的客观人为因素。因此，要妥善处理这对矛盾，进行规划编制与规划管理之间的整合。

从现实工作上看，规划编制与实施管理都有各自独立的管理系统，之间的不协调性主要表现在以下3个方面：

（1）行政制度层面。我国的规划管理属政府部门，规划编制一般为国有企业化管理单位，有的已改为民营企业。规划编制单位一般从属于规划管理部门，规划编制单位完成的规划直接交给规划管理部门，按不按规划实施与规划编制单位毫无关系。因此，形成了规划编制单位忙于做规划设计，规划管理部门忙于行政事务，对规划成果使用的约束性缺乏直接的行政制度保障。

（2）运作机制层面。规划编制与实施管理间的运作机制，尽管各城市都不尽相同，但两者之间或两个系统之间，系统自身的独立性往往大于系统之间的关联力。表现在：整个运作过程中各级领导的意志体现较强；规划编制部门与规划管理部门缺乏平等的沟通机制；规划编制与规划编制管理间、与规划实施管理间的修改调整也缺乏有效制约机制。

（3）内容要求层面。规划编制与规划实施管理在内容设置方面都过于强调自己系统本身的完善，而忽略了两个系统之间的关联。如城市总体规划的编制就规定了四方面的内容：基础资料的调查整理与分析、确定城市性质、预测城市规模和城市总体布局。实施管理则规定其核心内容是核发建设项目选址意见书、建设用地规划许可证和建设工程规划许可证。

为提高规划编制与规划管理的整体性，应着重进行以下 3 个方面的整合：

（1）对责任主体观念进行整合。首先，规划编制人员应以实施管理的观念来编制规划。避免以理想地建立一个美好的图景作为出发点，推出近期为实现远景理想目标的规划要求，并把自己的意志强制性地推给管理者、使用者，推给城市。殊不知，这种以远景终极状态来设计现在的观念和思想方法，与城市是从现在开始一步一步发展，逐步走向完善（美）的现实的客观发展规律是难以找到协同关系的。规划编制与实施管理人员之间应做到主动沟通，了解需求、了解实施的难易度，使规划编制建立在可操作性的基层之上。其次，规划管理人员应具有规划长远目光和先进理念，做到与规划编制人员平等沟通，对规划编制的理解和尊重。在实际工作中，不能完全就事论事，着眼点是以用各种现实的手段把在手的事情怎样处理掉为目标。过于现实的规划管理，必然会使规划编制成果落空，对城市发展缺乏合理的引导。

（2）建立技术层面和社会层面的协同机制。以往的规划编制过于注重了规划的技术属性，而忽略了与规划的社会属性协同机制的建立。在规划程序上应加强协同性，规划内容上加强关联性。从现实工作中，规划编制和规划管理相互间的关联仍不够密切，甚至独立的成分较大，很容易造成“左手托编制，右手拿管理”的隔离性。规划编制人员固有着均衡、理想的概念，以固有模式在编制规划，规划管理人员则以静态的管理方法，以重结果轻过程的方法被动地管理着城市的建设行为。因此，在城乡规划的整个过程中，由于没有明确严格的相互参与、融合为一的运行制度，从机制上就不能保证城乡规划的有效调控。

（3）形成有法规效力的协同体制。根据《城乡规划法》的要求，规划编制与规划管理互为一个整体，之间应建立一定的平衡和制约机制。在规划管理工作中，应树立规划编制的法定地位，否则所谓的“集体决策”、“上级决策”，实际上是少数和某个人的决策行为，最终会因个人的能力水平所限，决策的结果必然会有失偏颇，甚至是错误的，决不会达到城市可持续发展的目的。

# 第二章　城乡规划的法制建设

当代城乡规划的法制建设，从公共政策和社会过程的角度看，城乡规划面临着很多问题和挑战。城乡规划要实现以公共利益为目标的使命，其首要和有效的途径之一就是走法制建设的道路，并最终达到法制的“自由王国”——法治状态。城乡规划背后的本质特性之一就是权力特性，其本质特性也决定了城乡规划法制建设的必然性。美国经济学家布坎南认为：“没有适当的法律和制度，市场就不会产生任何体现价值极大化意义上的有效率的自然秩序。”实际上，城乡规划本身就是法律。巴塞特（Edward M. Bassett，美国纽约律师，在规划与区划法律方面享有盛名，是美国最早区划法的起草者）认为：“城市规划涉及街道、公园、公共保留地、公共建筑用地、码头岸线、交通设施的选址和区划规则。还包括许多别的，但我想以上就够了。如果这些能在土地上用法律确定下来，那你就有了城市规划。”

## 第一节　法制的概念

### 一、法制的基本含义

“法制”（Legal of system ）一词，我国古已有之。中国古书上所说的“命有司，修法制”（《礼记·月令篇》），其中的“法制”是指设范立制，使人们有所遵循的意思。古代法家著作中，也有“法制”一词。《管子·法禁》上写道：“法制不议，则民不相私。”《商君书·君臣》上写道：“民众而奸邪生，故立法制，为度量以禁之。”韩非也有“明法制，去私恩”的说法。所有这些，虽然都把“法制”与依法治理联系在一起，但还不是与民主政治联系在一起的法制。中国古时的“法制”，说到底只是一种“王制”。然而，直到现代，人们对于法制概念的理解和使用还是各有不同。

其一，广义的法制，认为法制即法律制度。详细来说，是指掌握政权的社会集团按照自己的意志，通过国家政权建立起来的法律和制度，属于上层建筑领域的制度系统。

其二，狭义的法制，是指一切社会关系的参加者严格地、平等地执行和遵守法律，依法办事的原则和制度。其主要特点是强调法律在国家政治生活中的崇高地位，坚持法律面前人人平等原则，要求公民普遍守法，国家机关依法行使权力，限制国家机关公职人员的专横，确保公民的合法权利和自由。

其三，法制是一个多层次的概念，它不仅包括法律制度，而且包括法律实施和法律监督等一系列活动和过程，是立法、执法、守法、司法和法律监督等内容的有机统一。

近年来，我国法学界对法制的概念展开了讨论，一般认为，法制的概念应包括如下几个方面的含义：一是法制是统治阶级通过国家所确立的法律和制度，这是对法制阶级本质的揭示；二是法制包括立法、执法、守法和监督法的实施，这是对法制内容的概括；三是法制的中心环节是依法办事，这是对法制的要求的集中表述；四是法制的目的在于维护国家的法律秩序，这是建立法制的出发点和归宿。

根据上述概括，社会主义法制的概念可以表述为：社会主义国家按照工人阶级和广大人民的意志建立起来的法律和制度，是立法、执法、守法和监督法律实施等几方面的统一，中心环节是依法办事，要求一切国家机关及其工作人员、社会团体和全体公民必须严格遵守法律，以确立和维护工人阶级和广大人民的民主地位和进行社会主义建设所必需的法律秩序。

## 二、法制的基本要求

法制的基本要求是“有法可依，有法必依，执法必严，违法必究”，这四者是密切关联、不可分割的统一体。

（一）有法可依

有法可依，就是要求有完备的法可供遵循。没有法固然谈不上法制；法不完备，法制也不可能健全。因此，加强立法工作，制定出完备的法律、法规，使人们在社会生活的各个方面都有法可依，有章可循，是健全社会主义法制的前提和首要任务。

法的制定是一项极其严肃和复杂的工作。在制定法时，必须以建设有中国特色的社会主义理论为指导，坚持基本路线，坚持群众路线，从实际出发，原则性与灵活性相结合等原则，同时还必须严格制定程序和权限。任何人不论地位多高，权力多大，都不能“以言代法”，“以权乱法”。

（二）有法必依

法制定出来就要付诸实施，有法不依等于无法。就是说，再好的法，如果不能为人们所遵守，无疑是一纸空文。所以，有法必依是健全社会主义法制的关键。

有法必依，首先要求一切执法机关及其工作人员必须依法办事。利用法律赋予的职权，谋取小集团或者个人的私利，固然是对社会主义法制的破坏；无视法律的规定，以执法者个人的感情或意愿代替法律，同样也是社会主义法制所不允许的。

有法必依，还要求全体公民都遵守法律，使自己的举止言行符合法律的规定。实践证明，法律只有当它为社会上绝大多数人自觉遵守时，才能充分发挥它的威力，才不致给敌对分子和违法犯罪分子以可乘之机。

（三）执法必严

执法必严，是说执法机关和执法人员执行法律都必须严格、严肃、严明，一丝不苟地按照法律规定办事，维护法律的尊严和权威。这是健全社会主义法制的重要条件。

执法必严还有极其重要的一条，就是必须贯彻“有错必纠”的方针。由于种种原因，在工作中往往会发生这样那样的错误，尽管这种错误在法制健全后会越来越少，但仍然很难完全避免。这就要求执法机关和执法人员，一旦发现错误，应勇于纠正。这是实事求是原则在执法中的具体表现。

（四）违法必究

违法必究，就是对一切违法者都要依法追究法律责任并予以制裁，任何人都不得把自己凌驾于法律之上，享有法律规定以外的特权，更不允许国家公职人员在自己违法的情况下，滥用职权，逃避罪责，逍遥法外。只有这样，才能使社会主义法制对于任何人是有压力和约束的。所以，违法必究是健全社会主义法制的重要保证。如果对违法者听之任之，对国家公职人员和群众犯法不是平等地看待，对领导干部违法不能绳之以法，那么，国家和人民的利益就会受到损害，社会主义法制的权威就会丧失殆尽。

由此可见，只有认真地、全面地做到有法可依，有法必依，执法必严，违法必究，才能保证社会主义法制的统一性、连续性、平等性，才能维护社会主义法制的权威，充分发挥社会主义法制在社会主义现代化建设中的作用。

## 第二节　城乡规划法制建设的历程

从世界范围来看，现代意义上的城乡规划法规始于英国 1909 年的《住房、城镇规划等法》(Housing, Town Planning etc. Act)。随着现代城乡规划实践和学科的发展，城乡规划法规也在不断地更新与完善。以英国为代表，形成了以国家城乡规划法为核心的城乡规划法规体系；以美国为代表，形成了以地方区划法为主要内容的城乡规划法规体系。世界其他许多国家则吸收以上两者的某些基本特征，如法国、加拿大等。

我国的法律制度在历史上并不健全，相关城乡建设的有关法规条文散见于各个时期的律例之中。进入近代社会之后，在学习西方社会经济制度的基础上，也引进了城乡规划制度。一些大中城市编制了城乡发展规划，在政府机构的组织中也设置了主管城乡规划的部门，但在整体上基本是将城乡规划作为一项行政制度而予以实施，因此，在相当长的时期内主要是通过一些行政法规来保证城乡发展和建设。至 1947 年，制定了现代历史上的第一部城乡规划法——《都市计划法》。该法吸收了西方国家城乡规划的基本理念，并依此对当时城乡发展和建设作出规划安排。

1949 年 10 月 1 日，中华人民共和国宣告成立，标志着社会主义新制度的诞生，揭开了我国城乡规划、建设、管理史上新的一项。60 年来，我国经济社会的发展，经历了计划经济体制到社会主义市场经济体制的变革，经过了国民经济恢复时期（1949~1952 年），第一个五年计划时期（1953~1957 年），“大跃进”和调整时期（1958~1965 年）、“文化大革命”时期（1966~1976 年）和社会主义现代化建设新时期（1977 年至今），新中国的城乡规划事业在创立、壮大、遭受挫折、恢复和迅速发展的曲折过程中，不断经受考验和走向成熟。经过风风雨雨和实践的反复检验，证明了城乡规划法制建设的重要性和必要性。与此同时，随着我国计划经济向市场经济的转变，由人治向法治社会的转变，改革开放的不断深化和社会主义现代化建设的客观需要，城乡规划法制建设走过了一个不断前进和明显进步的历程。

## 一、国民经济恢复和第一个五年计划时期

国民经济恢复和第一个五年计划时期是新中国城市规划事业由创立到壮大的8年，是我国城乡规划事业第一个重要发展时期。

新中国成立之初，百废待兴，为适应国民经济的恢复和发展，城市建设工作被提上了议事日程。1951年2月，中共中央在《政治局扩大会议决议要点》中指出："在城市建设计划中，应贯彻为生产、为工人服务的观点"，这成为当时城市建设的基本方针。1952年8月，中央人民政府建筑工程部（简称建工部）成立，主管全国建筑工程和城市建设工作。1952年9月，召开了新中国成立以来第一次城市建设座谈会。会议提出，城市建设要根据国家的长期计划，区别不同城市，有计划有步骤地进行新建或改建，加强规划设计工作，加强统一领导，克服盲目性，以适应大规模经济建设的需要。会议决定，一是从中央到地方建立健全城市建设管理机构，统一管理城市建设工作；二是开展城市规划，各城市都要建立城市规划工作；三是划定城市建设范围，明确规定把城市建设计划纳入到国家经济计划之中；四是将我国城市分类排队，划分为重工业城市、工业比重较大的改建城市、工业比重不大的旧城市、一般城市等四类，以便分类指导和安排城市建设。从此，我国城市建设工作进入一个统一领导，按照规划进行城市建设的新阶段。

经过三年国民经济恢复，从1953年起，我国进入第一个五年计划时期，第一次由国家组织有计划的大规模经济建设。这一时期国家的基本任务是：集中主要力量进行以苏联援助的156个建设项目为中心的，由限额以上的694个建设单位所组成的工业建设，以便建立社会主义工业化的初步基础。1953年9月，中共中央发出《关于城市建设中几个问题的批示》，要求各地加强对城市建设的领导，建立健全城市建设机构，抽调得力干部及技术人员加强城市建设工作。1954年6月，建工部在北京召开第一次城市建设会议，明确城市建设的目标是建设社会主义城市，着重研究了城市建设的方针、任务、组织机构、管理制度等问题。1954年8月，建工部城市建设局改为城市建设总局，负责城市建设的长远计划和年度建设计划的编制与实施，参与重点工程的厂址选择，指导城市规划编制。并先后向重点城市派出规划小组，根据1953年中共中央关于"重要的工业城市规划工作必须加强进行，对于工业建设比重较大的城市更应迅速组织力量，加强城市规划设计工作"的指示精神，加强有关城市总体规划和详细规划的制定。1954年11月，国家建委成立。1955年11月，为适应市、镇建制的调整，国务院颁布了城乡划分标准。1956年国家建委颁发了《城市规划编制暂行办法》，成为新中国第一个关于城市规划的法规文件，规范了城市总体规划和详细规划的编制行为。到1957年，国家先后批准了兰州、洛阳、太原、西安、包头、成都、大同、湛江、石家庄、郑州、哈尔滨、吉林、沈阳、抚顺、邯郸等15个城市的总体规划和部分详细规划。这些规划的批准，使城市规划成为指导各个城市的城市建设和管理中具有一定的法律效力之文件，使得城市建设能够按照城市规划，有计划有步骤地进行，适应了第一个五年计划时期大规模经济建设和工业城市建设的需要。

第一个五年计划时期，是我国实行计划经济体制，城市规划法制建设起步的阶段，对于城市建设能够按照城市规划实施发挥了积极的作用，取得了重要进展。

## 二、“大跃进”到“文化大革命”时期

“大跃进”和调整时期以及“文化大革命”时期，是我国城市建设出现失误，以至否定城市规划，直到城市建设遭受严重冲击和破坏，城市规划事业蒙受重大挫折和损失，应当吸取沉痛教训的一段经历。

1958 年 5 月，中共第八届全国代表大会第二次会议确定了“鼓足干劲，力争上游，多快好省地建设社会主义的总路线”。会后，迅速掀起了“大跃进”运动和人民公社化运动，高指标、瞎指挥、浮夸风盛行起来，城市建设也出现“大跃进”形势，提出“用城市建设的大跃进来适应工业建设的大跃进”号召。1960 年 4 月，建工部在桂林召开第二次全国城市规划工作座谈会，提出“要在十年到十五年左右的时间内，把我国的城市基本建设成为社会主义的现代化的新城市”，并要求旧城市“在十年到十五年内基本上改建成为社会主义的现代化的新城市”。座谈会还要求，要根据城市人民公社的组织形式和发展前途来编制城市规划，要具体体现工、农、兵、学、商五位一体的原则。于是，许多省会城市和部分大中城市对第一个五年计划时期编制的城市总体规划重新修订，致使城市规模定得过大，建设标准定得过高，城市人口迅速膨胀，住房和市政公用设施紧张，大量征用土地，造成很大浪费，城市发展失控，打乱了城市布局，恶化了城市环境。1960 年 11 月，在第九次全国计划工作会议上，草率地宣布了“三年不搞城市规划”的决定。这个决策，造成了失误，不仅对“大跃进”中形成的不切实际的城市规划无从补救，而且导致了各地纷纷撤销规划机构，大量精简规划人员，使城市建设失掉规划指导，带来难以弥补的损失。

1961 年 1 月，中共中央提出了“调整、巩固、充实、提高”的八字方针，作出了调整工业项目，压缩城市人口，撤销不够条件的市镇建制以及加强城市设施养护维修等一系列重大决策。1962 年和 1963 年，中共中央和国务院接连召开了两次城市工作会议，比较全面地研究部署了调整期间城市的经济工作。1964 年国务院发布了《关于严格禁止楼堂馆所建设的规定》，严格控制国家基本建设规模。经过几年调整，城市建设有了一些起色，但“大跃进”对城市建设决策上产生的错误并未纠正过来，1964 年和 1965 年，城市建设工作又连遭几次挫折。第一，不搞集中的城市，自 1964 年 2 月全国开展“工业学大庆”运动之后，机械地将周恩来总理视察大庆时的题词：“工农结合、城乡结合、有利生产、方便生活”的十六字作为城市建设方针，在城市里建设分散的居住区，盖“干打垒”（即夯土墙）房屋，并种植作物等，以为这就是贯彻“十六字”方针。1964 年 8 月，毛泽东主席提出“三线”建设方针，要求沿海一些重要企业往内地搬迁，国家经委召开全国搬迁工作会议，提出对搬迁项目要实行“大分散、小集中”的原则，少数国防尖端项目应按“分散、靠山、隐蔽”原则进行建设。随后，林彪提出“靠山、分散、进洞”，于是，形成了“三线”建设实行“山、散、洞”，不建集中城市的思想。其影响波及全国所有城市的建设。第二，

否定城市规划，1964年开展“设计革命”运动，除批判“设计工作存在贪大求全，片面追求建筑高标准，因循守旧及缺乏国防观念”等外，又批判城市规划“只考虑远景，不照顾现实，规模过大，人口过多”等问题，再一次否定城市规划，精简规划机构，压缩规划人员。第三，取消国家计划中的城市建设户头，1965年国务院转发国家计委等拟定的《关于改进基本建设计划管理的几项规定（草案）》中取消了城市建设户头，不再下达建设项目和投资指标，城市建设资金急剧减少，致使城市建设陷于无米之炊的困境。

1966年“文化大革命”开始后，国家主管城市规划和建设的工作机构停止了工作，各城市也纷纷撤销城市规划和建设管理机构，下放规划人员，销毁档案资料，把专家说成反动学术权威，把规划管理说成“管、卡、压”，直到1971年，造成我国城市规划、建设、管理工作极为混乱的无政府状态。由于城市规划被废弃，无人进行管理，于是，城市里乱拆乱建，乱挤乱占，建筑不按规划“见缝插针”进行建设的现象成风，园林、文物惨遭破坏，易燃易爆和污染工业任意建设，私人住房随意侵占，对城市的规划建设造成了一场历史性的浩劫。1972年，国务院批转三部委《关于加强基本建设管理的几项意见》规定：“城市的改建和扩建要做好规划，经过批准，纳入国家计划”，我国城市建设开始出现转机，但由于“左”的错误指导思想依然发挥作用和城市建设问题成堆、积重难返，城市规划工作仍未脱离困境，直到1976年“文化大革命”结束前，我国城市规划事业的发展依然处于十分薄弱和被动的局面。

### 三、社会主义现代化建设时期

1978年12月，党的十一届三中全会作出了把党的工作重点转移到社会主义现代化建设上来的战略决策，以此为标志，我国进入改革开放和以经济建设为中心进行现代化建设的新阶段。随着我国经济社会发展的深刻变化，以及《城市规划法》的颁布实施，城市规划和建设事业迈上蓬勃发展的崭新轨道。

（一）城市规划工作的恢复和全面展开

1978年3月，中共中央国务院在北京召开第三次全国城市工作会议，并下发了《关于加强城市建设工作的意见》（中共中央[1978]13号文件）。一是强调了城市在国民经济发展史中的重要地位与作用，提出“控制大城市规模，多搞小城镇”的战略性方针。二是强调要“认真抓好城市规划工作”，全国各城市都要认真编制和修订城市的总体规划、近期规划和详细规划。城市规划一经批准，必须认真执行，不得随意改变。三是强调要“正确处理‘骨头’与‘肉’的关系”，解决了城市维护和建设资金的来源问题。四是强调“为了把城市建设迅速搞上去，必须加强城建队伍的建设”，并要加强党对城市工作的领导。这次会议，对我国城市规划工作的恢复和发展起到了至关重要的作用。

1978年8月，国家建委在兰州召开城市规划工作座谈会，宣布全面恢复城市规划工作，要求立即开展编制城市总体规划的工作。1979年，国家建委和国家城建总局在认真总结我国城市规划历史经验教训的基础上，开始起草《中华人民共和国城市规划法草案》等文件，新中国的城市规划从此步入第二个重要发展时期。

1980 年 10 月，国家建委在北京召开第一次全国城市规划工作会议。会议提出“控制大城市规模，合理发展中等城市，积极发展小城市”的城市发展方针，指出“市长的主要职责应该是规划、建设和管理好城市”，强调了“要建设好城市，应当先有一个好的城市规划，城市规划工作要有一个新的发展”。会议还讨论通过了《城市规划法（草案）》。1980 年 12 月，国务院批转《全国城市规划工作会议纪要》。《纪要》明确指出要“尽快建立我国的城市规划法制”，“为了彻底改变多年来形成的‘只有人治，没有法制’的局面，国家有必要制定专门的法律，来保证城市规划稳定地、连续地、有效地实施”。同时强调要“加强城市规划的编制审批和管理工作”，“城市各项建设应根据城市规划统一安排”，“充分发挥城市规划的综合指导作用”。全国城市规划工作会议的召开，在促进我国城市规划事业的发展历程中，占有十分重要的地位与作用。

（二）我国第一部行政法规《城市规划条例》颁布

为适应编制城市规划的需要，1980 年 12 月，国家建委颁发了《城市规划编制审批暂行办法》和《城市规划定额指标暂行规定》，这就为我国城市规划的编制和审批提供了法规与技术的依据和保障。1983 年 11 月，国务院批转了城乡建设环境保护部《关于重点项目建设中城市规划和前期工作意见的报告》，指出基本建设前期工作要增加城市方面的有关内容，城市规划部门要参加有关建设项目的可行性研究，各类建设项目的选址工作要同城市规划工作密切结合。城市规划与计划的结合，是城市规划工作的重要进步。1983 年 11 月，国务院常务会讨论了《城市规划法（草案）》，决定以《城市规划条例》的形式颁布。1984 年 1 月 5 日国务院颁发了《城市规划条例》，共 7 章 55 条，对城市规划的制定，旧城区的改建，城市土地利用的规划管理，城市各项建设的规划管理，行政处罚等作出了明确的规定，成为新中国城市规划建设管理方面的第一部行政法规。

《城市规划条例》规定：“城市规划区内的土地由城市规划主管部门按照国家批准的城市规划，实施统一的规划管理。”“城市规划区内的各项建设活动，由城市规划主管部门实施统一的规划管理。”1987 年 10 月，为加强城市规划管理工作，建设部在山东威海召开了全国首次城市规划管理工作会议，充分讨论研究了城市规划管理中的若干问题，促进了城市规划管理工作的理论化、规范化、程序化进程。1988 年建设部在吉林市召开了第一次全国城市规划法规体系研讨会，首次提出了建立我国包括有关法律、行政法规、部门规章、地方性法规、地方性规章等在内的城市规划法规体系。这就为推动我国城市规划法制建设，制定城市规划立法计划，以便尽快建立城市规划法规体系奠定了基础并发挥了积极的作用。

（三）新中国成立后我国第一部法律《城市规划法》颁布

1989 年 12 月 26 日，《中华人民共和国城市规划法》颁布，自 1990 年 4 月 1 日起施行。该法共 7 章 46 条，对城市规划的制定，城市新区开发和旧城改建，城市规划的实施，法律责任等作了明确的法律规定。《城市规划法》规定：“国家实行严格控制大城市规模、合理发展中等城市和小城市的方针”，“城市规划实行分级审批”，“城市规划区内的土地利用和各项建设必须符合城市规划，服从规划管理”，以及城市规划的实施管理实行“一书两证”制度等许多内容，成为一部符合我国国情和比较完备的法律，成为我国城乡规划、建设、管理方面的第一部法律，为我国城市科学合理的建设和发展提供了法律保障，标志着我国城乡规划法制建设又迈进了一大步，成为新中国城乡规划史上的一座里程碑。

1990 年，建设部颁发《关于抓紧划定城市规划区和实行统一的“两证”的通知》；1991 年 8 月，建设部、国家计委共同颁布《建设项目选址规划管理办法》；1991 年 9 月，建设部颁布《城市规划编制办法》；1992 年，建设部颁布《关于统一实行建设用地规划许可证和建设工程规划许可证的通知》；1992 年 12 月，建设部颁布《城市国有土地使用权出让转让规划管理办法》；1993 年 6 月，国务院颁布《村庄和集镇规划建设管理条例》；1994 年，建设部颁布《关于加强城市地下空间规划管理的通知》；1994 年 8 月，建设部颁布《城镇体系规划编制审批办法》；1994 年 9 月，建设部发布《历史文化名城保护规划编制要求》；1995 年 6 月，建设部颁布《开发区规划管理办法》、《建制镇规划建设管理办法》、《城市规划编制办法实施细则》；1996 年国务院发出《关于加强城市规划工作的通知》（即国发[1996]18 号文件），强调规划管理权必须由城市人民政府统一行使，不得下放；1997 年 10 月，建设部颁布《城市地下空间开发利用管理规定》；1999 年 4 月，建设部发布《城市总体规划审查工作规则》；2000 年 2 月，建设部颁布《村镇规划编制办法》（试行）；2000 年 4 月，建设部颁布《县城城镇体系规划编制要点》（试行）；2000 年国务院办公厅发出《关于加强和改进城乡规划工作的通知》，强调“加强城乡规划实施的监督管理，推进规划法制化”。可以说，20 世纪 90 年代是一个以《城市规划法》为中心，我国城乡规划配套法规、规章相继发布、不断完善，初步形成城乡规划法规体系框架的重要时期，使我国城乡规划法制建设得到充实、提高和走向多层次、多方位，为有法可依、有章可循和全面实现依法行政、保证城乡规划顺利实施创造了良好条件。

与此同时，1990 年 7 月，建设部发布《城市用地分类与规划建设用地标准》，1993 年 9 月，建设部发布《村镇规划标准》，1998 年建设部发布《城市规划基本术语标准》，以及先后发布的《城市规划工程地质勘察规范》、《城市居住区规划设计规范》、《城市道路交通规划设计规范》、《城市道路绿化规划与设计规范》、《城市用地竖向规划规范》、《城市工程管线综合规划规范》等 20 多项城市规划技术标准和技术规范，涉及城乡规划的各有关方面，初步形成了我国城乡规划技术标准和规范体系，为规范我国城乡规划的编制和实施提供了科学依据和技术保障。

（四）我国第二部法律《城乡规划法》颁布

21 世纪以来，我国城乡规划的法制建设，在科学发展观的指导下，又有了新的发展。2002 年 5 月，国务院发出《关于加强城乡规划监督管理的通知》；2004 年 10 月，国务院发出《关于深化改革严格土地管理的决定》，强调要“加强城市总体规划、村庄和集镇规划实施管理”；2002 年 8 月，建设部颁布《近期建设规划工作暂行办法》和《城市规划强制性内容暂行规定》；2003年，建设部颁布《城市抗震防灾规划管理规定》；2003年12月，国家四部委印发《清理整顿现有各类开发区的具体标准和政策界限》；2004年2月，建设部等四部委发出《关于清理和控制城市建设中脱离实际的宽马路、大广场建设的通知》；2002~2006年，建设部相继颁布了《城市绿线管理办法》、《城市紫线管理办法》、《城市蓝线管理办法》、《城市黄线管理办法》；2005年9月，建设部、监察部发出《关于开展城乡规划效能监察的通知》；2005年12月，建设部颁布了新的《城市规划编制办法》；2007年10月28日《中华人民共和国城乡规划法》颁布，自2008年1月1日起施行。《城乡规划法》共7章70条，对城乡规划的制定、城乡规划的实施、城乡规划的修改、监督检查、法律责任等作了明确的法律规定，成为一部更加符合我国社会主义现代化建设新时期城乡统筹发展需要的完备法律。从《城市规划法》发展到《城乡规划法》，体现了我国城乡规划法制建设的重大进步，树立了新中国城乡规划发展历史上一座新的里程碑。

## 第三节　城乡规划法规体系的构成与框架

2008年1月1日起开始施行的《中华人民共和国城乡规划法》对城乡规划的制定、实施、修改、监督检查、法律责任等作了更为明确的法律规定，成为一部更加符合我国社会主义现代化建设新时期城乡统筹发展需要的法律。城乡规划法规体系主要是指城乡规划法律规范性文件的构成方式，是关于调整我国城乡规划和建设管理方面所产生的社会关系的法律、行政法规、地方性法规和规章的总和。按其构成特点可分为纵向体系和横向体系两大类。

### 一、城乡规划法规体系的构成

（一）法规体系的分类

1．纵向体系

城乡规划法规的纵向体系，是由各级人大和政府按其立法职权制定的法律、法规、规章和规范性文件四个层次的法规文件构成。其特点是，纵向体系的各个层面的法规文件构成与国家各个层次组织的构成相吻合。我国的人民代表大会和政府主要分为三个层次：即国家、省（自治区、直辖市）、市（县）。相应地，纵向法规体系也由全国人大制定的法律和国务院制定的行政法规，省、直辖市、自治区人大制定的地方性法规和同级政府制定的规章，一般市、县和城市规划行政主管部门制定的规范性文件等组成。纵向法规体系构成的原则，是下一层次制定的法规文件必须符合上一层次法律、法规，如国务院制定的行政法规必须符合全国人大制定的法律；地方性法规文件必须符合全国人大和国务院制定的法律、法规，不允许违背上一层次法律、法规的精神和原则。

2．横向体系

城乡规划法规的横向体系，是由基本法、配套法和相关法组成。基本法是城乡规划法规体系的核心，具有纲领性和原则性的特征，但不可能对各个实施细节作出具体规定，因而需要有相应的配套法来阐明基本法有关条款的实施细则。相关法是指城乡规划领域之外，与城乡规划密切相关的法规。完善我国的城乡规划法规体系，要以《中华人民共和国城乡规划法》为核心，做到基本法与单项法相配套，国家立法与地方立法相配套，行政管理法规文件与技术管理法规文件相配套。

（二）法规文件的分层

1．国家城乡规划法

《城乡规划法》是国家法律，主要调节城乡规划与社会经济及城乡建设和发展过程中的各项关系。确立城乡规划法规与其他法律法规之间的相互关系；建立城乡规划合法性的基本程序和框架，确定对违法行为的处置量度及执行主体；确立政府行政部门执行城乡规划的职权范围及相应的社会机制。1993 年 6 月国务院颁布了《村庄和集镇规划建设管理条例》。这“一法一条例”,是《城乡规划法》实施前城市规划工作和乡村规划工作的基本法律依据。

根据《城乡规划法》的规定，近期，城乡规划方面的法律、行政法规将由之前的“一法一条例”扩展为“一法三条例”。“一法”由《城市规划法》演变为《城乡规划法》;“三条例”，则是在《村庄和集镇规划建设管理条例》之外，增加了《风景名胜区条例》和《历史文化名城名镇名村保护条例》。目前，《风景名胜区条例》已于 2006 年 12 月 1 日开始实施，《历史文化名城名镇名村保护条例》于 2008 年 7 月 1 日起实施。

《城乡规划法》颁布实施后，《村庄和集镇规划建设管理条例》以及有关城乡规划的部门规章、地方性法规和地方政府规章需要根据《城乡规划法》的规定及时进行修订、完善，以保持城乡规划法制的统一。

2．国家城乡规划行政法规

国家城乡规划行政法规主要是根据国家城乡规划法建立国家整体的城乡规划编制和实施的行政组织机制及相应的行政措施。其中应当包括国家和地方政府的各级城乡规划行政主管部门的职责、权力和义务，中央和地方各类行政部门之间的相互关系以及在城乡规划实施过程中的相互分工和协作，同时还应包括制定城乡规划文本和执行城乡规划实施管理的基本程序和主要原则，明确政府城乡规划管理部门的操作过程与社会运作机制的互动关系。

根据“一法一条例”的规定，建设部发布了一系列的部门规章，对“一法一条例”的规定予以细化。建设部规章包括《城市规划编制办法》、《城市国有土地使用权出让转让规划管理办法》、《开发区规划管理办法》、《城镇体系规划编制审批办法》、《建制镇规划建设管理办法》、《城市规划编制单位资质管理规定》、《城市绿线管理办法》、《外商投资城市规划服务企业管理规定》、《城市抗震防灾规划管理规定》、《城市紫线管理办法》、《城市黄线管理办法》、《城市蓝线管理办法》等。

3．地方城乡规划法规

地方城乡规划法规是由地方立法部门根据国家城乡规划法和相关的法律法规，结合地方社会、政治、经济、文化等方面的具体情况，确立地方城乡规划制度的基本框架，划分地方立法、行政、司法等部门之间的分工和相互协作，确定地方城乡规划行政管理部门的基本组织和相应的职责权限，明确当地城乡规划编制、实施的程序和原则，建立城乡规划法规各地方法规之间的相互协同关系，对违法行为处置的主体和相应的量刑原则等。

在地方性法规、地方政府规章方面，全国31个省、直辖市、自治区都制定了实施《城市规划法》办法或城市规划条例；各地又根据各自的实际情况，制定颁布了有关的政府规章，如《北京市城市规划条例》、《福建省实施（中华人民共和国城乡规划法）办法》、《厦门市城乡规划条例》等。

4．部门规章

部门规章包括国家和地方城乡规划行政主管部门制定的有关保证城乡规划顺利开展的规章制度。该类法规应当能够涵盖城乡规划过程中所涉及的城乡规划部门内部以及城乡规划部门与社会各部门和个人与城乡规划直接相关的所有行为，确立这些行为合法化的途径、界限、组织机制和相应的基本原则，对违法行为进行处置的程序和量刑标准等；同时也应当包括城乡规划编制和城乡规划实施的依据、决策途径和相应的行政管理措施。

5．相关的法律法规

城乡规划与城乡建设和发展过程中的所有行为直接相关，因此，城乡规划既受到规范这些行为的法律法规的制约，同时也对这些行为进行规范。与城乡规划相关的法律法规主要有：行政管理、土地管理、环境管理、房地产管理、绿化管理、文物和风景名胜区管理等等方面。这些法规的主要内容和相应的组织机制应当体现在城乡规划的法律法规之中，同时，在这些法律法规中也应当体现城乡规划的原则、组织和管理的程序等内容。

6．城乡规划技术标准

城乡规划技术标准是城乡规划行为合法化的一项重要标准，它所规范的主要是城乡规划内部的技术行为，它的内容应当能够涵盖城乡规划过程中的所有的一般化的技术性行为，也就是在城乡规划编制和实施过程中具有普遍规律性的技术依据。

城乡规划技术标准分为三个层次。第一层为基础标准，是指作为其他标准的基础并普遍使用，具有广泛指导意义的术语、符号、计量单位、图形、模数、基本分类、基本原则等的标准；第二层为通用标准，是针对某一类标准化对象制定的覆盖面较大的公共标准；第三层为专用标准，是针对某一具体标准化对象或作为通用标准的补充、延伸制定的专项标准。《城乡规划技术标准体系》共包括城乡规划技术标准48项，其中基础标准6项，通用标准11项，专用标准31项。目前已发布实施的有《城市用地分类与规划建设用地标准》、《城市居住区规划设计规范》、《城市道路交通规划设计标准》、《城市工程管线综合规划规范》、《城市给水工程规划规范》、《风景名胜区规划规范》、《城市历史文化名城保护规划规范》、《镇规划标准》等15项标准，仅占拟制定标准的约1/3，而且需要修订。

此外，地方政府也制定了许许多多的城乡规划技术标准，如《福建省城市控制性详细规划管理办法》、《福建省城市规划管理技术规定》、《福建省绿道规划建设导则（试行）》、《厦门市城市规划管理技术规定》等等。

7．城乡规划文本

城乡规划经法律程序的审批之后具有法律效力，因此城乡规划文本同样具有法律法规的特征。城乡规划文本是根据国家和地方的各项法律法规，运用城乡规划的技术操作，对特定地域范围内的城乡建设和发展内容进行具体规定的法定文件。城乡规划文本应当包括两部分的内容，即文字性的文本和对文字文本进行说明或具体化的图纸。

我国有关城乡规划的法规在近 20 年时间内有了很大的发展，但仍然存在着许多问题和空缺，使城乡规划控制和引导城乡建设和发展的作用还未能充分发挥，其表现为城乡规划法规尚缺乏完整的体系性，城乡规划中的许多内容和行为还都缺乏必要的法律规范；某些法律和法规条文可操作性较差；缺少对程序法的重视而难以规范规划编制和管理的过程；同时，在现行的法律和法规之间、在城乡规划法规和相关法规之间还存在着不配套、相互衔接不够等状况。因此，在今后一段相当长的时间内，规划立法仍将是一项重要的工作。

## 二、城乡规划法规体系框架

在《城乡规划法》公布实施之后，住房城乡建设部和各省、自治区、直辖市立法机构及行政机关对既有的行政法规和地方性法规都进行了检讨、修订和完善。在此期间，住房城乡建设部制定或修订了有关城乡规划编制、城乡建设规划管理、国有土地使用权转让、规划管理、规划设计收费标准等方面的行政法规；各省、自治区、直辖市立法机构根据《城乡规划法》及相关的法律和法规制定地方性的城乡规划法规，修正完善了各类既有的法规；地方行政机关也据此制定或修订相应的地方行政法规。城乡规划技术规范强化了城乡规划内部的技术管理。同时由其他部门负责编制了大量与城乡规划和城乡建设及管理相关的法律和法规，这些法律和法规与城乡规划的法律和法规相互匹配，在内容上充实了城乡规划法律和法规。至此，城乡规划法规体系的基本框架已基本确立。

我国现行的城乡规划法规框架和现行的城乡规划相关法规框架分别见表 2-1、表 2-2(均不含省、直辖市、自治区的地方性法规文件)。

**我国现行城乡规划法规框架** 表2-1

| 分类 | 内容 | 法律 | 行政法规 | 部门规章 | 技术标准及技术规范 |
|---|---|---|---|---|---|
| 城乡规划 | 综合 | 城乡规划法 | | | 城市规划基本术语标准<br>建筑气候区划标准<br>城市用地分类与规划建设用地标准 |
| 城乡规划编制与审批管理 | 规划编制与审批 | | | 城市规划编制办法<br>城镇体系规划编制审批办法<br>建制镇规划建设管理办法 | 城市规划编制办法实施细则<br>城市总体规划审查工作规划<br>省域城镇体系规划审查办法<br>城市用地竖向规划规范<br>历史文化名城保护规划规范<br>城市居住区规划设计规范<br>村镇规划标准 |

续表

| 分类 | 内容 | 法律 | 行政法规 | 部门规章 | 技术标准及技术规范 |
|---|---|---|---|---|---|
| 城乡规划实施管理 | 土地使用 | | 村庄和集镇规划建设管理条例 | 城市国有土地使用权出让转让规划管理办法<br>建设项目选址规划管理办法<br>城市地下空间开发利用管理规定 | |
| | 公共设施 | | | 停车场建设和管理暂行指标的规定 | 停车场规划设计规则（试行） |
| | 市政工程 | | 城市绿化条例 | 关于城市绿化规划建设指标的规定 | 城市道路交通规划设计规范<br>城市工程管线综合规划规范<br>城市防洪工程设计规范<br>城市给水工程规划规范<br>城市电力规划规范 |
| | 待定地区 | | | 开发区规划管理办法 | |
| 城乡规划实施监督检查管理 | 行政检查与档案 | | | 城建监察规定<br>城市建设档案管理规定 | |
| 城乡规划行业管理 | 规划设计单位资格 | | | 城市规划设计单位资格管理办法 | 城市规划设计收费标准（试行）<br>城市规划设计收费标准说明 |
| | 规划师执业资格 | | | 注册城市规划师执业资格制度暂行规定<br>注册城市规划师执业资格认定办法 | |

**我国现行城乡规划相关法框架**　　**表2-2**

| 内容 | 法律 | 行政法规 | 部门规章 |
|---|---|---|---|
| 土地及自然资源 | 土地管理法<br>环境保护法<br>水法<br>森林法<br>矿产资源法 | 土地管理法实施条例<br>建设项目环境保护管理条例<br>风景名胜区条例<br>基本农田保护条例 | 城市蓝线管理规定<br>城市绿线管理规定 |
| 历史文化遗产保护管理 | 文物保护法 | 文物保护法实施条例<br>风景名胜区条例<br>历史文化名城名镇名村保护管理条例 | 文物保护法实施细则<br>城市紫线管理规定 |
| 市政建设与管理 | 公路法<br>广告法 | 城市供水条例<br>城市道路管理条例<br>城市绿化条例<br>城市市容和环境卫生管理条例 | 城市生活垃圾管理办法<br>城市燃气管理办法<br>城市黄线管理规定<br>城市地下水开发利用保护规定 |
| 工程建设与建筑业管理 | 建筑法<br>标准化法 | 建设工程勘察设计管理条例<br>注册建筑师条例 | 建筑设计防火规范<br>工程建设标准化管理规定 |
| 房地产业管理 | 城市房地产管理法 | 城市房地产开发经营管理条例<br>城市房屋拆迁管理条例<br>城镇个人建造住宅管理办法 | 城市新建住宅小区管理办法 |
| 防灾管理 | 人民防空法<br>地震法<br>消防法 | | 城市抗震防灾规划管理规定<br>城市管理规定 |
| 保密管理 | 军事设施保护法<br>保守国家秘密法 | | |
| 行政执法<br>法制监督 | 行政复议法<br>行政诉讼法<br>行政处罚法<br>国家赔偿法<br>公务员法 | | |

## 第四节 《城乡规划法》的基本内容

《城乡规划法》是为了确定城乡规划在社会发展过程中的作用、地位以及与城乡规划有关的法律规章在社会法系中与其他法规的相互关系而制定的。因此，其主要内容应当是界定城乡规划的内容，确立城乡规划体系的内外部框架及其作用范围和作用方式，确定城乡规划行为合法性的法律程序和相应原则。

《城乡规划法》隶属于社会法系的经济法范畴。城乡规划法主要调整的是在城乡地域范围（以及根据法定规划所确定的城乡规划区范围内）进行的各项建设活动过程中所发生的各种社会经济关系。同时由于其本身的特点，尤其是规划编制和实施的大部分工作又由政府组织和承担，因此规划法中又有较多的内容涉及对政府行为的规范，由此而构成了行政法系的一个重要组成部分。

对城乡规划主体的确认，即规定城乡规划的内容。《城乡规划法》内容包括6个部分：①作用范围、权利与义务；②建立城乡规划体系的基本结构，即规定城乡规划过程中的组织结构；③规定法定城乡规划文本确立的程序；④规定城乡规划实施的组织方式及相应的工作程序；⑤确定城乡规划实施过程中具有原则性和指导性的可运用方法；⑥规定城乡规划过程中的法律权限和责任。《城乡规划法》在整体上应当是实体法与程序法的综合，以此确认城乡规划行为在社会行为过程机制中的合法性的界限及其在社会整体关系中的地位。

2007年10月28日，第十届全国人民代表大会常务委员会第三十次会议审议通过《中华人民共和国城乡规划法》，中华人民共和国主席胡锦涛签署第七十四号主席令，公布《城乡规划法》自2008年1月1日起施行。

《城乡规划法》对城乡规划的制定、实施、修改、监督检查和法律责任作了规定。《城乡规划法》共分为7章70条。

第一章“总则”共11条。包括：立法目的，适用范围，城乡规划和规划区的概念，制定和实施城乡规划的原则和要求，城乡规划与国民经济和社会发展规划、土地利用总体规划的关系，城乡规划编制和管理经费来源，单位和个人对于经依法批准的城乡规划的知情权、查询权和对违反城乡规划行为的举报和控告权，鼓励采用先进的科学技术以增强城乡规划科学性和实施监管的效能，城乡规划管理体制等。

第二章“城乡规划的制定”共16条。包括：全国城镇体系规划、省域城镇体系规划的编制和审批程序，城市、镇的总体规划的编制和审批程序，城市、镇的总体规划的内容、强制性内容和期限，城市、镇的控制性详细规划的编制、审批和备案程序及修建性详细规划的编制，乡规划、村庄规划的编制和审批程序，乡规划、村庄规划编制的原则和主要内容，首都的总体规划、详细规划的特殊需要，城乡规划编制单位的资质条件，编制城乡规划的标准和基础资料，城乡规划草案的公告、公开征求意见及专家和有关部门审查等。

第三章“城乡规划的实施”共18条。包括：城乡规划实施的原则，城市、镇及乡、村庄的建设和发展的原则，城市新区的开发和建设与旧城区的改建，历史文化名城、名镇、名村及风景名胜区的保护，城市地下空间的开发和利用，城市、镇的近期建设规划的制定、期限和备案，城乡规划确定的禁止擅自改变用途的基础设施、公共服务设施用地和生态环境用地，选址意见书、建设用地规划许可证、建设工程规划许可证、乡村建设规划许可证的核发及不得在城乡规划确定的建设用地范围以外作出规划许可，建设单位变更规划条件的批准程序，临时建设的批准程序，城乡规划主管部门对建设工程是否符合规划条件进行核实以及建设单位在竣工验收后报送有关资料等。

第四章“城乡规划的修改”共 5 条。包括：城乡规划的实施评估，城乡规划修改的权限和程序，城市、镇的总体规划强制性内容修改的权限、程序，近期建设规划的修改备案，控制性详细规划的修改程序，修改规划给规划许可相对人的合法权益造成损失的补偿，修建性详细规划、建设工程设计方案的总平面图的修改以及因修改给利害关系人合法权益造成损失的补偿等。

第五章“监督检查”共 7 条。包括：县级以上人民政府及其城乡规划主管部门对城乡规划编制、审批、实施、修改的监督检查，地方人大常委会或者乡、镇人民代表大会对城乡规划的实施情况的监督，城乡规划主管部门对城乡规划的实施情况进行监督检查时有权采取的措施及监督检查情况和结果的处理，上级人民政府城乡规划主管部门对有关城乡规划主管部门的行政处罚的监督等。

第六章“法律责任”共 12 条。包括：有关人民政府及城乡规划主管部门在编制城乡规划方面的法律责任，城乡规划主管部门违法核发选址意见书、建设用地规划许可证、建设工程规划许可证、乡村建设规划许可证的法律责任，有关部门违法审批建设项目、出让或划拨国有土地使用权的法律责任，城乡规划编制单位超越资质等级许可的范围承揽规划编制工作的法律责任及违反国家有关标准编制城乡规划的法律责任，未取得建设工程规划许可证或者未按照建设工程规划许可证的规定进行建设的法律责任，未依法取得乡村建设规划许可证或者未按照许可证的规定进行建设的法律责任，违法进行临时建设的法律责任，建设单位未按时报送有关竣工验收资料等情况的法律责任，县级以上地方人民政府对违法建设的行政强制执行，构成犯罪的刑事责任等。

第七章“附则”共 1 条。规定了本法施行的具体时间，《中华人民共和国城市规划法》同时废止。

## 第五节　外国城乡规划法制与借鉴

在人类文明发展史上，很早就有了城乡规划的理论和实践。但是，现代意义上的城乡规划是经济和社会发展到一定阶段的产物。工业革命后，伴随着工业化进程，产业和人口的大规模集中导致城市急剧膨胀。城市在国家的经济和社会发展中越来越处于主导地位，但城市问题也日益激化，特别是城市环境（如公共卫生和住房问题），不仅引发了社会矛盾，也危及经济发展。一些先驱思想家们提出了城市规划理念（例如霍华德提出的田园城市），并有一些开明企业家进行了新型城镇的建设试验，但是完全依靠市场机制和民间行为，显然无法解决城市问题，必须运用政府的行政权力，遵循相应的行政法规，进行必要的行政干预，调整社会各方面的利益，才能保证城市有序的发展。

## 一、城乡规划立法体制

法制是政府行政的依据。1909 年英国颁布了世界上第一部城市规划法，之后，一些工业国家也相继制定了城市规划法，标志着城市规划成为政府行政管理的法定职能。然而，直到第二次世界大战结束以后，伴随着战后经济的复苏和城市现代化进程，这些国家才形成了比较成熟的现代城市规划体系。每一部新的城市规划法的诞生都标志着城市政府在规划行政、规划编制和开发控制等方面的演进。

世界各发达国家城市规划立法体制并不一样，大体上分 3 类

1．中央集权的立法体制

国家拥有统一的城乡规划法和其他城乡规划法相关法律、法规制定权。国家在整个城乡规划工作中主要负责立法，地方城市政府主要负责城市规划的编制和实施，地方城镇社区负责规划管理的具体行政工作。例如英国，地方政府按照国家统一制定的城乡规划法编制各自城市的城乡规划，并由中央政府行政机构的专门部门按照国家城乡规划法律、法规进行审批。在具体的开发控制过程中，国家行政主管部门有权否决任何方式的开发和建设。城乡规划法和城乡规划的解释权在城市政府和城乡规划职能机构。

2．中央立法与地方立法相结合的立法体制

以德国为例，德国的行政管理机构由三个层面构成，即联邦级、州级和市镇社区级。德国的城乡规划法规有：联邦制定的法律、法规，州制定的法律、法规，以及各市镇社区制定的相关的法律规范等三个层面组成。下一级制定的有关城乡规划建设和管理的法律、法规，必须符合上一级制定的城乡规划、建设和管理的法律、法规，不允许违背上一级的法律、法规。法国和日本也属于这种类型的立法体制。

3．地方立法体制

这种类型的城乡规划立法体制以美国为代表，国家没有统一的城乡规划法，由地方政府按各自情况制定城乡规划法律、法规。

## 二、城乡规划法律体系

通过对一些发达国家的城乡规划法律体系作比较研究，可以发现，一个国家总是以一系列法律规范性文件对城乡规划和建设的各种行为加以规范。这些不同内容和效力的法律规范文件构成城乡规划的法律体系。这些国家城乡规划法律体系尽管内容各异，但其基本构成却很相似。一般可分为横向体系和纵向体系。目前，尚没有任何国家能够以一部法典全面覆盖城乡规划领域的一切行为。

（一）城乡规划横向法律体系

城乡规划横向法律体系包括：城乡规划主干法、从属法、专项法和技术条例，以及与城乡规划法平行的相关法。其中的主干法、从属法和专项法构成了一个国家城乡规划法律规范的核心体系。

1．主干法和从属法

城乡规划法是城乡规划法律体系的核心，因而又称作主干法（Principal Act）。其主要内容是有关规划行政机构及其职责、规划编制和批准程序、开发控制程序等法律条款。尽管各国城乡规划法的详略程度不同，但都具有纲领性和原则性的特征，不可能对各个实施细节都作出具体的规定，因而需要相应的从属法规（Subsidiary Legislation）来阐明规划法中有关条款的实施细则。特别是在规划编制和开发控制程序性规定方面，如果没有从属法规，规划法会变得冗长庞杂，而且每当发生细节变化时，都得面临修改主干法的烦琐环节。根据立法体制，规划法由国家立法机构（例如，议会）制定，从属法规由规划法授权的政府规划主管部门制定（例如，英国的环境部，新加坡的国家发展部），并报议会备案。

2．专项法

城乡规划的专项法是针对规划中的某些特定专题的立法，为规划行政、规划编制或开发控制等具体实施提供法律依据。例如，英国的《新城法》、《国家公园法》、《内城法》等。新城、国家公园和内城开发区都由特定的规划机构来负责，规划编制和开发控制的法定程序也与常规不同。新城和内城开发区的规划机构都不是永久性的，最终将移交给地方政府管理。

3．相关法

由于城市建设和管理涉及多个行政部门，因而需要各种相应的行政立法，城乡规划法是其中之一，其他与城乡规划行政有关的法律、法规是相关法，这些法律、法规会对城乡规划产生重要的影响。以英国为例，1985 年的《地方政府法》撤销了伦敦和其他 6 个大都会政府，其规划职能随之移交给下属的区政府，影响到规划编制和开发控制。在美国，根据《国家环境政策法》，许多州政府要求大型发展项目进行环境影响评估。《清洁空气法》和《清洁水体法》规定的排放许可制度对于开发活动也有显著的影响。

（二）城乡规划纵向法律体系

由国家与地方各级议会、政府制定的有关城乡规划、建设和管理法律、法规构成纵向法律体系。纵向法律体系的构成与国家的政府行政体制构成相吻合。例如德国，虽然没有联邦一级的专门规划立法（原联邦德国的《建设法典》是建设方面最权威的法律文件），只有州及州以下地方政府的城乡规划行政立法，也形成一定层次的城乡规划纵向法规体系。

## 三、城乡规划法与规划政策

（一）城乡规划法立法伦理的演变

现代城乡规划法的诞生与公共政策、公共干预密切相关。直接相关的是土地权利中的公共权高于所有权的意识的建立。例如，英国制定第一部城乡规划法的直接原因是城市卫生问题，尤其是针对住宅区内的卫生和消防状况。城乡规划法是在对城市卫生、消防等公共事务进行干预时确立的公共权力。当时，各国城乡规划法的导向目标是城市空间的有序性。进入20世纪，城乡规划立法明显导入了社会公正的概念，城市空间的有序性有了社会公正的内涵。空间的有序性只是作为一种手段而不是目标，社会公正逐步成为城乡规划的核心理念。经历了第二次世界大战后的重建，20世纪的城乡规划法，重视了对文物古迹保护、环境保护，以及对私有土地赔偿问题等。至20世纪70年代，西方规划界坚信城乡规划能够引导城乡发展，可以按照社会的要求塑造城市的未来。例如，1971年德国制定的《城市建设促进法》。20世纪80年代，西方工业化国家的议会和政府普遍处于右翼党派的控制之下，城乡规划法的权威性逐步弱化。例如，法国将规划的编制权下放到地区级，造成了一时的混乱。西方工业化国家是市场经济体制的国家，市场经济是一种以法律为规范的经济，失去法律机制，市场经济就会处于无序状态。城乡规划成为一种解决社会集团之间利益分配的技术手段。城乡规划法就是平衡国家、地方、企业和居民这四者之间的利益，保证城市发展的活力，实现城市土地等空间资源最有效配置的一种行政法。

（二）城乡规划法的内容

对各发达国家城乡规划法的内容框架进行比较可以看到，虽然在编写体例上各国有较大的差异，但就其内容而言有许多共性。规划法的内容从规范城乡规划这一政府行政行为来说，其内容可分为核心内容和一般内容两个层次。

核心内容包括，确定城乡规划的行政关系，规范行政行为（例如行政主管机构的设置），建立城市空间资源的分配和环境控制的技术手段（例如城乡规划的制定和审批，城乡规划的实施等），保障城乡规划中公众权利的有关规定（例如城乡规划诉讼的规定、公众参与等），对违例发展的法律责任和处罚也出现在一些国家的规划法中（即行政主体、行政相对人等法律关系的主体因违反行政法律规范，必须依法承担相应的法律责任）。在各项内容的规定中，程序性规定是一个重要的方面。程序性规范是实体性规范的保证，行政程序法定是现代立法的特色。程序性规定的目的在于规范行政行为，纳入公众参与，体现行政的公正、公平、公开。各国城市规划法都在不同的章节，针对不同的行政行为规定相应的程序性规范。有的甚至对程序中的每一步都进行详细的规定，不依据有关程序的行政活动就属于违法活动。有关程序性的规定，有些国家写入规划法，如日本的1968年城乡规划法；有些在专项法或从属法规中加以规定，如新加坡的1962年总体规划条例。

一般内容包括，法律适用范围、名词解释和其他杂项内容。

（三）城乡规划法的涵盖范围

规划法的涵盖范围与一个国家的土地制度和空间规划体系有关，一般包括区域和社区两个层面。社区可以到最小的生活单元，或者称之为市政区，在日本指区市町村。有些国家的区域规划与城乡规划在一部法律内规范；有些国家针对区域规划专门立法，例如日本。

（四）城市规划政策

在各国的城乡规划法中，具体条文都是规定性的，具有约束力。反映政府对于城市发展导向的原则性立场、总体目标等的阐述，一般通过政府的政策性文件或以战略规划的形式来体现。城乡规划政策也是城乡规划编制和开发控制的重要依据，是引导立法的价值基础。城乡规划的政策涉及面广，反映政府的价值判断和政治决策，具有明显的引导作用，并且可适时修订。相对而言，城乡规划法是对于具体的、普遍性的规划管理的问题作出规范性的规定。

在美国，联邦政府没有直接管理城乡规划的行政权力，但是，可以通过各种途径，对州和地方的城市发展政策和规划的施行提供必要的政策引导。这种政策引导影响到规划过程的基本结构，以及在此过程中必须考虑的因素。英国除了国家的规划主干法及其从属法外，中央政府关于城市发展和城市规划的政策性文件也是地方政府的发展规划和开发控制所应遵循的依据。在澳大利亚，随着经济和社会的发展。规划中的战略性问题较受重视。20 世纪 80~90 年代，一些州的州政府及其规划主管部门都制定了政府的发展政策。通过政府的政策为具体的规划和建设开发提供宏观的导向。规划政策在很大程度上成为地方层面规划之上的战略性规划。

## 四、完善我国城乡规划法规体系

我国已经基本形成了以城乡规划法为核心的城乡规划法规体系，但是法律规范不完善、不配套的问题还存在，在法制建设中需要进一步加以调整和补充。参考国外的经验，根据我国城市发展的具体情况，我国城乡规划法制建设要注意这样几个问题：一是在立法的指导思想上，城乡规划法制建设应体现从计划经济到市场经济转变中的立法伦理的变化，从传统的国家本位转到保护公民、法人和社会团体的合法利益的基础上来，保证城乡规划的公正、公平和效率，这是规划立法应遵循的基本原则；二是在立法的内容上，要加强程序性的行政立法，以保证城乡规划决策的科学性、民主性、公正性和效率性；三是要重视城乡规划政策的研究和制定，使规划政策与城乡规划法律规范刚柔相济、相辅相成，指导城乡规划的编制，促进城乡规划的实施。

# 第三章　城乡规划的依法行政

“全面推进依法治国”，这是党的十八大报告中的明确要求，是建设社会主义法治国家的基本方略。依法行政是依法治国的重中之重，是依法治国的核心。城乡规划管理实施依法行政是依法行政的必然要求，有必要从城乡规划工作领域充分认识依法行政的重要性和必要性，以便提高认识、统一思想，增强规划管理依法行政的自觉性。本章主要就依法行政的含义、要旨、原则和意义，并围绕城乡规划的制定、规划许可的审批以及规划行政检查、行政处罚和行政强制等主要行政行为的实施，如何做到依法行政，分别进行阐述。

## 第一节　行政与行政法

### 一、行政的概念、主体与行为

（一）行政的概念

关于“行政”的概念，理论上众说纷纭，“行政”与“管理”是密切相连的，其基本内涵则是，国家行政机关为实现国家的职能和任务，代表国家管理社会各种事务、维护公共利益，而行使的执行、指挥、组织、管理、监督等活动的过程。

从本质上看，行政是伴随着国家的产生而产生的。同时，国家也必须通过行政，由法律赋予的特定的国家机关（亦即行政机关）实现国家的职能和任务。否则，国家职能体系的这一部分就会变成空白，从而导致国家职能和任务的搁浅。因此，更进一步地说，行政是实现国家这类职能的一个过程。例如，我国宪法规定，实现国家的现代化是社会主义建设新时期我国的战略目标和主要任务。而实现国家的现代化，涉及国民经济、社会发展、科学文化的现代化，是一项庞大的系统工程。城市是经济、社会发展的载体，在国民经济发展中处于中心地位，发挥着主导作用。没有城市的现代化，就谈不上国民经济等各项事业的现代化；要把城市建设好、管理好，首先要把城市规划好，要重视城市规划行政工作。

现代行政管理协调着各种社会活动，承担着多种多样的任务。这些任务综合起来，有以下八个方面的功能：

1．组织功能

组织是为了实现一定时期的国家经济和社会发展目标，对权力所做的组合过程。组织可分为两个层次：一是在宏观决策层面上，例如中央、省、市为实现某一宏观发展目标，对有关部门进行权力组合和设立新的政府机构；二是在执行层面上，例如政府各行政部门或单位，对宏观目标进行细分，组织实现。

2．管理功能

通过管理，使各项社会活动能够协调发展，使各项活动、要求和利益之间不发生冲突，维持社会活动和关系的正常运转。管理功能涉及众多方面，如社会管理、公安管理、规划管理、交通管理等。

3．服务功能

现代行政管理首先要强调服务功能。根据我国《宪法》第二十七条规定，一切国家行政管理机关，要努力为人民服务。服务功能十分广泛，还可以表现为建立公共设施，如图书馆、医院、电影院、运动场等。

4．指导、促进功能

行政管理应当通过自己的活动，推进社会的发展和进步，扶助社会的各种团体和个人，使他们达到或希望他们达到的目标，如消除贫困，普及教育，消除公害，推广科学技术，帮助残疾人等。

5．协调功能

协调，是为了一定的共同目标，对个人行为进行连续性规范和调节的过程。在行政管理中，由于行政任务的增减和规章制度的变化，将不同的力量组合起来，协调其运作行为，实现其行政目标。

6．保卫功能

保卫一定的社会安全，如防御外敌、内部治安，包括防火、防灾等。

7．控制功能

为了实现一定时期的发展目标，制定规划、计划，并在目标实现过程中，由于情况的变化，适时地对规划进行调整，控制其发展规模和速度。

8．监督功能

对行政任务实现过程中，上级行政部门对下级行政部门就有关实施情况进行检查和督促。

（二）行政主体

1．行政主体的概念

行政主体，是指享有国家行政权，能以自己的名义行使行政权，并能独立地承担因此而产生的相应法律责任的组织。行政主体与行政法律关系主体是不一样的。行政法律关系主体是由行政主体和行政相对方两方面的当事人构成。

确立行政主体概念，是依法行政的需要，是确定行政行为效力的需要，是保证行政管理活动连续性、统一性的需要，是确定行政诉讼被告的需要。

2．行政主体与行政机关

行政主体是国家行政机关和法律、法规授权以及接受委托的组织。因为，只有行政机关和法律、法规授权以及接受委托的组织才享有国家行政权力，才能以自己的名义从事行政管理活动，并独立承担因此而产生的法律责任。但是，由于行政机关是一个自成体系的大系统，不可以将“行政机关”一概视为行政主体。例如，政府成立的临时性机构，一般不对外行使国家行政权，因此也就不需要对外承担法律责任。所以，临时性行政机构不是行政主体，除非其接受法定授权。

国家行政机关，又称国家权力的执行机关，是指国家设立的，依法享有并运用国家行政权，负责组织、管理、监督和指挥国家行政事务的国家机关。按照这一定义，国家行政机关必定是行政主体，而且是最重要的行政主体。能否成为行政主体，不仅要静止地看其是否享有行政权，而且还要看其从事某种活动时是否运用行政权，即其以何种身份从事活动。当行政机关行使国家行政权时，其必是以行政主体资格而行之；当行政机关以自己机关的名义从事民事活动时，或以被管理者的身份参加行政法律关系时，其身份是民事法律关系主体或行政相对方。因此，对具有行政主体资格的行政机关也不能一概而论。

此外，除行政机关外，一定的社会组织，依照法定授权，也可以成为行政主体。

3．行政主体与公务员

行政主体与公务员联系紧密，不可分割，但不能因此将行政主体和公务员等而视之。归根结底，国家行政权是由成千上万的公务员具体实施的。但是，公务员与国家之间存在着一种行政职务关系。在与国家行政机关的对应关系上，公务员享有一系列法定的权利，同时肩负有法定的义务。例如《国家公务员暂行条例》第六条规定：依照国家法律、法规和政策执行公务员的义务。在与行政相对方的对应关系上，公务员是行政主体的构成人员，代表行政主体实施行政权的，只能以行政主体的名义从事公务员活动，其职务行为的一切后果均归属于所属国家行政机关或授权组织，公务员并不直接承担因此而产生的法律后果。并且，行政主体只能是组织，各个具体的公务员本来就欠缺成为行政主体的客观要件。所以，公务员不能成为行政主体。这就是说，公务员并不是行政主体，但行政活动是由成千上万的公务员代表行政主体具体实施的，行政主体与公务员是一组联系紧密、不可分割但又性质不同的概念。

（三）行政行为

1．行政行为的概念

行政行为是国家行为，是行政主体依法行使国家行政权力，对国家行政事务进行管理并产生法律效果的行为。行政行为包含了以下几层含义：

(1) 是行政主体的行为。这是行政行为的主体要素，行政行为只能由行政主体作出。不管是行政主体直接作出，还是行政主体通过公务员作出，均不影响行政行为的性质。如果是其他机关或社会团体作出，必须由行政主体依法委托，否则，不能认为是行政行为。

(2) 是行政主体行使行政职权、履行行政职责的行为。这是行政行为的职权、职责要素，行政主体是为了实现国家行政管理职能才从事一定的活动。行政主体为了维护自身机构正常运转，还要实施很多民事行为（如购买办公用品）和内部管理行为，这些都不是行政行为。只有行政主体行使国家行政职权对社会公共事务进行的管理行为，才是行政行为。

(3) 是产生法律效果的行为。这是行政行为作为法律概念的法律要素，是指行政行为具有行政法律意义和产生行政法律效果，在于强调行政主体要为自己的行为承担法律责任。例如城市规划行政主管部门核发给行政相对方建设用地规划许可证，相对方就有了申请用地的权利。对违法建设处以罚款，就产生了相对方交纳一定款项的义务。规划行政机关的宣传、调查、指导等行为不直接产生法律效果，不是行政法律意义上的行政行为。

2．行政行为的特征

行政行为与民事行为和其他国家机关的行为相比较，主要具有下述特征：

（1）从属法律性。行政行为是执行法律的行为，从属于法律。任何行政行为必须有法律依据，依法行政是社会主义民主政治和依法治国的基本要求。行政行为不同于立法行为，立法行为是创制法律规范，行政行为是执行法律规范。特定的国家行政机关虽然也可以创制行政法律规范（行政立法），但是，这是为执行法律规范而制定的规范，是从属性的规范。行政立法不是严格意义上的立法行为，而是从属性的立法行为。行政行为的从属法律性是由行政主体的法律地位所决定的。

（2）裁量性。行政行为虽然必须有法律依据，但是任何法律都不可能将行政主体的每一个行政行为的细节都予以规定。况且，现代国家社会、经济急剧发展变化，法律是具有相对稳定性的，一旦制定就不能随意修改。一般立法都给行政主体留有自由裁量的余地，否则，无法进行有效的行政管理。当然，这种自由裁量是在法律、法规范围内的自由裁量，不是无限制的自由裁量。行政行为的裁量性是由行政主体的权力因素的特点所决定的。

（3）单方意志性。行政主体的行政行为，只要在组织法和法律、法规授权范围内，即可自行决定和直接实施，无须与行政相对方协商或征得同意。即使在行政合同行为中，也不乏行政单方意志性的表现。

（4）效力先定性。所谓效力先定，是指行政行为一经作出，就事先假定其符合法律规定，在没有被国家有权机关宣布为违法之前，对行政主体和行政相对方以及其他国家机关都具有拘束力，任何单位和个人都必须遵从。行政行为的效力先定是事先假定，并不意味着行政行为绝对正确，不可否定。否定行政行为，须经过国家有权机关依职权和法定程序审查认定。这种行政行为的效力先定性，是源于行政行为是为了维护社会公共秩序和公共利益，使其有所保障，需要赋予其这种特权。

（5）强制性。行政行为是行政主体代表国家实施的行为，故其以国家强制力作为实施的保障。行政主体为行使其管理职能，享有相应的管理权力和管理手段。在其行使行政职权行为遇到障碍而无其他途径克服时，可以运用其行政权力和手段，或借助其他国家机关的强制手段，消除障碍，保证行政行为的实现。行政行为的强制性是行政行为国家强制力作用的结果。

## 二、行政法的概念、原则与特征

### （一）行政法的概念

行政法是规定国家行政机关行政管理活动的法律规范的总称。它的调整对象是国家行政机关在行政管理活动中发生的各种社会关系。这种社会关系必须是国家行政机关参与其间并起主导作用。

我国行政法调整的各种行政关系可以概括为以下四大类：

（1）行政机关与其他国家机关的关系。包括行政机关与权力机关、审判机关、检察机关等关系。

（2）行政机关内部的关系。包括上级行政机关与下级行政机关的关系、同级行政机关之间的关系、行政机关与其工作人员之间的关系。

（3）行政机关与其他社会组织的关系。包括行政机关与企业事业单位的关系，行政机关与各种社会团体的关系。

（4）行政机关与个人的关系。包括行政机关与公民、外国人和无国籍人的关系。

在上述四类关系中，有的是领导与被领导的关系，有的是管理与被管理的关系，有的是监督与被监督的关系，有的则是分工协作关系。所有这些关系都应由行政法加以规范，受行政法调整。

（二）行政法的基本原则

（1）行政法的基本原则，系指贯穿在行政法中，指导和统帅具体行政法律规范，并由它们所体现的基本精神，是要求所有行政主体在国家行政管理中必须遵循的基本行为准则。

（2）行政法基本原则不同于具体的行政法律规范。前者在效力层次上比后者高。行政法律规范是行政法的最小细胞，它的制定必须与行政法基本原则相一致，其内容必须体现行政法基本原则的精神。如果两者不一致，必须修改行政法律规范，而不是行政法基本原则。

（3）行政法基本原则离不开具体行政法律条文。没有后者，前者便因失去表现形式而无法被反映出来。然而，行政法基本原则并非全由法律条文直接表达，大多原则存在于条文“背后”。

（三）行政法基本原则的特征

行政法基本原则之所以不同于行政法律规范、行政法具体条文以及其他法学和学科的基本原则，乃取决于它自身的有关特征。行政法基本原则具有下列四个主要特征：

（1）行政法基本原则有特殊性。行政法基本原则只能是“行政法”的基本原则，不是适用于所有法的基本原则，更不是适用于行政法以外其他法的基本原则。行政法基本原则的特殊性是建立在行政法与法之间的个别与一般的关系之上，它是相对于法的一般原则而言的。

（2）行政法基本原则具有普遍性。行政法的原则是可分层次的，有的原则适用于国家行政管理的所有领域，有的则只适用于行政管理的某一领域。行政法是有关国家行政管理的法律规范的总和。作为它的基本原则理应适用于国家行政管理的法律规范的总和，作为它的基本原则理应适用于国家行政管理的整个过程和所有领域，达不到这一标准，它便不能算作行政法的基本原则。如果说行政法基本原则的特殊性是相对于其他法的一般性而言的，那么行政法基本原则的普遍性则是相对于国家行政管理各个领域的特殊性而言的。

（3）行政法基本原则具有法律性。作为行政法的基本原则，对行政主体的行政行为具有直接的法律约束力。那就是，任何行政主体，若其行为违反行政法的基本原则，均会导致一种直接的法律后果：行政行为被确认为无效，该行为自始不具法律效力，行政主体还须承担相应的法律责任。不会导致法律后果的基本原则均不能作为行政法的基本原则。

（4）行政法基本原则具有规范性。规范性是法律的明显特征之一。行政法的规范性要求作为行政法基本内容的基本原则也必须规范化。行政法基本原则的规范性不仅表现为其内容的规范性，同时也表现为其表述上的规范性。因而，怎样用规范性的法律语言，而不是生活语言或政治语言来表达行政法基本原则的内容，在行政法学中十分重要。

## 三、行政程序与行政职权

### （一）行政程序的法律意义

政府行政活动程序化与政府活动的民主化、法制化相联系，它是后者的体现和反映。这是行政程序在政府管理上的意义。从纯粹的行政法意义上考察，其意义表现如下：

（1）行政程序合法、适当是行政行为的有效要件之一。行政程序是行政主体实施行政行为必须遵循的程序规则。一种有效的行政行为在程序上必须合法适当。

（2）行政程序违法、失当可以构成相对人申请复议、提起诉讼的理由之一。根据我国行政复议条例和行政诉讼法，相对人不服行政主体的处理决定，可以依法申请行政复议，甚至提起行政诉讼。然而，相对人申请复议或提起诉讼必须有明确、合法的理由。行政主体作出处理决定在程序上违法、失当，可以构成相对人申请复议或提起诉讼的正当理由。

（3）行政程序违法、失当可以构成权力机关和上级行政机关撤销其行为的理由之一。根据宪法第 67 条和第 104 条的规定，县级以上的人民代表大会及其常务委员会，有权撤销同级行政机关不适当的决定和命令；根据宪法第 89 条和第 108 条，各级行政机关有权撤销下级行政机关和所属工作部门不适当的决定和命令。行政机关作出决定和命令不遵守程序规则，便构成同级权力机关和上级行政机关撤销其决定、命令的根据。

（4）行政程序构成行政审查（行政复议）和司法审查（行政诉讼）的内容之一。根据《行政复议条例》第 42 条和《中华人民共和国行政诉讼法》第 54 条规定，行政复议机关和人民法院对于行政主体程序违法的行政行为，有权予以撤销。

### （二）行政职权的法律特征

1．法定性

任何一个组织的行政职权都是依法设定的，而不是自我设定的。换句话说，行政主体拥有行政职权必须通过合法途径，否则行政职权便不能成立。行政主体取得行政职权有两种合法途径：一是通过国家法律、法规的直接设定；二是通过有关行政机关对它的依法授予。

2．国家意志性

行政职权是国家意志的体现，而不是某一行政机关或公务员个人意志的体现。虽然在行政职权的行使中可能被行政职权的实施者参与一定的个人意志，但行政职权本身的内容始终是国家意志的体现。正因为这样，行政职权的行使以国家强制力为保障。

3．专属性

行政职权的归属，在主体上具有专属性。行政职权只属于行政主体，相对人不具有行政职权。

4．不可处分性

行政职权与民事权利不同，它具有不可处分性，即不能任意转让、放弃、赠予等。

5．单方性

行政职权的行使是单方行为，而不是双方行为。行政职权的行使由行政主体单方作出，不以行政相对人的意志为转移。

6．优益性

任何组织和个人，当它行使行政职权时，均依法享有行政优先权和行政受益权。在任何一个行政法律关系中，实施行政职权的主体，相对于行政相对人而言，均处于优益的法律地位。

## 四、行政责任与行政监督

（一）行政责任的概念

行政责任作为行政法学的一个范畴而存在，即指行政法律规范所设定的一种法律责任。目前对行政责任范围划定不一，使得关于行政责任内涵与外延的认识至今仍存在差别，归纳起来主要有下列几种看法：

（1）行政责任就是国家责任，也就是国家赔偿责任。这种观点在主体上，把责任者限于国家，不及公民；在内容上，把责任限于赔偿，显然失之过窄。

（2）行政责任是国家工作人员的责任，是他们“为完成一定的行政职务性质履行的责任”。它包括“法律的行政责任”和“道义性的行政责任”。这种观点把责任主体限于国家工作人员，也有失之过窄的缺陷。

（3）行政责任就是企事业单位、其他社会组织和个人的行政违法所引起的法律责任。这种看法，其主要缺陷在于把行政责任限于“老百姓”一方，与“行政违法”范围相适应。

（二）行政责任的特征

行政责任既不同于道义责任，也不同于其他的法律责任，有其自身的特征：

（1）行政责任是行政主体的责任，而不是行政相对人的责任。行政相对人的责任，就表现为接受行政处罚。

（2）行政责任是一种外部责任，不包括内部责任。行政责任只是指行政主体对行政相对人所必须负责的责任，而不是指内部主体之间或内部人员之间的责任。

（3）行政责任是一种法律责任，而不是道义责任。行政责任不是基于道义或约定而产生，不是一种道义责任，而是由法律（行政法）单方设定，与违宪责任、民事责任、刑事责任相并列的一种法律责任。

(4) 行政责任是行政违法或不当所引起的法律后果，它基于行政关系而发生。行政责任由行政法所设定，发生在行政法律关系中；它是行政主体在国家行政管理中的违法行为或不当行为所导致的一种法律后果。行政责任的这一特性，使其同其他法律责任（违宪责任、民事责任、刑事责任）相区别。

(5) 行政责任是一种独立的责任。这意味着行政责任不能代替其他法律责任，其他法律责任同样不能取代它。因为不同的法律责任有不同的内容与形式，有不同的承担条件。行政责任与纪律责任同样不能相互替代。

（三）行政监督的含义

行政监督是党、国家机关和人民群众对国家行政机关及国家公务员在行政管理过程中遵纪守法情况的督察和督导活动，它也是一种法制监督。

(1) 行政监督的主体是党、权力机关、检察机关、审判机关、企业、事业单位、社会团体、公民。党的监督主要是指中国共产党从中央到地方乃至基层组织的监督。我国社会主义的行政监督主体具有空前的广泛性和群众性。

(2) 行政监督的对象是各级国家行政机关及其公务员。前者主要指中央行政机关（如国务院及其组成部门、直属机关）和地方各级国家行政机关（如省、自治区、直辖市人民政府及所属各厅、局、委员会和自治州、县、自治县、市、市辖区、乡、民族乡、镇的人民政府）。后者是指在各级人民政府中行使国家行政权力、执行国家公务的人员。

(3) 行政监督的目的主要是保障社会主义民主和法制，保障行政机关依法行政，保障行政法的实施和行政职能的实现，即确保行政行为的合法性、合理性和有效性，提高工作质量和工作效率。

(4) 行政监督是一种法制监督。一方面，这是由于行政监督各主体所享有的监督权，都是法律赋予的，所实施的监督活动都需依法进行。另一方面，针对行政机关及其工作人员的监督，无论是对行政活动合法性及合理性的监督，还是对行政人员遵守国家法律、政府纪律的监督，都是对其在行政活动中遵守法制情况的监督。目前我国行政监督法制化的重要任务在于制定行政监督程序法，使行政监督程序化、规范化、制度化。

（四）行政监督的原则

行政监督的原则是指行政监督应当遵循的基本准则和指导思想。它对行政监督的实施起着指导和规范作用。

(1) 经常性原则。行政监督不是一种临时的措施，它应当依靠广大人民群众经常地进行。监督应当贯穿于政府管理的始终，即应当贯穿于政府的决策、组织、协调、执行等各个管理环节中。只有经常监督，才能揭露政府机关所有管理环节上的缺陷和公务员的违法失职行为，查明产生这些问题的原因，并且消除这些原因。缺乏经常监督将导致政府管理中的不良行为难以及时得到纠正。

(2) 广泛性的原则。首先，监督主体应具有广泛性，社会主义国家本质的民主性和人民性决定了人民群众对政府实施监督的神圣权利。其次，监督对象和范围的广泛性，行政监督应当对一切行政机关的行政管理行为、行政措施、行政法规的实施等进行监督。

(3) 公开化的原则。加强监督工作的透明度,使一切不合理的行政行为及非法行为"曝光",置于舆论和广大人民群众的监督之下。为确保行政监督的公开化,应建立健全规章制度,应将政府的管理和决策活动在法定范围内向社会公开。各国行政监督的成功经验表明,公开化是行政监督的有力武器和必经之路。

(4) 确定性原则。何种机关对何种机关实施监督,何种机关属何种机关监督,以及监督的范围、任务、方法都必须是具体的、明确的。这便是行政监督的确定性原则。监督机关的法律地位、工作权限、监督范围、监督程序如果缺乏明确性,监督机关是无法实施监督的。

(5) 有效性的原则。这是指监督要有效率和效果。要根据相应的情报、信息及时、迅速地实施监督行为,发现和查明可能或已经导致违法、失职行为产生的原因、条件,并及时迅速地消除这些原因和条件,预防违法失职行为的发生。监督要有效果是指违法必究,执法必严,对违法失职者要一视同仁地追究责任,绳之以法,做到法律面前人人平等。

行政监督的这五个原则是统一和连贯的,在行政监督的过程中缺一不可。只有在行政监督的过程中全面统一地贯彻实施这些原则,才能确保监督工作的顺利开展,避免和防止监督工作中的"虚监"和"失监"现象。

## 第二节 依法行政的原则和要求

### 一、依法行政的原则

(一) 依法行政的内涵

依法行政,简言之,就是行政主体行使行政权力、管理公共事务必须有法律授权并依据法律规定进行。依法行政的内涵可以从以下几个方面来理解:

1. 如何"依"法?

这里涉及法与行政的关系。行政离不开法,必须通过法来约束行政的随意性。行政与法之间,是法控制行政,而不是行政优先于法。这种控制是一种积极的保障(有效行政)和消极的防范(防止滥用职权)的统一。法与行政是相联合而非相对立。在行政与法的关系上,应防止以下倾向:一是将法作为象征,而不是实实在在地执行。二是仅将法作为行政的一种手段,即"以法行政"。因为"以法行政"是行政主体用法这种工具来治理人民,它并没有摆正行政必须服从法的关系。三是规避法律而行政。四是曲解法律而行政。五是突破法律而行政。

2. 如何使依法行政得以实现?

法必须高于行政,行政必须服从法,这是行政与法的基本关系。这一关系的实现,需要一系列制度、体制和思想意识等方面的条件和措施予以保障。重点防止违法的行政行为,消除违法的效果。首先，任何人必须严格按照法律、法规的内容和要求行事（或言行），不得篡改、歪曲、抵制或规避，要忠于宪法、法律。其次，要在行政程序上采取诸如听证程序、公开程序、说明理由、程序等措施，防止违法行为的发生；要在效力上采取撤销或“无效”等办法，使违法行政行为不能发生法律效力。第三，对行政违法的行政主体及其公务员给予制裁。第四，必须有健全的行政救济制度，如行政复议、行政诉讼和行政赔偿制度等，以有效地监督行政主体和保障公民的合法权益。

（二）依法行政的原则

依法行政的原则是指导行政的基本准则，它贯穿于行政活动之中，具体可以分解为行政合法性原则、行政合理性原则、行政效率性原则、行政统一性原则、行政公开性原则和行政责任性原则。

1．行政合法性原则

行政合法性原则是行政的基本原则。它是社会主义法制原则在行政管理中的体现和具体化。其主要内容是：

（1）行政主体要合法。

（2）行政职权必须基于法律的授予才能存在，即“法无授权不得行，法有授权必须行”。

（3）行政职权必须依据法律行使，适用法律、法规、规章文本、条款要合法。行政行为的内容、程序（包括时限）和形式必须合法。

（4）行政授权、行政委托必须有法律依据、符合法律要旨。

2．行政合理性原则

如果说行政合法性原则解决了行政主体行政行为合法性的问题，那么行政合理性原则的宗旨，在于解决行政主体行政行为的合理性问题。就是要求行政主体的行政行为在合法的范围之内，还必须做到合理和实事求是的问题。合理的具体要求是：行政行为应符合立法目的；行政行为要符合自然规律；行政行为要符合国家和人民的利益；行政行为应建立在正常考虑的基础上，不得考虑不相关因素；行政行为要符合正义和公正，平等使用法律规范，不得对相同事实给予不同对待。不合理的行政行为属于不适当的行为，作出不合理行政行为的行政机关必须承担相应的法律责任。

行政合理性原则的存在有其客观基础，行政行为固然应该合法，但是任何法律的内容都是有限的。由于现代国家行政活动呈现多样性和复杂性，特别是像城市规划，专业性、技术性很强，立法机关没有可能来制定详尽的、周密的法律规范。为了保证有效管理，行政机关需要享有一定程度的自由裁量权，根据具体情况，灵活应对复杂局面。此时，行政机关应在法定的原则指导下，在法律规定的幅度、范围内，运用自由裁量权，采取适当的措施或作出合适的决定，以便使普遍性的法律、法规适用于具体的、个别的法律事务。但必须对自由裁量权利的使用加以必要控制，以防止滥用。

在某些特殊的紧急情况下，出于国家安全、社会秩序或公共利益的需要，行政机关可以采取超越法定要求和正常秩序的措施。例如，抢险工程可以先施工后补办规划许可证。

3．行政效率性原则

遵循依法行政的要求并不意味着可以降低行政效率。廉洁、高效是人民群众对政府的要求，提高行政效率是现代行政的标志之一，也是许多国家行政改革的基本目标。效率是针对违反客观实际，反对用烦琐、不必要的设置和官僚主义态度对待人民的事业而提出的政治要求。为追求效率，行政机关一般都采用首长负责制。在法律规定的范围内决策，按法定的程序办事，遵守操作规则，将大大提高行政效率，有助于避免失误和不公，并可减少行政争议。值得注意的是，讲究行政效率并不意味着可以不按客观规律办事；讲究行政效率也不意味着不顾管理效能简单化的处理。符合客观规律，遵循必要的审批程序，实现管理目标是提高行政效率的前提。

4．行政统一性原则

行政统一性原则是保证国家权力统一指挥的要求，包括行政权统一、行政法制统一和行政行为统一三项内容。所谓行政权统一，就城市规划行政来讲，应由城市规划行政主管部门统一行使。所谓行政法制统一，是指行政法律制度的统一。我国行政法规由多级立法主体制定，形成具有层次性的法律规范。不同的主体制定不同效力等级的行政法律规范，要遵守立法的内在等级秩序，即下位法必须遵循上位法来制定。例如，行政法规不得与相关法律冲突，政府规章不得与相关行政法规抵触等。所谓行政行为统一，即行政机关内部要下级服从上级，地方服从中央。一个国家的管理是否有效，取决于它的行政行为是否统一。行政统一原则要求政府上下级之间要有良好的信息沟通渠道，要做到政令畅通、令行禁止。此外，公务员的行为要服从行政机关法制要求。

5．行政公开性原则

《中华人民共和国宪法》规定："中华人民共和国的一切权力属于人民。"人民依照法律规定，通过各种途径和形式，管理国家事务，管理经济和文化事务，管理社会事务。行政公开原则是社会主义民主与法制原则在行政方面的体现，我国行政公开的原则是，国家行政机关的各种职权行为除法律特别规定以外，应一律向社会公开。具体要求是：

（1）一切行政法律、法规、规章和规范性文件必须向社会公开。

（2）行政立法程序、行政决策程序、行政裁决程序和行政诉讼程序公开。

（3）国家行政机关行政，必须把办事的部门、办事的程序、办事的依据、办事的结果公开，接受行政相对人的监督。行政处罚时应当告知行政相对人对不服处理提起申诉或起诉的机关、时限和方式。

（4）行政相对人向行政主体了解有关的法律、法规、规章、政策时，行政主体有提供和解释的义务。

6．行政责任性原则

所谓行政责任性原则，是指行政主体及其行政公务人员对其所实施的行政活动应当承担法律责任，不允许出现只行使行政权力而无相对应的法律责任的现象。行政责任性是容易被人们忽视的一个方面。行政责任包括行政主体的行政责任和行政相对人的行政责任两个方面。如果行政没有责任，也就等同于行政可以随意而为不管行政行为是否合法、合理和公正，行政主体都一概不负责任，那么我们前面所强调的行政合法性原则、行政合理性原则等都将不具任何意义。没有责任的行政和没有责任保障的行政将是对依法行政的否定。有鉴于此，我国强调行政责任性是非常必要的。

## 二、依法行政的基本要求

《中华人民共和国宪法》规定，我国实行依法治国，建立社会主义法治国家。这是我国人民当家作主的本质所决定的，也是建立社会主义市场经济的内在必然要求。依法治国方略的确立，为实现依法行政开辟了道路，创造了前提条件，而依法行政又是依法治国的核心所在。

城市规划的依法行政是依法治国方略的一个组成部分。城市规划行政必须体现人民的根本利益。我国实行社会主义市场经济，城市建设的投资主体和利益主体呈现多元化，现代城市的功能日趋多样化，城市规划经济、社会和建设管理所涉及的社会关系空前复杂。反映在城市规划和规划管理上，传统的以指令性计划为特征的规划行政已不适应，城市规划行政所涉及的复杂的社会关系的调整，必须采取法律的手段，城乡规划走上法治轨道已是必然。城乡规划的依法行政包括六个方面：

1．合法行政

规划管理机关应当依照法律、法规、规章的规定进行。没有法律、法规、规章的规定，行政机关不得作出损害公民、法人和其他合法权益或者增加公民、法人和其他组织义务的决定。

2．合理行政

规划管理机关实施行政管理，应当遵循公平、公正的原则。要平等对待行政管理相对人，不偏私、不歧视。尤其在规划审批工作中，正确把握自由裁量权的行使，排除不相关因素的干扰；所采取的措施和手段应当必要、适当；行政机关实施行政管理可以采用多种方式实现行政目的的，应当避免采用损害当事人权益的方式。

3．程序正当

规划管理机关实施行政管理，除涉及国家秘密和依法受到保护的商业秘密、个人隐私外，应当公开并注意听取公民、法人和其他组织的意见。要严格遵循法定程序，依法保障行政管理相对人，利害关系人的知情权、参与权和救济权。行政机关工作人员履行职责，与行政管理相对人存在利害关系时，应当回避。

4．高效便民

规划管理机关实施行政管理，应当遵守法定时限，积极履行法定职责，提高办事效率，提供优质服务，方便公民、法人和其他组织，最大限度地方便行政相对人。

5．诚实守信

规划行政机关必须对自己的“言”、“行”负责，发布的信息要全面、真实、准确。制定的法规、规章、政策保持相对稳定，不能朝令夕改；因违法行政造成行政相对人人身、财产损失的，要依法予以赔偿；出于国家利益、公共利益或者其他法定事由撤回或者变更行政决定的，对行政相对人因此受到的损失要依法予以补偿。

6．权责一致

规划行政机关依法履行经济、社会和文化事务管理职责，要由法律、法规赋予其相应的执法手段。行政机关违法或者不当行使职权，应当依法承担法律责任，实现权力和责任的统一，做到执法有保障，有权必有责，用权受监督，违法受追究，侵权须赔偿。

## 第三节　城乡规划依法行政的特点和环境

### 一、城乡规划依法行政的特点

城乡规划依法行政具有系统性、综合性、长期性、现实性、地方性和公众参与性等特点。它的对象是整个城乡，是要通过依法行政把城乡规划目标与城乡建设紧密结合起来，保证城乡规划实施。

（一）系统性

城市的发展集中体现着一个国家的文明程度，国家现代化，必须有城市现代化。城市在我国现代化建设中处于中心地位，对社会经济发展发挥着主导作用。城市又是国家对外开放的窗口，我国对外开放政策主要是依托城市来实现的。因此，城市建设与发展合理与否，整体素质高低，综合效益好坏，是关系到社会经济发展全局的大事。城市规划是对城市性质、规模、发展方向和整个城市的土地利用、空间布局、各项建设综合部署和统筹安排，是进行城市建设的先导性工作，关系到城市的全局利益。城市规划依法行政，既要从当前实际出发，兼顾各部门各单位利益，又要面向未来，服从全局，真正使城乡规划工作起到服务社会经济，控制和引导城乡建设和发展的作用。城乡规划依法行政，就是要遵循法律法规，使小利益服从大利益，个人利益、集体利益服从国家利益，局部服从全局。

现代城市是一个多功能、高度聚集的有机综合体，是一个高度复杂的动态巨系统。这就决定了城乡规划的编制、审批、实施是一个系统工程。城乡规划依法行政系统性不仅表现为其对象的系统性，而且表现为管理工作的系统性和城乡规划法规体系的系统性。城乡规划依法行政必须具有系统的观念，以系统工程的方法来进行。

（二）综合性

城乡规划是一项战略性、综合性很强的工作。城乡规划要协调处理城乡发展远期、中期与近期，需要与可能，生产与生活，局部与全局，地上与地下，平时与战时，经济效益与社会效益、环境效益，以及物质文明建设与精神文明建设之间的各种关系，综合考虑、统筹安排各项建设活动，因此，城乡规划依法行政具有很强的综合性，城乡规划依法行政的成败直接关系到城乡的综合效益和整体素质。

城乡规划行政主管部门不是单纯的建设部门，而是一个综合服务的部门，要搞好城乡的居住、工业、道路交通、商业、医疗、文化、卫生、体育、基础设施、园林绿化等各项设施的建设，离不开城乡规划的统筹安排和实施管理。城乡规划依法行政通过运用城乡规划和综合管理手段使各项建设各得其所，获得最佳综合效益。

在编制、审批城乡规划和实施管理过程中会出现这样或那样的矛盾，综合协调和处理这些矛盾成为依法行政的重要工作。在市场经济条件下，城乡规划实施必须依靠政府、经济组织、市民的力量。因此，城乡规划依法行政工作不仅涉及政府决策方面，而且涉及各个部门、单位和个人切身利益，既要在可能条件下满足建设单位、个人的要求，又要与相悖于城乡规划的行为作斗争，既要做思想工作，又要依法办事。当城乡规划受到不合理行政干预时，既要保证规划实施，又要做好解释工作，得到上级领导认可。当遇到意想不到的情况时，必须在法律规范的范围内对规划作出适当调整。

（三）长期性

城乡发展建设不是一朝一夕就能实现的，城乡规划依法行政是一项长期性、经常性、不间断的工作。昔日的城市是今日城市的基础，今日的城市成为将来城市的基础。因此，城乡规划依法行政过程中，要熟悉城市的历史沿革、现状并对未来发展前景作出科学预测，增强城乡规划的连续性和权威性。城乡规划依法行政不能只顾当前，不管今后的发展，应避免单纯追求眼前利益而牺牲长远利益的短期行为。城乡规划不能毕其功于一役而一劳永逸，而是一个长期坚持不懈，不断深化和完善的过程。

（四）现实性

城乡规划是一项实践性很强的工作，它要对城乡的各项建设实践进行综合指导，使城乡规划通过依法行政变为现实。城乡规划的指导思想就是面向未来，立足现实，统筹兼顾，综合部署。依法行政工作要充分考虑城乡发展的客观需要和现实的可能性，对未来进行科学的预测，不能好高骛远，也不能凭空想象，而应当是立足现实，在现实的基础上，正确处理近期建设和远景发展的关系，使城乡规划具有远见卓识，而不是空中楼阁、海市蜃楼，可望而不可及。城乡规划依法行政的现实性，要求它在现实情况和未来设想的结合中依法进行合理的实事求是的选择。

（五）地方性

由于各个城市的地理位置、自然环境条件、历史沿革、经济社会发展情况和城市特色不同，因此，城乡规划具有很强的地方性，城乡规划依法行政的地方性特征十分明显。这就要求不能简单地用一个标准、一种模式来对不同类型和规模的城乡进行规划管理，必须因地制宜，针对自己城市的具体情况进行规划和实施管理。为此，加强城乡规划的地方立法工作十分重要，各个城市应当根据城乡规划法、城乡规划法实施条例和国家的法律、行政法规，以及省、自治区制定的城乡规划法实施办法建立健全城乡规划地方法规体系，规范具体的行政行为。

（六）公众参与性

城乡规划不仅是城市政府意志的体现，也是全体市民意志的体现。城乡规划的制定和实施，必须依靠市民的支持和帮助，这有利于在城乡规划工作中体现公众利益。专家参与、群众监督，是保证城乡规划顺利实施的基础，是促进依法行政和廉政的一种好形式。如不少城市向公众宣传城乡规划，并实行办事公开化制度，即规划审批的政策法规公开、审批管理程序公开、规划管理人员职责公开和审批结果公开，提高规划工作的透明度，广泛接受群众监督。但城乡规划编制和实施环节中公众参与还未在城乡规划法律法规体系中得到体现。

## 二、城乡规划依法行政的环境

城乡规划依法行政必须有一定的环境，建立在一定共同认识的基础之上。只有决策者和公众形成共识，才能保证城乡规划依法行政工作顺利进行。依法行政思想环境涉及决策者和公众的城市意识、规划意识、法制意识和行政意识。

（一）城市意识

城市有别于乡村，城市化进程意味着城市环境、城市形象、城市的生活和工作条件与乡村不同。城市社会、经济、科学技术条件的巨大发展，使城市建设与管理比乡村复杂得多，要把城市规划好、建设好、管理好，首先要有一定的城市意识，尤其是城市管理者和市民，更应具备现代城市意识。随着社会经济和科学技术的发展，现代城市在时间、空间和功能上都发生了很大变化，不能用过去的城市概念来看待现代城市。《城乡规划法》规定直辖市、建制市和建制镇都属于城市的范畴，对于撤县建市的建制市、县城和建制镇，尤其应强化城市意识，绝不能用农村工作的经验来规划、建设、管理城市，更不应当把建制镇划入村镇的范畴。当前，我国撤县建市、县城和建制镇的城市意识比较薄弱，从领导到群众往往认识不到县城和建制镇也是城市，其建设与管理随意性比较大，违章用地和违章建设现象比较严重。

（二）城乡规划意识

世界各国无论哪种体制，城乡规划都成为一项重要的政府职能。尤其在市场经济条件下，城乡建设不按城乡规划来进行是不可想象的。城乡规划是城乡各项建设和管理的“龙头”，这已经是我国城乡发展实践经验的总结。《城乡规划法》的颁布与实施，从法律角度强调城乡规划工作的重要性和它在国民经济建设中的重要地位。“城市规划，纸上画画，墙上挂挂，不如领导一句话”和“规划赶不上计划，计划赶不上变化，变化赶不上领导一句话”的时代已经成为过去，城乡规划已成为广泛的社会实践，其“龙头”地位得到基本确立。到今天为止，我国已经出现了按照城乡规划进行城乡建设的新局面。但是，在一些城市，尤其是小城市、县城、建制镇，城乡规划的意识还不强，依然存在以权代法，以领导的主观意志代替城乡规划，或只注重眼前利益任意改变城乡规划的现象，甚至还错误地认为在市场经济体制下，城乡规划是多此一举，可有可无。

（三）法制意识

我国有着悠久的历史文明和灿烂的文化，早在4000多年前便开始运用法律手段来治理国家。在漫长的封建社会，一方面封建法制日臻完备；另一方面，法自君出，以言代法、以权代法的人治现象越来越突出。新中国成立后，随着1954年宪法的颁布，法制建设取得了一定成绩。但是“十年浩劫”使我国法制建设遭受严重挫折，由轻视法律发展到践踏法律，由以言代法发展到无法无天，致使本来就不完备的法制被破坏殆尽。1986年7月10日中共中央《关于必须坚持维护社会主义法制的通知》，使我国的法制建设出现了新的转机，开创了新的局面。尤其是城乡规划建设领域，1984年1月5日颁布《城市规划条例》，1989年月12月26日颁布《城市规划法》，2008年1月1日起施行《城乡规划法》，标志着我国依法进行城乡规划、建设和管理进入了一个新的历史时期，揭开了我国城乡规划、建设和管理立法的新篇章。但是必须认识到，从全国来讲，城乡规划法规体系尚不完善，执法比较薄弱，城乡规划法制观念不强，不少城市对于各种违法用地和违法建设行为查处还不得力，城乡规划工作全面步入法制轨道，任务仍然繁重。

（四）行政意识

城乡规划是城市人民政府意志的体现。城乡规划行政主管部门是城市人民政府的行政职能部门，城乡规划的组织编制、审批、实施管理、监督检查是一项战略性、政策性、综合性很强的行政工作。城乡规划行政主管部门依法编制城乡规划，并按照批准的城乡规划对各项建设项目选址、建设用地、建设工程进行规划管理，对城乡规划的实施进行监督检查，以及对违法用地和违法建设行使行政处罚权等，都属于依法行政的范畴。

## 第四节　城乡规划依法行政的依据和行为

城乡规划依法行政的依据，主要有计划依据、规划依据、法制依据和经济技术依据等，这四个方面的依据也是进行城乡规划编制、审批、实施管理和监督检查的依据。

### 一、城乡规划依法行政的依据

（一）计划依据

计划依据包括国民经济和社会发展计划、部门计划、建设项目计划等，具体有：

（1）城市经济和社会发展中长期计划；

（2）城市经济和社会发展五年计划；

（3）城市建设年度计划；

（4）建设项目设计任务书或可行性研究报告；

（5）批准的计划投资文件；

（6）技术改造项目计划批准文件；

（7）城市建设综合开发计划批准文件。

（二）规划依据

规划依据包括国土规划、区域规划、城镇体系规划、城市总体规划、详细规划等，具体有：

（1）城市发展战略研究成果；

（2）城镇体系规划文件与图纸（全国、省域、市域、县域城镇体系规划）；

（3）城市总体规划纲要；

（4）经批准的城市总体规划文件与图纸；

（5）专项规划文件与图纸；

（6）近期建设规划文件与图纸；

（7）控制性详细规划文件与图纸；

（8）修建性详细规划文件与图纸或模型；

（9）经城乡规划行政主管部门提出的规划设计条件，审批同意的用地红线图、总平面布置图、市政道路设计图、建筑设计图和工程管线设计图等；

（10）城乡规划行政主管部门发出的规划设计变更通知文件。

（三）法制依据

法制依据包括城乡规划主干法、城乡规划专项法和相关法，由国家法律、法规、行政规章和地方法规、行政规章和技术标准所组成。具体有：

（1）《中华人民共和国城乡规划法》及其相关法律文件；

（2）国务院颁布的《城乡规划法实施条例》；

（3）建设部、国家计委联合发布的《建设项目、选址规划管理办法》；

（4）建设部发布的《城市规划编制办法》以及其他部门规章和批准性管理文件；

（5）各省、自治区、直辖市颁布的《城乡规划法实施办法》；

（6）地方各级人大和政府在自己的权限范围内根据国家法定文件所制定的适合于本地条件的地方法规、地方规章和其他批准性管理文件；

（7）城乡规划行政主管部门制定的行政制度和工作程序；

（8）城乡规划行政主管部门核发的各种建设活动许可证，包括选址意见书、建设用地规划许可证、建设工程规划许可证和临时用地许可证、临时建设许可证以及其他方面的许可证件；

（9）城乡规划行政主管部门对违法用地和违法建设的处理决定。

（四）经济技术依据

经济技术依据包括国家有关科学技术政策、城乡建设政策、专业技术经济规范、相关技术经济规范等，具体有：

（1）《中国城市建设技术政策》（即国家科委蓝皮书）；

（2）国家在城乡规划建设方面的经济技术定额指标和经济技术规范；

（3）根据国家的经济技术要求编制的地区性经济技术要求文件；

（4）城乡规划行政主管部门提出的经济技术要求。

## 二、城乡规划依法行政的行为

依法行政是指国家行政机关遵循依法的原则行使行政权的行为，即行政机关依法对国家社会事务进行管理的行为。城乡规划行政主管部门依法对城乡规划的编制、审批、实施和监督检查行使行政权，综合指导和安排城乡各项建设用地和建设工程活动并对全过程实施监督检查的行为，称之为城乡规划依法行政。城乡规划行政主管部门依法进行城乡规划方面的行政立法、行政执法和行政司法的行为则为城乡规划依法行政行为。依法行政行为具体表现为依法实施制定法规政策、决策执行公务、处理事务、协调关系、组织、管理以及监督检查和进行行政处罚等形式。依法行政根据法律、法规、行政条例的规定组织实施城乡规划，是具有法律效力、产生法律后果的行为。

（一）行政立法

城乡规划行政立法是指城市政府和城乡规划行政主管部门依法制定有关城乡规划方面的具有法律效力的规范性文件的活动。其具体表现反映为建立健全城乡规划法规体系、制定法规文件，进行法规协调、清理、修改、授权解释、废止和审批城乡规划等方面。

1．建立健全城乡规划法规体系

《城乡规划法》颁布后，摆在城乡规划法制领域里的一项首要任务，就是以《城乡规划法》为核心，建立包括法律、行政法规、部门规章、地方法规、地方规章以及行政措施在内的城乡规划法规体系。实现三个方面的配套，即城乡规划的基本法与各个专项法规的配套，国家立法与地方立法的配套，法律法规与行政规章的配套。法规体系包括：国家城乡规划实施行政法规、地方城乡规划法规、部门规章、城乡规划技术标准。

2．法规协调

各种有关法规文件的协调工作，是城乡规划行政主管部门的一项重要职责。国务院城乡规划行政主管部门要对各项需要制定的和修改的法律、行政法规以及部门规章提出协调意见，以免各项法律、行政法规和部门规章与城乡规划方面的法律、行政法规和部门规章相抵触。同时，国务院城乡规划行政主管部门在制定部门规章时还要征求各省、自治区、直辖市城乡规划行政主管部门的意见。省、自治区、直辖市城乡规划行政主管部门要对本辖区各项需要制定和修改的地方法规和地方规章提出协调意见。各市、县城乡规划行政主管部门要对本市、县各项需要制定和修改的地方法规、地方规章、行政措施提出协调意见。

城乡规划行政立法在内容上不能与法律和上级的法规、规章相抵触。因此，制定法规文件时应坚持以下几项原则。一是“依法”原则，即行政法规或规章应依据法律的规定。二是“从上”的原则，即下一级法律法规应遵从上一级法律法规。三是“从新”原则，即同一机关先后制定的文件相抵触时，执法时应依照新制定的文件。

3．法规清理、修改、授权解释和废止

对于已有的城乡规划法规按照立法程序进行清理、修改、授权解释和废止，也是城乡规划行政立法不可少的内容。如原国家建委1980年12月26日发布的《城市规划编制审批暂行办法》就是建设部在发布新的《城市规划编制办法》中明文规定自1991年4月1日起废止的。再如《厦门市城市规划管理技术规定（2010年版）》，大约5年就要重新修改一次（之前是2005年版），作为地方政府的规章，具有同样的法律效力。

（二）行政执法

城乡规划行政执法是具体的行政行为，即城乡规划行政主管部门在规划管理权限范围内，按照法定规划管理程序，对建设用地和建设工程进行管理和监督，包括核发“一书两证”、行政监督检查、行政处罚、行政处分、强制执行等方面。

1．城镇规划管理核发“一书两证”和乡村规划管理核发“乡村建设规划许可证”

《城乡规划法》规定，我国城镇规划实施管理实行“一书两证”（选址意见书、建设用地规划许可证和建设工程规划许可证）的规划管理制度，我国乡村规划管理实行乡村建设规划许可证制度。

法律规定的选址意见书、建设用地规划许可证、建设工程规划许可证、乡村建设规划许可证构成了我国城乡规划实施管理的主要法定手段和形式，其中核发选址意见书属于行政审批，建设用地规划许可、建设工程规划许可或乡村建设规划许可属于行政许可。行政许可是行政机关依法对社会、经济事务实行事前监督管理的一种重要手段，城乡规划许可是城乡规划主管部门应建设单位或个人的申请，通过颁发规划许可证等形式，依法赋予该单位或个人在城乡规划区内获取土地使用权、进行建设活动的法律权利的行政行为。城市规划行政主管部门依法核发“一书两证”是依法行政、严格执法、保证各项建设用地和建设工程符合城市规划，确保城市规划实施的关键环节，也是一项大量性的日常行政执法工作。

2．行政监督检查

城乡规划工作的人大监督、公众监督、行政监督，以及各项监督检查措施，其目的就是健全城乡规划的监督管理制度，进一步强化城乡规划对城乡建设的引导和调控作用，促进城乡建设健康有序发展。

行政监督根据监督部门和监督任务的不同，有不同的分类方法以及监督检查的侧重点。在《城乡规划法》中，对于城乡规划工作行政监督的规定包括两个层面的内容。

一是县级以上人民政府及其城乡规划主管部门对下级政府及其城乡规划主管部门执行城乡规划编制、审批、实施、修改情况的监督检查。也就是通常所说的政府层级监督检查。

二是县级以上地方人民政府城乡规划主管部门对城乡规划实施情况进行的监督检查，即通常所说的对管理相对人的监督检查。包括严格验证有关土地使用和建设申请的申报条件是否符合法定要求，有无弄虚作假；复验有关用地的坐标、面积等与建设用地规划许可证规定是否相符；对已领取建设工程规划许可证并放线的建设工程，履行验线手续，检查其坐标、标高、平面布局等是否与建设工程规划许可证相符；建设工程竣工验收前，检查核实有关建设工程是否符合规划设计条件等；各地普遍开展的查处违法建设的行动等，这些都属于此类监督检查的范畴。

行政监督检查包括上一级城乡规划行政主管部门对下一级城乡规划行政主管部门城乡规划工作的考察、了解、催办、纠正、指令、检查、评比等内容，也包括城乡规划行政主管部门对建设单位和个人关于建设用地、建设工程方面的申请、审查、发证和对“一书两证”执行过程中的行政监督检查，以便及时制止和查处违法用地及违法建设行为。

3．行政处罚

行政处罚是城乡规划行政主管部门依法对违反城乡规划、违反法规规定的有关单位和个人所进行惩戒的行为。《城乡规划法》中对未取得建设工程规划许可证或者违反建设工程规划许可证的规定进行建设所应承担的行政法律责任作了规定。

对违法建设追究行政法律责任的方式是行政处罚，根据违法建设行为的不同阶段和情节轻重，由县级以上地方人民政府城乡规划主管部门采取下列行政措施和进行行政处罚。包括责令停止建设，没收和责令限期改正，并处罚款，限期拆除，没收实物或者违法收入，可以并处罚款。

4．行政处分

县级以上人民政府有关部门违反《城乡规划法》的规定，有下述行为之一的，由本级人民政府或者上级人民政府有关部门责令改正，对县级以上人民政府有关部门通报批评；对直接负责的主管人员和其他直接责任人员，依法给予处分。

（1）对未依法取得选址意见书的建设项目核发建设项目批准文件；

（2）未依法在国有土地使用权出让合同中确定规划条件或者改变国有土地使用权出让合同中依法确定的规划条件；

（3）对未依法取得建设用地规划许可证的建设单位划拨国有土地使用权。

5．行政强制执行

行政强制执行是指公民、法人或者其他组织不履行行政机关依法所作的行政处理决定中规定的义务，有关行政机关依法强制其履行义务。《城乡规划法》规定，城乡规划主管部门作出责令停止建设或者限期拆除的决定后，当事人不停止建设或者逾期不拆除的，建设工程所在地县级以上地方人民政府可以责成有关部门采取查封施工现场、强制拆除等措施。

《行政诉讼法》规定，公民、法人或者其他组织对具体行政行为在法定期间不提起诉讼又不履行的，行政机关可以申请人民法院强制执行，或者依法强制执行。城乡规划主管部门作出责令停止建设或者限期拆除的决定后，当事人在法定期间有权提出行政复议或直接向法院提起诉讼，行政复议或诉讼期间不影响执行。依照《城乡规划法》的规定，城乡规划主管部门作出责令停止建设或者限期拆除的决定后，当事人不执行决定，不停止建设或者逾期不拆除的，建设工程所在地县级以上地方人民政府可以责成有关部门采取查封施工现场、强制拆除等措施。《城乡规划法》赋予行政机关的强制执行权，相对通常行政机关申请人民法院强制执行的规定，是一个特别规定，是基于我国违法建设的实际情况和借鉴国外经验而作出的。

# **中篇** 法规与实务

# 第四章　城乡规划总则

城乡规划是各级政府统筹安排城乡发展建设空间布局，保护生态和自然环境，合理利用自然资源，维护社会公正与公平的重要依据，具有重要公共政策的属性。本章提出了城乡规划的目标与法定要求，以及城乡规划应遵循的原则、权利与义务，并对发展城乡规划科学技术、理顺城乡规划管理体制提出了要求。

## 第一节　规划目标与法定要求

城乡规划是政府对一定时期内城市、镇、乡、村庄的建设布局、土地利用以及经济和社会发展有关事项的总体安排和实施措施，是政府指导和调控城乡建设和发展的基本手段之一。城乡规划不是指一部规划，而是由城镇体系规划、城市规划、镇规划、乡规划、村庄规划组成的有关城镇和乡村建设与发展的规划体系。

### 一、规划目标

城乡规划是政府调控城乡空间资源，指导城乡发展与建设，维护社会公平，保障公共安全和公众利益的重要公共政策之一，城乡规划目标是实现城乡经济社会全面协调可持续发展。

在国际上，城乡规划的作用基本上也是通过空间的调控，从而满足经济社会的发展需要。如，苏联（《城市规划原理》）：在社会主义条件下的城市规划就是社会主义国民经济计划工作与分布生产力工作的继续和进一步具体化；英国（《不列颠百科全书》）：城市规划与改建的目的，不仅仅在于安排好城市形体——城市中的建筑、街道、公园、公用事业及其他的各种要求，而且更重要的在于实现社会与经济目标；美国（国家资源委员会）：城市规划是一门科学、一种艺术、一种政策活动，它设计并指导空间的和谐发展，以满足社会和经济的需要。而在日本比较强调规划技术性，认为：城市规划是城市空间布局、建设城市的技术手段，旨在合理地、有效地创造出良好的生活与活动环境。

综上，城乡规划的终极目标简单地讲，就是让人们的生活更美好！目前，不管是满足经济社会的发展需要，还是创造出良好的生活与活动环境，到城乡规划的具体编制行为，总规、控规、修规等哪个层次，其直接目的有的是为了在一定时期内，寻求城乡未来发展的方向，引领城乡未来的发展。有的是通过调整城乡用地结构及产业布局，加大城乡未来经济收入；有的是确定局部生活空间的打造，让人们对城乡更有归属感。但最后成效的“直接反应体”还是居民（或者说是民众），城乡规划的好坏，要看人们是否得到了更好的生活空间和环境。所以，城乡规划的终极目标应该是让人们得到更美好的生活。因此，城乡规划本质上也是一项为人民服务的工作。

为了达到城乡规划的终极目标，我国《城乡规划法》的出台，为城乡规划的目标实现起到了制度保障作用。

（一）规划立法目的

**【链接】**《城乡规划法》第一条 为了加强城乡规划管理，协调城乡空间布局，改善人居环境，促进城乡经济社会全面协调可持续发展，制定本法。

城乡规划立法目的包括以下三个方面的要求：

1．加强城乡规划管理

规划是人民政府行政管理权的重要内容之一。城乡规划管理就是要组织编制和审批城乡规划，并对城市、镇、乡、村庄的土地使用和各项建设的安排实施规划控制、指导和监督检查。城乡规划工作具有全局性、综合性，只有依法加强对城乡规划的管理，才能使依法批准的各类城乡规划得以落实，有序规范各项城乡建设活动。

2．协调城乡空间布局，改善人居环境

加强城乡规划管理是《城乡规划法》的直接目的，但立法不能仅为了加强规划管理。将城乡规划的编制、审批、实施以及监督检查活动纳入法制化轨道，依法规范、管理城乡建设活动，其根本目的在于以人为本，实现城乡空间协调布局，为人民群众创造良好的工作和生活环境。

如厦门国土面积仅1699km$^2$，城市化水平高，经济也相对发达，但长期以来都是实行城乡二元管理政策，在这样的制度背景下，厦门乡村规划建设一直没有得到足够重视，乡村建设管理以建设管理部门和镇政府审批管理为主，乡村规划管理非常薄弱，乡村建设难以满足农民生产和生活需要，乡村无序建设和土地浪费严重。在厦门岛内外建设一体化的新形势下，适应城乡管理一体化要求，有必要建立统一的城乡规划体系和事权统一的规划行政管理体制，统筹城乡规划建设，协调城乡空间布局，实现厦门市城乡规划管理一体化。

3．促进经济社会全面协调可持续发展

好的城乡规划应当立足当前、面向未来、统筹兼顾、综合布局，要处理好局部利益与整体利益、近期建设与长远发展、经济建设与环境保护、现代化建设与历史文化保护等一系列关系，充分发挥城乡规划在引导城乡发展中的统筹协调和综合调控作用，促进城乡经济社会全面协调可持续发展。

不断改善和提升人居环境，是城市经济社会发展的目的所在。如厦门是一个滨海城市，山地和海域面积占全市辖区面积的比例较大，可供人居发展的用地较少，生态环境脆弱。随着经济快速发展，城市建设日益扩张，城市人口不断增加，环境压力越来越大。针对厦门城市化快速发展的特点，城乡规划应坚持以人为本的原则，城乡规划编制和管理的重点，应落实到对各类资源的有效保护，公共服务设施和基础设施的合理布局等方面。

（二）规划适用范围与基本概念

**【链接】**《城乡规划法》第二条　制定和实施城乡规划，在规划区内进行建设活动，必须遵守本法。

本法所称城乡规划，包括城镇体系规划、城市规划、镇规划、乡规划和村庄规划。城市规划、镇规划分为总体规划和详细规划。详细规划分为控制性详细规划和修建性详细规划。

本法所称规划区，是指城市、镇和村庄的建成区以及因城乡建设和发展需要，必须实行规划控制的区域。规划区的具体范围由有关人民政府在组织编制的城市总体规划、镇总体规划、乡规划和村庄规划中，根据城乡经济社会发展水平和统筹城乡发展的需要划定。

（1）按照本条第一款和第三款的规定，制定和实施城乡规划，在规划区内进行建设活动，必须遵守本法。

规划区是指城市市区、近郊区以及城市行政区域内其他因城市建设和发展需要实行规划控制的区域。划定城市规划区的主要目的，在于从城市远景发展的需要出发，控制城市建设用地的使用，以保证城市总体规划的逐步实现。

城市规划区一般包含三个层次：①城市建成区。在这一范围内用地管理的主要任务是合理安排和控制各项城市设施的新建和改建，进行现有用地的合理调整和再开发。②城市总体规划确定的市区（或中心城市）远期发展用地范围。这部分包括建成区以外的独立地段，水源及其防护用地，机场及其控制区，无线电台站保护区，风景名胜和历史文化遗迹地区等。在这一范围内，用地管理的主要任务是按照规划的要求，保证各项用地和设施有秩序地进行开发建设。位于其中的农村集镇和居民点要进行的一切永久性建设，都必须经过城乡规划管理部门批准。③城市郊区。它的开发建设同城市发展有密切的联系，因此需要对这一区域内城镇和农村居民点各项建设的规划及其用地范围进行控制。特别是城市对外交通的干线两侧一定范围内的用地，更要严格管理。在这一地区内进行重大的永久性建设，都要经过城市规划管理部门批准。

规划区起到统筹城乡而实行规划控制的作用，同时，规划区也是法律赋予的实施城乡规划的权限范围。规划区的具体范围由有关人民政府在组织编制的城市总体规划、镇总体规划、乡规划和村庄规划中，根据城乡经济社会发展水平和统筹城乡发展的需要划定。划定规划区，要坚持因地制宜、实事求是、城乡统筹和区域协调发展的原则，根据城乡发展的需要与可能，深入研究城镇空间拓展的历史规律，科学预测城镇未来空间拓展的方向和目标，充分考虑城市与周边镇、乡、村统筹发展的要求，充分考虑对保障城乡发展的水源地、生态控制区廊道、区域重大基础设施廊道等的保护要求，充分考虑城乡规划主管部门依法实施城乡规划的必要性与可行性，统筹兼顾各方需要，科学、系统地草拟方案，征求各方意见进行方案比选，并进行科学论证后最终综合确定规划区范围。

如某城市在确定规划范围时分为三个层次（图 4-1）：市域：总面积 12880km²，规划重点，城镇体系规划；规划区：总面积 2369km²，规划重点，城镇空间拓展规划；中心城区（含在规划区之内）：总面积约 686km²，规划重点，城市用地布局规划。

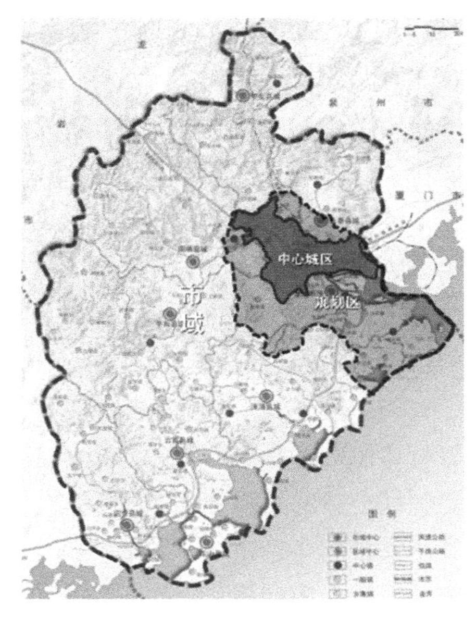

图 4-1 规划区范围分析图

（2）本条第二款对城乡规划体系作出了规定。按照这一规定，城乡规划包括城镇体系规划、城市规划、镇规划、乡规划和村庄规划，它不是指一部规划，也不是涵盖所有国土面积的规划。城乡规划体系体现的特点是一级政府、一级规划、一级事权，下位规划不得违反上位规划的原则。

1）城镇体系规划，是政府综合协调辖区内城镇发展和空间资源配置的依据和手段。城镇体系规划也是市和县城总体规划不可缺少的部分，这是从以下三方面考虑的：一是完善和深化城市总体规划的客观要求；二是完善市带县、镇管村行政体制的要求；三是切实保证发挥中心城市的作用，促使城乡协调发展的要求。

我国城乡规划工作要提高科学性，重要途径之一是从区域入手，开展区域经济社会发展的调查研究，进行相应的区域城镇体系规划，在此基础上对中心城市和县城的发展进行综合部署，避免城市规划工作孤立地就城市论城市。我国不少大、中城市实行市带县体制，县以下建制镇实行镇管村体制。市带县、镇管村，其目的都是发挥中心城市的作用。通过制定区域经济社会发展战略和城镇体系规划，对区域内城镇布局、交通运输网及其他基础设施建设、城镇发展进行综合安排，使之逐步形成以城市为中心、城乡结合、协调发展的统一整体。

《城乡规划法》不要求省、市、县三级政府都编制独立的城镇体系规划，仅要求编制全国和省域两级城镇体系规划。开展这项工作要因地制宜，从实际出发，搞好各方面的协调，搞好综合平衡，进行充分的分析论证，促使区域整体功能的优化。

2）城市规划，是指对一定时期内城市的经济和社会发展、土地利用、空间布局以及各项建设的综合部署、具体安排和实施措施。城市规划在指导城市有序发展，提高建设和管理水平等方面发挥着重要的先导和统筹作用。

城市规划分为总体规划和详细规划。详细规划又分为控制性详细规划和修建性详细规划。

城市总体规划的任务是根据城市经济社会发展要求，综合研究和确定城市性质、规模、容量和发展形态，统筹安排城乡各项建设用地，合理配置城市各项基础工程设施，并保证城市每个阶段的发展目标、发展途径、发展程序的优化和布局结构的科学性，引导城市合理发展。总体规划的期限一般为20年，但应同时对城市远景发展进程及方向作出轮廓性的规划安排，对某些必须考虑的更长远的工程项目应有更长远的规划安排。近期规划是总体规划的一个组成部分，应对城市近期内发展布局和主要建设项目作出安排。

详细规划的任务是以总体规划为依据，详细规定建设用地的各项控制指标和规划管理要求，或直接对建设项目作出具体的安排和规划设计。在城市规划区内，应根据旧区改建和新区开发的需要，编制控制性详细规划，作为城市规划管理和综合开发、土地有偿使用的依据。

3）建制镇规划，一般需编制总体规划、控制性详细规划、修建性详细规划；实行镇管村体制的建制镇，其总体规划应包括镇辖区范围内的村镇布局。镇的总体规划是指对一定时期内镇的性质、发展目标、发展规模、土地利用、空间布局以及各项建设的综合部署、具体安排和实施措施。镇的详细规划，是指以镇的总体规划为依据，对一定时期内镇的局部地区的土地利用、空间布局和建设用地所作的具体安排和设计。

4）乡规划是指对一定时期内乡的经济社会发展、土地利用、空间布局以及各项建设的综合部署、具体安排和实施措施，包括本行政区域内的村庄发展布局。

5）编制村庄规划，首先要依据镇总体规划或乡总体规划布局，同时也要考虑村庄的实际情况，在此基础上，对村庄的各项建设作出具体安排。

对乡规划、村庄规划，由于其规划范围较小、建设活动形式单一，要求其既单独编制总体规划又单独编制详细规划的必要性不大，因此，本法没有对乡规划、村庄规划再作总体规划和详细规划的分类，而是规定由一个乡规划或村庄规划统一安排。城乡规划体系框架详见（图4-2）。

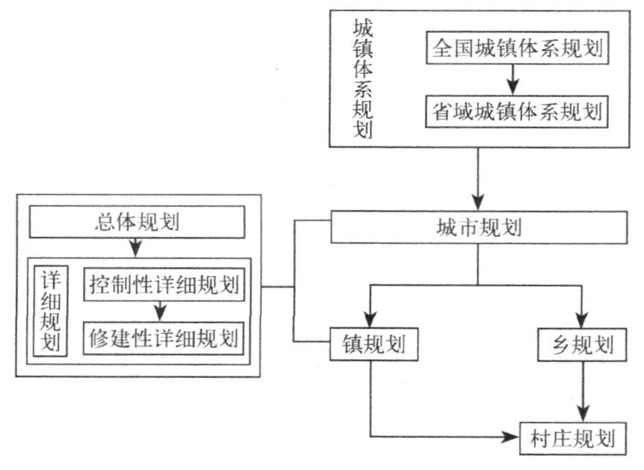


图4-2　城乡规划体系框架

## 二、法定要求

城乡规划应按法定要求制定，规划区内的建设活动应当符合规划要求的规定。

【链接】《城乡规划法》第三条　城市和镇应当依照本法制定城乡规划和镇规划。城市、镇规划区内的建设活动应当符合规划要求。

县级以上地方人民政府根据本地农村经济社会发展水平，按照因地制宜、切实可行的原则，确定应当制定乡规划、村庄规划的区域。在确定区域内的乡、村庄，应当依照本法制定规划，规划区内的乡、村庄建设应当符合规划要求。

县级以上地方人民政府鼓励、指导前款规定以外的区域的乡、村庄制定和实施乡规划、村庄规划。

有关人民政府组织编制规划，建设活动必须依据规划进行，未曾编制规划的地区不能进行建设活动。因此，规划编制是规划管理的前提，规划文件是规划管理的直接依据和法定要求。健康、有序的生活环境和生产环境必然要求对空间资源进行合理的布局和安排，并对建设活动依据科学的规划进行规范。

（1）城市和镇应当依照本法制定城市规划和镇规划。但乡和村庄制定规划不搞“一刀切”，可分为两种情况：一是由县级以上地方人民政府确定应当制定乡规划、村庄规划的区域，在确定区域内的乡、村庄，应当依照城乡规划法制定乡规划和村庄规划；二是上述规定以外区域的乡、村庄，由县级以上地方人民政府鼓励、指导其制定和实施乡规划、村庄规划。县级以上地方人民政府应当根据本地农村经济社会发展水平，按照因地制宜、切实可行的原则来确定究竟哪些区域的乡、村庄必须依法制定规划。这一规定的实质是：法律要求城市和镇必须依法制定城市规划和镇规划，不要求所有的乡和村庄都要制定乡规划和村庄规划，但省、自治区、直辖市人民政府及市、县人民政府有权确定辖区内的哪些乡、村庄应当制定乡规划和村庄规划，上述区域内的乡、村庄需要依法制定规划，其他区域的乡、村庄可以在县级以上地方人民政府的鼓励、指导下制定和实施乡规划、村庄规划。

（2）城市、镇规划区内的建设活动应当符合规划要求，乡、村庄规划区内的建设活动也应当符合规划要求。也就是说，无论是城市、镇，还是乡、村庄，凡是制定了规划的，其规划区内的建设活动都必须符合规划的要求，违反规划的行为都要依法予以处罚。

## 第二节 遵循的原则、权利和义务

城乡规划的原则，是正确处理城乡与国家、地区或其他城乡的关系，城乡建设与经济建设的关系，城乡建设的内部关系等的指导思想。法律规定的“权利”是指法律赋予人们的某种权能，法律规定的“义务”是必须遵守、履行的某种责任。

### 一、遵循的原则

**【链接】**《城乡规划法》第四条 制定和实施城乡规划，应当遵循城乡统筹、合理布局、节约土地、集约发展和先规划后建设的原则，改善生态环境，促进资源、能源节约和综合利用，保护耕地等自然资源和历史文化遗产，保持地方特色、民族特色和传统风貌，防止污染和其他公害，并符合区域人口发展、国防建设、防灾减灾和公共卫生、公共安全的需要。

在规划区内进行建设活动，应当遵守土地管理、自然资源和环境保护等法律、法规的规定。

县级以上地方人民政府应当根据当地经济社会发展的实际，在城市总体规划、镇总体规划中合理确定城市、镇的发展规模、步骤和建设标准。

党的第十八届三中全会《决定》指出："坚持走中国特色新型城镇化道路，推进以人为核心的城镇化，推动大中小城市和小城镇协调发展、产业和城镇融合发展，促进城镇化和新农村建设协调推进。优化城市空间结构和管理格局，增强城市综合承载能力。"因此，城乡规划编制单位和规划管理部门必须按照新型城镇化的要求，根据各类规划的内容要求与特点，认真编制好相关规划，做好规划的实施管理工作，并把握好以下各5方面的总体原则和技术原则。

（一）总体原则

1．城乡统筹原则

这是制定和实施城乡规划应当遵循的首要原则。在制定和实施规划的过程中，就要将城市、镇、乡和村庄的发展统筹考虑，适应区域人口发展、国防建设、防灾减灾和公共卫生、公共安全各方面的需要，合理配置基础设施和公共服务设施，促进城乡居民均衡地享受公共服务，改善生态环境，防止污染和其他公害，促进基本形成城乡、区域协调互动发展机制目标的实现。

2．合理布局原则

规划是对一定区域空间利用如何布局作出安排。制定和实施城乡规划应当遵循合理布局的原则，就是要优化空间资源的配置，维护空间资源利用的公平性，促进资源的节约和利用，保持地方特色、民族特色和传统风貌，保障城市运行安全和效率，促进大中小城镇协调发展，促进城市、镇、乡和村庄的有序健康发展。省域城镇体系规划中的城镇空间布局和规模控制，城市和镇总体规划中的城市、镇的发展布局、功能分区、用地布局都要遵循合理布局的原则。

3．节约土地原则

人口多、土地少，特别是耕地少是我国的基本国情。制定和实施城乡规划，进行城乡建设活动，要改变铺张浪费的用地观念和用地结构不合理的状况，必须始终把节约和集约利用土地、依法严格保护耕地、促进资源、能源节约和综合利用作为城乡规划制定与实施的重要目标，做到合理规划用地，提高土地利用效益。乡、村庄的建设和发展，应当因地制宜、节约用地；在乡、村庄规划区内进行乡镇企业、乡村公共设施和公益事业建设以及农村村民住宅建设，不得占用农用地；确需占用农用地的，应当依法办理农用地转用审批手续后再核发乡村建设规划许可证。

4．集约发展原则

集约发展是珍惜和合理利用土地资源的最佳选择。编制城乡规划，必须充分认识我国长期面临的土地资源缺乏和环境容量压力大的基本国情，认真分析城镇发展的资源环境条件，推进城镇发展方式从粗放型向集约型转变，建设资源节约环境友好型城镇，促进城乡经济社会全面协调可持续发展。

5．先规划后建设原则

先规划后建设是城乡规划法确定的实施规划管理的基本原则。这一原则要求城市和镇必须依法制定城市规划和镇规划，县级以上人民政府确定应当制定乡规划、村庄规划区域内的乡和村庄必须依法制定乡规划和村庄规划。各级人民政府及其城乡规划主管部门要严格依据法定职权编制城乡规划；要严格依照法定程序审批和修改规划，保证规划的严肃性和科学性；要加强对已经被依法批准的规划实施监督管理，在规划区内进行建设活动，必须依照本法取得规划许可，对违法行为人要依法予以处罚。

（二）技术原则

从规划管理技术层面来看，城乡规划仍须遵从整合、经济、安全、美学和社会5原则。

1．整合原则

城乡规划要坚持从实际出发，正确处理和协调各种关系的整合原则。

（1）应当使城乡的发展规模、各项建设标准、规划指标同国家和地方的经济技术发展水平相适应。

（2）要正确处理好城乡局部建设和整体发展的辩证关系。要从全局出发，使城乡的各个组成部分在空间布局上做到职能明确，主次分明，互相衔接，科学考虑城乡各类建设用地之间的内在联系，合理安排城乡生活区、工业区、商业区、文教区等，形成统一协调的有机整体。

（3）要正确处理好城乡规划近期建设与远期发展的辩证关系。任何城乡都有一个形成发展、改造更新的过程，城市的近期建设是远期发展的一个重要组成部分，因此，既要保持建设的相对完整，又要科学预测城市远景发展的需要，不能只顾眼前利益而忽视了长远发展，要为远期发展留有余地。

（4）要处理好城乡经济发展和环境建设的辩证关系。注意保护和改善城乡生态环境，防止污染和其他公害，加强城乡绿化建设和市容环境卫生建设，保护历史文化遗产、城乡传统风貌、地方特色和自然景观；不能片面追求经济效益，以污染环境。破坏生态平衡、影响城乡发展为代价，避免重复“先污染，后治理”的老路，而要使城乡的经济发展与环境建设同步进行。人与环境是相互依存的有机整体，保持人与自然相互协调，既是当代人类的共同责任，也是城乡规划工作的基本原则。

2．经济原则

城乡规划要坚持适用、经济的原则，这对于中国这样一个发展中国家来说尤其重要。

（1）要本着合理用地、节约用地的原则，做到精打细算，珍惜城市的每一寸土地，尽量少占农田。不占良田。土地是城市的载体，是不可再生资源。我国耕地人均数量少，总体质量水平低，后备资源不富裕，必须长期坚持“十分珍惜和合理利用每寸土地，切实保护耕地”的方针。

（2）要量力而行，科学合理地确定城乡各项建设用地和定额指标，对一些重大问题和决策进行经济综合论证，切忌仓促拍板，造成不良后果。我国城乡在发展过程中，资源占用与能源消耗过大，建设行为过于分散，浪费了大量宝贵的土地资源。因此，在城乡发展中要把集约建设放在首位，形成合理的功能与布局结构，加大投资密度；改革土地使用制度，实行有偿使用和有偿转让，“建立城乡统一的建设用地市场”；处理好土地批租单元的改进、产权分割下成片开发的组织形式，提高对城乡发展中可能出现的矛盾的预见性，为城乡更新预留政府控制用地，以实现城乡的可持续发展。

3. 安全原则

安全需要是人类最基本的需要之一。因此，城乡规划要将城市防灾对策纳入城市规划指标体系。

(1) 编制城乡规划应当符合城市防火、防爆、抗震、防洪、防泥石流等要求。在可能发生强烈地震和严重洪水灾害的地区，必须在规划中采取相应的抗震、防洪措施；特别注意高层建设的防火防风问题等。

(2) 还要注意城乡规划的治安、交通管理、人民防空建设等问题。如城乡规划中要有意识地消除那些有利于犯罪的局部环境和防范上的“盲点”。

4. 美学原则

规划是一门综合艺术，需要按照美的规律来安排城乡的各种物质要素，以构成城乡的整体美，给人以美的感受，避免“城市视觉污染”。

(1) 要注意传统与现代的协调，保护好城市中那些有代表性的历史文化设施、名胜古迹的同时，也要注意体现时代精神，包括使用新材料、新工艺，让二者结合“神似”而不是“形似”。

(2) 要自然景观和人文景观的协调，建筑格调与环境风貌的协调。城市规划需要通过对建筑布局、密度。层高、空间和造型等方面的干预，体现城乡的精神和气质，满足生态的要求。

5. 社会原则

所谓社会原则，就是在城乡规划中树立为全体市民服务的指导思想，贯彻有利生产、方便生活、促进流通、繁荣经济、促进科学技术文化教育事业的原则，尽量满足市民的各种需要。

(1) 设计要注重人与环境的和谐。人是环境的主角，让建筑与人对话，引入公园、广场成为市民交流联系的空间，使市民享受充分的阳光、绿地、清新的空气、现代化的公共设施、舒适安全的居住环境，这种富有生活情趣和人情味的城市环境，已成为世界上许多城市面向 21 世纪的规划和建设的目标。

(2) 是要大力推广无障碍环境设计。城市设施不仅要为健康成年人提供方便，而且要为老、弱、病、残、幼着想，在建筑出入口、街道商店、娱乐场所设置无障碍通道，体现社会高度文明。我国将来都是老人和残疾人较多的国家，在城市中推广无障碍设计，其意义尤为重要。

此外，在规划区内进行建设活动，应当遵守有关法律、法规的规定。即在规划区内进行建设活动，除了要遵守城乡规划法以外，还要遵守土地管理法、水法、水污染防治法、固体废物污染环境防治法等有关土地管理、自然资源和环境保护等法律及其配套法规。

城市、镇的发展规模、步骤和建设标准应当由县级以上地方人民政府在城市总体规划、镇总体规划中合理确定。确定城市、镇的发展规模、步骤和建设标准应当根据当地经济社会发展的实际，不能为了搞“政绩工程”、“形象工程”贪大求洋，盲目扩大发展规模，提高建设标准。

（三）与相关规划的关系

从宏观管理层面，在有关城市发展目标、产业布局、人口等方面，城乡规划与国民经济和社会发展规划的关系密切，并且是相辅相成的。

**【链接】**《城乡规划法》第五条　城市总体规划、镇总体规划以及乡规划和村庄规划的编制，应当依据国民经济和社会发展规划，并与土地利用总体规划相衔接。

城乡规划与国民经济和社会发展规划、土地利用总体规划在侧重点上有所区别。如土地利用总体规划是以保护土地资源为主要目标，在宏观层面上对土地资源及其利用进行功能划分和控制，城乡规划则侧重规划区内土地和空间资源的合理利用，保证规划区内建设用地的科学使用是城乡规划工作的核心。因此，三个政府管理部门要相互参与规划编制与审核工作，使之相互衔接和协调。

我国涉及城乡空间布局的规划很多，除国民经济和社会发展规划与土地利用总体规划之外，尚有诸多的专业规划。实践中，城乡规划不是一个孤立和封闭的体系，城乡规划的编制要以其他专业规划为基础，城乡规划编制中涉及很多基础性数据和资料，如人口规模、建设用地规模、产业发展方向、交通布局等都来源于各个专业管理部门。同时，由于城乡规划确定了将来城乡的空间发展方向，提出了建设活动的总体要求，这些反过来都会影响专业规划的制定。因此，城乡规划应当与各个专业规划相协调。对此，本法除了明确城乡规划应依据国民经济和社会发展规划，并与土地利用总体规划相衔接外，对城乡规划与其他专业规划的关系没有作重复规定，即城市总体规划还应当继续依法与有关专业规划相协调，如：交通、环保、市政、防洪、消防和防灾等有关专业规划还应当继续依法纳入城市总体规划。

根据法规要求，“三大规划”应进行统一协调，实现发展目标、土地指标和空间坐标的“三标吻合”和“三规合一”，并与其他专业规划一道，组成一张统一的规划图纸实施规划管理。实践中，“三大规划”管理部门，目前仍存在着竞争与合作的关系，“三大规划”在空间上仍未取得完全协调一致。因此，不少城市已经将城乡规划与国土资源部门合并，使“三规合一”在行政管理上整合为“二规合一”。

在实际城乡规划工作中，一般是以城市国民经济和社会发展规划为指导，结合规划区用地条件分析，划定禁建区、限建区、适建区和已建区。如某城市总体规划的“四区划定”（图4-3）。

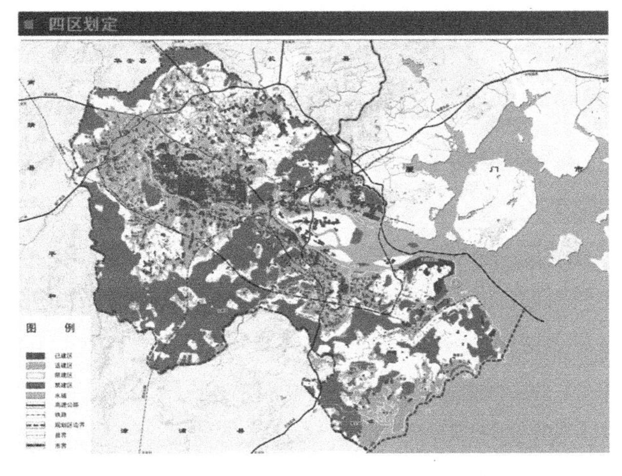


图4-3　某城市总体规划的“四区划定”图

（四）规划的经费保障

城乡规划的编制和管理经费是城乡规划编制、审批、实施以及监督检查各个环节的财力保障。

【链接】《城乡规划法》第六条　各级人民政府应当将城乡规划的编制和管理经费纳入本级财政预算。

将城乡规划编制和管理经费纳入财政预算，有力地保证了城乡规划的编制和实施工作正常运转。尤其是要建设高品质的城市环境，首先就要有高标准的城市规划设计，而高标准的城市规划设计就要保证规划设计经费。不仅要把城市、镇的规划纳入财政预算，还要把乡规划、村庄规划的编制和管理经费纳入本级财政预算，以改变目前乡、村庄没有财力编制规划、不能适应农村发展需要的状况。但同时又必须强调的是，要根据具体情况，不得盲目搞所谓的规划方案“国际竞赛招标”，造成大量的规划经费浪费，这种现象不符合国家政策，不宜提倡。此外，各地城市财政也有规划方案编制的采购规定，如厦门市专门制定了《厦门市财政性投融资城市规划设计计费暂行标准》，其中对30万以下项目可以根据立项依据签订合同，30万以上项目根据立项依据及采购方式批文签订合同。

（五）规划的法律地位

城乡规划既有工程技术的要求，更有政策层面的控制，科学规划、保持规划的严肃性和延续性，是城乡规划能够得以实施的重要保障和前提。在贯彻实施城乡规划的现实过程中，城乡规划往往因为没有明确的约束力而引发争议或者面临不被遵守的尴尬境地，要解决这一问题，就必须树立城乡规划的权威和法律效力。

【链接】《城乡规划法》第七条　经依法批准的城乡规划，是城乡建设和规划管理的依据，未经法定程序不得修改。

依照法定程序编制并批准的城乡规划也是一定意义上的法，必须得到遵守和执行，也必须得到贯彻和维护。城乡规划管理实践中，由于要处理各种各样的问题，必要时还要对规划依法进行调整、补充、修订和反馈；有的是地方主要领导的替换，经常从城乡规划入手拟定新的城乡发展目标，制定新的城乡规划实施项目。实施管理的过程也是使规划不断完善、具体和深化的过程。因此，为了避免一些地方政府及其领导人违反法定程序随意干预和变更规划，城乡规划的修改必须经过法定的程序，这就有力地保证了城乡规划的法律约束力。从理论上讲，修改也是一定程度上的制定，修改的程序应该采用制定的程序进行，而且比制定程序还更加严格。

（六）城乡规划公布

在计划经济体制下，城乡规划被认为是一个技术问题，参与其中的主要是政府部门和相关的技术人员，社会和公众基本处于事后被告知的地位。随着社会主义市场经济体制的建立与完善，城乡规划的公共政策属性越来越强，因此，在规划制定和实施过程中，必须注意在维护公共利益的同时关注私人权益的保障，关注协调处理好公共管理与私人权益之间的关系，这在客观上要求城乡规划制定与实施的全过程要求全社会的共同参与。

【链接】《城乡规划法》第八条　城乡规划组织编制机关应当及时公布经依法批准的城乡规划。但是，法律、行政法规规定不得公开的内容除外。

（1）采取多种形式，将经批准的城乡规划予以公布，其一是便于群众了解，其二便于群众参与，其三便于群众监督，其四也能更好地协调各行政部门之间的关系。通过采取固定的展示场所、新闻媒体、公告牌、网络等方式，及时向社会公布规划图纸和规划主要内容，可为规划的顺利实施营造良好的社会环境。

（2）城乡规划的公布与公众参与制度具体措施包括：

1）在城乡规划的编制过程中，要求组织编制机关先将城乡规划草案予以公告，并采取论证会、听证会或者其他方式征求专家和公众意见，并在报送审批的材料中附具意见采纳情况和理由。

2）在规划的实施阶段，要求城市、县人民政府城乡规划主管部门和镇人民政府应当将经审定的修建性详细规划、建设工程设计方案的总平面图予以公布。城市、县人民政府城乡规划主管部门和镇人民政府批准建设单位变更规划条件的申请的，应当将依法变更后的规划条件公示。规划条件的变更若属于强制性指标的不得变更，如建筑面积、建筑功能等。

3）经依法批准的城乡规划，除法律、行政法规规定不得公开的内容之外，城乡规划组织编制机关应当及时公布，以利于公民、法人和其他组织尽早获得有关规划的信息，并按照规划从事建设活动。

4）任何单位和个人有查询规划和举报或者控告违反城乡规划行为的权利。

5）进行城乡规划实施情况的监督后，监督检查情况和处理结果应当公开，供公众参阅和监督。

以上措施保证了公众对城乡规划的参与权、知情权，加强了对城乡规划工作的社会监督。

## 二、权利与义务

法律规定的“权利”是指法律赋予人们的某种权能，法律规定的“义务”是人们必须遵守、履行的某种责任。

【链接】《城乡规划法》第九条　任何单位和个人都应当遵守经依法批准并公布的城乡规划，服从规划管理，并有权就涉及其利害关系的建设活动是否符合规划的要求向城乡规划主管部门查询。

任何单位和个人都有权向城乡规划主管部门或者其他有关部门举报或者控告违反城乡规划的行为。城乡规划主管部门或者其他有关部门对举报或者控告，应当及时受理并组织核查、处理。

任何单位和个人都应当遵守经依法批准并公布的城乡规划，服从规划管理，这是对公民和单位义务的规定。同时，任何单位和个人都有权就涉及其利害关系的建设活动是否符合规划的要求向城乡主管部门查询，有权向城乡规划主管部门或者其他有关部门举报或者控告违反城乡规划的行为，这也是对公民和单位权利的规定。建立在城乡规划信息公开的基础上，保障社会公众对城乡规划实施的知情权和监督权，为城乡规划实施过程中的民主监督提供了法律依据。

## 第三节　规划管理技术与管理体制

### 一、规划管理技术

城乡规划管理技术应用主要有两个方面，一是现代科学技术在城乡规划管理中的应用，二是城乡规划管理专业技术手段的发展创新。

**【链接】**《城乡规划法》第十条　国家鼓励采用先进的科学技术，增强城乡规划的科学性，提高城乡规划实施及监督管理的效能。

城乡规划是涉及多个领域的综合性规划，其内容必须不断适应复杂多变的社会经济发展的需要，而先进的科学技术是增强城乡规划的科学性、推进城乡规划工作的技术保障。国家鼓励采用先进的科学技术，增强城乡规划的科学性，并提高城乡规划实施及监督管理的效能。

目前很多地方城乡规划管理部门已经广泛应用计算机技术。如厦门市规划局为适应规划审批管理信息化建设需要，于2006年成立了规划信息中心，该中心承担了厦门市城乡规划主管部门及规划分局的信息化建设，负责全市规划空间基础地理数据库的建设和更新，市城乡规划主管部门管理信息系统的管理和维护等工作，日益成为市城乡规划主管部门规划审批管理工作中必要的技术支持机构。城乡规划成果管理系统、规划电子报建与审批系统、城乡规划三维仿真系统和办公自动化等，已成为规划管理的必要专业技术手段。

### 二、规划管理体制

城乡规划管理体制是国家城乡规划管理组织体系的基本制度，是加强城乡规划管理的组织保障。

**【链接】**《城乡规划法》第十一条　国务院城乡规划主管部门负责全国的城乡规划管理工作。

县级以上地方人民政府城乡规划主管部门负责本行政区域内的城乡规划管理工作。

城乡规划管理体制也是国家和地方人民政府城乡规划主管部门机构的设置、职权的划分与运行等各种制度的总称。

（1）国家住房和城乡建设部负责全国的城乡规划管理工作，其主要职责包括统筹城乡规划管理等。国家机构编制委员会对住房和城乡建设部的规划职责作了规定："研究制定全国城市发展规划，指导和管理城市规划、城市勘察和市政工程测量工作；负责国务院交办的城市总体规划和历史文化名城审查报批工作；参与制定国土规划和区域规划。"

住房与建设部下设部门规划司的主要职责是：

1）研究制定全国城市发展战略以及城市规划的方针政策和法规；

2）指导、推动城市规划的编制、实施以及城市规划管理和建设用地管理；

3）参与编制国土和区域规划以及重大建设项目的选址和可行性研究；

4）组织、推动城市规划设计体制改革，负责全国城市规划设计、城市勘察和市政工程测量的管理工作；

5）制定城市规划事业发展规划，组织、推动城市规划的技术进步、人才开发和国际交流；

6）负责国务院交办的城市总体规划的审查并会同有关部门办理国家历史名城的申报工作。

（2）县级以上地方人民政府城乡规划主管部门在省、自治区，是指省、自治区的建设厅；在直辖市，是指各直辖市的规划局；在市一级，是指市的规划局；在县一级，是指县规划局或者承担城乡规划职能的建设局。城乡规划管理作为政府的一项职能，城乡规划主管部门应当根据法律法规要求，履行有关城乡规划的制定和修改、实施、监督检查等各项具体职责。

（3）案例——某城市城乡规划管理部门的行政职责和机构。

1）主要行政职责。

A．贯彻实施国家、省、市有关城乡规划的法律法规、规章和政策，起草相关地方性法规、规章和政策，拟订有关技术标准和规范，并组织实施和监督检查。

B．负责城乡规划管理工作，组织开展城市发展战略规划的研究和编制，参与研究经济和社会发展规划、主体功能区规划和土地利用总体规划及年度建设用地计划；负责与城市联盟的衔接工作。

C．负责组织编制、修订和调整城市总体规划、近期建设规划、风景名胜区规划、控制性详细规划，负责有关规划审查报批、已批准规划的报备工作；负责组织对城市总体规划的实施情况进行评估；负责城市总体规划、近期建设规划与年度实施计划、年度建设用地计划的衔接；负责市政基础设施和综合交通系统的规划编制与管理，会同有关部门组织各类专项规划的编制工作。

D．负责组织编制城市景观风貌规划；负责组织编制重点地区的城市设计和重要地块的修建性详细规划；负责审批修建性详细规划和城市设计方案；负责城市雕塑设置的审批；负责户外广告的规划管理工作。

E．根据近期建设规划和年度建设用地计划，统筹指导全市用地功能布局和分期实施；

负责组织重点建设项目的选址论证；参与制定土地储备和出让计划；负责城市规划项目的招商与推介工作；负责制定地块出让的规划设计条件。

F．负责建设用地和建设工程的规划管理，负责依法核发《建设项目选址意见书》、《建设用地规划许可证》和《建设工程规划许可证》，负责审批建设工程设计方案，负责对建设工程进行规划条件核实。

G．负责审核镇、村庄规划。

H．负责组织对城乡规划编制、审批、实施、修改的监督检查，纠正违反城乡规划法律法规的行政行为；负责对违法建设影响规划的程度进行定性，配合综合执法部门对违法建设进行查处。

I．负责推进城乡规划技术进步与信息化建设，负责规划管理电子政务的建设和实施，负责组织开展规划宣传、学术交流和技术培训。

J．负责组织编制城市综合交通规划。

K．负责城乡规划设计行业管理和全市城乡规划编制单位资质管理；指导城乡规划行业相关社团工作。

L．负责城市地下工程和地下空间开发的规划管理；会同组织编制地下空间发展规划和城市地下管网综合规划，指导地下空间的开发利用。

M．承办市委、市政府交办的其他事项。

2）内设机构。根据上述职责，市规划局设 9 个内设机构：

A．办公室。负责局机关政务工作的组织协调、文电处理，负责组织办理人大议案、代表建议和政协提案及信访、档案、接待联络工作；负责对外新闻信息发布工作；负责拟订局机关的规章制度、重要文稿、宣传报道；负责重要会议的组织工作；负责重要文件和会议决定事项的督办工作；负责局机关的财务、固定资产管理和后勤保障工作；负责机关效能建设及绩效评估工作；负责安全保卫和保密工作；负责信息化管理的建设和实施；负责信息系统的安全保障和维护管理；负责全市各类规划数据、基础数据库的建立、整合和管理；负责局对外网站的建立和维护；负责局政府信息公开工作；负责规划成果的公示和展示管理。

B．总工程师办公室。负责全局的专业技术管理工作；负责组织拟订和维护有关的技术标准与规定；组织拟订镇、村庄规划建设的有关政策建议和技术标准；负责协调规划审批管理中的重大技术问题，处理规划编制与实施管理之间的技术衔接问题；负责督办上级部署的重大项目等有关规划工作；负责落实局业务会的重大技术决定；负责发展规划、科研及学术交流工作。

C．规划处。组织开展城市发展战略规划的研究和编制；负责落实城市总体规划和近期建设规划的编制、调整与维护工作；负责组织编制和维护控制性详细规划、专项规划；组织编制风景名胜区保护规划；组织编制全市历史文化名城名镇名村保护规划；组织编制全市城市景观风貌规划和特定风貌区的保护规划；会同初审镇总体规划，指导村庄规划的审查工作；负责有关规划审查报批、已批准规划的报备工作；组织编制项目策划、行动规划、规划研究和项目咨询；组织重大规划项目的方案征集工作；会同组织研究并落实城乡一体化和岛内外一体化规划；参与研究经济和社会发展规划、主体功能区规划、土地利用规划及年度建设用地计划；组织对城市总体规划的实施情况进行评估；负责城市总体规划、近期建设规划与年度实施计划、年度建设用地计划的衔接；负责城乡规划编制项目计划的制定、立项、验收和计划实施、完成的督查；负责对接城市联盟和同城化协调工作；负责城市规划设计行业管理；指导城乡规划行业相关社团工作；承担市规划委员会办公室的具体工作。

D．建设用地管理处。负责建设项目规划选址、用地管理及综合协调；根据近期建设规划和年度建设用地计划，统筹指导全市用地功能布局和分期实施；组织编制我市旧城镇、旧厂房和旧村庄的“三旧”改造规划；负责城市规划项目的招商与推介工作；负责局职责范围内土地招拍挂和储备事务的组织与管理；负责制定出让地块的规划设计条件；负责地块出让后规划设计条件变更管理；负责跨区域建设项目的规划选址工作；负责组织建设项目选址论证会，对全市建设项目进行选址论证及用地管理等工作；负责核发全市重点建设工程和本岛市政交通项目的《建设项目选址意见书》和《建设用地规划许可证》；负责对分局有关用地管理工作的业务指导和督查。

E．建筑工程管理处。负责建设工程规划管理及综合协调；组织编制重点地区的城市设计和重要地块的修建性详细规划；负责审批修建性详细规划和城市设计方案；组织拟订城市设计导则，并指导建筑项目方案审批；负责对历史风貌建筑、优秀近现代建筑的认定、保护和规划管理工作；组织建筑设计方案专题审查会，审查建筑工程设计方案立面效果；负责全市重点建筑工程的规划管理；负责审批全市重点建筑工程设计方案，核发《建设工程规划许可证》；组织重大建筑项目的设计方案征集工作；会同组织编制地下空间发展规划，指导地下空间的开发利用；负责建设项目三维建模电子报建审核工作；负责建设项目日照分析的技术审核工作；负责城市雕塑的规划管理工作；负责城市绿地、广场及建筑小品等城市景观的规划管理；负责城市景观照明和夜景工程的规划管理；负责鼓浪屿私危房的相关审批；负责户外广告的规划管理工作；负责对分局有关建设工程规划管理工作的业务指导和督查。

F．市政交通处。负责市政交通工程规划管理及综合协调；负责组织编制和协调各项市政交通工程专项规划；会同编制近期建设规划和年度建设计划中有关市政基础设施的专项内容；负责协调各类城市规划设计编制中的市政交通设计内容；负责全市重点和本岛市政交通建设工程的规划管理；负责对全市重点和本岛市政交通建设工程设计方案进行审查和核发《建设工程规划许可证》；负责城市地下市政交通工程的规划管理；组织编制城市综合交通规划；会同开展城市交通改善工作；参与城市交通政策研究和城市交通管理；负责对分局市政及交通基础设施规划管理工作的业务指导和督查。

G．综合管理处。负责了解本岛思明、湖里两个区的发展设想及建设意向，提供规划指导和服务；参与组织编制本岛的控制性详细规划、修建性详细规划、城市设计及各项专项规划；参与组织编制本岛城市景观风貌规划和规划的实施管理工作；参与本岛出让地块规划设计条件审查工作；负责本岛除重点建设项目和市政交通项目以外的建设项目的用地规划管理工作，核发其《建设项目选址意见书》和《建设用地规划许可证》；负责辖区内除重点建设项目和市政交通项目以外的建设项目的规划管理工作，负责其建筑设计方案的技术审查，核发《建设工程规划许可证》；负责受理建设项目的报审工作；负责报建项目规范化运作；负责组织报建项目“一书三证”的“窗口”发放工作。

H. 法规监督处。负责组织对有关城乡规划等法律法规及政策进行研究，拟订贯彻实施意见及规划实施政策；负责拟订我市城乡规划管理立法计划并组织实施；组织拟订局规范性文件；组织办理行政诉讼及行政赔偿等法律事务；组织开展规划听证等活动；负责规划相关法律法规、规章的宣传和培训工作；组织监督检查城乡规划执行的情况；负责全市重点建设工程和本岛市政交通项目的竣工规划条件核实；会同市级综合执法部门开展违法建设的查处工作；负责对分局相关规划法规监督管理工作的业务指导和督查。

I. 组织人事处。负责局系统领导班子建设、干部队伍建设；负责局党组的日常工作；负责局系统机构编制、干部培训工作；负责专业技术资格评审和考务；负责干部选拔任用、交流、考察考核和干部管理日常工作；负责局系统人事档案、劳动工资福利管理工作；负责局系统外事、计划生育管理工作；负责指导事业单位的组织人事工作；负责局机关离退休干部工作，指导直属单位的离退休干部工作。

3）人员编制。市规划局机关行政编制为46名。其中：局长1名，副局长2名，总工程师1名，正处级领导职数11名（含副总工程师1名和机关党组织专职副书记1名），副处级领导职数3名。

4）直属行政机构。市规划局在岛外同安、翔安、集美、海沧四个区各设置一个规划分局，为局直属行政机构，机构规格均为正处级。

其主要职责是：贯彻执行国家、省、市有关规划等的法律法规、规章和政策；负责了解所在区政府的发展设想及建设意向，提供规划指导和服务；参与组织编制辖区内的控制性详细规划、修建性详细规划、城市设计及各项专项规划；参与组织编制辖区内城市景观风貌规划和规划的实施管理工作；参与跨区域建设项目的规划选址工作；参与辖区内出让地块规划设计条件审查工作；负责出具辖区内农转用规划意见和土地储备规划服务工作；负责辖区内非重点建设项目的用地规划管理工作，负责核发《建设项目选址意见书》和《建设用地规划许可证》；负责辖区内非重点建设项目的规划管理工作，负责建筑设计方案的技术审查，核发《建设工程规划许可证》，负责进行建设工程竣工规划条件核实；会同区级综合执法部门开展违法建设的查处工作；承办与业务相关的信访、行政诉讼和行政赔偿工作；承办市局交办的其他事项。

# 第五章　城乡规划的制定

城乡规划的制定管理亦称城乡规划组织编制与审批管理。城乡规划的制定是政府调控城乡空间资源、指导城乡发展与建设、维护社会公平、保障公共安全和公众利益的重要公共政策之一。要保证城乡规划编制得科学、合理，既要适应国家经济、社会发展水平，又要符合国家城乡规划和建设的法律、法规和方针政策；城乡规划的审批既要核定编制内容的完整性，又要确保审批规程的法定性。因此必须加强对城乡规划的编制和审批管理。

## 第一节　规划编制的原则、依据和程序

### 一、规划编制的原则

（一）人工环境与自然环境相和谐的原则

人类城乡人工环境的建设，必然要对自然环境进行改造，这种改造将对人类赖以生存的自然环境造成破坏，城乡规划必须充分认识到面临的自然生态环境的压力，明确保护和修复生态环境是所有城乡规划工作者崇高的职责。

城乡合理功能布局是保护城乡环境的基础，城乡自然生态环境和各项特定的环境要求都可以通过适当的规划技巧把建设开发和环境保护有机地结合起来，力求取得经济效益和环境效益的统一。

我国人口多，土地资源不足，合理使用土地、节约用地是我国的基本国策。城乡规划对于每项用地必须精打细算，在服从城乡功能上的合理性，建设运行上的经济性的前提下，各项发展用地的选定要尽量使用荒地、劣地，少占或不占良田。

在城乡规划设计中，还应注意建设工程中和建成后的城乡运行中节约能源及其他资源的问题。可持续发展是经济发展和生态环境保护两者达到和谐的必经之路。

（二）历史环境与未来环境相和谐的原则

保护文化遗产和传统生活方式，促进新技术在城市发展中的应用，并使之为大众服务，努力追求城市文化遗产保护和新科学技术运用之间的协调等，这些都是城乡规划的历史责任。

城乡规划必须以城乡居民的利益为标准来决定新技术在城市中的运用。城乡发展的历史表明，新技术在解决原有问题的同时往往也带来许多新问题。把科技进步和对传统文化遗产的继承统一起来，不能把经济发展和文化继承相对立。让城乡成为历史、现在和未来的和谐载体，是城乡规划工作努力追求的目标之一。

技术进步，尤其是信息技术和网络技术，正在对全球的城乡网络体系建立、城乡空间

结构、城乡生活方式、城乡经济模式和城乡景观带来深刻的影响，而且这种影响还将继续下去。技术进步与社会价值的平衡，将不断成为城乡规划工作的社会责任。

（三）各社会群体之间社会生活和谐的原则

城乡规划不仅要考虑城乡设施的逐步现代化，同时要满足日益增长的城乡居民文化生活的需求，要为建设高度的精神文明创造条件。

在全球化时代的今天，城乡规划更应为城乡中所有的居民，不分种族、性别、年龄、职业以及收入状况，不分其文化背景、宗教信仰等，创造健康的城乡社会生活。坚持为全体城乡居民服务，并且为弱势群体提供优先权。

强调城乡中不同文化背景和不同社会群体之间的社会和谐，重视区域中各城乡之间居民生活的和谐，避免城乡范围内社会空间的强烈分割和对抗。

城乡中的老年化问题，不同文化背景、不同阶层的城乡居民居民在空间上的分布问题，城乡中残疾人和社会弱者的照顾问题，都应成为重要的课题，并给予充分的重视。

## 二、规划编制的依据

（一）党和国家的方针政策

制定城乡规划关系到国民经济发展和社会生活的方方面面，制定城乡规划必须从实际出发，并遵循党和国家及城乡政府根据现阶段国民经济和社会发展制定的有关方针政策，以及城乡规划行政主管部门根据政府行政要求提出的有关意见。并且一些重大规划问题的解决必须以国家有关方针政策为依据。城乡政府制定的城乡社会、经济发展的长远计划已经充分体现了政府对城乡长远发展的指导意见，应当作为规划制定的依据。此外，上级人民政府对下级政府制定城乡规划有责任提出指导性意见。上级政府的城乡规划主管部门亦可根据城乡规划编制情况的需要，对规划的边界条件、规划的内容深度、技术要求等提出具体的指导意见，这些都应作为规划制定的依据。

（二）城乡规划法律法规

以城乡规划和建设有关法律、法规和技术标准为编制依据。城乡规划依法编制，就是以与城乡规划有为的法律、法规、技术标准进行编制。从目前我国城乡规划有关法律、法规情况来看，这些法律、法规主要有，《中华人民共和国城乡规划法》、《城市规划编制办法》及实施细则、《城镇体系规划编制审批办法》，以及与城市规划有关的国家和部级标准和规范。如《城市用地分类与规划建设用地标准》、《城市居住区规划设计规范》、《城市道路交通规划设计规范》、《城市工程管线综合规划规范》，以及城乡防洪、给水、电力等规划编制方面的规范。还有各省、自治区、直辖市颁布的地方性城乡规划法规及其有关的城乡规划编制技术规定，也是城乡规划组织编制的依据。

（三）经批准的上一层次规划

以上一层次的城市规划为依据，具体来说，就是城市的总体规划必须以全国和所在省、自治区的区域城镇体系规划为依据；城市详细规划必须以所在城市的总体规划和分区规划为依据，其中修建性详细规划必须以控制性详细规划为依据。

以上一层次的城市规划为依据，前提是这项规划必须是依法批准并有效的，两者缺一不可。未经依法批准的规划没有法律效力，不能指导规划编制；因超过规划期限或因现实情况已经发生了变化，上一层次规划必须作调整的，也不能指导下一层次规划的编制。

（四）城乡现状条件

以城乡或地区的现状条件和自然、地理、历史特点等为编制依据。城乡规划编制的重点内容是，对城乡规划区域内的各种物质要素的进行统筹安排，使其保持合理的结构和布局，但不能脱离该城乡的自然、地理、历史特点等，应对这些情况进行充分调查研究，综合分析。同时，一个城乡不是孤立存在的，城乡中的一个地区更不能孤立存在的，城乡和地区的周边条件对拟规划城乡和地区会发生联系，产生影响，应作为编制规划的依据。

### 三、规划编制的程序

城乡规划组织编制的程序一般按以下步骤进行。

1．拟定编制计划

规划编制工作应当有条不紊地、有序地开展。特别是在城市控制性详细规划的编制中，更要强调编制工作的计划性，避免规划编制工作的重复和随意性。规划编制计划要适应城乡建设的发展和城乡规划实施管理的需要，还要考虑城市总体规划实施的要求。

2．制定规划编制要求

城乡规划的编制要有明确的目标，要体现政府的意志，这都需要通过规划编制要求来控制。城乡规划的编制要求一般包括：城乡规划的目标、指导思想、基本原则，以及技术要求，如编制内容深度、成果要求等。城乡规划组织编制部门应当根据上一层次规划对拟规划区域的各项要求，以及上级政府或上级城乡规划主管部门的具体指导意见，制定规划编制要求。

3．确定编制单位

城乡规划组织编制机关应当委托具有相应资质等级的单位承担城乡规划的具体编制工作。组织编制单位应当根据城乡规划设计单位资质管理规定，对于不同层次的规划，委托具有相应资质的城乡规划设计单位进行编制。在社会主义市场经济条件下，对于一些比较重要的城市详细规划，为集思广益，可以用规划项目招标的方式，确定规划设计单位。

4．协调城乡规划编制中的重大问题

由于城乡规划是一项综合性很强的工作，涉及城乡建设和管理的方方面面，同时也是一项敏感性很强的工作，影响许多单位和个人的利益。对于这些在城乡规划的编制过程中出现的非技术性的矛盾和问题，城乡规划设计单位是无法进行协调的，需要组织编制者即政府或其城乡规划管理部门进行综合协调和决策。

5．评审规划中间成果

对于一些重要的城乡规划一般在编制的中间阶段，由城乡规划组织编制部门召集有关部门及专家进行中间阶段的初步评审，并根据情况征求市民代表的意见，推进公众参与，以利于规划编制得科学、合理，对规划的初步成果存在的问题及早进行修正。必要时，需进行多方案的比较论证。

6．验收规划成果

一项城乡规划由规划设计单位编制完成以后，组织编制单位要依照规划编制的要求对规划成果进行验收，主要是审核成果的指导思想是否正确、内容是否完备，深度是否合适等。

7．申报规划成果

验收合格后，由组织编制单位依照法定程序，向法定的城乡规划审批机关提出审批该城乡规划的申请。同时，对于在审批过程中，审批机关提出的对规划的修改意见，组织编制单位应责成承担该规划项目的规划设计单位进行相应的修改。

## 第二节　规划组织编制与审批管理

城乡规划的编制与审批管理是指依据有关的法律、法规和方针政策，明确城乡规划组织编制的主体，规定规划编制的内容要求，设定城乡规划编制的上报程序，从而保证城乡规划依法编制与审批。由于城乡规划具有不同的层次，因此其编制的主体、内容和程序也不尽相同。

城乡规划编制按照法定规划要求分为城镇体系规划、城市总体规划、镇总体规划、乡规划、村庄规划和控制性详细规划。

### 一、城镇体系规划

城镇体系规划是一定地域范围内，以区域生产力合理布局和城镇职能分工为依据，确定不同人口规模等级和职能分工的城镇的分布和发展规划，是政府综合协调辖区内城镇发展和空间资源配置的依据和手段。

（一）全国城镇体系规划

**【链接】**《城乡规划法》第十二条　国务院城乡规划主管部门会同国务院有关部门组织编制全国城镇体系规划，用于指导省域城镇体系规划、城市总体规划的编制。

全国城镇体系规划由国务院城乡规划主管部门报国务院审批。

1．城镇体系规划编制的原则和内容

（1）全国城镇体系规划编制的原则。从引导城镇化健康发展的目标出发，按照城乡统筹的原则，明确与政府事权相对应的城镇体系规划层次，即分为全国城镇体系规划和省域城镇体系规划。明确全国城镇体系规划的法定地位和作用，有利于加强中央政府规划管理的责任，有利于明晰各级政府的规划管理事权，有利于发挥好各级规划部门对城乡建设活动的综合调控作用。全国城镇体系规划是统筹安排全国城镇发展和城镇空间布局的宏观性、战略性的规划，是国家制定城镇化政策、引导城镇化健康发展的重要依据，也是编制、审批省域城镇体系规划和城市总体规划的依据。

(2)全国城镇体系规划编制的内容。全国城镇体系规划涉及经济、社会、人文、资源环境、基础设施等相关内容，需要各部门的共同参与。通过综合评价全国城镇发展条件，明确全国城镇化发展方针、城镇化道路和城镇化发展目标；制定各区域城镇发展战略，引导和控制各区域城镇的合理发展，作好各省、自治区间和重点地区间的协调；统筹城乡建设和发展；明确全国城镇化的可持续发展，包括生态环境的保护和优化、水资源的合理利用和保护、土地资源的协调利用和保护等。

2．城镇体系规划组织编制和审批的主体

（1）规划的组织编制。全国城镇体系规划涉及经济、社会、人文、资源环境、基础设施等相关内容，需要各相关部门的共同参与。由国务院城乡规划主管部门会同国务院有关部门组织编制全国城镇体系规划，有利于在规划编制过程中统筹城镇发展与资源环境保护、基础设施建设的关系。充分协调相关部门的意见，使全国城镇体系规划与其他国家级相关规划相衔接，在部门间建立政策配合、行动协调的机制，强化国家对城镇化和城镇发展的宏观调控。

全国城镇体系规划编制过程中要充分听取各省、自治区、直辖市人民政府的意见，提高规划的针对性和可操作性。在编制过程中要广泛听取各方面的意见和建议，充分发挥各领域专家的作用，坚持“专家领衔、科学决策”，要对涉及城镇发展的重大基础设施问题进行专题研究。

（2）规划审批的主体。全国城镇体系规划由国务院城乡规划主管部门组织审查，报国务院审批。

全国城镇体系规划确定的重点城镇群、城镇群，跨省界城镇发展协调区，重要江河流域、湖泊地区和海岸带等在提升国家参与国际竞争的能力、协调区域发展和资源保护方面具有重要的战略意义。根据需要，国家可以组织制定上述地区的城镇协调发展规划，组织制定重要流域和湖泊的区域城镇供水排水规划，切实发挥全国城镇体系规划指导省域城镇体系规划、城市总体规划编制的法定作用。

3．规划案例——全国城镇体系规划（2006—2020年）

（1）规划目标。落实全面建设小康社会的目标，落实“五个统筹”，实现城镇化和城镇建设的科学决策；实现国家发展战略在地域空间上的落实，协调好工业化和城镇化的相互关系，形成工业化促进城镇化、城镇化促进工业化的良性互动与循环；协调各省域城镇体系规划，从全国层面出发，提出省域城镇体系规划进一步完善的意见，促进跨区域的协调发展；引导和规范城市总体规划编制，为城市规模的合理确定提供依据和指导。

（2）技术路线。

1）重视前提条件分析。以人口、资源、环境分析为基础，以产业发展政策为指导，分全国城镇发展的条件，全面落实建设资源节约型社会的战略目标。

2）突出公共政策属性。以党和国家的政策为依据，体现城乡规划作为政府宏观调控的手段和实现社会服务的重要职能。根据一级政府一级事权的原则，针对中央政府对空间发展的要求，分层次、分类别提出具有针对性的政策和措施。

3）高度重视调查研究。与国家批准的各级各类规划相协调，多种收集相关部门、专家和公众的建议和意见，利用航空遥感、卫星照片分析等手段，提高空间资源分析的科学水平，实现决策的科学化。

（3）城镇化总体策略。根据我国城镇化发展的趋势，以生态资源环境条件为前提，充分利用市场对经济要素的配置作用，加强政府的宏观调控能力，创造良好的人居环境，促进工业化与城镇化的良性互动，推动国民经济持续快速协调健康发展，提高我国的综合国力和国际竞争力，实现健康城镇化。

根据东、中、西和东北不同地区的资源和环境条件，坚持城镇发展与资源、环境相协调，因地制宜，分类指导，实行差别化的城镇化策略和城镇发展模式，走有中国特色的城镇化道路。

（4）城镇空间发展策略。

1）以提高我国参与国际竞争能力为目标，进一步加强京津冀、长江三角洲、珠江三角洲三大都市连绵区和城镇群的发展，进一步完善区域空间结构，带动更多的城镇与地区融入全球经济网络。

2）以加强我国的多边合作能力为目标，加强具有战略意义的门户城市发展；同时加强跨国界地区的专项合作。

3）以促进区域协调发展为目标，发挥东部沿海地区的辐射带动作用，加强联系东中西各区域的城镇轴带建设，培育中西部和东北地区的城镇群和中心城市。

4）以构筑和谐社会为目标，防止落后地区城镇的边缘化，积极扶持革命老区和少数民族地区城镇的发展；积极促进资源枯竭城市的健康转型；积极扶持老工业基地城市的产业升级换代和城市功能多样化。

5）以保护生态环境和合理利用资源为目标，保护好区域自然、人文资源，做好历史文化名城的保护工作，促进风景旅游城市发展。

6）以促进城乡统筹为目标，积极促进小城镇的发展。加强小城镇为农业产业化配套服务水平和对广大农村地区的基本服务能力；加强小城镇道路交通和社会服务基础设施建设，提高小城镇自身的发展动力，强化旅游、商贸等专业职能；加强沿海大都市连绵区内小城镇与中心城市的空间整合力度，提高土地利用效率。

（5）城镇空间组织与格局。

1）城镇空间组织模式：以城镇群为核心，以促进区域协作的主要城镇联系通道为骨架，以重要的中心城市为节点，形成“多元、多极、网络化”的城镇空间格局。多元是指不同资源条件、不同发展阶段、不同发展机制和不同类型的区域，要因地制宜地制定城镇空间组织方式和发展模式。多极是指依托不同类型、不同层次的城镇群和中心城市，带动不同区域发展，落实国家区域协调发展总体战略。网络化是指依托交通通道，形成中心城市之间、城镇之间、城乡之间紧密联系、优势互补、要素自由流动的格局。依托国家主要陆路交通通道、江河水道、海岸带，以城镇群和各级中心城市为核心，形成大中小城市和小城镇联系密切、布局合理、协调发展的网络化城镇空间体系。

2)城镇空间格局:规划形成“一带七轴”的城镇空间格局。一带指沿海城镇带,是沿渤海、东海、黄海和南海的沿海城镇发展带。重点发展京津冀、长江三角洲、珠江三角洲三个重点城镇群，促进辽中南、山东半岛、海峡西岸、北部湾城镇群的发展。加强沿海通道建设，利用国内国外两个市场，参与经济全球化竞争，引导国家实现全面发展。七轴指七条依托国家主要交通轴形成的城镇联系通道，依托上海—南京—合肥—武汉—重庆—成都（含长江)、北京—石家庄—郑州—武汉—长沙—广州（含京广、京九线)、连云港—徐州—郑州—西安—兰州—乌鲁木齐（陇海—兰新线)、哈尔滨—长春—沈阳—大连、北京—张家口—大同—呼和浩特—包头—银川—兰州(包括西宁)、兰州—成都—昆明—南宁—海口、上海—南昌—长沙—贵阳—昆明等交通通道，加强中心城市之间的联系，合理组织人口和产业的聚集与扩散，促进区域协调发展。

（6）城市发展指引。

1）国家中心城市：指北京、天津、上海、广州。这类城市要提升在外向型经济和国际文化交流方面的发展水平，逐步发展成为亚洲乃至于世界的金融、贸易、文化、管理等中心，起到带动京津冀、长江三角洲、珠江三角洲重点城镇群发展的核心组织作用。武汉与重庆是新兴的国家中心城市，分别为长江中游城镇群、成渝城镇群的中心城市，也是我国内陆开发开放的高地。

2）陆路门户城市（镇)、边境地区中心城市：位于我国边境地区的陆路门户城市和边境地区中心城市需要进一步提高对外开放水平，加强与相邻国家和地区合作，重点发展边境贸易，健全城市功能。

3）老工业基地城市：对传统工业为主，产业转型慢，经济增长速度落后于全国平均水平的工业城市，要积极推进科技改造与技术更新，调整产业结构，加强城市基础设施的更新改造，推进公共服务社会化，改善人居环境，增强城市可持续发展能力。

4）矿业（资源）城市：以矿业和其他资源开采业为主导产业的工业城市，推动产业类型多样化，提升城市服务功能，积极加强矿区的生态恢复和环境建设。对于新兴矿业城市要加强矿区和城镇的协调发展，避免过于分散的空间布局。对于少数资源枯竭的城市要积极发展接续产业；对于难以发展接续产业的城市要采取转移策略，适时转移人口。

5）历史文化名城：要更好地保护历史文化资源，弘扬民族精神。要严格保护历史文化资源，科学规划，严格管理，协调好新城建设与旧城保护的关系；加强资金、政策等方面的支持。

（7）国家综合交通枢纽体系。

以能源战略、资源保护、运输安全为原则，建立全国综合交通枢纽体系。加快国家铁路网建设，完善国家高速公路网，注重发展水路运输，增加水运的比重，建立布局合理的民航机场体系，逐步构建多种运输方式协调发展的综合运输体系。

以中心城市为节点，推行一体化的联合运输方式，加强各种交通方式之间的衔接及综合交通枢纽建设，实现旅客运输的零距离换乘和货物运输的无缝衔接，提高门户城市的交通服务水平，强化城市在产业发展和空间布局中的核心地位；促进城市内部交通与区域间交通的有机整合；建立高效便捷、公平有序的城市交通系统。

强化城镇在产业发展和空间布局的核心地位，促进多种交通方式之间的有机衔接，增强中心城市对区域的辐射带动作用。加强边境交通枢纽城市建设，落实国家对外开放战略，完善全国交通网络。

（二）省域城镇体系规划

省域城镇体系规划要立足于省、自治区政府的事权，明确本省、自治区城镇发展战略，明确重点地区的城镇发展、重要基础设施的布局与建设、生态建设和资源保护的要求；明确需要由省、自治区政府协调的重点地区和重点项目，并提出协调的原则、标准和政策。为省、自治区政府审批城市总体规划、县域城镇体系规划和基础设施建设提供依据。

**【链接】**《城乡规划法》第十三条　省、自治区人民政府组织编制省域城镇体系规划，报国务院审批。

省域城镇体系规划的内容应当包括：城镇空间布局和规模控制，重大基础设施的布局，为保护生态环境、资源等需要严格控制的区域。

1．城镇体系规划编制的原则和内容

（1）省域城镇体系规划编制的原则。省域城镇体系规划是合理配置和保护利用空间资源、统筹全省（自治区）城镇空间布局、综合安排基础设施和公共设施建设、促进省域内各级各类城镇协调发展的综合性规划，是落实省、自治区的经济社会发展目标和发展战略、引导城镇化健康发展的重要依据和手段。

（2）省域城镇体系规划编制的内容。城镇空间布局和规模控制，重大基础设施的布局，为保护生态环境、资源等需要严格控制的区域。具体而言，省域内必须控制开发的区域，包括自然保护区、退耕还林（草）地区、大型湖泊、水源保护区、蓄滞洪区以及其他生态敏感区；省域内的区域性重大基础设施的布局，包括高速公路、干线公路、铁路、港口、机场、区域性电厂和高压输电网、天然气主干管与门站、区域性防洪与滞洪骨干工程、水利枢纽工程、区域引水工程等；涉及相邻城市的重大基础设施的布局，包括城市取水口、城市污水排放口、城市垃圾处理场等。

为了确保上述内容的科学性、前瞻性和可操作性，首先，必须研究本地区的资源和生态环境的承载能力，系统分析人口和经济活动的特点，明确省域城镇和城镇化发展战略。其次，必须坚持城乡统筹的原则，认真分析农村人口转移的趋势，把引导农村人口转移与优化乡村居民点的布局、促进城乡公共服务均等化结合起来，把促进农村经济产业化与区域产业空间整合结合起来。再次，要综合考虑促进城镇合理布局和提高基础设施建设效益的需要，以城镇为结点优化区域基础设施网络，保护和控制基础设施建设用地，合理布局重大基础设施。最后，依据区域城镇发展战略，综合考虑空间资源保护、生态环境保护和可持续发展的要求，确定需要严格保护和控制开发的地区，提出开发的标准和控制的措施。

2．城镇体系规划组织编制和审批的主体

（1）规划的组织编制。省域城镇体系规划由省、自治区人民政府组织编制。其包含以下两层含义：一是省域城镇体系规划的编制主体为省、自治区人民政府，不包括直辖市人民政府，因为直辖市人民政府编制的是城市总体规划，不涉及省域城镇体系规划的问题；二是省域城镇体系规划由省、自治区人民政府组织编制，而不是由哪个政府部门组织编制，因为省域城镇体系规划不仅是建设规划，还与国民经济和社会发展规划、土地利用总体规划、全省产业布局等有关，这些需要省、自治区人民政府统筹考虑，从全省发展的角度出发来编制。

（2）规划审批的主体。省域城镇体系规划由国务院城乡规划主管部门组织审查，报国务院审批。

省、自治区人民政府组织编制省域城镇体系规划，在报国务院审批前，必须先经本级人民代表大会常务委员会审议，并且应当将省域城镇体系规划草案予以公告，并采取论证会、听证会或者其他方式征求专家和公众的意见，人大常委会的审议意见和根据审议意见修改省域城镇体系规划的情况以及公众意见的采纳情况及理由一并报送国务院，如图 5-1 所示。

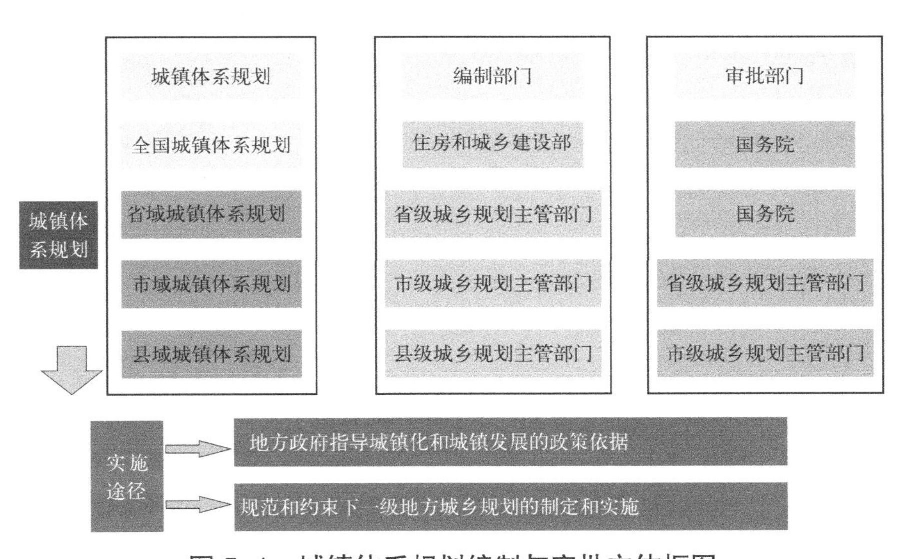

图 5-1　城镇体系规划编制与审批主体框图

3．规划案例——**福建省域城镇体系规划**（2013—2030 年）

（1）城镇发展目标与战略。

省域发展总目标是：发挥福建在海西经济区建设的主体作用，以发展产业群、城市群和港口群为突破口，带动全省经济全面、快速、跨越发展。到规划期末，全省综合实力显著增强，文化更加繁荣，社会更加和谐，建设成为两岸人民交流合作先行先试区域，服务周边地区发展新的对外开放综合通道，东部沿海地区先进制造业的重要基地，我国重要的自然和文化旅游中心。

省域城镇化发展实行“集聚、转型、提升”的总体战略。

1）集聚发展——全省城镇化重点向沿海地区集聚、倾斜，沿海地区向都市区集聚，山区向内陆中心城市、县城和中心镇集聚，促进全省城镇“集聚”发展。

2）转型发展——以全省社会经济发展方式的全面转型为依据，以城镇空间转型为导向，以土地利用的集约化转型为保障，促进全省城镇“转型”发展。引导都市地区城镇从相对独立发展向构建都市区协调发展方向转型，一般地区城镇由分散化发展向生态保护优先的集中发展方式转型。

3）提升发展——以提升城镇化质量为主线，完善区域和城乡服务功能，引导城镇从量的扩张向质的提升转变，支撑全省经济社会转型发展、跨越发展。

（2）城镇体系与城镇发展。城镇体系与城镇发展包含：城镇空间组织、城市职能、城镇规模、城乡居民点体系和产业发展与空间布局五个方面。

1）城镇空间组织结构——“一带、两区、四轴、多点”（图 5-2）。

一带，指北起宁德福鼎南至漳州诏安的滨海都市带。

两区，指福州大都市区和厦漳泉大都市区。

四轴，分别是指纵向的南（平）三（明）龙（岩）城镇聚合轴和横向的福（州）武（夷山）、中部（泉州、莆田—三明）、厦（门）龙（岩）腹地拓展轴。

多点，是指对福建城镇空间发展具有重要带动作用的城市新增长区域和重要节点城镇区域。

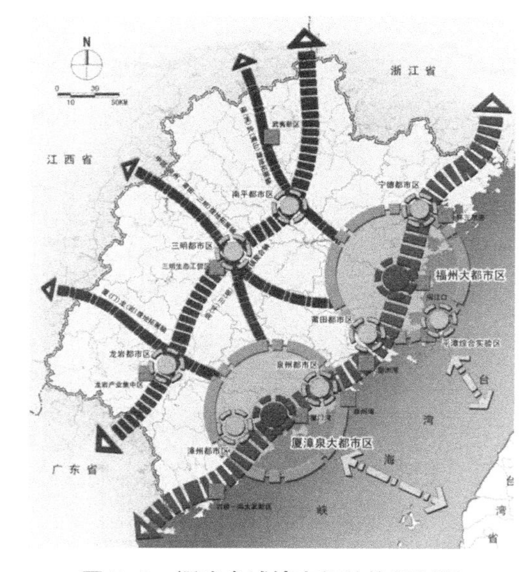

图 5–2　福建省城镇空间结构规划图

2）城镇空间引导策略——“强化集聚、轴带拓展、多点联动、构筑网络”。

强化集聚：提升大都市区统筹引领能力、中心城市辐射带动能力和城市新增长区域触媒激发能力，引导生产要素向大都市区、发展轴和中心城市、节点城镇集聚。

轴带拓展：按照“梯度推进、点轴拓展”原则，依托区域交通干线轴带，引导沿线城镇各类要素适度集聚、各类设施共享共建、城镇空间有序整合，从而促进城镇聚合轴集聚和发展能力提升。

多点联动：依托都市地区、新增长区域和节点城镇，形成有机联动、互补发展的城镇空间发展态势。

构筑网络：依托完善区域交通网络和基础设施廊道，促进区域城镇空间、产业空间、基础设施空间、生态空间优化布局、相互协调，形成有序交融的网络化城镇发展新格局。

3）城镇职能——城镇职能分为主要中心城市职能和其他县市职能两部分。

以福州、厦门职能为例：

福州是福建省省会、海峡西岸经济区重要中心城市、国家历史文化名城、滨江滨海生态园林城市。应进一步发挥省会中心城市龙头带动作用，强化福州省域综合服务功能，形成集合交通物流、商务商贸、科技创新、文化教育、旅游会展为一体的海西现代服务业中心。进一步完善投资环境和提升经济结构，建设海峡西岸经济区的先进制造业基地和台湾产业转移的核心承载地（图 5-3）。

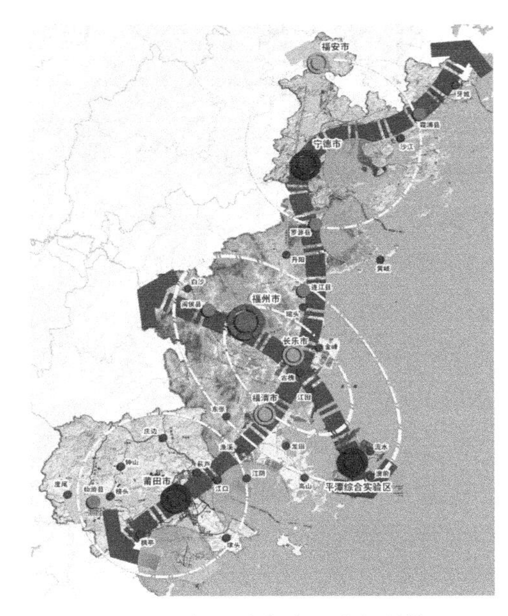

图 5-3　福州大都市区空间结构

厦门是中国经济特区，中国东南沿海重要中心城市。应充分发挥经济特区先行先试的龙头和示范作用，加快岛内外一体化。大力发展现代服务业，建成海西科技创新中心、国际航运中心、物流中心、低碳示范城市和现代化国际性港口风景旅游城市。发挥对台的区位优势，建成两岸同胞融合示范城市（图 5-4）。

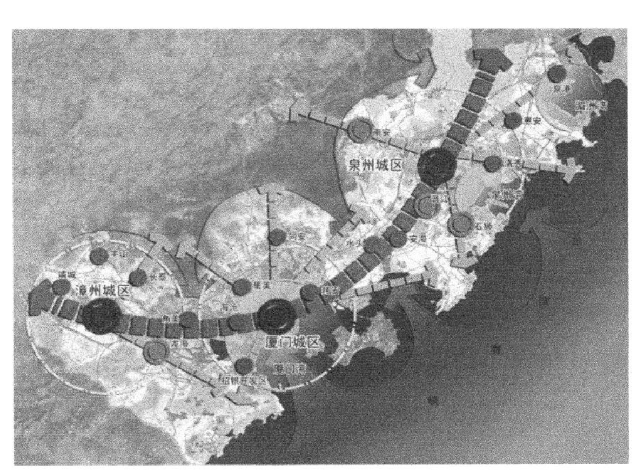

图 5-4　厦漳泉大都市区空间结构

4）城镇规模——通过加快城镇化进程，进一步壮大各级中心城镇，使城镇规模结构显著改善。

至 2020 年，全省形成特大城市 5 个（其中＞ 200 万人 3 个，100~200 万人 2 个）；大城市 7 个；中等城市 22 个；小城市 70 个（其中 5~20 万人县城 33 个，5 万人以上镇 37 个）；5 万人以下镇约 450~500 个。

至 2030 年，全省形成特大城市 6 个（其中＞ 500 万人 1 个，300~500 万人 2 个，100~200 万人 3 个）；大城市 7 个；中等城市 24 个；小城市 90~105 个（其中 10~20 万人县城 30 个，5 万人以上镇 60~75 个）；5 万人以下镇约 450 个。

5）城乡居民点体系。

城镇等级体系：依据城市在国家和福建省域中的地位和作用，提升现有中心城市的综合实力，有序培育新兴中心城市，推进全省形成由省域中心城市、省域次中心城市、地方性中心城市（或都市区副中心城市）、县域中心城市、中心镇、一般镇组成的六级城镇等级体系（图 5-5）。

省域中心城市：是指在海西经济区以及更大区域发挥核心组织作用，具有较高的综合服务功能和较强的辐射带动作用的中心城市，共3个，包括福州、厦门和泉州。

省域次中心城市：是带动市域以及周边地区整体发展的中心城市，共7个，包括漳州、莆田、南平、三明、龙岩、宁德和平潭综合实验区。

地方性中心城市（或都市区副中心城市）：是指服务一定区域并承担较强专业化职能的城市，共13个。

县域中心城市：是指带动本县域范围内城乡统筹发展的县城，共44个。

中心镇：是县（市）域范围（除县城所在地镇以外）内具有一定辐射带动作用，应重点引导发展的建制镇，共116个。

一般镇（含集镇）：是其他建制镇和集镇（乡所在地）。其中一般建制镇控制在350~400个左右，集镇控制在250个以内。

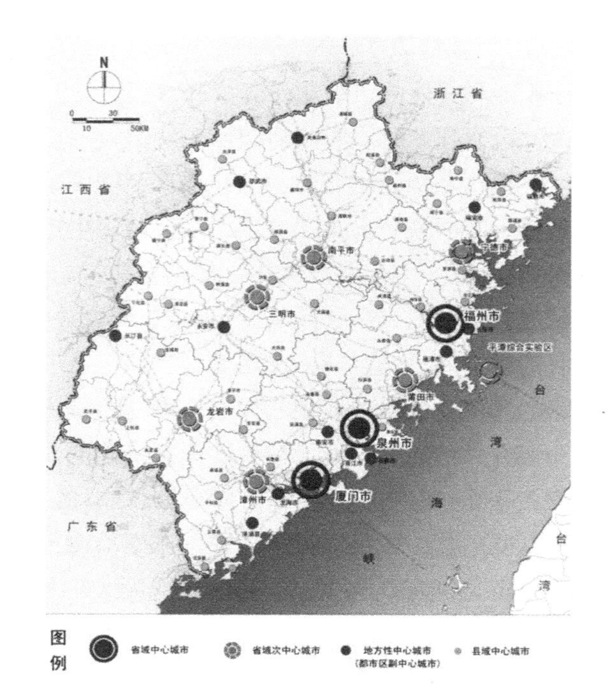


图5-5 福建省城镇等级体系规划图（2030年）

农村居民点体系：

以农村服务人口规模和覆盖范围为依据，在农村地区构建由中心村和一般村两个层次组成的农村居民点体系。

中心村是人口规模在1000人以上，具有交通区位优势和基本公共服务设施，便于服务邻域村庄的行政村。

基层村：即其他行政村。

6）产业发展与空间布局。

产业空间发展总体思路：按照经济发展转型要求，围绕全省产业发展总体部署，近期着力构建与产业结构优化升级、产业适度重型化发展相互支撑的城镇空间格局，加快培育一批超千亿元产业集群，促进以先进制造业为主导，以现代服务业为支撑的产业群形成；远期着力推进工业经济向知识经济转型，推进产业存量调整和增量投资向绿色高端制造业转型，进一步强化东部沿海先进制造业重要基地的地位，实现服务业发展水平显著提升，并形成节约、清洁、安全、低碳的绿色产业体系。都市地区应依托中心城市，科学合理地培育若干产业集群基地、企业总部以及高端服务基地；一般地区应依托重要节点城镇，培育特色工业园区和相对集聚的综合服务中心，为构建现代产业体系提供有力的空间支撑。

产业空间发展策略：一是强力打造具有区际竞争力的高端产业；二是积极培育若干产业集群基地；三是着力构建具有福建资源特色的产业空间。

产业与城镇空间协调布局：依托全省城镇空间格局和重要交通通道、设施，构筑“两带推进、十区引领”产业空间体系，以一批具有竞争优势的开发区为基础，按照“产业集聚、开发集约、环境优化、功能提升”的要求，结合港口资源优化产业组织，加快形成功能互补，各具特色、优势明显、错位发展的产业布局。应在统一的城乡规划指导下，引导产业合理布局，促进与城镇空间协调发展，与城镇相邻或相连的，应纳入城镇总体规划；相对独立的，应纳入城镇体系规划（图 5-6）。

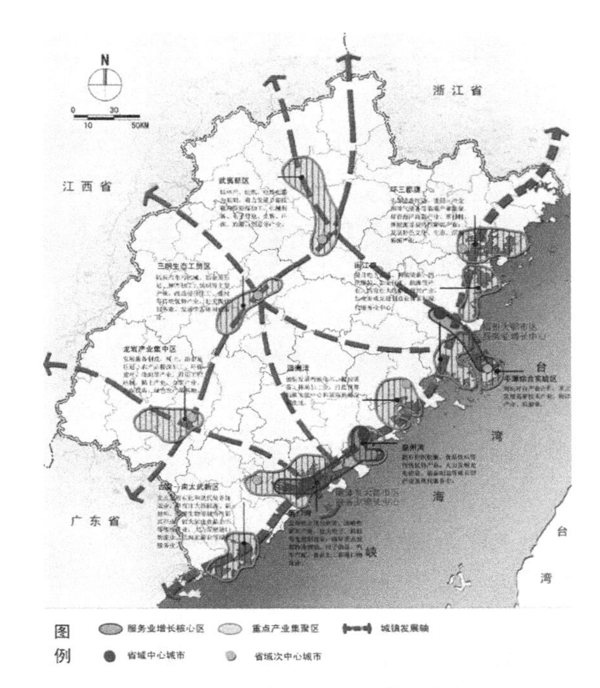


图 5–6　福建省产业空间布局规划图

（3）生态环境保护和资源节约利用。

1）土地资源节约与集约利用。城乡建设土地集约节约利用主要体现在：加强城乡建设用地总量管控、有序拓展城乡建设用地空间、鼓励综合发展城市地下空间、科学引导土地优化配置、优化城乡建设用地和农用地布局、整合规范农村建设用地和走紧凑型、内涵型城镇发展道路等七个方面。

2）区域水资源集约利用和保障。水资源集约节约利用和保障主要体现在：统筹区域水资源配置、加大节水力度、加强非传统水源的利用、加强水质保护和加强水污染防治等五个方面。

3）生态环境建设。协调城乡建设与生态环境保护的关系，促进经济发展方式转型，提升可持续发展能力。以福建良好的山海生态为本底，以“六江两溪”主要水系为骨架，加快区域绿道网工程建设，合理控制建设规模，实施生态功能分区指引，构建生态安全体系，建成经济高效、资源节约和环境友好的生态省。

4)海洋资源利用。坚持海洋资源深度开发和集约利用并重的原则，合理开发海洋资源，推进临港工业、海洋渔业、海洋新兴产业跨越式发展，培育和建设具有地方特色的海洋产业集群和临海经济发展主轴线，推进福建省由海洋资源大省向海洋经济强省转变。

（4）城乡发展支撑体系。

1）综合交通体系规划。

发展目标：以打造客运快速化和货运物流化的低碳型综合运输体系为目标，围绕大港口、大通道、大物流，加快建设以大型海空港、综合交通枢纽为依托，以快速铁路、高速公路和国省干线公路为骨架，构建多通道、多方式、大容量、高效率、低耗能、集约化的综合交通体系，形成“两大枢纽”、“三大港口”、“五大通道”多层次互动的复合型交通发展格局，为省域城镇空间协调发展提供基础支撑。

“两大枢纽”是福州、厦门两大国家级综合交通枢纽；“三大港口”是福州港、厦门港、湄洲湾港；“五大通道”是两纵三横综合运输大通道。

2）公共服务设施体系规划。完善城乡公共服务均等配给，建立设区市、县（市）、镇、村（居委会）四级，以公共财政投入为主的公共服务设施配套体系，形成总量适度、设施配套、功能完善、服务规范的城乡一体化公共服务设施网络。

3）供水保障体系规划。推进节水型社会建设，水利用效率得到明显提高，城镇居民人均综合生活用水量指标控制在320L以内，农村居民人均综合生活用水量指标控制在140L以内。完善城镇供水系统，实现城镇供水体系与周边村庄一体化，县城以上城镇供水普及率达到99%以上。大力推进农村饮水安全工程建设，实现全省村庄通水率达到100%。提升水资源安全保障能力，集中式生活饮用水水源地水质全面达标，重要城市应急水源储备能力显著提高，农村饮水水质明显改善，农村饮水安全问题近期全面解决。

4）防洪（潮）、排涝工程体系规划。贯彻“全面规划、综合治理、防治结合、以防为主”的防洪减灾方针，与流域规划、环境治理相协调，科学合理确定防洪标准，统筹治理洪、涝、潮灾害，协调上下游、左右岸、干支流关系，采取工程措施和非工程措施相结合的方式，构筑安全可靠、自然和谐的综合防洪治涝减灾体系。

5）城镇环境设施体系规划。

污水工程体系：强化城市污水处理设施运行管理和监督，加快城市污水处理配套管网建设和改造，提高城乡污水综合治理能力，与经济社会发展相适应的城乡污水处理设施体系基本形成。

环卫设施体系：全省城市垃圾无害化处理水平处于全国先进行列，规划期生活垃圾无害化处理率平均达到95%，其中城市（含县城）生活垃圾无害化处理率达到99%以上。

综合防灾减灾体系：以建设安全福建为目标，针对全省地震、台风、洪水、风暴潮、火灾等灾害，坚持兴利除害结合、防灾减灾并重、治标治本兼顾、政府社会协同，建立综合防灾指挥组织系统，建设省市多部门跨区域联动、协调统一的现代化综合防灾减灾体系。

6）能源供应体系规划。按照适度超前的原则，科学推进能源发展和利用，构筑稳定、经济、清洁、安全的能源供应保障体系，打造东南沿海重要的能源基地。

7）信息化保障体系规划。加快产业信息化发展，构建先进的信息基础设施，实现三网融合发展，推动农村信息化发展，推进社会发展信息化，加快政府信息化建设，大力发展电子商务，推进海峡两岸信息化合作。

(5) 区域合作与协调。

省域协调：按照“规划对接、设施共建、资源共享、优势互补、协调发展”的原则，制定共同的行为规则和标准，加强山海协作，消除行政壁垒，促进区域性要素资源的深度整合和优化配置，实现全省整体效益最优。

省际合作：积极参与国家区域发展战略的实施，通过创新区域合作机制，加强跨省铁路、公路、港口等区域重大项目建设协调，依托快速通道，加强与长三角、珠三角和鄱阳湖生态经济区等的经济联系与合作，深化同中西部地区、华北地区、东北地区的经贸交流，强化援疆、援藏、援宁工作，促进生产要素合理流动和优化配置，实现优势互补、良性互动，推进区域互动联动发展。

闽台合作：以两岸签署和实施经济合作框架协议（ECFA）为契机，着力先行先试，争取闽台更多合作项目列入 ECFA 后续商谈及补充协议，大力推进两岸经贸合作、文化交流和人员往来，努力构建吸引力更强、功能更完备的两岸交流合作前沿平台。

（6）空间管制。根据区域基础条件的相似性和差异性，将全省用地空间划分为禁建区、限建区、适建区和已建区等四类管制区，实施战略性的政策引导、强制性的综合整治和针对性的管制措施，确保全省经济、社会、环境、资源的可持续协调发展。

1）禁建区：为依法确立，或设立了临时性行政许可的各类保护地区或禁止建设的区域。原则上禁止任何城镇开发建设行为。

2）限建区：为保护生态、安全、资源环境等需要，须严格限制各类城乡建设行为的区域。本区应发挥生态缓冲带的作用，在保护优先的前提下，加强引导控制和综合治理，进行低强度开发建设，适度发展环境友好的适宜产业。

3）适建区：为适宜发展城镇和产业的区域，应以批准的各类规划为依据，严格按照规划控制要求进行建设。适建区中的重点管制空间包括大都市区与都市区、新增长区域、综合交通枢纽地区等战略性发展地区。

4）已建区：指已经划定为城市建设发展用地的范围。包括城镇建设区、独立工矿区和乡村居民点。根据各级城乡规划，进行集约利用、用地调整及环境整治等。

（7）城市发展指引。为强化本规划对省域城镇空间的综合调控和引导作用，依据本规划确定的相关要求，制定设区市和大都市区发展指引，对各设区市和福州、厦漳泉两个大都市区的城镇发展、城镇化推进、区域协调、空间管制、重大基础设施等事关城镇发展的战略性重大方向进行引导，促进区域协调可持续发展。

设区市及所属市、县、镇、乡村编制各类规划，应以本规划的相关要求，特别是强制性内容和城市发展指引为依据，结合本地实际全面落实。

（8）规划特色。

1）强化规划的公共政策属性。规划从可持续发展和增强规划弹性的角度，因地制宜确定了不同区域空间的发展原则和引导策略，保证规划的整体要求切实落实在具体的地域空间上。

一是将省域空间划分为都市地区和一般地区，针对两类地区发展阶段和资源禀赋的不同，结合主体功能区规划要求，提出差异化发展策略，明晰两类地区的发展导向、策略重点和建设时序。二是提出分区、分级管制的内容，从省域层面明确了对生态环境有重大影响的禁建、限建区域，标明各类管制区的位置和示意性控制范围，提出针对性管制措施。并根据规划管理需要，明确省级政府规划管理的事权要求，提出应由省级政府监控和协调管理的地区。三是提出大都市区和设区市城市发展指引，以大都市区和中心城市为单元，分解落实空间结构、重大设施布局、空间政策等重要内容，为指导各地依法做好城乡规划和实施提出明确依据。

2）强化规划的协调与衔接。一是落实决策。以《海峡西岸经济区发展规划》、《全国城镇体系规划》和全国、省十二五规划等重大规划为依据，贯彻落实省委、省政府重大战略部署；二是部门对接。主要是与各部门的专项规划，如主体功能区规划、土地利用总体规划、交通规划、环境保护规划等进行了无缝衔接；三是空间协调。从省域、省际、闽台三个方面提出了产业空间协调、基础设施和交通通道协调、生态环境发展协调、文化旅游合作等内容。通过多维的协调衔接，降低了资源要素整合成本，实现区域整体协调发展。

3）强化规划的过程引导。转变传统城镇体系过于理性的终极蓝图规划思路，着力把握规划发展阶段性特点，提出针对性的引导策略。一是根据城镇化水平加速发展阶段特点，提出“转型、集聚、提升”的城镇化方针，明确城镇化转型提质的引导思路；二是针对城镇空间发展的分异化和沿海网络化特征，提出构建以都市区为主体形态的新型城镇空间发展模式，切实引导空间发展转型；三是把握引领省域空间形成的四大关键性要素“一带、两区、四轴、多点”，并提出针对性的引导策略；四是对相关部门专项规划，着力空间落实，提出引导专项规划落地的空间对策；五是注重规划的实施时序，着力提出规划近期实施的六项重点任务，增强规划的可操作性。

4）强化城乡统筹思想。规划从传统的城镇体系规划转向城乡统筹规划，明确了城乡统筹发展的质量目标、发展策略和差异化指引，提出统筹城乡的居民点体系、设施支撑体系，以及土地、水资源的统筹利用要求，将城乡统筹的思路贯穿规划始终。

5）强化规划的基础研究。针对影响省域城镇布局的经济、城镇化、交通、生态等七个方面的关键性问题，采用案例分析比较、经济相关法、趋势外推等方法，以定量和定性相结合的方式，进行全面深入的分析。特别是城镇化的研究，不仅对发展趋势进预测，更从城镇化保障角度出发，从人口来源、土地资源供给、城镇建设投入、就业岗位供给等方面对城镇化发展预期进行评估，切实保障城镇化发展的可行性。

6）编制组织机制创新。规划编制采用“省市规划设计单位联合编制、省内外多家研究机构共同参与”的编制模式，既保障规划的前瞻性、战略性，又保障规划的科学性、可操作性。

具体编制过程中坚持开门编制方针，在规划大纲制定、规划方案研讨、纲要编制、成果形成等各个阶段，均采取专题研讨会、公众参与等多种形式，广泛征求省内外专家、各级相关部门、公众等各方意见，集思广益、充分沟通、深入研究，确保规划成果的科学性。

（三）城镇体系规划审批要点

1．审批城镇体系规划的技术关键

(1) 要有正确的指导思想。规划要与国家对地区发展的要求、方针、政策相一致；要立足长远，明确目标，保证地区的可持续发展；更要切合当地实际，体现地方特色。

(2) 处理好几方面关系。城镇体系规划要处理好本地发展与更高层次发展要求之间的关系；处理好与其他部门规划如土地利用、环境保护规划、风景旅游规划等的关系；处理好与周边地区发展规划的关系；处理好与各行业如交通运输、水利资源利用、供电等行业规划的关系。

（3）研究、分析地区城镇发展存在的主要问题和矛盾，明确工作重点，提出解决问题的对策。

2．城镇体系规划审批重点内容

（1）区域与城市发展的建设条件。主要是审核这些发展和建设条件是否经过综合评价，并符合实际情况。

（2）区域人口、城镇用地规模。人口规模预测是否科学；用地规模是否符合人口的发展和城镇化发展的需要。

（3）城镇化目标。提出的城镇化目标是否明确；是否符合我国和各地的实际情况；是否统筹考虑城镇与乡村的协调发展。

（4）城镇体系。城镇体系的功能结构和城镇分工是否合理，避免功能的不必要的重复。

（5）空间布局。城镇空间布局是否科学合理；是否有利于提高区域环境质量、生活质量和景观艺术水平；是否有利于历史文化遗产、区域传统风貌、地方特色和自然景观的保护。

（6）区域基础设施、社会设施。对于设施容量的预测是否科学；布局是否合理，是否有利于设施的高效利用，是否有利于城镇的发展；是否考虑到重点城镇发展的需要。

（7）近期重点发展城镇的规划建议。重点发展城镇的定位是否恰当；对发展的区位条件的分析论证是否合理。

（8）实施规划的政策和措施。规划实施的政策、措施和技术规定是否明确；是否具有可操作性。

（9）其他内容。是否达到了建设部制定的《城镇体系规划编制审批办法》规定的基本要求以及审批机关的其他要求等。

## 二、城市总体规划

城市总体规划是一定时期内城市发展目标、发展规模、土地利用、空间布局以及各项建设的综合部署和实施措施，是引导和调控城市建设、保护和管理城市空间资源的重要依据和手段，是一项全局性、综合性、战略性的工作。

镇总体规划包含县人民政府所在地镇的总体规划和其他镇的总体规划，“镇”指的是经国家批准设镇建制的行政地域。由于城市总体规划与镇总体规划在编制原则和内容上在许多方面具有一致性，规划组织编制和审批的主体也是采取分级审批制度。因此，本小节的城市总体规划含镇总体规划的内容，不将镇总体规划单独分节表述。

**【链接】**《城乡规划法》第十四条　城市人民政府组织编制城市总体规划。

直辖市的城市总体规划由直辖市人民政府报国务院审批。省、自治区人民政府所在地的城市以及国务院确定的城市的总体规划，由省、自治区人民政府审查同意后，报国务院审批。其他城市的总体规划，由城市人民政府报省、自治区人民政府审批。

【链接】《城乡规划法》第十五条　县人民政府组织编制县人民政府所在地镇的总体规划，报上一级人民政府审批。其他镇的总体规划由镇人民政府组织编制，报上一级人民政府审批。

（一）城市总体规划编制的原则和内容

1. 城市总体规划编制的原则

根据城市经济社会发展需求和人口、资源情况和环境承载能力，合理确定城市的性质、规模；综合确定土地、水、能源等各类资源的使用标准和控制指标，节约和集约利用资源；统筹安排城乡各类建设用地；合理配置城乡各项基础设施和公共服务设施，完善城市功能；贯彻公交优先的原则，提升城市综合交通服务水平；健全城市综合防灾体系，保证城市安全；保护自然生态环境和整体景观风貌，突出城市特色；保护历史文化资源，延续城市历史文脉；合理确定分阶段发展方向、目标、重点和时序，促进城市健康有序发展。

城市人民政府在组织编制城市总体规划时，要把为人民群众生产生活提供方便作为重要目标，统筹城乡和区域发展，积极稳妥地推进城镇化，统筹规划城市基础设施建设，加快建设节约型城市。要重视发挥专家作用，加强对总体规划纲要、成果等环节的技术把关。在规划编制的各个阶段，都要充分征求有关部门和单位的意见，广泛听取社会各界意见，扩大公众参与程度，推进科学民主决策，增强规划编制工作的公开性和透明度。

镇的总体规划是对镇行政区域内的土地利用、空间布局以及各项建设的综合部署，是管制空间资源开发、保护生态环境和历史文化遗产、创造良好生活环境的重要手段，在指导镇的科学建设、有序发展、充分发挥规划的协调和社会服务等方面具有重要作用。镇规划包含县人民政府所在地镇的规划和其他镇的规划。

2. 城市总体规划编制的内容

【链接】《城乡规划法》第十七条　城市总体规划、镇总体规划的内容应当包括：城市、镇的发展布局，功能分区，用地布局，综合交通体系，禁止、限制和适宜建设的地域范围，各类专项规划等。

规划区范围、规划区内建设用地规模、基础设施和公共服务设施用地、水源地和水系、基本农田和绿化用地、环境保护、自然与历史文化遗产保护以及防灾减灾等内容，应当作为城市总体规划、镇总体规划的强制性内容。

城市总体规划、镇总体规划的规划期限一般为二十年。城市总体规划还应当对城市更长远的发展作出预测性安排。

（1）基本内容要求。城市总体规划一般分为市域城镇体系规划和中心城区规划两个层次。市域城镇体系规划的主要内容包括：提出市域城乡统筹的发展战略；确定生态环境、土地和水资源、能源、自然和历史文化遗产等方面的保护与利用的综合目标和要求，提出空间管制原则和措施；确定市域交通发展策略原则；确定市域交通、通信、能源、供水、排水、防洪、垃圾处理等重大基础设施，重要社会服务设施的布局；根据城市建设、发展和资源管理的需要划定城市规划区，提出实施规划的措施和有关建议。中心城区规划的主要内容包括：分析确定城市性质、职能和发展目标，预测城市人口规模；划定禁建区、限建区、适建区，并制定空间管制措施；确定建设用地规模，划定建设用地范围，确定建设用地的空间布局；提出主要公共服务设施的布局；确定住房建设标准和居住用地布局，重点确定经济适用房、普通商品住房等满足中低收入人群住房需求的居住用地布局及标准；确定绿地系统的发展目标及总体布局，划定绿地的保护范围（绿线），划定河湖水面的保护范围（蓝线）；确定历史文化保护及地方传统特色保护的内容和要求；确定交通发展战略和城市公共交通的总体布局，落实公交优先政策，确定主要对外交通设施和主要道路交通设施布局；确定供水、排水、供电、电信、燃气、供热、环卫发展目标及重大设施总体布局；确定生态环境保护与建设目标，提出污染控制与治理措施；确定综合防灾与公共安全保障体系，提出防洪、消防、人防、抗震、地质灾害防护等规划原则和建设方针；提出地下空间开发利用的原则和建设方针；确定城市空间发展时序，提出规划实施步骤、措施和政策建议。

县人民政府所在地镇的总体规划包括县域村镇体系和县城区两层规划内容。县域村镇体系规划主要内容包括：综合评价县域的发展条件；制定县域城乡统筹发展战略，确定县域产业发展空间布局；预测县域人口规模，确定城镇化战略；划定县域空间管制分区，确定空间管制策略；确定县域镇村体系布局，明确重点发展的中心镇；制定重点城镇与重点区域的发展策略；确定必须制定规划的乡和村庄的区域，确定村庄布局基本原则和分类管理策略；统筹配置区域基础设施和社会公共服务设施，制定包括交通、给水、排水、电力、邮政、通信、教科文卫、历史文化资源保护、环境保护、防灾减灾、防疫等专项规划。县城区规划主要内容包括：分析确定县城性质、职能和发展目标，预测县城人口规模；划定规划区、确定县城建设用地规模；划定禁止建设区、限制建设区和适宜建设区，制定空间管制措施；确定各类用地的空间布局，确定绿地系统、河湖水系、历史文化、地方传统特色等的保护内容、要求，划定各类保护范围，提出保护措施；确定交通、给水、排水、供电、邮政、通信、燃气、供热等基础设施和公共服务设施的建设目标和总体布局；确定综合防灾和公共安全保障体系的规划原则、建设方针和措施；确定空间发展时序，提出规划实施步骤、措施和政策建议。

除县人民政府所在地镇以外的其他镇的总体规划包括镇域规划和镇区规划两个层次。镇域规划主要内容包括：提出镇的发展战略和发展目标，确定镇域产业发展空间布局；预测镇域人口规模；明确规划强制性内容，划定镇域空间管制分区，确定空间管制要求；确定镇区性质、职能及规模，明确镇区建设用地标准与规划区范围；确定镇村体系布局，统筹配置基础设施和公共设施；提出实施规划的措施和有关建议。镇区规划主要内容包括：确定规划区内各类用地布局；确定规划区内道路网络，对规划区内的基础设施和公共服务设施进行规划安排；建立环境卫生系统和综合防灾减灾系统；确定规划区内生态环境保护与优化目标，提出污染控制与治理措施；划定河、湖、库、渠和湿地等地表水体保护和控制范围；确定历史文化保护及地方传统特色保护的内容及要求。

（2）总体规划的强制性内容。城市、镇总体规划是城镇发展与建设的基本依据，是调控各项资源（包括水资源、土地资源、能源等）、保护生态环境、维护社会公平、保障公共安全和公众利益的重要公共政策。为充分发挥城市、镇总体规划的综合调控作用，发挥其合理高效配置空间资源、优化城镇布局的功能，本条规定了城市、镇总体规划的内容，包括两个方面，即应当包括的内容和强制性内容，强制性内容是必备的内容。

强制性内容是指城市、镇总体规划的必备内容，应当在规划图纸上有准确标明，在规划文本上有明确、严格、规范的表述，并提出相应的管制性措施。确定规划的强制性内容，是为了加强上下级规划的衔接，确保规划得到有效落实，确保城乡建设能够做到节约资源、保护环境，促进城乡经济社会全面协调可持续发展，并且能够以此为依据对规划的实施监督检查。规划的强制性内容有以下几个特点：一是规划的强制性内容具有法定的强制力，必须严格执行；二是下位规划不得违背和变更上位规划确定的强制性内容；三是涉及规划强制性内容的调整，必须按照法定的程序进行。

城市、镇总体规划应当包括以下强制性内容：规划区范围；规划区内建设用地规划，包括规划期限内城市建设用地的发展规模，土地使用强度管制区划和相应的控制指标（建设用地面积、容积率、人口容量等）；城市、镇基础设施和公共服务设施，包括城镇主干道系统网络、城市轨道交通网络、大型停车场布局，饮用水水源取水口及其保护区范围、给水和排水主管线的布局，电厂与大型变电站的位置、燃气储气罐站位置、垃圾和污水处理设施位置，文化、教育、卫生、体育和社会福利等方面主要公共服务设施的布局；应当控制开发的地域，包括基本农田保护区，风景名胜区，湿地、水源保护区等生态敏感区，地下矿产资源分布地区，各类绿地的具体布局，地下空间开发布局；自然与历史文化遗产保护，包括历史文化名城名镇保护规划确定的具体控制指标和规定，历史文化街区、各级文物保护单位、历史建筑群、重要地下文物埋藏区的具体位置和界线；生态环境保护与建设目标，污染控制与治理措施；防灾减灾工程，包括城镇防洪标准、防洪堤走向，城镇防震抗震设施，消防疏散通道，地质灾害防护，危险品生产储存设施布局等内容。

（3）总体规划的规划期限。城市总体规划、镇总体规划的规划期限一般为二十年，在特殊情况下可以少于也可以多于20年，但总体上应为20年，具体由编制机关掌握，审批机关进行相应的审查。城镇总体规划的期限设置为20年，一是为了防止规划频繁修改，影响经济和社会发展；二是提高规划的指导性，让人民群众对城市建设与发展有一个合理的预期；三是防止规划期限过长，无法适应经济社会的发展，导致规划与现实脱节。为了使人民群众合理预期城市将来的建设和发展，也为了保证城市总体规划的连续性，本条同时规定，城市总体规划还应当对城市更长远的发展作出一些预测性的安排。

（二）城市总体规划组织编制和审批的主体

**【链接】**《城乡规划法》第十六条　省、自治区人民政府组织编制的省域城镇体系规划，城市、县人民政府组织编制的总体规划，在报上一级人民政府审批前，应当先经本级人民代表大会常务委员会审议，常务委员会组成人员的审议意见交由本级人民政府研究处理。

镇人民政府组织编制的镇总体规划，在报上一级人民政府审批前，应当先经镇人民代表大会审议，代表的审议意见交由本级人民政府研究处理。

规划的组织编制机关报送审批省域城镇体系规划、城市总体规划或者镇总体规划，应当将本级人民代表大会常务委员会组成人员或者镇人民代表大会代表的审议意见和根据审议意见修改规划的情况一并报送。

1．规划编制的主体

城市人民政府组织编制城市总体规划。城市总体规划的具体组织编制程序是：第一，有关城市人民政府在拟编制城市总体规划之前，应就原规划执行情况、修编的理由、范围，书面报告规划审批机关，经规划审批机关同意后，方可编制规划。第二，组织编制城市总体规划纲要，并提请审查。第三，依据国务院城乡规划主管部门或者省、自治区城乡规划主管部门提出的审查意见，组织编制城市总体规划。第四，城市总体规划报送审批前，须经本级人民代表大会常务委员会审议，审议意见和根据审议意见修改城市总体规划的情况应随上报审查的规划一并报送。组织编制机关还应当依法将城市总体规划草案予以公告，采取论证会、听证会或者其他方式征求专家和公众的意见，并在报送审批的材料中附具意见采纳情况及理由。第五，规划上报审批机关后，由审批机关授权有关城乡规划主管部门负责组织相关部门和专家进行审查。在审批机关审批规划时，有关部门及专家组的审查意见将作为重要的参考依据。

县人民政府所在地镇的总体规划由县人民政府组织编制，而不是由县人民政府所在地镇的人民政府组织编制。这是考虑到县人民政府所在地镇是整个县的经济、文化等中心，需要统筹考虑全县的经济、社会发展及全县的城乡空间布局及城镇规模。除县人民政府所在地镇以外的其他镇的总体规划则由镇人民政府根据镇的发展需要组织编制。

2．规划审批的主体

城市总体规划采取分级审批制度（图 5-7）。城市总体规划由国务院审批的城市包括：直辖市；省、自治区人民政府所在地的城市，即省会市；国务院确定的城市。其他所有城市的城市总体规划都由省、自治区人民政府审批。

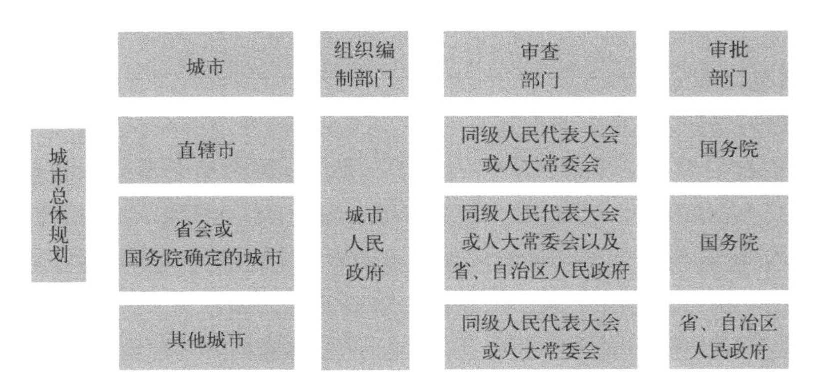


图 5–7　城镇总体规划编制与审批主体框图

为确保规划的稳定性，制约频繁修改规划，严格依法行政。城市人民政府和县级人民政府在向上级人民政府报请审批城市总体规划前，须经同级人民代表大会或者其常务委员会审查同意。地方政府在将有关规划报上级政府审批前，应先提请本级人大或其常委会审议，听取意见，根据意见做相应修改，并将审议意见和根据审议意见修改规划情况一并报送上级政府。

县人民政府组织编制的镇总体规划应报上一级人民政府批准，这里上一级人民政府主要是设区的市人民政府。而其他镇人民政府组织编制的镇总体规划也应报上一级人民政府批准，这主要是指县人民政府，包括不设区的市人民政府。

特别说明的是，同级人大“审议”是程序性的，是本级政府向上级政府报请审批总体规划前的必经程序，同级人大“审议”城乡规划与上级政府审批城乡规划不矛盾，城乡规划的最终批准权在上级政府，同级人大“审议”城乡规划是对同级政府制定、实施城乡规划的行为进行监督的一种方式（图 5-8）。

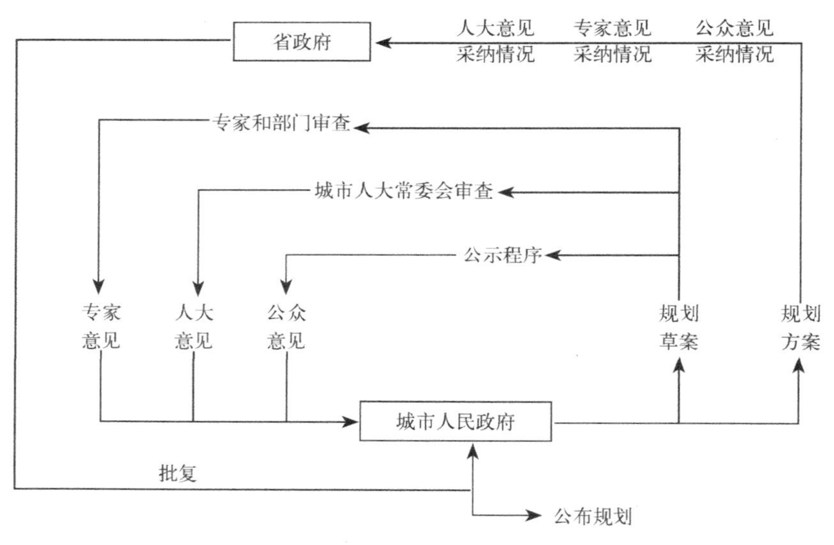


**图 5-8 城镇总体规划编制与审批流程图**

（三）城市总体规划的审批要点

1．审批城市总体规划的技术关键

（1）确立正确的规划指导思想和规划方法。要从区域关系着手分析城市发展的地位、作用，确立科学合理的城市规划目标，科学地确定城市的人口规模和用地规模。并且注意与周边城市关系的协调，尤其是基础设施规划建设的协调。深入进行现场踏勘和现场调研，熟悉城市现状，了解城市发展历史，把握城市发展未来。规划制定应执行国家和行业的城市规划标准和技术规范，运用多方案比选的原则，重视规划的可实施性和政策保障。尤其是近期规划的内容要现实可行，做到近远期结合，易于实施，同时，严格遵循规划编制程序和审批程序工作。

（2）正确处理好总体规划与历次城市总体规划的关系，与土地利用总体规划、省域城镇体系规划、河湖水系规划、国土（或区域）规划的关系及专项规划的关系。专项规划是指与城市总体规划密切相关，且具有特殊专业内容与深度要求，并单独组织审批的规划（如城镇体系规划、历史文化名城规划、交通规划、防洪规划、风景名胜区规划、抗震规划等），单独编制的专项规划内容要符合总体规划。

（3）对项目的重点、难点作出判断，有针对性地提出解决问题的对策。对项目的重点、难点作出准确判断和认真分析，提出解决问题的对策，是提高规划设计水平，做好总体规划的关键。一般可从以下几个方面分析：与省域城镇体系规划等宏观规划是否有矛盾；城市发展的重大制约因素是否清晰。如地形、水、军事设施、高压线走廊、高速公路、铁路，不良地质条件，水资源状况等；城市发展的特殊要求是否明确；有无影响城市布局的重大建设项目；城市的重大污染源或区域；城市的布局结构与城市的路网系统；重点历史文化街区、文保单位；旧城改造的压力及当地规划管理部门的现状管理水平等内容。

2．审批城市总体规划的重点内容

审批城市总体规划，重点审核以下几方面的内容：

（1）城市性质。城市性质是指各城市在国家和区域经济及社会发展中所处的地位和所起的作用，即指城市在全国和区域城市网络中的分工和职能。城市性质应当体现城市的个性。要审核城市性质是否明确；是否经过充分论证；是否符合国家或区域对该城市职能的要求；是否与全国和省域城镇体系规划相一致。

（2）城市发展目标。城市发展目标是否明确；是否从当地实际情况出发，实事求是；是否有利于促进经济的繁荣和社会的全面进步；是否有利于可持续发展；是否符合国民经济和社会发展规划并与国家产业政策相协调。

（3）城市规模。人口规模的确定是否充分考虑了当地经济发展水平，以及土地、水资源等环境条件的制约因素；是否经过科学测算并经专题论证。用地规模的确定是否坚持了节约和合理利用土地及空间资源的原则；是否符合国家关于城市规模的方针；是否符合国家规定的建设用地标准；是否在一定行政区域内做到耕地总量的动态平衡。

（4）空间布局和功能分区。城市空间布局是否科学合理，功能分区是否明确；是否有利于提高环境质量、生活质量和景观艺术水平；是否有利于保护历史文化遗产、城市传统风貌、地方特色和自然景观。

（5）交通规划。城市交通规划的发展目标是否明确；体系和布局是否合理；是否符合现代化交通管理的需要；城市对外交通系统的布局是否与市域交通系统及城市长远发展相协调。

（6）基础设施建设和环境保护。城市基础设施的发展目标是否明确并相互协调，是否合理配置并正确处理好远期发展与近期建设的关系。城市环境保护规划目标是否明确，是否符合国家的环境保护法律、法规、标准及保护政策，是否有利于城市及周围地区环境的综合保护。

（7）协调发展。总体规划编制是否做到统筹兼顾、综合部署，是否与国土规划、区域规划、江河流域规划、土地利用总体规划以及国防建设等相协调。

（8）规划的实施。总体规划实施的政策措施和技术规定是否明确，是否具有可操作性。

（9）其他内容。是否达到了建设部制定的《城市规划编制办法》规定的基本要求，是否符合审批机关事先提出的指导意见等。

（四）规划案例

1．案例之一：**龙岩市城市总体规划（2011—2030 年）**

（1）编制背景。龙岩市位于福建省西南部，是著名的革命老区，客家首府，闽粤赣三省交界地区的中心城市。2009 年 5 月，国务院出台《关于支持福建省加快建设海峡西岸经济区的若干意见》，龙岩作为内地连接海西经济区的重要门户，面临前所未有的发展机遇。2010 年 9 月，经福建省人民政府同意，龙岩市人民政府启动了新一轮的城市总体规划的修编工作。《龙岩市城市总体规划（2011~2030）》（以下简称“规划”）于 2012 年 11 月编制完成上报福建省人民政府，并于 2012 年 12 月正式获批。

（2）规划构思。“规划”紧扣《海峡西岸城市群发展规划》对龙岩提出的“海西经济区的发展增长极、对台交流开发示范区、红色文化和客家文化展示区、生态安全保障区”的战略要求，从统筹的角度出发，依托厦泉漳龙城市联盟，推进以优势互补、资源共享、交通联动和生态共治为重点的区域合作；构建人口、产业、空间、公共服务和交通基础设施和谐有序的市域城乡体系。从保护的角度出发，以生态环境承载力和文化资源评价为基础，强调生态环境与城市发展的有机协调，历史文化传承与城市发展的有机融合。从培育的角度出发，通过优化资源配置，引导城乡各类要素合理布局，有序健康推进城镇化；引导产业结构由资源型向以工程机械为龙头的资金技术密集型转变；引导城市空间布局由“蔓延式扩张”向“组团式发展”转变。

（3）规划主要内容。

1）城市性质。海峡西岸经济区的西部中心城市，先进制造业基地、全国重要的红色、客家文化生态城市。

2）规划层次与范围。

市域：范围为龙岩市行政辖区（包括 1 区 1 市 5 县），总面积 19050km$^2$。

城市规划区：包括新罗区所有街道，红坊、江山、大池、小池、雁石、苏坂、白沙、万安等乡镇；永定县的高陂、坎市和培丰等乡镇；上杭县的古田、蛟洋、步云、溪口等乡镇，总面积约 2545km$^2$。

中心城区：东至苏坂、南至坎市、西至蛟洋、北至白沙。包括主城区、高坎新城、龙雁新城、古蛟新城，总面积约 312km$^2$。

3）市域城镇体系。龙岩市域规划形成“一心三副、三条城镇发展轴”的城镇空间布局结构（图 5-9）。

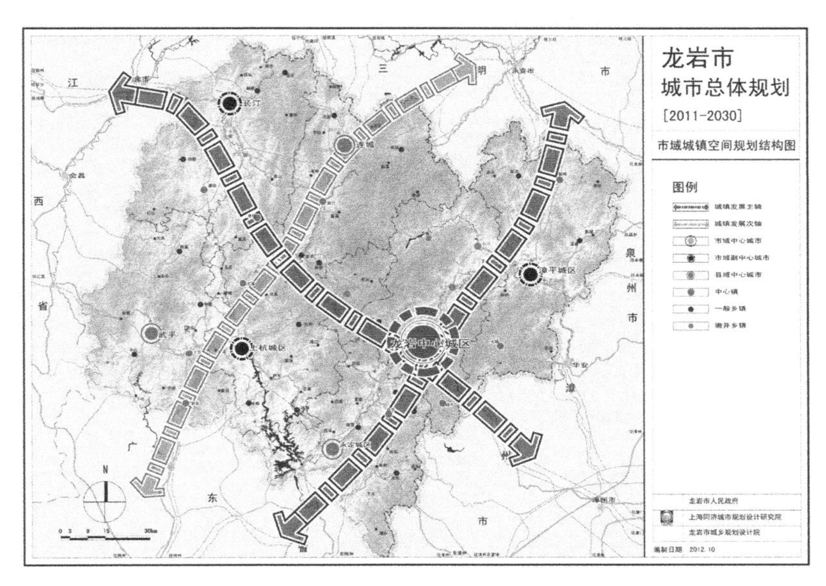


图 5-9　市域城镇空间结构规划图

“一心”指依托龙岩中心城区，形成引领龙岩市域的增长核心。

“三副”指市域三个副中心城市。长汀依托历史文化资源和产业条件发展成为引领市域北部发展的副中心，上杭依托红色旅游、矿业及加工形成引领市域西部发展的副中心，漳平依托交通条件和产业资源形成引领市域东部发展的副中心。

“三条城镇发展轴”指依托厦蓉高速公路形成东西向主轴，依托双永高速公路形成南北向主轴，依托长深高速形成南北向次轴。

龙岩市域建立由“市域中心城市—市域副中心城市—县域中心城市—中心镇——般镇”五级城镇组成的城镇体系结构。

规划龙岩中心城区人口规模 110 万人；规划市域副中心城市为长汀、上杭、漳平，其中长汀人口规模 25 万人，漳平、上杭人口 10~20 万人；规划永定、连城和武平为县域中心城市，人口规模在 10~20 万人；规划中心镇 10 个，人口规模 3~10 万人；规划一般镇 69 个。

4）城市规模。规划近期 2015 年，龙岩中心城区人口规模达到 50 万人，城市建设地规模控制在 $60km^2$；规划远期 2030 年，龙岩中心城区人口规模达到 110 万人，城市建设地规模控制在 $121km^2$。

5）中心城区布局。按照“跨越发展、组团结构、内居外产、生态契合”的布局模式，中心城区规划形成“一主、三新”的城市空间结构（图 5-10）。“一主”指依托现状城市建成区在龙岩盆地和江山盆地内优化提升形成主城区，包括核心、北翼、南翼、铁山、城北、龙门、红坊和江山八个组团；“三新”指沿厦蓉高速和双永高速，依托三大省级综合改革建设试点镇，分别在主城区西南部、东北部和西北部建设三大新城：即高坎新城、龙雁新城和古蛟新城。主城区与三大新城之间由山体、农田和永久性绿带进行分隔。北部发展的副中心；上杭依托红色旅游、矿业及加工形成引领市域西部发展的副中心；漳平依托交通条件和产业资源形成引领市域东部发展的副中心；“三条城镇发展轴”指依托厦蓉高速公路形成东西向主轴；依托双永高速公路形成南北向主轴；依托长深高速形成南北向次轴。龙岩市域建立由“市域中心城市—市域副中心城市—县域中心城市—中心镇——一般镇”五级城镇组成的城镇体系结构。

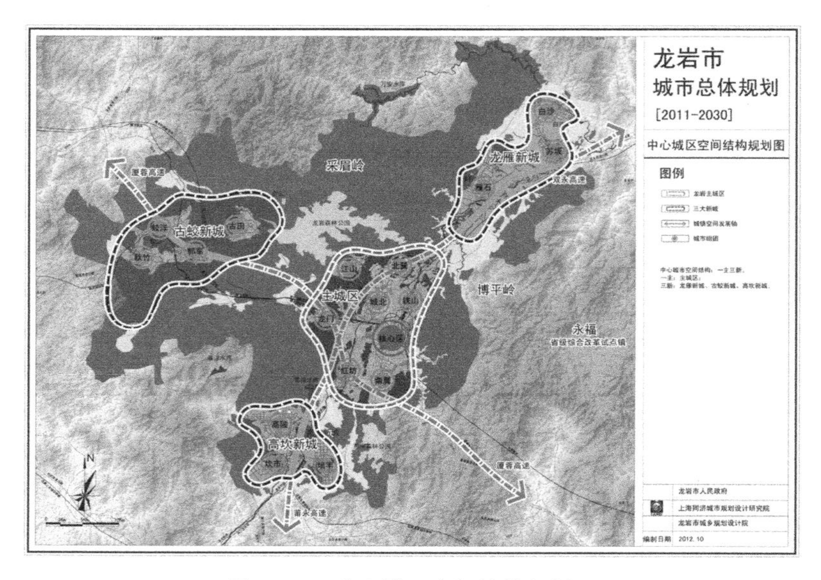


图 5-10 中心城区空间结构规划图

规划龙岩中心城区人口规模 110 万人；规划市域副中心城市为长汀、上杭、漳平，其中长汀人口规模 25 万人，漳平、上杭人口 10~20 万人；规划永定、连城和武平为县域中心城市，人口规模在 10~20 万人；规划中心镇 10 个，人口规模 3~10 万人；规划一般镇 69 个（图 5-11）。

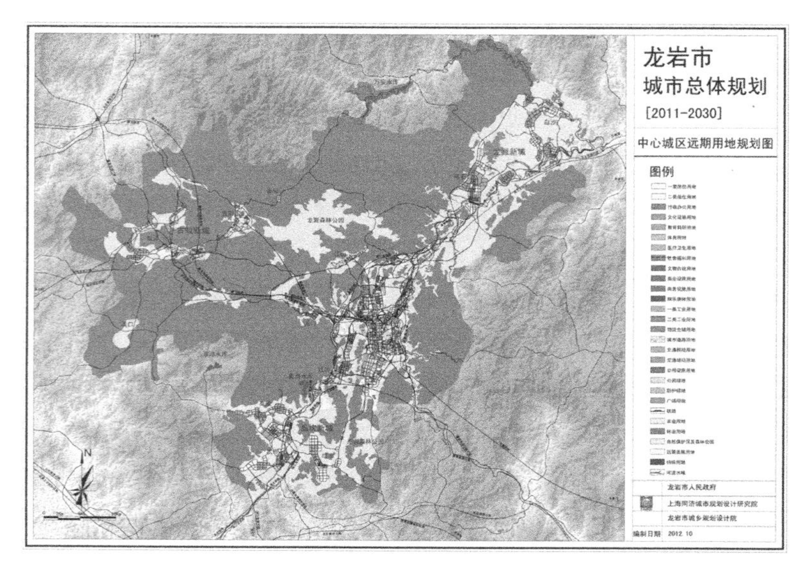


图 5-11 中心城市远期用地规划图

6）规划特色。

① 融入区域，构筑开放的区域统筹发展格局。在区域方面，充分发挥龙岩闽粤赣三省交界地区交通枢纽的地位，依托厦泉漳龙城市联盟，构筑内地链接台海的开放式发展平台，促进优势互补、资源共享，实现通江达海的区域交通网络，实现九龙江流域的生态环境综合保育，实现闽粤赣边区域产业集群的协调发展。在市域方面，依托“厦蓉”、“双永”、“长深”三条发展轴带，引导“一心”（龙岩中心城区）、“三副”（长汀、上杭、漳平）地区的积聚发展发挥引领作用。在外围地区域完善生态协调机制，强调城乡统筹、加强自然生态保护、风景旅游有序开发、加强基础设施建设。

② 建设新城，推动组团城市发展新格局。针对闽西山地特征，规划摒弃传统城市蔓延式扩张的模式，突破行政区划限制，运用GIS技术，选取主城区周边18个盆地及缓坡地区，进行综合评价，为城市发展指明方向。规划依托高陂、白沙和古田三大省级综合改革建设试点镇打造三大新城，形成龙岩“一主、三新”的城市空间结构，引导主城区人口、产业向新城的疏解。

③ 梳理挖潜，促进主城区从“量变”转向“质变”。规划对龙岩主城区提出了“控制蔓延、盘活存量”的空间发展策略，力求从以往依靠土地扩张来支撑城市发展向盘活城市存量土地、优化城市空间布局、提高城市土地效益转变。规划通过对龙岩经开区产业功能的向外疏解，实施“退二进三”功能提升；通过沿龙岩大道公共服务核心区的建设增强城市服务能力；通过对城中村和棚户区的改造提高人居环境质量。

④ 双快系统，强调便捷高效的交通网络体系。针对闽西山地相对自然松散的城市组团布局，规划强调区域交通系统的便捷联系，重点从高快速路系统和公交系统两个方面进行组织。结合“一主三新”的组团发展格局，建设快速干道系统以和多层次快速公交体系。通过快速通道和快速公交系统的构建满足不同交通方式的出行需求，从而促进城市空间结构与交通体系的良好互动。

⑤ 红色传承，突出古田会议的重要意义。规划通过古蛟新城建设，将古田会议旧址这一重要的红色文化资源纳入城区范畴之内；梳理红色文化遗迹，形成以古田会议旧址、中央苏区公园和后田暴动遗址为核心的三大红色文化组团；开发城市快速路和快速公共交通系统，形成红色文化游览线，整合上述红色旅游资源。将龙岩建设成为红色经典旅游目的地、革命历史传承教育基地。

⑥ 山水绿城，彰显龙岩城市风貌特色。以山为依衬，水为脉络，田为基底，路为骨架，形成龙岩“山、水、田、林、城”相因相借，具有浓郁闽西特色的城市风貌和城乡田园意境，突出“显山、亲水、融绿、秀城”的整体景观风貌效果，构建龙岩城市山水田园生态谷。

⑦ 公众参与，强调规划的民主与科学性。规划全程强调公众参与，规划调研初期，通过问卷调查、居委会组织座谈及街头随机访谈的形式，听取龙岩市民对于总体规划修编的诉求；规划纲要成果和正式成果报批之前，均在规划局的网站公布，并在龙岩市城市规划展览馆通过平面图和模型的形式予以公示，同时在闽西日报和龙岩地方电视台也有公布，广

泛征询龙岩市民的意见，并在正式报批成果中对其中科学合理的意见予以充分吸收和采纳。

2．案例之二：**厦门市汀溪镇总体规划**（2010~2030 年）

（1）汀溪镇概况。汀溪镇位于厦门市同安区北部，东北与南安市接壤，北与安溪县交界，是进出厦门经济特区的北大门。镇域现有国土面积 155.85km²，镇区所在地距厦门本岛中心 40 多公里，距泉州市区约 100km，距漳州市区约 70km。汀溪镇地处闽南金三角和厦门特区辐射圈，有利于汀溪镇充分发挥厦门市海陆空大港口和对台区位优势，发展现代农业和进行厦台经济合作开发。

汀溪镇系同安山区镇，地貌以中低山和丘陵为主，地形切割较强烈，境内最高山峰（也是厦门最高点）云顶山海拔 1175.2m。总体地势北高南低，镇域近南端现状镇区附近区域有少量河谷平原地段。镇域内有大规模的森林资源，森林覆盖率 65.7%，包括原始次森林、速生针叶林等，是厦门市域重要生态屏障。汀溪镇境内温泉资源优质、丰富。这些条件为汀溪发展旅游产业打下良好基础。

汀溪镇地处亚热带海洋性季风气候带，温暖湿润，光照充分，台风季节长，夏无酷暑、冬无严寒。夏季盛行偏南风，湿热多雨；冬季多为偏东风，少雨干燥。年平均温度 21℃，年均温差不大。年平均降雨量 1750mm，7~10 月为台风暴雨季节。汀溪镇气候适于热带、亚热带动植物的生长发育，对农业生产尤为有利。现状镇域范围内“一村一品”等特色农业发展势头良好。

汀溪镇域内有水库四座，年均蓄水量 1.07 亿 m³，其中汀溪水库和溪东水库的主导功能为饮用水。汀溪水库位于镇域南部、镇区东北侧，是同安区、翔安区重要生产生活用水水源，水质较好，其周边水源保护区范围较大。

汀溪镇全镇辖 97 个自然村，镇域现状总人口 2 万人，其中镇区约 0.4 万人。2009 年全年，全镇农业增加值 0.16 亿元、工业增加值 1.29 亿元，第三产业增加值 0.20 亿元。

（2）规划要点。

1）总体性质定位。汀溪镇作为厦门市域北部生态屏障和水源保护地的市域功能定位，决定了其必须限制工业的发展，靠第一产业和第三产业“两条腿”走路，调整优化产业结构，以巩固发展生态高优农业为基础、围绕温泉特色发展生态旅游等生态产业为动力，形成以第三产业为主导的产业结构。

汀溪镇域性质定位为：厦门北部重要的以温泉为特色的休闲旅游目的地、重要的水源保护区和生态产业基地。

2）镇域镇村体系。立足汀溪镇作为厦门市域生态屏障的功能定位，综合以上环境单元划分与功能定位分析，将邻近且功能相近的单元合并，规划镇域空间结构表述为“一心、三片、三轴”（图 5-12、图 5-13）。

“一心”：以规划汀溪中心镇区作为镇域的发展核心，带动全镇经济、社会全面发展。

“三片”：一级生态（水源）保育区：位于汀溪水库周边；二级生态（水源）保育区；生态农业区。

“三轴”：汀溪镇域呈扇形，北部宽广、南部窄小。镇域内主要通道以规划镇区为起点，以同南公路、原205省道、421县道为三大主干线，呈扇形向东北部、北部和、中、西三轴，沿线的各个村庄居民点连点成线，以线带面发展。

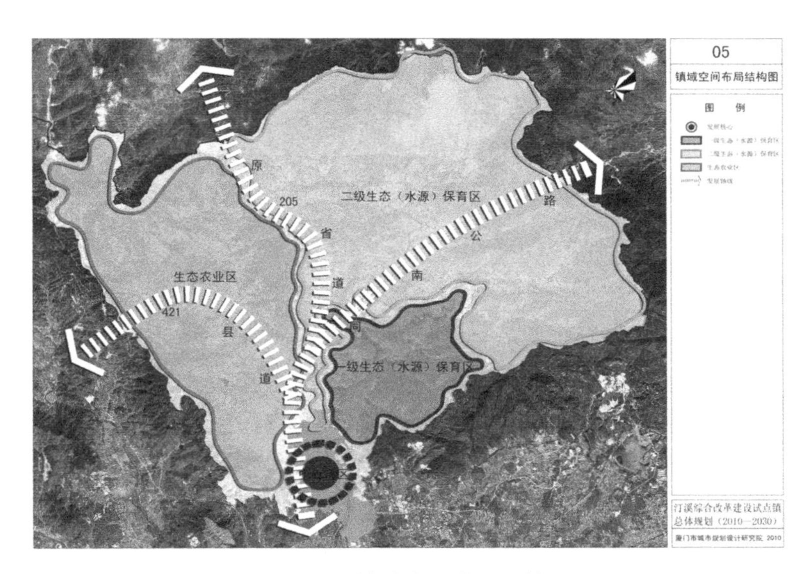


图 5-12 镇域空间布局结构图

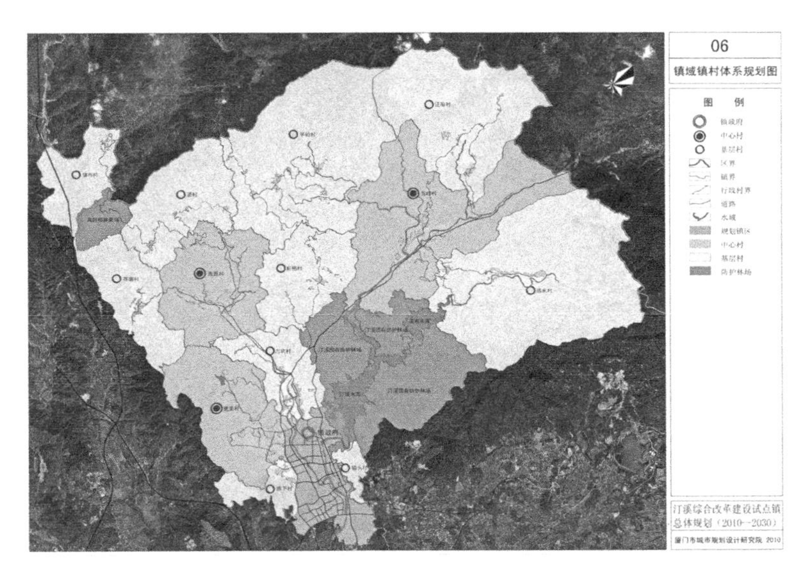


图 5-13 镇域镇村体系规划图

3）城镇性质与规模。

城镇性质：厦门市域北部重要的温泉休闲生态旅游中心镇。

城镇职能：汀溪镇的行政、商贸、文化中心；汀溪镇的旅游服务中心，依托温泉资源和优美风光，主导发展温泉休闲生态旅游产业。

镇区发展规模：

近期（至 2015 年），镇区人口发展规模为 1.7 万人，建设用地规模约 2.02km$^2$，人均建设用地控制在 118.8m$^2$/ 人以内；

中期（至 2020 年），镇区人口发展规模为 2.8 万人，建设用地规模约 3.6km$^2$，人均建设用地控制在 128.6m$^2$/ 人以内；

远期（至 2030 年），镇区人口发展规模为 4.0 万人，建设用地规模约 4.75km$^2$，人均建设用地控制在 118.9m$^2$/ 人以内。

镇区游客容量测算：至规划期末镇区游客容量为 1.2 万人。

4）镇区规划构思与规划结构。规划突出生态优先原则，延续和优化现状较好的生态格局和当地传统农耕文化特色。规划尊重山体、溪流等地形特点，结合镇区开发建设与产业发展需求，对建筑空间、风貌进行研究，形成极具特色风貌的生态休闲旅游小镇。

根据总体规划思路结合镇区的城市形态，规划突出六大功能片区，形成“一心六区”，山水环绕、结构清晰的现代化山水城镇格局（图 5-14）。

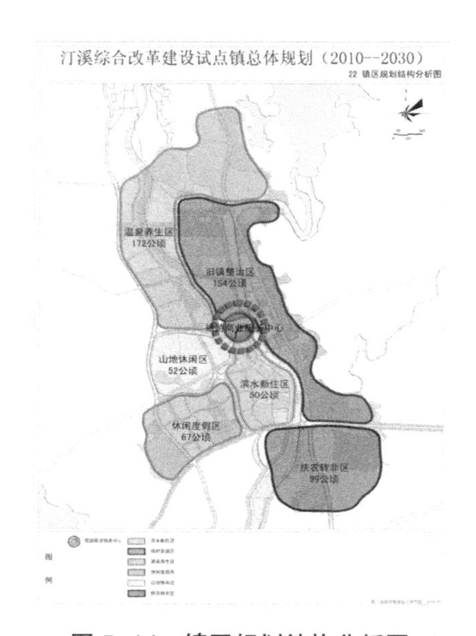

图 5–14　镇区规划结构分析图

“一心”：规划在镇区重心处，即洋麻山麓东侧、汀溪与西源溪交汇处附近形成整个镇区的旅游商业服务中心。

“六区”：整个镇区围绕“一心”，结合自然山形、水系以及规划路网划分为六个功能片区，分别为滨水新住区、休闲度假区、温泉养生区、山地休闲区、旧镇整治区和扶农转非。

5）道路系统。镇区路网规划在结合现状道路及自然地形的基础上，满足镇区居民出行、游客通达及过境交通的需求。在路网结构上，力求网络清晰、功能明确、流线通畅。

镇区交通系统以镇域对外通道为依托，规划道路等级分为镇区主干道、次干道、支路，形成“三纵五横”的路网结构并构成完善的道路交通体系。

6）绿地系统布局结构。汀溪镇区绿地系统由公园绿地、广场、防护绿地、附属绿地和其他绿地组成，形成“两心两带”的绿地系统核心格局。“两心”为两处较大的公园绿地，“两带”为西源溪和汀溪沿岸绿化开敞空间，点、线、面结合形成完整公共绿地系统。

7）基础设施。新建 1 座 110kV/10kV 汀溪变电站，终期主变容量 3×40MVA；保留现状 2 座 10kV 开闭所，并新建 6 座。

保留汀溪第一干渠及输水管道；原址扩建现状水厂，远期水厂规模为 2.4万m$^3$/d，近期先扩建至 1.1万m$^3$/d。新建埋地式污水处理站一座，规模为平均日 1.4万m$^3$/d，新建污水提升泵站一座，规模为平均日 0.6 万 m$^3$/d。

新建两座 4m3LPG 瓶组气化站，通过燃气管网供应镇区居民及其他公建用户用地。

8）近期建设。近期建设重在建设镇区路网骨架以及城镇公共服务配套设施。主要为改善居民的生活环境、交通条件、公建市政配套条件和带动旅游休闲项目的建设。镇区近期规划既要结合镇区现状，体现操作性，又要具体体现城市对乡村的反哺，相关配套设施适度超前建设。

9）远景发展展望。突出六大功能片区，形成“一心六区”，山水环绕、结构清晰的现代化山水城镇格局，努力打造功能完善的厦门市域北部重要的温泉休闲生态旅游中心镇。远景用地规模 6.21km$^2$，其中建设用地约 4.85km$^2$，约可容纳 4.0 万人（图 5-15）。

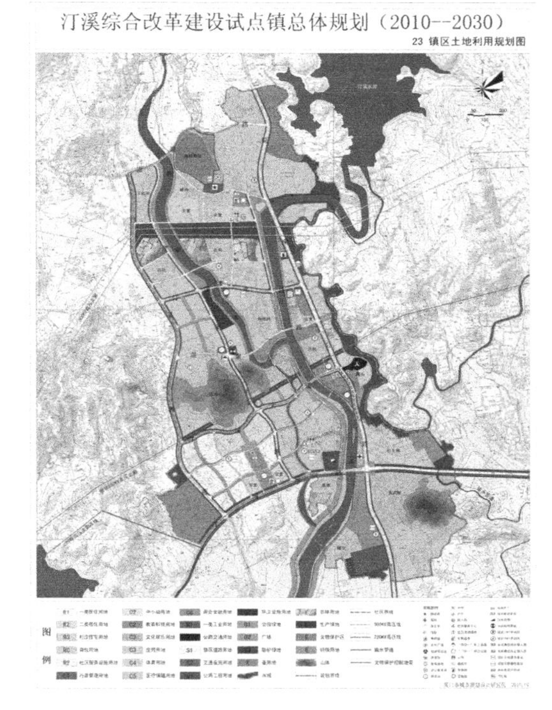


图 5–15　镇区土地利用规划图

（3）规划创新与特点。

1）注重镇域生态—产业发展格局安排。本次总规根据省级试点镇总规编制导则要求，立足汀溪在厦门市域发展中的功能定位，结合汀溪镇域的地形、环境特点、水源生态保护要求，形成三个层次的生态—产业发展格局：平原地区——即现状镇区附近地域，产业上“退二进三”，形成温泉度假集中区、旅游商贸服务区和生态度假居住区；半山地区——以发展特色农业种植与观光、乡村民俗文化旅游和观光林带为主；山区——以发展特色农业种植与观光、山林风景旅游为主，适度建设环境友好型工业项目（如抽水蓄能电站等项目）。规划注重形成良性互动的产业链条，推进镇域经济社会与生态环境的协调发展。

2）走精致化的城镇发展路线。镇区规划力求小而精，突出打造温泉休闲为核心的生态旅游小镇。在人口城镇化安排上，不强求迁村并点向镇区集中，而采取量入为出的原则，以规划镇区能容纳的人口容量反推镇区镇村体系安排。

3）特别重视近期规划实施。项目组配合厦门市发改委、同安区发改局及市相关主管部门对近三年财政投资项目计划做了精心组织安排，分保障性居住（移民安置工程）、公共设施、道路交通设施、公用工程设施、景观整治工程对各项具体实施项目的空间规模、投资预算、实施主体作了详细安排，做到近期实施项目与整体空间规划之间的无缝衔接。

## 三、乡规划与村庄规划

建设社会主义新农村，是当前我国面临的新的历史任务。要建设社会主义新农村，必须先从根本上改变农村建设中存在的没有规划、无序建设和土地资源浪费现象，做到规划先行、全盘考虑、统筹城乡，避免盲目建设。以前，乡村规划主要是由《村庄集镇规划建设管理条例》这一行政法规规范，与城市规划形成了二元管理结构，导致乡村规划管理薄弱，大部分地区未编制规划，已经编制规划的，也未能充分体现农村特点，难以满足农民生产和生活需要。

【链接】《城乡规划法》第十八条　乡规划、村庄规划应当从农村实际出发，尊重村民意愿，体现地方和农村特色。

乡规划、村庄规划的内容应当包括：规划区范围，住宅、道路、供水、排水、供电、垃圾收集、畜禽养殖场所等农村生产、生活服务设施、公益事业等各项建设的用地布局、建设要求，以及对耕地等自然资源和历史文化遗产保护、防灾减灾等的具体安排。乡规划还应当包括本行政区域内的村庄发展布局。

（一）乡、村规划的编制原则和内容

1．编制原则

乡村规划应从农村实际出发，尊重村民意愿，体现地方和农村特色。从农村实际出发，即应当避免盲目照搬城市规划，或者提出不符合当前发展阶段与当地农业经济发展不相适应的规划。应提高规划对乡村建设的指导作用，充分考虑农村经济、社会及文化发展现状，合理确定应当制定规划的区域及规划区范围。尊重村民意愿，即村民作为乡村建设的主体，对乡村未来发展有着自己的期望与理想，在规划编制过程中应当将这些预期体现出来，用于指导其生产、生活。如果乡镇人民政府强加一个未考虑其意愿的规划，将可能引发矛盾，不利于社会主义新农村建设。另一方面，规划要尊重村民意愿并不意味着要完全按村民的意愿来编制规划，乡村规划也要服从上级规划对工农业用地布局等方面的安排。体现地方和农村特色，即社会主义新农村建设要求尽可能发挥地方特色及农村特色，以满足村民的生产生活所需。

2．编制内容

根据建设社会主义新农村的要求，针对实践中存在的乡村规划盲目模仿城市规划，缺乏针对性的问题，对乡村规划的内容作了规定，强调乡村规划要安排好农村公共服务设施、基础设施、公益事业建设的用地布局和范围，并充分考虑村民的生产生活需要。同时为了保障全乡统筹发展，要求乡规划还要包括本行政区域内的村庄发展布局。

乡规划包括乡域规划和乡驻地规划。乡域规划的主要内容包括：提出乡产业发展目标，落实相关生产设施、生活服务设施以及公益事业等各项建设的空间布局；落实规划期内各阶段人口规模与人口分布情况；确定乡的职能及规模，明确乡政府驻地的规划建设用地标准与规划区范围；确定中心村、基层村的层次与等级，提出村庄集约建设的分阶段目标及实施方案；统筹配置各项公共设施、道路和各项公用工程设施，制定各专项规划，并提出自然和历史文化保护、防灾减灾等要求；提出实施规划的措施和有关建议，明确规划强制性内容。乡驻地规划主要内容包括：确定规划区内各类用地布局，提出道路网络建设与控制要求；建立环境卫生系统和综合防灾减灾系统；确定规划区内生态环境保护与优化目标，划定主要水体保护和控制范围；确定历史文化保护及地方传统特色保护的内容及要求；规划建设容量，确定公用工程管线位置、管径和工程设施的用地界线等。

村庄规划的主要内容包括：安排村庄内的农业生产用地布局及为其配套服务的各项设施；确定村庄居住、公共设施、道路、工程设施等用地布局；畜禽养殖场所等农村生产建设的用地布局；确定村庄内的给水、排水、供电等工程设施及其管线走向、敷设方式；确定垃圾分类及转运方式，明确垃圾收集点、公厕等环境卫生设施的分布、规模；确定防灾减灾设施的分布和规模；对村庄分期建设时序进行安排，并对近期建设的工程投资等进行估算和分析。

（二）乡、村规划编制和审批的主体

【链接】《城乡规划法》第二十二条　乡、镇人民政府组织编制乡规划、村庄规划，报上一级人民政府审批。村庄规划在报送审批前，应当经村民会议或者村民代表会议讨论同意。

（1）应当制定乡规划和村庄规划的区域，由乡、镇人民政府组织编制。这一规定需要从两方面来理解：一是乡、镇人民政府作为乡、村庄规划编制的主体，要保证规划的严肃性、科学性。在规划编制过程中乡、镇人民政府居于主导地位，但也要尊重村民意愿。规划编制应对新农村建设起到引导作用，防止农村建设中出现无序建设和浪费土地资源的现象，避免农村建设陷入盲目状态。二是规划编制的费用由财政承担，这是防止乱摊派等加重农民负担的现象产生。

（2）乡规划、村庄规划应报上一级人民政府审批。规定乡、村庄规划应由上一级人民政府审批，是为了实现城乡统筹发展，将乡、村庄规划纳入全县的国民经济和社会发展规划，结合镇总体规划等综合考虑，以城镇发展带动乡村发展，逐步实现城市化，同时也可对乡、镇人民政府编制乡、村庄规划的活动进行监督，进一步保证规划的科学性与严肃性。

（3）尊重村民意愿、体现村民自治，着重强调村庄规划在报送审批前应当经村民会议或者村民代表会议讨论同意，使村民充分享有参与决策并表达自己意愿的权利。在规划制定过程中，如何保证规划的科学性，防止无序建设与尊重村民意愿方面实现平衡是一个难点问题。特别是村庄规划的编制主要是用地布局规划，控制建设用地规划，保护耕地，并通过按人口控制建房用地实现，这就与村民希望扩大建设面积改善生活条件的愿望相矛盾。如按国家标准，村庄建设用地指标为人均150$m^2$，但很多地方的村民实际可能超过了300$m^2$。同时，规划的专业性和技术性较强，又涉及现实利益与长远利益、局部利益和整体利益的关系，要求村民会议讨论同意可能有较大难度。但是，村庄规划涉及土地使用等问题，关系村民的切身利益，如果不经村民讨论同意可能规划无法实施，规划管理成本也可能会很高。另外，村民是规划实施的主体，村庄规划最终的落实主要还是在村民。因此，村庄规划报送审批前，应当经村民会议或村民代表会议讨论同意。

（三）规划案例——晋江市西吴村村庄规划（2012—2013 年）

1．项目认知

根据上位规划《晋江市龙湖镇总体规划（2012~2030）》的要求，西吴村属于《福建省村庄规划导则》中的城郊型村庄。村庄规划的原则：①在符合城市、开发区、县城、镇总体规划的前提下，合理确定村庄的发展定位和模式。②促进城镇各类基础设施和公共服务向村庄延伸，逐步实现城乡一体化。③根据城镇、开发区规划要求，允许村庄通过一定的政策扶持，运用市场机制，实行综合开发，就地改造或集中迁建成为新型社区，以利于将来自然融入城镇，避免再次改造。

2．村域规划

（1）村域功能分区。村域根据功能结构分为四个片区（图 5-16）。

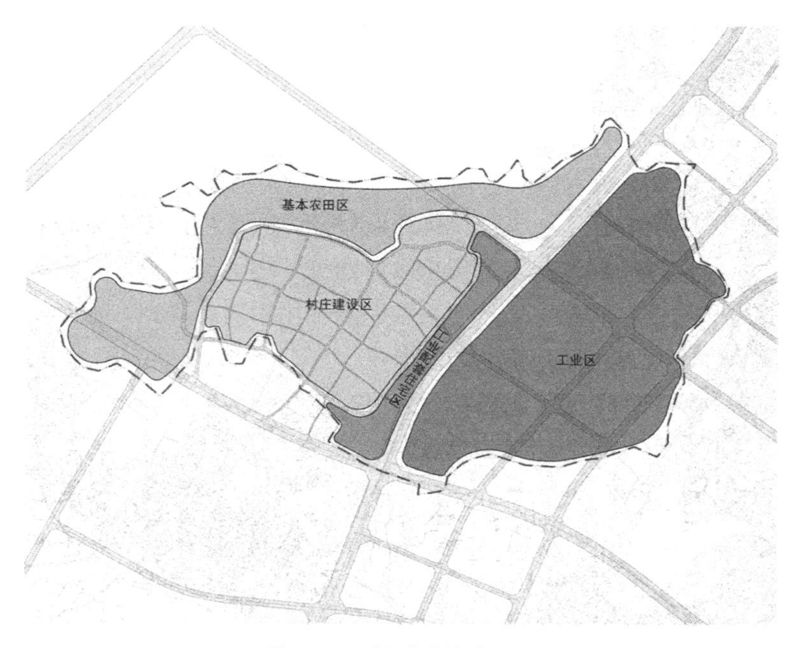


**图 5–16　村域功能分区图**

村庄建设区：在现状新西吴和旧西吴村庄用地基础上，适当扩大村庄规模，用村庄干道界定村庄建设区的范围，防止其无序蔓延。

基本农田区：严格控制基本农田区，将现状范围内的工业逐步迁入规划的工业区内。

工业区：龙西路以东部分在总规中划入工业区范围，近期严格控制村庄建设，远期拆并入规划村庄建设区。

工业配套住宅区：沿龙西路现状空地规划为工业区配套的商住建筑底层商业为工业区服务，上层住宅考虑设置为出租给外来务工人员的公寓，作为村民经营性收入的来源。

（2）用地布局及规模：

1）用地布局。西吴村域面积为 165.27hm$^2$，用地共分为三类：村庄建设用地、区域交通设施用地、非建设用地和发展备用地，各类用地分别为 116.91hm²，5.46hm²，40.74hm² 和 2.16hm²。

2）人口规模。

西吴村 2012 年现状常住人口 1951 人（户籍人口 1559 人，外来人口 392 人）。依西吴村近 5 年人口增长情况调查显示人口基本没有变化。所以本次规划按照村庄人口不变化考虑。西吴村外来人口主要为工业发展相关服务，按商住用地容积率换算，2030 年商住可容纳人口为 2007 人，则规划总人口为 3858 人（包括商住人口，扣除苏厝外来人口 100 人），其中主要居民点人口为 3386。

3．主要居民点规划

（1）功能结构。

1）布局原则：用地经济原则、弹性原则、环境优化原则、因地制宜原则。

2）功能结构。主要居民点功能结构可概括为“一心，两轴，三片区”。

“一心”：即村庄公共服务中心；“两轴”：以公共服务中心为核心向东西向发展的公共服务轴和三远大道分隔新旧西吴组团；“三片区”：由居住片区（新西吴和旧西吴）和商住片区构成（图 5-17）。

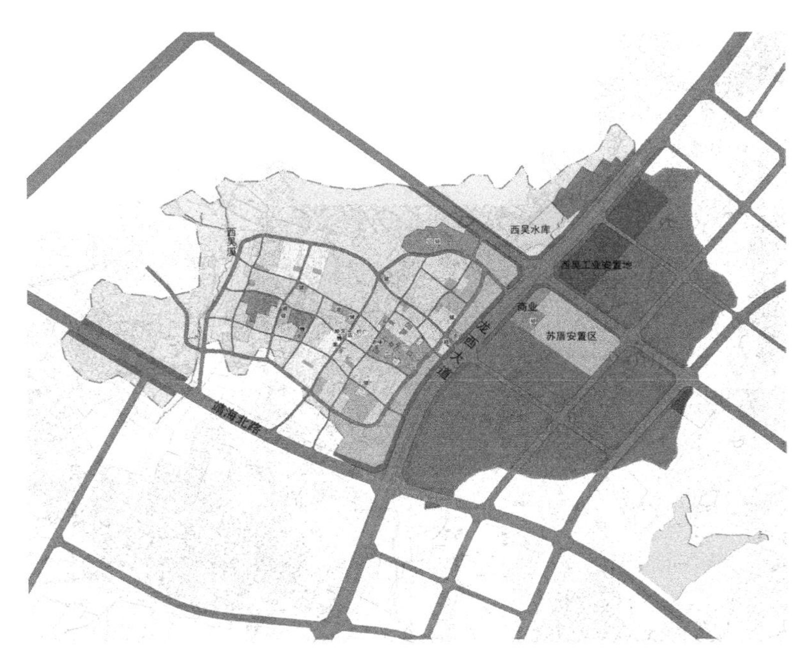


图 5–17　村庄用地布局图

（2）用地布局规划。主要居民点总用地 46.89hm²，建设用地 40.70hm²，规划人口规模为 3392 人（包括苏厝安置 472 人），人均建设用地 119.99m²。

建设用地主要分为五类：村庄住宅用地、公共设施用地、交通设施用地、工程设施用地和绿地（图 5-18）。

村庄住宅用地：面积25.52hm$^2$，包括三块安置房用地，占村庄建设用地的62.71%。

公共设施：面积3.92hm$^2$，主要布置在现状村委会周边，包括村委会、商业街、文化活动中心等。

交通设施用地：面积6.93hm$^2$。主要为村庄道路用地。

工程设施用地：面积0.02hm$^2$。为村庄公厕。

绿地：面积4.31hm$^2$。在每个街坊的中心设置一处公共绿地，供村民活动和休憩。此外绿地还作为地面停车场使用。

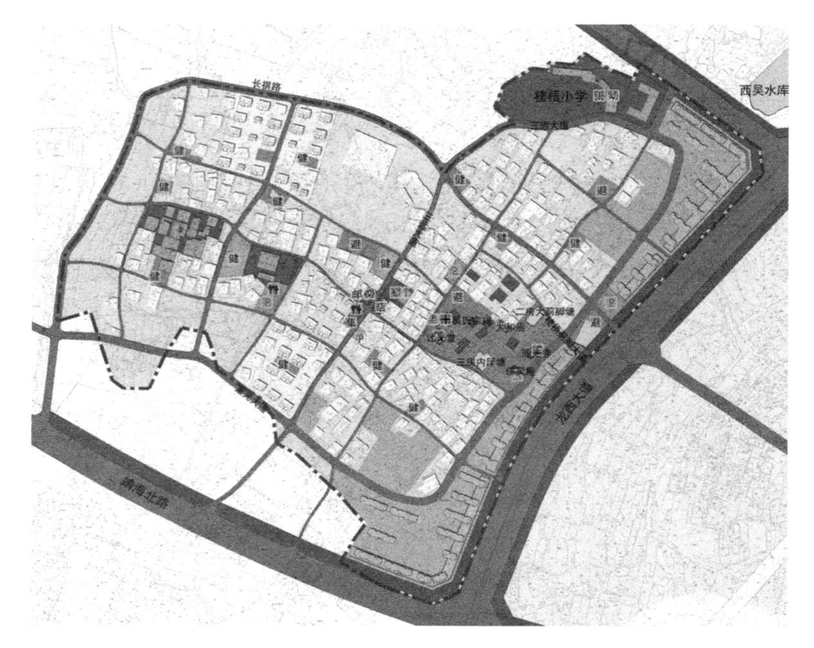


图5-18 用地布局规划图

## 四、控制性详细规划

控制性详细规划主要确定建设地块的土地使用性质和强制性指标，道路和工程管线控制性位置以及空间环境控制的规划要求，它是城乡规划管理最直接的法定依据，是具体落实城市、镇总体规划各项战略部署、原则要求和规划内容的关键环节。

（一）规划编制的原则和内容

【链接】《城乡规划法》第十九条　城市人民政府城乡规划主管部门根据城市总体规划的要求，组织编制城市的控制性详细规划，经本级人民政府批准后，报本级人民代表大会常务委员会和上一级人民政府备案。

1．规划编制的原则

（1）依法规划的原则。控制性详细规划的编制应依据已经批准的城市总体规划或分区规划，并符合国家和地方的相关法律、法规、技术标准等。依法规划是保证控制性详细规划法律严肃性的前提。

（2）公平、公正的原则。规划整体上应有一个通则式控制，即对于规划城市中近似区位、类似性质的片区、街区、地块应提出一致性的控制要求作为基础，再根据开发建设个体的个体差别，作出针对性的控制与引导，体现公平、公正性。控制性详细规划应将公共利益保障作为首要任务，是制定控制指标与控制导则的基本依据。

（3）公开原则。控制性详细规划属于《行政许可法》所规定的许可依据的范畴，应遵循行政许可依据必须公开的要求。控制性详细规划在编制与审批过程中应进行相应的公众参与的程序设计，广泛听取意见并提出相应的规划应对或解释。控制性详细规划的控制内容、成果应尽量简明、清晰，便于理解，以适应不同层次的公众参与需要。

（4）整体性原则。编制控制性详细规划遵循局部服从整体，内部服从外部的原则。整体的控制往往是自上而下的控制要求，多为具体街坊地块控制的依据。而外部条件一般是体现个体局部之间的相互关系，多包含公共利益的内容。

（5）可操作性原则。编制控制性详细规划，应充分结合地方实际情况和城乡规划主管部门的管理要求，编制工作应在充分的调研与分析论证基础上，控制成果应有充分的依据和可行性，强化与规划管理的衔接，提高规划成果的科学性和可操作性。

2．规划编制的内容

控制性详细规划主要是要确定建设地区的土地使用性质和使用强制性控制指标，道路和工程管线控制性位置以及空间环境控制的规划要求。具体内容应当包括：确定规划范围内不同使用性质用地的界限，确定各类用地内适宜建设、不适宜建设或者有条件地允许建设的建筑类型；确定各地块建筑高度、建筑密度、容积率、绿地率等控制指标，确定公共设施配套要求、交通出入口方位、停车泊位、建筑后退红线距离等要求；提出各地块的建筑体量、体型、色彩等城市设计指导原则；根据交通需求分析，确定地块出入口位置、停车泊位、公共交通场站用地范围和站点位置、步行交通以及其他交通设施；规定各级道路的红线、断面、交叉口形式及渠化措施、控制点坐标和标高；根据规划建设容量，确定市政工程管线位置、管径和工程设施的用地界线，进行管线综合，确定地下空间开发利用具体要求；制定相应的土地使用与建筑管理规定。

控制性详细规划成果应当包括规划文本、图件和附件。图件由图纸和图则两部分组成，规划说明、基础资料和研究报告收入附件。控制性详细规划确定的各地块的主要用途、建筑密度、建筑高度、容积率、绿地率、基础设施和公共服务设施配套规定应当作为强制性内容。

控制性详细规划的文本应包括土地使用与规划管理细则，以条文形式重点反映规划地段各类用地控制和管理原则及技术规定，经批准后纳入规划管理法规体系。

（二）规划组织编制和审批的主体

1．城市的控制性详细规划

城市控制性详细规划的组织编制主体是城市人民政府的城乡规划主管部门；其编制依

据是城市总体规划；其审批程序是城乡规划主管部门组织编制完成后，报本级人民政府批准。考虑到控制性详细规划应当依据城市总体规划进行编制，为防止城乡规划主管部门在编制过程中，违反城市总体规划或者任意改变城市总体规划确定的各项指标，本法同时要求本级人民政府在批准控制性详细规划后，还应当同时报本级人民代表大会常务委员会和上一级人民政府备案。这是因为本级人大常委会在城市总体规划制定过程中进行了审议，并且城市总体规划也依据审议意见作了修改完善，人大常委会有权也应当对城市总体规划的具体落实进行监督。而上一级人民政府批准了城市总体规划，控制性详细规划作为城市总体规划的具体落实，上一级人民政府对此也有职责进行监督。

2．镇的控制性详细规划

【链接】《城乡规划法》第二十条　镇人民政府根据镇总体规划的要求，组织编制镇的控制性详细规划，报上一级人民政府审批。县人民政府所在地镇的控制性详细规划，由县人民政府城乡规划主管部门根据镇总体规划的要求组织编制，经县人民政府批准后，报本级人民代表大会常务委员会和上一级人民政府备案。

（1）在镇规划区内从事的一切建设活动都应严格依照镇总体规划进行。镇总体规划制定后，需要通过镇详细规划，特别是镇的控制性详细规划来落实。

编制镇控制性详细规划的依据是镇总体规划，不得在控制性详细规划中改变或变相改变镇总体规划的内容。镇控制性详细规划的内容与城市控制性详细规划是相同的，但侧重点不同，应当结合镇的经济社会发展程度及现实需要，有侧重地作出规定。

（2）不同的镇的控制性详细规划的编制主体不同。县人民政府所在地镇的控制性详细规划由县城乡规划主管部门组织编制。这主要是考虑到县人民政府所在地镇一般来说是当地的经济社会文化中心、需要统筹全县发展来考虑镇的规模、用地布局等，由县城乡规划主管部门组织编制更符合现实情况。但县城乡规划主管部门组织编制并不意味着县人民政府所在地镇人民政府就不参与有关编制工作，如果涉及县人民政府所在地镇人民政府的事项，县人民政府所在地镇人民政府也应当参与。其他镇的控制性详细规划则由镇人民政府组织编制，镇一级一般没有单独设立的城乡规划主管部门，由镇人民政府组织编制是比较合理的。

（3）镇控制性详细规划的审批机关是县级人民政府。县城乡规划主管部门组织编制的县人民政府所在地镇控制性详细规划还应报本级人大常委会和上一级人民政府备案。这是考虑到与镇总体规划的审批程序保持一致，防止控制性详细规划改变或变相改变镇总体规划。

3．修建性详细规划编制的要求

【链接】《城乡规划法》第二十一条　城市、县人民政府城乡规划主管部门和镇人民政府可以组织编制重要地块的修建性详细规划。修建性详细规划应当符合控制性详细规划。

1）修建性详细规划的对象是重要地块，也就是说修建性详细规划针对的不是整个城市也不是整个镇，它只对某一具体的地块提出规划设计要求。同时这一具体地块应当是重要地块，如果任何地块都编制修建性详细规划，那么成本将很高。

2）修建性详细规划的编制主体是城市、县人民政府城乡规划主管部门和镇人民政府，城市、县人民政府城乡规划主管部门针对城市总体规划及县人民政府所在地镇总体规划所划定的规划范围内的重要地块编制修建性详细规划，而镇人民政府则针对其编制的镇总体规划所划定的规划范围内的重要地块编制修建性详细规划。

3）编制修建性详细规划的依据是控制性详细规划，是对控制性详细规划的具体落实，不得改变或变相改变控制性详细规划对用地规模，用地布局等的规定。编制修建性详细规划应当符合控制性详细规划同时也就意味着其应符合城镇体系规划、城镇总体规划。

4）本条没有规定修建性详细规划应经批准或备案，主要是因为修建性详细规划是用以指导某一具体（重要）地块的建筑或工程的设计和施工，已经属于控制性详细规划的具体落实，再报经批准或备案的意义也就不大了。

5）修建性详细规划不是一定要编制的。实践中可以对那些确有需要的重要地块编制修建性详细规划。

（三）控制性详细规划的审批要点

1．审批城市控制性详细规划的技术关键

（1）明确正确的规划指导思想。要有明确的规划目标，即深化和量化城市总体规划的内容；尊重地方的历史文化和地方特色；遵守有关城市规划的国家标准和技术规范；重视规划的可操作性。

（2）正确处理好与上一层次规划的关系。控制性详细规划在用地规划时，局部用地性质的调整不能影响总体规划或分区规划所确定的城市结构。正确处理好与下一层次规划的关系，要为修建性详细规划留有规划和设计余地，特别是在建立控制指标体系时，要处理好控制性与指导性的关系。正确处理好与周围环境的关系。任何一个局部地段的详细规划都不是孤立存在的，处理好与地段周围环境的关系是详细规划的关键。

（3）对项目的重点、难点作出判断，有针对性地提出解决问题的对策。对项目的重点、难点作出准确判断是做好详细规划的关键，一般从如下几方面考虑：一是与上一层次规划是否有矛盾，是否不协调；二是否是城市重点地段或有特殊要求的项目；三是充分考虑地形是否复杂；四是现状开发强度是否较大，开发强度与环境要求是否协调。

2．城市控制性详细规划的审批重点内容

一般审核以下几方面的内容：

（1）规划用地性质。规划用地性质是否符合城市总体规划（含分区规划）的要求；是否符合国家规定的用地分类标准。

（2）规划控制指标和控制要素。规划控制指标是否符合城市总体规划和城市有关的规划技术规定。控制要素是否全面并具有可操作性。

（3）空间布局和环境保护。城市空间布局是否科学合理；是否有利于提高环境质量、生活质量和景观艺术水平；是否有利于保护城市传统风貌、地方特色和自然景观。

（4）道路交通。道路交通规划是否满足城市详细规划目标的实施；其系统和布局是否合理；是否符合现代化交通管理的需要；道路的规划控制线是否合理、可行。

（5）市政基础设施建设。地区市政基础设施是否合理配置并正确处理好远期发展与近期建设的关系，市政设施用地规模、位置是否恰当。

（6）规划的实施。规划的实施的措施是否明确；是否具有可操作性。

（7）其他内容。如区别于居住区、工业区、风景区和历史风貌地区详细规划的不同要求，还需要审核的其他有关内容，以及城市人民政府或城市规划行政主管部门指导意见中的其他要求等。村、集镇规划的审批内容。对照编制规定内容进行审核。

（四）规划案例——厦门市软件园三期控制性详细规划

1．编制背景

随着厦门城市空间的拓展，特别是岛内外城乡一体化建设步伐的加快，厦门产业发展用地也随之向岛外转移。在此大背景下，软件产业的发展也经历了规模从小到大，空间布局从岛内到岛外的空间拓展历程，经过反复论证厦门市软件园三期最终落户集美。为按照“高起点、高标准、高层次、高水平”的标准推动软件园三期的规划与建设，市规划设计院先行编制了《软件园三期用地选址及概念规划》，确定了软件园三期的规划范围和功能定位，之后邀请两家境内外知名的设计咨询公司进行了整体城市设计及重点片区建筑概念方案的征集工作。市规划设计院在中标方案的基础上，对土地利用规划、市政以及交通基础设施等方面进行了调整和深化。

2．规划概况

（1）规划区位与范围。

1）规划区位：园区地处集美灌口——后溪生态绿楔最南端，集美新城中心区北侧，厦门北站片区西侧，灌口小城镇东侧。沈海高速公路从片区南侧通过，东北距厦门北站以及沈海高速公路集美出入口的空间直线距离约为5km，南距厦门高崎国际机场的空间直线距离约为12km。自然条件优越，交通条件便利，区位优势十分明显。

2）规划范围：北至灌口中路，南至沈海高速公路，东至碧溪，西至灌口北路，规划用地面积约为717hm$^2$。

（2）规划定位与规模。

1）定位：园区着力打造成为一个以软件研发、商务办公功能为主，生活、休闲、培训等各种配套设施齐全的国内领先的软件产业园。

2）规模：园区总用地面积约为717hm$^2$；产业人口约为20万人，居住人口约为3.53万人。

（3）规划结构。规划形成“一心、一轴、多组团”的布局结构（图5-19）。

一心：以园区中部的河南山等自然山体为生态基底的生态核心。

一轴：由集美西亭中心区内的诚毅大街向北延伸形成的一条发展轴和景观轴。

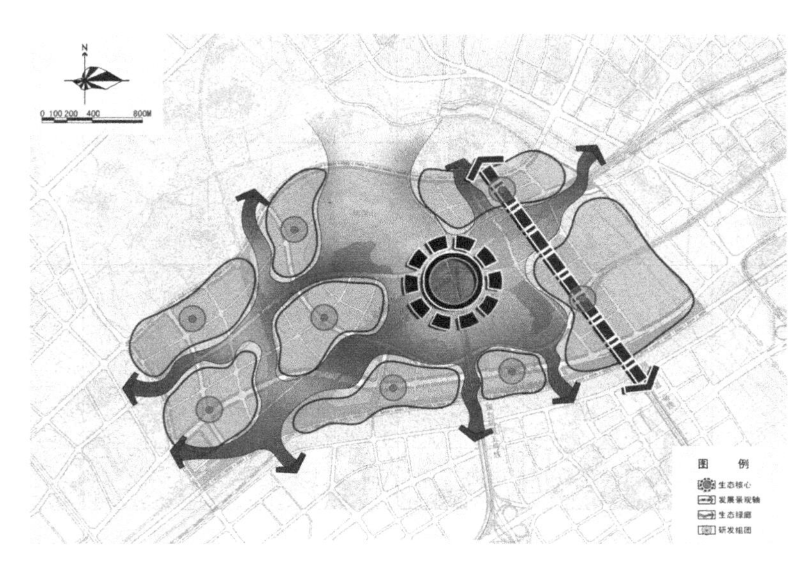


图 5-19　规划结构分析图

多组团：指空间上相对独立，且具备完善配套设施的研发组团。

（4）土地利用规划。依托轨道站点采用 TOD 的开发模式，在开发强度较高的区域形成方格网式的路网结构，而在河南山周边景观条件较好的区域采用组团化布局，组团之间是绿化隔离带，强调支路网的弹性。园区形成“两纵三横一环”的道路系统主骨架，主干路基本位于园区外围，避免过境交通对园区的穿越；次干路和支路形成“方格网为主、自由式为辅”的格局（图 5-20、图 5-21）。

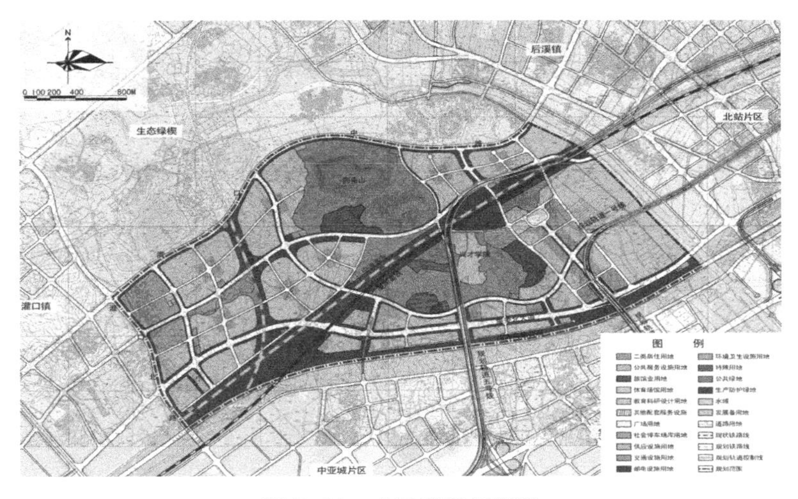


图 5-20　土地利用规划图

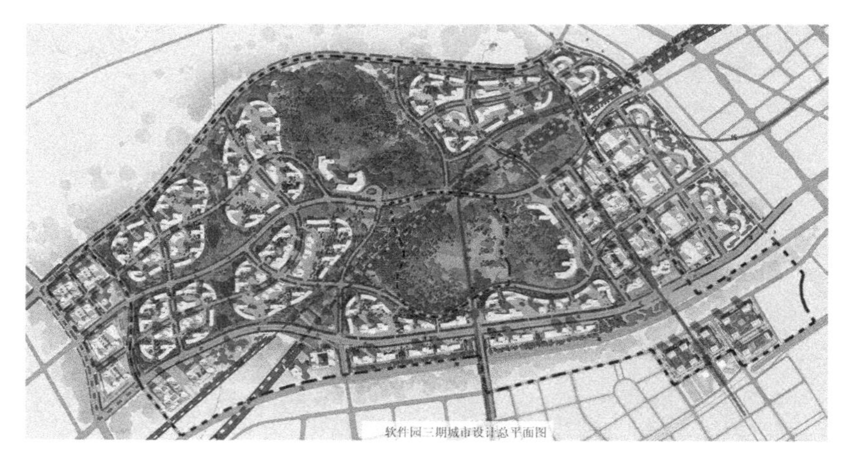


图 5-21　城市设计总平面图

3. 项目特色

(1) 规划综合，实施性强。本规划在编制过程中充分体现了相关专业的综合与协调，从前期的选址及概念规划，到园区整体城市设计及重点片区概念性建筑方案设计，再到控制性详细规划、市政和交通专项规划以及随后开展的启动区修建性详细规划，均能做到相辅相成，而控制性详细规划更是起到了承上启下的关键作用，使得软件园三期从前期的规划设计到最终落地均呈现出较强的可实施性。

(2) 统建与自建相结合。

1) 由于软件行业小规模企业占较大的比例，且淘汰率高，使其在创办的初期和发展中没有能力改善自身的办公环境，而良好的配套设施又能在很大程度上促进企业的发展。所以，软件园的孵化中心、附属设施以及基础设施的建设十分关键，而这部分设施适合以政府为主导进行建设，以获得高品质的整体形象和服务水平。

2) 为吸引国内外知名软件企业进入园区，可划出一个特定的区域作为自建区（也可政府代建），以适应不同企业的个性化要求。

(3) 组团化与规模化相结合。组团化的开发模式既能最大限度地保留原有的自然生态格局，形成良好的环境，提高土地开发的灵活性，又能较好地解决市政交通走廊对园区用地的分割问题。规模化的开发模式，能保障组团内配套服务设施的规

图 5-22　组团化与规模化相结合

模化经营。使得每个组团在空间上形成相对独立的研发单元，在功能上形成相对完善的服务体系。既便于滚动开发，又避免配套设施缺失的问题。组团内部的建筑组合模式灵活，可适应不同产业和企业规模。高层建筑以孵化和公寓功能为主；板式建筑为加速企业，也可将几栋相连满足大型企业的要求；最外围的多层建筑采用大空间的结构形式，可作为企业总部或嵌入式企业的生产配套用房；建筑裙房可以作为配套服务设施（图 5-22）。

（4）高强度开发与环境营造相协调。一方面，规划轨道 1 号线在园区内设置站点，可采用 TOD 的开发模式加大轨道站点周边的土地开发强度，此外在一些重要节点也可加大开发力度，既能提高土地开发收益，又能形成标志性建筑景观节点。另一方面，优美的外部自然环境是园区建设必须达到的目标，好的自然环境可以激发人的创新活力、提高工作效率，同时缓解工作压力。因此，在自然环境条件较好的区域控制开发强度，将人工环境与自然环境有机地结合起来，做到显山露水。最大限度地发掘山体景观资源优势，将建筑物融入山体，形成独特的景观特征，实现引山入园，并通过多级绿化廊道建立完善的生态网络，实现山园共生（图 5-23）。

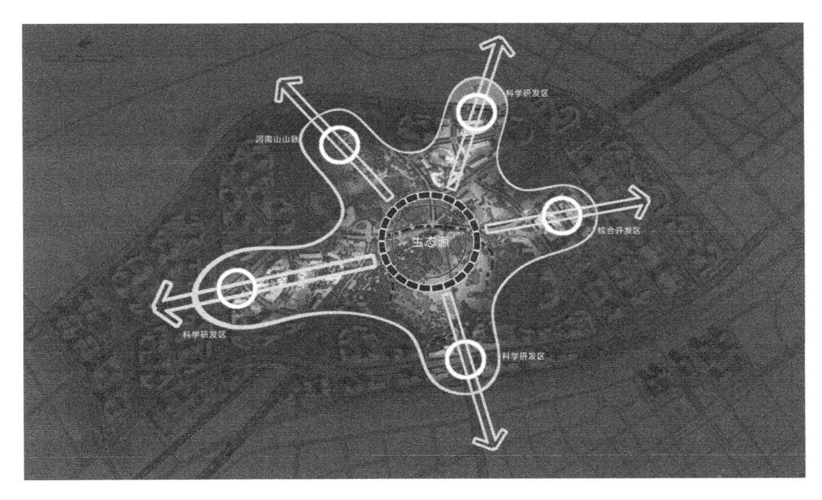


**图 5–23　生态网络、山园共生**

（5）生产与生活相结合。从国内外软件园的发展经验来看，成功的软件园不仅仅是工作的场所，更是休闲、娱乐的场所。配套服务设施的发展水平至关重要，完善、便捷的服务的体系可促进软件园良性发展，提升吸引力和竞争力。在平面空间上除配套园区必需的酒店、体育馆、商业服务设施以及培训中心之外，还按 300~500m 的服务半径在每个组团内配套了公寓、邻里商业以及基本的生活服务设施。在平面空间上除配套园区必需的酒店、体育馆、商业服务设施以及培训中心之外，还按 300~500m 的服务半径在每个组团内配套了公寓、邻里商业以及基本的生活服务设施。在垂直空间上采用功能复合的设计手法，创造出一个生产与生活有机结合的建筑空间。

（6）注重文化的传承。软件园三期毗邻以嘉庚建筑风貌为特色的集美新城核心区，中轴线诚毅大街更是延伸至园区之中。因此，软件园三期的建筑风貌既要展现现代科技产业园的空间意向，也要彰显具有集美地域文化特征的嘉庚风格。

## 第三节　规划制定的其他要求

### 一、国家机关用地安排

【链接】《城乡规划法》第二十三条　首都的总体规划、详细规划应当统筹考虑中央国家机关用地布局和空间安排的需要。

北京作为我国首都，是全国的政治、文化中心，承担着为全国的政治、经济、文化、社会、国防等服务的重要公共职能，这是不同于其他任何一个城市的发展要求。首都在维护国家利益、公众利益，保障国家安全方面占据着极其重要的地位。规划要对中央国家机关用地和布局作出妥善安排，保证国家机关的正常运转，保证各项国家事务的正常进行。

其他城市的行政办公用地包括党政机关、司法机关、民主党派、事业单位等机构的办公设施用地同样在规划时要作出妥善安排。

### 二、规划资质与执业资格

【链接】《城乡规划法》第二十四条　城乡规划组织编制机关应当委托具有相应资质等级的单位承担城乡规划的具体编制工作。

从事城乡规划编制工作应当具备下列条件，并经国务院城乡规划主管部门或者省、自治区、直辖市人民政府城乡规划主管部门依法审查合格，取得相应等级的资质证书后，方可在资质等级许可的范围内从事城乡规划编制工作：

（一）有法人资格；

（二）有规定数量的经国务院城乡规划主管部门注册的规划师；

（三）有规定数量的相关专业技术人员；

（四）有相应的技术装备；

（五）有健全的技术、质量、财务管理制度。

规划师执业资格管理办法，由国务院城乡规划主管部门会同国务院人事行政部门制定。编制城乡规划必须遵守国家有关标准。

（1）城乡规划的具体编制工作应委托具有相应资质的城乡规划编制单位进行。城乡规划编制单位独立于城乡规划组织编制机关从事规划编制的具体工作，承担编制工作的依据是与城乡规划组织编制机关签订的委托合同，双方的权利义务关系由委托合同确定。

（2）城乡规划编制单位从事规划编制工作应事先取得行政许可。

1）行政许可的实施机关是国务院城乡规划主管部门或省、自治区、直辖市人民政府城乡规划主管部门，也就是说取得规划编制资质，应向这两级城乡规划主管机关申请。

2）申请人取得资质等级的条件是：具有法人资格；有规定数量的经国务院城乡规划主管部门注册的规划师；有规定数量的相关专业技术人员；有相应的技术装备；有健全的技术、质量、财务管理制度。申请人在申请资质等级时应当出具有关证明材料，城乡规划主管部门受理申请后根据有关标准进行审查，经审查合格的，发给相应的资质等级证书。

3）不同的资质等级的规划编制单位应在其资质等级许可的范围内从事相应的规划编制工作。

（3）规划师执业资格管理属于一项行政许可，与城乡规划编制单位资质等级管理一样，除遵守本法的各项规定外，还应当符合行政许可法对行政许可设定、实施等的规定。

（4）编制城乡规划同进行具体的建筑设计不同，进行建筑设计一般面向开发单位，自由发挥的余地比较大。在我国目前的城乡规划管理体制下，规划编制单位面对的是各级政府和城乡规划主管部门，规划设计单位应当抱着对国家、对社会、对人民负责任的态度，认真做好规划设计工作。通过资质管理，确保规划编制单位具备必要的素质，是保证城乡规划编制工作的科学性和严肃性，以及各级政府依法实施规划的重要条件。

### 三、规划基础资料

**【链接】**《城乡规划法》第二十五条　编制城乡规划，应当具备国家规定的勘察、测绘、气象、地震、水文、环境等基础资料。

县级以上地方人民政府有关主管部门应当根据编制城乡规划的需要，及时提供有关基础资料。

（1）根据《城市规划基础资料搜集规范》（GB/T 50831—2012）的要求，编制城市规划应搜集有关城市及其相关区域的自然、历史、社会、经济、文化、生态、环境，城市建设的现状与发展条件及其其他资料。

基础资料的搜集以编制基准年数据为准，控制性详细规划以编制起始年为基准年，城市总体规划及以上一层次的规划一般以规划编制前一年为基准年。需要搜集历史数据的，一般应数据 5~10 年的数据。搜集的基础资料应进行分析，整理成“基础资料汇编”，作为规划成果的组成部分。

（2）城市规划是各级政府的一项重要法定职责，有关部门应该提供准确、有效的资料。根据我国有关法律规定，勘察、测绘、气象、地震、水文、环境等基础资料都由相关的政府主管部门负责搜集、整理、保管并应用于实践，这些基础资料大多不是由城乡规划主管部门或者有关人民政府直接掌握的。但城乡规划由有关人民政府或其城乡规划主管部门负责组织编制，为保证其在组织编制过程中能够及时获取相关资料，有关主管部门及时提供有关基础资料的义务。具体承担规划编制的是城乡规划编制单位，这些单位在使用这些基础资料时必须依照有关法律规定，属于保密范围的应当予以保密。

## 四、规划公众参与

【链接】《城乡规划法》第二十六条　城乡规划报送审批前，组织编制机关应当依法将城乡规划草案予以公告，并采取论证会、听证会或者其他方式征求专家和公众的意见。公告的时间不得少于三十日。

组织编制机关应当充分考虑专家和公众的意见，并在报送审批的材料中附具意见采纳情况及理由。

（1）城乡规划是政府指导和调控城乡建设和发展的基本手段之一，也是政府履行经济调节、市场监管、社会管理和公共服务职能的重要依据。但是在实践中，有的地方在制定城乡规划和实施城乡规划过程中，缺乏充分的专家论证和广泛的社会参与，规划的科学性和严肃性存在不足。城乡规划作为相当长时期内某一个城镇或者乡村建设和发展的指导，对居民(村民)的生产生活影响很大。因为城乡规划确定了特定地域的使用用途及使用规模，有些国家还允许国家根据规划对私有财产进行征收，有些国家甚至认为，城乡规划是对公民发展权的限制。可见城乡规划对公众的既有利益与未来预期都将产生极大的影响。因此在规划编制过程中，有必要扩大社会公众参与，构建社会公众参与城乡规划制定的制度性保障机制。

（2）社会公众参与的前提是组织编制机关应当将城乡规划草案予以公告，以供专家和社会公众研究，提出意见。为防止组织编制机关走过场，确保社会公众的充分参与，明确规定了不得少于30日的公告期。组织编制机关在具体工作过程中，应当设置长于30日的公告期，但不是越长越好，应当在效率与确保公众参与二者间寻求平衡。

（3）社会公众参与的形式是组织编制机关在报送审批前组织专家论证会或听证会或其他形式听取专家和公众意见。专家论证会、听证会可以针对城乡规划草案整体，也可以针对城乡规划中的某一重点或难点问题。其他的形式包括座谈会、调查问卷、向社会公开征求意见等。总之，任何形式的征求意见所要达到的目的是社会公众与专家的充分参与，保障各种利益群体能够在对其既有利益与未来预期有影响的城乡规划的制定过程中发表意见。这既是为了保证规划制定的民主性，也是为了真正实现规划制定的科学性。

（4）组织编制机关应当在报送审批的材料中附具专家和公众的意见，并对城乡规划草案采纳意见情况及理由进行说明。这样规定可以保证有关人民政府能够在审批时充分考虑社会公众意见，从多个角度了解城乡规划草案，更好地把握城乡规划草案的可行性，得出较为科学的批复意见。

## 五、专家和部门审查制度

【链接】《城乡规划法》第二十七条　省域城镇体系规划、城市总体规划、镇总体规划批准前，审批机关应当组织专家和有关部门进行审查。

（1）根据制定规划应当“政府组织、专家领衔、部门合作、公众参与、科学决策”的要求，应当加强规划的审查和审批制度，健全规划决策机制，完善决策程序。对在省域城镇体系规划、城市总体规划、镇总体规划批准前，审批机关应当组织专家和有关部门进行审查作了程序性规定。

（2）组织专家和有关部门进行审查的理解：第一，组织专家和有关部门进行审查是必经程序。第二，审批机关在组织专家时，对专家的选择上应包括相关各专业的专家，保证专家对规划草案的审查是全面的。第三，审批机关组织有关部门进行审查，有利于提高规划实施的可操作性。

# 第六章　城乡规划的实施

城乡规划的实施主要是对城乡各项建设进行规划管理。城乡规划实施管理是一种行政管理，具有一般行政管理的特点。它是以实施城乡规划为目标，行使行政权力的过程和形式。具体地说，就是城乡规划行政主管部门依据经法定程序批准的城乡规划的法律法规和相关法律规范，通过行政的、法制的、经济的、社会的管理手段，对城乡土地的使用和各项建设活动进行控制、引导、调节和监督，使之纳入城乡规划的轨道。

## 第一节　规划实施的原则和指导思想

### 一、规划实施的原则

**【链接】**《城乡规划法》第二十八条　地方各级人民政府应当根据当地经济社会发展水平，量力而行，尊重群众意愿，有计划、分步骤地组织实施城乡规划。

（一）城乡规划实施管理的总体原则

1．法制化原则

对于城市、镇、乡和村庄规划区内的土地利用和各项建设活动，一定要依照《城乡规划法》的有关规定进行规划实施管理，实现依法行政、依法办事，纳入法制化的轨道。也就是要以经批准的城乡规划和有关城乡规划管理的法律法规为依据，并依照法定的程序履行职责，防止和抵制以权代法、以言代法、以情代法、以罚代法和其他形式的违法行为。充分运用法制管理手段是搞好城乡规划实施管理工作的根本保证。

2．程序化原则

为使城乡规划实施管理能够遵循城乡发展和规划建设的客观规律，就必须按照科学合理的行政审批、许可、管理程序来进行。这就要求城市、镇、乡和村庄规划区内的使用土地和各项建设活动，都必须依照《城乡规划法》所规定的申请、审查或审核、征询意见、报批和核发有关法律凭证以及加强批后管理等环节和程序来施行，防止施政过程中的随意性、滥用职权、越权审批和暗箱操作等违法行为产生。

3．协调性原则

城乡规划实施管理的工作过程，是一个以科学发展观和构建和谐社会为指导，依法对城市、镇、乡和村庄规划区内的土地利用和各项建设活动进行合理布局和统筹安排过程，需要协调各有关方面的利益和要求，理顺各有关方面的关系，包括城乡规划主管部门与其他相关行政主管部门之间的业务关系，实现分工合作，协调配合，各负其责，避免出现多头管理、相互制约、扯皮不止的现象发生，从而提高城乡规划实施管理的工作效率和水平。

4．公开化原则

城乡规划实施管理实行政务公开。经批准的城乡规划公布后，任何单位和个人都无权擅自改变。为保证和督促城乡规划实施管理能够依法按照规划要求进行，实现公开、公平、公正执法，实行政务公开是一个非常重要的环节和措施。

5．科学性原则

《城乡规划法》规定城乡规划的实施应当根据当地经济社会发展水平，量力而行；应当合理确定建设规模和时序；应当因地制宜、节约用地；应当与经济和技术发展水平相适应；应当组织有关部门和专家定期对规划实施情况进行评估，并采取论证会、听证会或者其他方式征求公众意见等，强调了城乡规划实施管理的科学合理性原则，不能违背城乡建设和发展的客观规律办事，一定要从实际出发，实事求是，不能急功近利、盲目决策。要正确处理集中与分散，当前与长远、局部与全局、发展与保护、堵漏与疏导的关系，科学辩证地进行城乡规划实施管理工作。

（二）城乡规划实施管理的阶段性原则

1．要与地区发展水平相一致

当前，我国城市化和城市建设处于快速发展阶段，但是从粮食、能源、资源、生态、环境安全的角度出发，建设标准并非越高越好，发展速度并非越快越好。城乡的建设和发展要根据本地区经济社会的发展水平进行，既要考虑经济社会发展对城市扩大和土地利用的需要，又要从土地、水、能源供给和环境支持的可能出发，量力而行。

2．要与地区建设实际相结合

城市的建设和发展既要保证城市经济社会长期稳定健康发展，又要高度重视生态资源环境保护，做到发展与保护并举，经济效益、社会效益和生态效益同步提高。城乡建设不能脱离实际，要防止不顾环境资源承载能力和经济条件，盲目扩大建设规模，更不能贪大求洋、急功近利，搞“政绩工程”、“形象工程”。

3．要有分阶段性的建设目标

地方各级人民政府在城乡规划实施过程中，还应充分尊重群众意见，要优先安排与人民群众密切相关的基础设施和公共服务设施建设，改善城乡居民的人居环境。在实施城乡规划的过程中，地方各级人民政府还要根据本地实际情况，明确近期建设和远期发展的目标，有计划、分步骤地组织好城乡规划的实施。

## 二、规划实施的指导思想

**【链接】**《城乡规划法》第二十九条　城市的建设和发展，应当优先安排基础设施以及公共服务设施的建设，妥善处理新区开发与旧区改建的关系，统筹兼顾进城务工人员生活和周边农村经济社会发展、村民生产与生活的需要。

镇的建设和发展，应当结合农村经济社会发展和产业结构调整，优先安排供水、排水、供电、供气、道路、通信、广播电视等基础设施和学校、卫生院、文化站、幼儿园、福利院等公共服务设施的建设，为周边农村提供服务。

乡、村庄的建设和发展，应当因地制宜、节约用地，发挥村民自治组织的作用，引导村民合理进行建设，改善农村生产、生活条件。

(1) 城市基础设施作为城市生产、生活最基本的承载体，是城市经济和社会各项事业发展的重要基础；城市公共服务设施能为城市居民的社会生活、经济生活和文化生活创造条件，优先安排城市基础设施及公共服务设施建设，有利于促进城市经济增长、维护生态平衡，推动社会和谐发展。城市新区的开发和建设，应当合理确定建设规模和时序，充分利用现有市政基础设施和公共服务设施，严格保护自然资源和生态环境，体现地方特色。旧城区的改建，应当保护历史文化遗产和传统风俗，合理确定拆迁和建设规模，有计划地对危房集中、基础设施落后等地段进行改建。

(2) 镇是县域经济的增长点，是承前启后、承上启下的“中枢”，是连接城与乡的基地，抓住了小城镇这个城乡空间网络的节点，就抓住了连接城市、集聚乡村人口发展非农产业、辐射农村地区的核心环节，因而镇的发展与建设要从统筹城乡发展的角度考虑问题。在镇的建设和发展过程中实施规划时，应当结合农村经济社会发展和产业结构调整，优先安排基础设施和公共服务设施的建设，为周边农村提供服务。

(3) 美丽中国，美丽乡村是基础，乡村的发展与建设重在彰显各乡村自己的特色，按照乡村的自然禀赋、历史传统和未来发展的要求，最大限度地保留原汁原味的乡村文化和乡土特色。形成“布局合理、村容整洁、生活富裕、乡风文明、管理民主”和“宜居、宜业、宜游”的美丽乡村。

## 第二节　规划实施的特定事项

### 一、新区开发与建设要求

**【链接】**《城乡规划法》第三十条　城市新区的开发和建设，应当合理确定建设规模和时序，充分利用现有市政基础设施和公共服务设施，严格保护自然资源和生态环境，体现地方特色。

在城市总体规划、镇总体规划确定的建设用地范围以外，不得设立各类开发区和城市新区。

(一) 城市新区开发和建设的主要原则

城市新区的开发和建设，是指随着城市经济与社会的发展，为满足城市建设的需要，按照城市总体规划的部署，在城市现有建成区以外的地段，进行集中成片、综合配套的开发建设活动。并遵循以下主要原则：

（1）统一规划、合理布局、因地制宜、综合开发、配套建设；

（2）合理利用城市现有设施；

（3）有利城市发展；

（4）基础设施先行；

（5）注意城市特色。

（二）城市新区开发和建设的基本要求

（1）各类开发区应纳入城市的统一规划和管理，在城市总体规划、镇总体规划确定的建设用地范围以外，不得设立各类开发区和城市新区。城市新区的选址，应当尽量依托现有市区，充分考虑利用城市现有设施的可能性。要从实际出发，量力而行，确定适当的开发规模和开发程序，预先搞好规划，进行充分的技术经济论证，有计划、分期分批地实施，提高开发的综合效益。

（2）城市新区的开发和建设应当根据土地、水等资源承载能力，量力而行，妥善处理近期建设与长远发展的关系，合理确定开发建设的规模、强度和时序，坚持集约用地和节约用地的原则，防止盲目开发。

（3）城市新区的开发和建设应根据城市的社会经济发展状况，结合现有基础设施和公共服务设施，合理确定各项交通设施的布局，合理配套建设各类公共服务设施和市政基础设施。建设项目需要配套的外部市政、公共设施，应当尽量纳入城市统一的系统，不要自成体系、各行其是，以免重复建设、相互干扰，影响城市功能的协调，造成浪费。基础设施和公共设施的建设，按照合理的程序和社会化要求，尽量由城市建设主管部门统一组织实施。

（4）城市新区的开发和建设应当坚持保护好大气环境、河湖水系等水环境和绿化植被等生态环境和自然资源，要避开地下文物埋藏区，保护好历史文化资源，防止破坏现有的历史文化遗存。

（5）城市新区的开发和建设应充分考虑保护城市的传统特色，要结合城市的历史沿革及地域特点，在规划建设中体现鲜明的地方特色。

（三）案例——合肥市滨湖新区建设的启示

当下中国正在发生有史以来人口转移规模最大的城市化进程。适应这一进程，几乎所有的城市都在近年间剧烈扩张，更有众多城市实施了新城区开发。安徽作为工业化、城镇化高成长性的省份，设想到2015年城镇化率超过50%，2020年接近60%，2030年接近70%。为此将着力建设符合主体功能区规划要求，区域性特大城市、区域中心城市、中小城市和小城镇合理分布、协调发展的现代城镇体系。显然，这都涉及新城区开发建设。那么，如何科学高效地开发建设新城区？合肥市滨湖新区的开发建设经验值得探究，其建设理念与开发效率给人以有益启迪。

1．规划与建设

合肥市滨湖新区从2006年11月开始建设，到2012年累计投入486亿元，建成区面积达 18.21km$^2$，主要道路网围合面积达 32km$^2$，相当于新建了两个合肥老城区；城市绿化覆盖率 55.8%，原有不良的生态环境经过高效整治面貌焕然一新；吸引了一大批高端现代服务业入驻，正在形成区域性金融中心；常住人口已超过 36 万人，一座基础设施趋于完备、产业和社会事业初具规模、居民安居乐业、城湖和谐共生、人气快速汇集的湖畔新城拔地而起。纵览新区的城市形态和建设速度，总使观者赞赏和惊叹。探究其开发建设轨迹，我们可以发现，秉持与践行产城一体化开发和生态型城区建设的理念，是滨湖新区突出的成功之道（图 6-1、图 6-2）。

图 6–1　合肥市滨湖新区位置

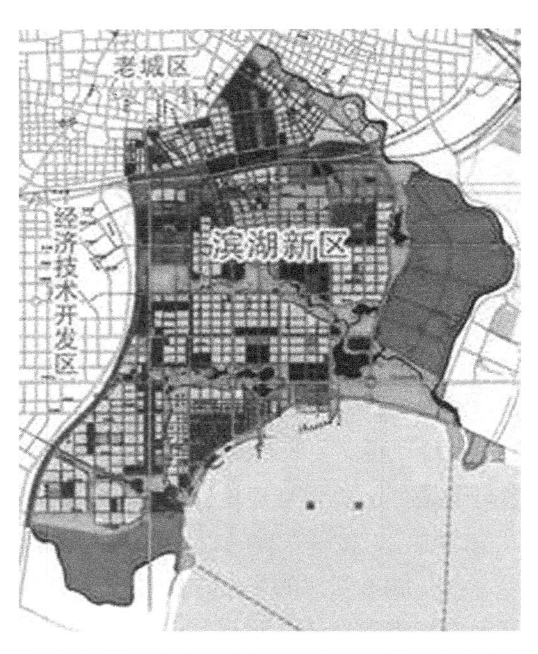

图 6–2　湖滨新区总体规划（2010~2020 年）

2．几点启示

（1）产城一体化同步开发的理念。追溯新城开发的国际经验和理论，新城理论起源于阿伯克比（Patrick Abercrombie）在 1940 年完成的大伦敦规划，该规划的主导思想是在已显“城市病”的大城市周边新建一批卫星小城市，以分散人口、工业和就业，形成组团式的城市区，强调新城建设必须是人口居住与产业发展同步。在以后的各国城市化演进中，新城理论不断丰富发展，在空间规划和开发建设上形成了许多创新理念。然而，阿伯克比的新城理论把人口居住、产业发展和就业紧密结合为一体的理念仍然是不可颠覆的基本指导理念。检视近年来国内一些新城区建设的经验教训，人们不难看到，但凡把产业开发与城市建设割裂开来的理念及操作，不免造成一种“黑区”（大片开发区晚间黑暗无光）、“空城”（新城楼宇林立但无人居住）现象。从城市经济学分析，问题就在于，新城区作为较大尺度的空间，必须具有承载人口和产业的双重基本功能，人口与产业在这里事实上构成了一种相互供给和需求关系，缺失一方则另一方也失去存在的现实可能性。倘若没有产业，人口便无从就业，因而就不能居住，由此产生“空城”；如果此间仅有工业而缺乏生活服务的城市功能，人口难以就近而稳定居住，由此产生“黑区”，产业则没有稳定的就业劳力，因而也不可能稳定持续发展。这都是空间和资源配置与利用低效率、不经济的表现。滨湖新区经验的可贵之处，即在于从建区伊始就确立了产城一体化同步开发的理念，一是将新区定位在合肥作为区域性特大城市重要的人口承载新区，为此着力营造城市公共服务功能和居民生活功能，以吸引人口汇集居住；二是根据特大城市产业发展升级的规律和合肥总体城市功能分工布局，将新区定位于金融商务、行政办公、会展旅游、文化体育、研发创意和商业服务集聚地，打造全国重要的区域性金融中心，以成为全市的产业新支撑。近五年来，滨湖新区便是按照这一理念与定位进行开发建设，于是才呈现出人口承载居住功能日臻完备、产业承载发展功能持续增强的“能居能业”局面，人口与产业二者相互促进，相得益彰，形成良性循环。特别值得关注的是，滨湖新区未来作为全国金融后台服务中心之一，将吸纳10~15万高端人力资本就业，而新区现代化的城市服务系统则为他们提供优质的居住生活条件，从而使新区成为极具新鲜活力的城市增长极。若揭示滨湖新区开发建设为什么有如此的快速度和高效率的原因，应该说这种产城一体良性循环正是其重要的内在机理和动力。

（2）生态型城市建设的理念。在新城区开发理念上，满足于“能居能业”是不够的，而应该是追求“宜居宜业”。从“能居能业”到“宜居宜业”意味着城市形态和功能的升级，而要达到“宜居宜业”，就必须秉持和践行另一个重要理念，即生态型城市理念。良好的生态环境是现代居民生活和现代产业所不可或缺的重要资源与稀缺要素，没有它便没有合意适宜的“宜居宜业”。应该说，滨湖新区原有的生态条件并不尽如人意，尤其是河流水系和巢湖沿岸污染颇为严重，以致当初不少人对在此兴建新区心存疑虑。新区建设可谓是迎难而上，坚持资源节约型、环境友好型的建设理念，积极探索城区建设与生态文明的新路，以“节约集约用地示范区”和“城市生态建设示范区”建设为统领，着力于“水环境综合治理、绿色交通发展、生态社区构建、能源综合利用、绿色建筑应用、生态景观营造”，经过近五年的治理和建设，当地的生态环境发生了显著改观，昔日污染严重的河流水系和湖畔沿岸现已建成面积达926万$m^2$的城市公园，新区各项生态环境指标位于全市前列。也因为新区生态环境的改良，方才吸引了高端服务产业接踵而来和新居民的涌入安居。值得指出的是，秉持和践行生态型城市建设理念的意义非同小可，对此的忽视必然导致城市发展与生态环境的冲突，建成一片新城却造成生态环境的更大破坏，传统的对生态环境粗放化掠夺式城市建设模式，导致国外有的城镇因为资源枯竭、生态恶化、人口和产业离去而变成“死城”的恶果，教训极其惨痛。显然，这样的城市不可能“宜居宜业”，更不可能持续发展。滨湖新区之所以能够如此高效地集聚产业和人口，应该说这种大力度的生态文明建设正是其重要的内在机理和引力。

合肥滨湖新区开发建设之道还可以概括种种，其产城一体化同步开发、人居环境与生态文明同步建设的经验可以给予我们有益的启示。事实上，在全面建成小康社会和新型城镇化建设背景下，新城区开发不是简单的城市人口比例增加和土地面积扩张，而是在产业支撑、人居质量、社会保障、生活方式、生态环境等方面的全面而系统化建设，是经济、政治、文化、社会和生态“五位一体”的协调发展。因此，开发建设新城区应注意经济、政治、文化、社会和生态的全要素系统集聚与匹配，讲求“五位一体”资源与功能配置的统筹协调，尤其是在规划环节要秉持新型城镇化理念指导，并加强规划的权威性效力与规划的有效执行力，指引新型城市全面而系统开发建设，以避免“黑区”“空城”和“死城”的陷阱，从而使各地的新城开发建设合理高效和可持续发展（图 6-3、图 6-4）。

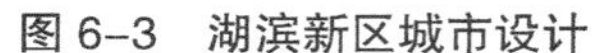
图 6–3　湖滨新区城市设计

图 6–4　湖滨新区街道景观

## 二、旧城改建与名城、名镇、名村的保护

城市旧区是在长期的历史发展过程中逐步形成的，是城市各历史时期的政治、经济、社会和文化的缩影。

【链接】《城乡规划法》第三十一条　旧城区的改建，应当保护历史文化遗产和传统风貌，合理确定拆迁和建设规模，有计划地对危房集中、基础设施落后等地段进行改建。

历史文化名城、名镇、名村的保护以及受保护建筑物的维护和使用，应当遵守有关法律、行政法规和国务院的规定。

### （一）旧城改建的基本要求

城市旧区历史遗迹较为丰富、文物古迹较多、历史风貌建筑密集且建筑样式、空间格局和街区景观较完整，比较真实地反映城市某一历史时期地域文化特点。但同时旧区也存在城市格局尺度比较小、人口密度高、基础设施比较陈旧、道路交通比较拥堵、房屋质量比较差等问题，迫切需要进行更新和完善。因而，结合城市新区开发，适时推动城市旧区的改建或有机更新，是保证我国城市建设协调发展的一项重要任务。

1．改善人居环境，打造宜居城区

改善人居环境，打造宜居城区是旧城更新改造的出发点，也是当务之急。以危破房改造工作为重点，改善旧城人民群众居住条件，配套完善公共服务设施和交通、市政基础设施，优化公共绿地系统布局，恢复河网水系，构建舒适的步行系统，提升旧城环境品质。

2．优化旧城功能，增强城市竞争力

通过对旧城区内旧民居、旧工厂和旧村的改造，加快推进“退二进三”产业结构调整，加快发展现代服务业，促进旧城产业升级，在有限的空间里提高土地集约利用效率。同时，合理调控建筑密度和人口密度，疏解旧城人口，进一步完善旧城公共服务功能，增强城市整体竞争力。

3．整合历史文化资源，提升旧城文化品位

历史文化积淀是旧城的本底，也是提升旧城文化品位的宝贵资源。旧城的传统文化及其载体是核心竞争要素，也是每一个旧城有区别于其他旧城的独特标识。因此，在旧城更新改造中既要注重历史文化街区的保护与延续，也要结合城市空间布局的调整，发展适合旧城传统空间特色的文化事业和文化旅游产业，提升旧城的文化软实力。在保护中应坚持保护历史的真实性、保持风貌的完整性和尽可能保持街区功能延续性的原则，从整体层面保持其传统的空间尺度、道路线形、历史风貌和建筑环境。

4．遵从法律法规，严格依法行政

进行城市旧城更新，往往直接涉及相关单位和公众的切身利益。为此，在城市旧城的规划建设中，要严格依法行政，按照《城乡规划法》规定的程序，以及《物权法》等相关法律、法规的规定进行组织，防止野蛮拆迁等行为导致的不稳定因素。对历史文化名城、名镇、名村的保护以及受保护建筑物的维护和使用，还应当遵守有关法律、行政法规和国务院的规定。

（二）名城、名镇、名村保护的基本要求

1．科学规划

保护规划是驾驭历史文化名城、名镇、名村保护和监督管理工作的基本依据，是在一定空间和时间范围内对各种规划要素的系统分析和统筹安排。制定规划是一项综合性、政策性和技术性很强的工作，只有一个科学的、切实的规划才能使历史文化名城、名镇、名村保护工作适应社会发展的需要，才能真正成为保护和监督管理的依据。我国历史文化名城、名镇、名村类型多，涉及的国土面积大，差异也很大。因此，制定一个科学的规划，应当对历史文化名城、名镇、名村的资源、环境、历史、现状、经济社会发展态势等进行充分研究，正确处理城乡建设与历史文化保护的关系，明确保护原则和工作重点，制定严格的保护措施。

2．严格保护

历史文化遗产是不可再生的珍贵资源。随着经济全球化趋势和现代化进程的加快，我国的文化生态正在发生巨大变化，历史文化遗产及其生存环境受到严重威胁，不少历史文化名城、名镇、名村、古建筑、古遗址及风景名胜区整体风貌遭到破坏。由于过度开发和不合理利用，许多重要历史文化遗产消亡。在历史文化遗存相对丰富的少数民族聚居地区，由于人们生活环境和条件的变迁，民族或区域文化特色消失加快。因此，必须把严格保护作为历史文化名城、名镇、名村保护工作的基本原则。历史文化遗产的不可再生性决定了必须将保护放在第一的位置。只有在严格保护好历史文化遗产的前提下合理利用，才可能实现历史文化名城、名镇、名村的可持续发展。

3．保持和延续其传统格局和历史风貌

历史文化名城、名镇、名村的传统格局和历史风貌，是其历史文化价值的集中体现。因而，保护历史文化名城、名镇、名村，必须保护其传统格局和历史风貌。其中，传统格局是指历史形成的由街巷、建筑物、构筑物本身特征结合自然景观构成的布局形态。主要构成要素包括轴线、道路、水系、山丘等。历史风貌是指反映历史文化特征的城镇、乡村景观和自然、人文环境的整体面貌。按照这一原则，对反映名城、名镇、名村特色的整体的空间尺度和周边环境要素应当予以保护，要突出相应的保护原则和具体的保护要求。例如，对历史风貌保存完好的历史文化名城应当确定更为严格的历史城区的整体建筑高度控制规定；历史文化街区增建设施的外观、绿化布局与植物配置应当符合历史风貌的要求。

4．维护历史文化遗产的真实性和完整性

一方面，要保护历史文化遗产的真实性（原真性）。保护历史文化遗产，应当保护历史文化遗存真实的历史原物，要保护它所遗存的全部历史信息，整治要坚持“整旧如故，以存其真”的原则。修补要用原材料、原工艺、原式原样，以求达到还其历史本来面目。另一方面，要保护历史文化遗产的完整性。一个历史文化遗存是连同其环境一同存在的，保护不仅是保护其本身，还要保护其周围的环境，特别是对于城市、街区、地段、景区、景点，要保护其整体的环境，这样才能体现出历史的风貌。整体性还包含其文化内涵、形成的要素。任何历史遗产均与其周围的环境同时存在，失去了原有的环境，就会影响对历史信息的正确理解。有一些历史文化名城、名镇、名村仅仅保护单个的文物古迹或者仅保护单个的街区，而随意改变周边环境，其丧失了原来的历史氛围。这种做法违背了维护历史文化遗产完整性的原则。

5．继承和弘扬中华优秀传统文化

我国历史文化名城、名镇、名村体现了中华民族的悠久历史、灿烂文化。在历史文化名城、名镇、名村中除有形的文物古迹外，还拥有丰富的传统文化内容，如传统艺术、民间工艺、民俗精华、名人轶事、传统产业等，它们和有形的文物、历史建筑相互依存相互烘托，共同反映着历史文化名城、名镇、名村的历史文化积淀，共同构成珍贵的历史文化遗产。在历史文化名城、名镇、名村保护工作中，不但应当保护有形的历史遗存，保护好物质性要素，而且应当深入挖掘、充分认识历史文化名城、名镇、名村中蕴含的中华优秀传统文化的内涵，保护好非物质要素，注重对非物质文化遗产的保护传承。继承和弘扬中华优秀传统文化，把历代的精神财富流传下来，是联结民族情感纽带、增进民族团结和维护国家统一及社会稳定的重要文化基础，也是维护世界文化多样性和创造性，促进人类共同发展的前提。

6．正确处理经济社会发展和历史文化遗产保护的关系

做好历史文化名城、名镇、名村保护工作，应当做到在经济社会发展中保护好历史文

化遗产，重点处理好城、镇、村改造与历史文化遗产保护的关系。在改造中，应当坚持以保护规划为指导，不得破坏历史文化名城、名镇、名村的传统格局、历史风貌和历史建筑。历史文化遗产的价值是无法用金钱来衡量的，一旦遭受破坏将无法恢复。在实践工作中，应寻求更多的方法来平衡保护与发展之间的矛盾。正确处理保护与发展的关系，需要做好几方面工作：一是提高社会各方面保护历史文化遗产的意识；二是完善相关法律规定，依法管理；三是依法制定保护规划并严格实施；四是发挥中央、地方政府和民间三方面积极性，为历史文化遗产保护提供资金保障。

（三）名城保护案例——**漳州历史文化名城保护规划（2012~2030 年）**

公元 686 年，陈元光奏请唐王朝批准，在泉州、潮州之间设立漳州至今，漳州古城已历经 1300 多年的发展。1986 年，漳州被评为第二批国家级历史文化名城，至今历时 26 年，已开展了 6 次有关名城的保护规划和 5 个历史街区方面的整治工作，取得了一定的保护成就。为了达到“水城、绿城、历史文化名城”三城同构的目标，本次规划根据城乡规划法要求，与漳州总规同步开展名城保护规划，并按照最新出台的名城名镇名村保护条例、保护规划编制办法进行编制（图 6-5）。

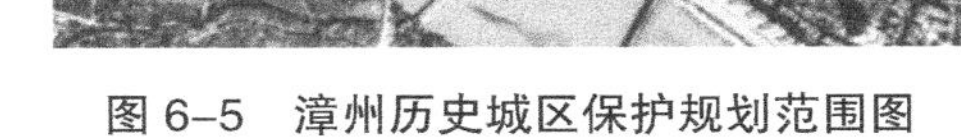

**图 6-5　漳州历史城区保护规划范围图**

1．认知漳州名城

认知一：形制独特的千年古城。

优美的山水格局；别雅的古代八景；形制的古城格局；宜人的街巷空间。

认知二：博采众长的建筑奇葩。

传承自中原的唐代风格建筑；衍生于本地的闽南风格建筑；舶来自东南亚的南洋风格建筑。

认知三：遗存众多的历史记忆。

土楼世界文化遗产；历史文化名镇；历史文化名村；国家级文保单位。

认知四：源远流长的文化核心。

闽南文化、中原文化、闽越土著文化和海洋文化。

认知五：声名远扬的海丝锚地。

认知六：文风昌盛的海滨邹鲁。

认知七：一脉相承的侨胞祖地。

2．保护漳州名城

（1）历次规划。

1988 年版《漳州市历史文化名城保护规划》（天津大学），提出全面保护的思路，对各历史元素进行了详细规划设计，对其后许多名城的保护规划起到了先导的作用。

1991 年版《漳州市旧城整治大纲》（清华大学）。

2001 年版《漳州市中心城区总体规划调整（2000~2020 年）》（中规院），提出了“一区、三线、四片、散点”的历史文化名城保护格局及保护措施。

2002 年《台湾路西段沿街立面整治规划设计》、《台湾路历史街区整治保护规划》等（漳规院），针对每栋房屋进行细致调查，对历史街区的建筑单体、街巷结构、道路交通、市政工程等各方面作出了详细的整治措施。

2006 年《漳州市中心城区紫线规划》（漳规院），对历史街区以及历史建筑进行数字化标识，划定保护范围及建设控制地带，提出城市紫线管理保护措施。

2012 年《漳州古城综合保护与有机更新示范工程修规》（浙江古建院），首次提出“漳州古城”的概念，代替了此前的“街区”保护思路，是对古城保护工作的又一次提升。

（2）整治保护工程

按照“点、线、面逐步深入”的先后顺序实施了五个阶段的整治保护工程

（3）规划成绩。

漳州市香港路•台湾路历史街区荣获联合国教科文组织亚太地区文化遗产保护项目荣誉奖。

漳州市台湾街历史街区整治保护规划项目获得 2003 年度福建省优秀城市规划设计一等奖、建设部优秀城市规划设计三等奖。

漳州历史古街荣获第二届“中国历史文化名街”（2010）称号。

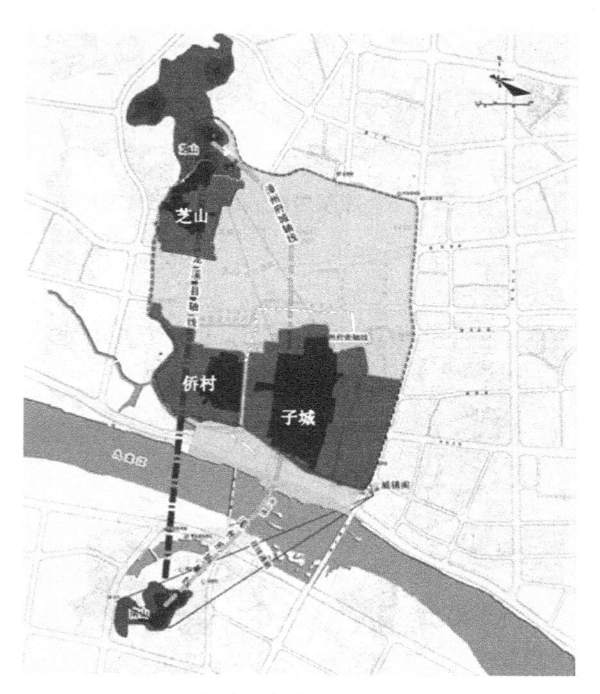


图 6-6　漳州历史城区保护规划结构图

3．规划漳州名城

（1）六个保护内容（图 6-6）。

1）市域历史文化环境保护：在市域范围内确定了世界文化遗产 1 项；历史文化名镇名村共 10 处，传统村落 17 处，传统古街 7 处；清代末期 7 条古驿道；国家级文保单位 25 处，省级文保单位 116 处，县市级文保单位 800 多处；涉台不可移动文物 306 处；海丝文化 7 处。划定了东南部历史文化圈，闽南文化的核心区和发祥地；西北部历史文化圈，闽南文化影响区。

2）名城格局保护：按照“一城六片多点”格局进行保护。

3）历史城区保护：规划结构“一城：清康熙城墙范围内的漳州古城；二环：古城墙外环；护城濠内环；三轴：龙溪县城

轴线、漳州府城轴线、漳州府衙轴线；三片：子城、侨村、芝山”。

4）历史地段保护：保留原有历史文化街区和唐宋子城历史文化街区；新增两片历史文化风貌区：侨村历史文化风貌区、芝山历史文化风貌区。

5）文物古迹保护：保护众多的文物保护单位和历史遗迹，保护传统街巷风貌特色，保护南洋风与闽南建筑相融合的华侨建筑及整体风貌。

6）非物质文化保护。

（2）七大保护措施。

1）措施一：分级控制，显山透绿：确定山体的保护带、建设控制地带。控制建筑风格、色彩、高度、屋顶形式。保护视廊，控制高度。

2）措施二：治理水系，发掘水文化：实施内河引水工程，净化水质。尽可能恢复明渠，立碑展示城濠位置。绿化美化沿河环境。调整滨水沿线功能，增加公共活动空间。弘扬滨水文化，开发城市旅游。

3）措施三：功能复合，布局优化：居住功能外迁，增加绿化空间，降低人口密度。沿江地块多功能混合，增加滨水公共空间。增加文化展示的空间，发展特色高端商业，形成集游览、娱乐、美食、购物等于一体的文化旅游区。

4）措施四：控制高度，协调风貌：核心保护范围内，应保持现有建筑高度，新、改、扩建活动，其建筑高度应控制在9m以下。建设控制地带内，原则上建筑高度应控制在18m以下。风貌协调区，建筑高度原则上应控制在40m以下。滨江区域，划定为高层禁建区。

5）措施五：增加绿化，改善环境：结合旧城更新改造，拆除破旧建筑，增加公共绿化活动空间，形成“点、线、面”相结合的绿化系统。突出“水文化”的挖掘，提升滨水活力，恢复沿河繁荣景象。

6）措施六：动静分离，疏解交通：完善车行系统，增加绿道，划定交通安宁区。

7）措施七：完善设施，改善生活：增设公共停车场库，增加小型广场等公共活动场所，完善市政管线和设施。

（3）四大规划特色。

1）梳理名城格局，充实名城内涵。明确梳理了漳州名城的山水形胜和传统格局，合理调整并刚性划定各个历史地段保护范围，并且增加了侨村、芝山、南山、湘桥、东美等历史地段，充实了名城保护的内涵。

2）提出市域保护，拓展名城外延。首次提出市域历史文化保护的内容，保护了漳州名城所依存的历史文化环境载体，夯实漳州名城的基础。

3）强调功能复合，激发名城活力。强调历史城区、历史地段用地功能复合化的思路，有针对性地激发漳州名城的活力。

4）更新保护理念，实现古城复兴。提出“综合保护、有机更新”、“三城同构、三态并举”等理念，将名城保护与城市经济、社会发展相结合，使历史文化资源优势转化为城市发展优势，实现名城文化、经济、社会的全面复兴。

## 三、风景区规划管理

风景名胜区，是指具有观赏、文化或者科学价值，自然景观、人文景观比较集中，环境优美，可供人们游览或者进行科学、文化活动的区域。风景名胜资源是极其珍贵的自然文化遗产，是不可再生的资源。

【链接】《城乡规划法》第三十二条　城乡建设和发展，应当依法保护和合理利用风景名胜资源，统筹安排风景名胜区及周边乡、镇、村庄的建设。

风景名胜区的规划、建设和管理，应当遵守有关法律、行政法规和国务院的规定。

为了确保风景名胜区的可持续发展，规划一般应遵循以下一些基本原则。

（1）保护优先原则。风景名胜区是自然和历史留给我们的宝贵而不可再生的遗产，风景名胜区的价值首先是其“存在价值”，只有在确保风景名胜资源的真实性和完整性不被破坏的基础上，才能实现风景名胜区的多种功能。因此，保护优先是风景名胜区工作的基本出发点。

（2）综合协调原则。风景名胜区规划管理的基本目标是在资源充分有效保护前提下的合理利用。虽然保护是风景名胜区工作的核心，但是并不意味着要将保护与利用割裂开来。我国风景名胜区的特殊性之一就是风景区内包涵有许多社会经济问题，是一个复杂的“自然—社会复合生态系统”。所以只有将各种发展需求统筹考虑，依据资源的重要性、敏感性和适宜性，综合安排，协调发展，才能从根本上解决保护与利用的矛盾，达到资源永续利用的目的。

（3）突出自然原则。充分发挥风景资源的自然特征和文化内涵，维护景观的地方特色，强调回归自然，防止人工化、城市化、商业化倾向。

（4）环境承载力原则。承载力原则意味着任何资源的使用都是有极限的，风景名胜资源的利用也不例外。当使用强度超过某一阈值或临界值时，资源环境将失去其持续利用的可能。风景名胜区开发利用必须要在其允许的环境承载力（或称环境容量）之内，这是风景名胜区可持续发展的关键。

（5）分区管理原则。根据风景资源价值与分布，划分功能分区，严格实行“山上游，山下住”、“区内游，区外住”、“区内景，区外商”、“区内名，区外利”的管理原则，在保证风景资源不被破坏的前提下，促进地方经济发展。

（6）统一规划、分期发展原则。风景名胜区保护和建设是一个长期的过程，一些遭到破坏的风景名胜区还需要有一个很长的自然恢复阶段。所以对待风景名胜区规划要站在历史发展的高度，高起点、高标准、严要求，妥善处理近期实际与远景目标的矛盾，从最终目的出发，统一规划，分步实施，走可持续发展之路。

如在《厦门市城乡规划条例》第四十九条提出“鼓浪屿、万石山应当根据鼓浪屿—万石山风景名胜区总体规划的要求进行建设。”

“鼓浪屿应当严格保护历史风貌，控制建筑总量、建筑体量、层数，降低建筑密度，绿地率必须大于百分之五十。万石山应当严格保护自然景物和人文景观，控制各类建设行为，有计划地往外迁移景区内居民。”

以上条款是对鼓浪屿－万石山风景名胜区风貌保护的规定。

鼓浪屿素有“万国建筑博览会”之美誉，岛上众多的历史风貌建筑融合了东西方风格和艺术，具有较高的历史、文化、科学和艺术价值，，只有通过规范管理和维护工作，加强保护，才能使我们能够世世代代拥有这些珍贵的历史文化财富。为此，厦门市专门针对鼓浪屿出台了《厦门市鼓浪屿历史风貌建筑保护条例》，其中第十条明确要求市规划部门应当根据历史风貌建筑保护规划的要求，严格控制鼓浪屿建筑总量，做好鼓浪屿相关规划，保护鼓浪屿整体格局、景观特征、环境风貌。万石山主导功能除风景旅游外，还是厦门重要的生态功能区，要把其作为重要的生态良好区加以保护和建设，在充分保护和发展现有资源环境的基础上发展旅游经济。《厦门市城市园林绿化条例》也明确规定：“鼓浪屿－万石山风景名胜区应严格按其总体规划的园林绿化规划要求进行建设，鼓浪屿改建的绿地率不得低于50%”。针对万石山风景名胜区，在严格保护自然景物和人文景观，控制各类建设行为的同时，还应该有计划地往外迁移景区内居民，以进一步改善万石山生态旅游环境。

## 四、地下空间开发与利用

我国土地资源紧缺，能源需求量大，城镇地下空间的利用具有节约土地和能源的特征。在城镇规划建设中，加强地下空间的合理开发和统筹利用，是坚持节约用地、集约用地、实现可持续发展的重要途径。

**【链接】**《城乡规划法》第三十三条　城市地下空间的开发和利用，应当与经济和技术发展水平相适应，遵循统筹安排、综合开发、合理利用的原则，充分考虑防灾减灾、人民防空和通信等需要，并符合城市规划，履行规划审批手续。

（一）城市地下空间开发和利用的基本原则

（1）要坚持统筹规划、有序实施的原则。地下规划与地上规划相结合、适度超前与量力而行相统一，有序推进地下空间开发利用，构建城市立体发展新格局。

（2）要坚持因地制宜、合理利用的原则。城市地下空间开发利用应与城市发展阶段、功能定位、空间布局相适应，鼓励各地结合实际，因地制宜推进城市地下空间合理利用。

（3）要坚持公共优先、综合开发的原则。把公共利益放在城市地下空间开发利用的首位，服务民生、平战结合、综合利用，实现城市经济效益、社会效益、战备效益和环境效益的有机统一。

（4）要坚持环保优质、安全第一的原则。树立安全施工、安全使用、保护生态环境、可持续发展理念，加强规划、建设、运营全过程监管，确保城市地下工程质量和安全。

（5）要坚持政府主导、社会参与的原则。在加强政府规划调控、加大政府对公共空间投入开发的同时，充分发挥市场配置资源的决定性作用，构建多元化投融资机制，引导和鼓励社会资金参与各类城市地下空间开发利用。

此外，合理开发利用地下空间还要充分考虑与物权法的衔接。我国物权法规定，建设用地使用权可以在土地的地表、地上或者地下分别设立。城镇地下空间利用要统筹考虑空间使用权的问题，防止出现由于地下空间使用权设立不当，发生阻碍城市基础设施建设或者导致城市安全设施无法完成等现象。

（二）城市地下空间开发和利用的主要内容

城市地下空间的规划编制应注意保护和改善城市的生态环境，科学预测城市发展的需要，坚持因地制宜，远近兼顾，全面规划，分步实施，使城市地下空间的开发利用同国家和地方的经济技术发展水平相适应。城市地下空间规划应实行竖向分层立体综合开发，横向相关空间互相连通，地面建筑与地下工程协调配合。

地下空间现状及发展预测，地下空间开发战略，开发层次、内容、期限，规模与布局，地下空间开发实施步骤，以及地下工程的具体位置，出入口位置，不同地段的高程，各设施之间的相互关系，与地面建筑的关系，及其配套工程的综合布置方案、经济技术指标等。

## 五、近期建设规划

城市近期建设规划的核心对象仍然是城市土地使用和空间布局。要解决这一问题，应改变从未来合理状态来界定近期行为的做法，而应从现状和现有条件出发来推导未来可能的结果。

**【链接】**《城乡规划法》第三十四条　城市、县、镇人民政府应当根据城市总体规划、镇总体规划、土地利用总体规划和年度计划以及国民经济和社会发展规划，制定近期建设规划，报总体规划审批机关备案。

近期建设规划应当以重要基础设施、公共服务设施和中低收入居民住房建设以及生态环境保护为重点内容，明确近期建设的时序、发展方向和空间布局。近期建设规划的规划期限为五年。

（一）近期建设规划的基本原则

（1）近期建设规划是城市总体规划、镇总体规划的分阶段实施安排和行动计划，是落实城市、镇总体规划的重要步骤。只有通过近期建设规划，才有可能实事求是地安排具体的建设时序和重要的建设项目，保证城市、镇总体规划的有效落实。近期建设规划是近期土地出让和开发建设的重要依据，土地储备、分年度用地计划的空间落实、各类近期建设项目的布局和建设时序，都必须符合近期建设规划，保证城镇发展和建设的健康有序进行。

（2）近期建设的规划要坚持以下原则：

1）要为发展生产力服务，为经济、社会协调发展服务；

2）应贯彻环境建设和保护相结合的原则；

3）应贯彻物质文明和精神文明建设并举的原则；

4）合理使用土地，节约土地的原则。

(3) 近期建设规划是总体规划的重要组成部分，如果城镇总体规划处于修编过程中，则近期建设规划应作为城镇总体规划的一部分，纳入总体规划的文本、图纸和说明书。在其他情况下，则按国民经济与社会发展五年规划的编制周期，同步滚动编制，但也必须依据经法定程序批准的总体规划进行。

（二）近期建设规划的主要内容

(1) 近期建设规划制定的依据包括：按照法定程序批准的总体规划，国民经济和社会发展五年规划和土地利用总体规划，以及国家有关的方针政策等。

(2) 编制近期建设规划，必须深入研究，科学论证，正确处理好近期建设与长远发展，资源环境条件与经济社会发展的关系，注重自然资源、生态环境与历史文化遗产的保护，切实提高规划的科学性和严肃性。规划确定的发展目标，必须符合城镇资源、环境、财力的实际条件，适应市场经济发展的要求。编制近期建设规划必须要从完善城镇综合服务功能、维护城镇公共利益和公共安全、改善人居环境出发，合理确定城镇近期重点发展的区域和功能布局，城镇基础设施、公共服务设施、经济适用房建设以及危旧房改造的安排。

(3) 编制近期建设规划可以从以下几个方面展开：

1）制定城市建设近期目标，检讨总体规划实施情况；

2）落实国民经济发展新的"五年计划"，将计划确定的各类建设项目在空间上进行整合。

3）确定近期城市建设重点发展区域及建设时序。

4）制定城市建设用地供应计划。

5）确定近期建设的大中型重要市政设施和公共服务设施。

6）近期建设规划的强制性内容，主要是生态和历史文化等脆弱资源的保护。

7）建立完善的近期建设规划实施机制。

(4) 近期建设规划的特定要求：

1）在工作方法上，应建立滚动编制近期建设规划并制定年度实施计划制度。

2）在编制内容上，应将规划重点应放在政府统筹的建设用地供应及重大市政基础设施与公益性公共设施安排这两个核心内容上。

3）在表达形式上，将成果形式的表达注重直接面向政府的职能部门。力求分类明确、条理清晰。例如：市场性的招标，拍卖土地供应面向政府国土资源部门的土地开发中心，重大基础设施项目面向政府建设部门；大型公益性公共设施建设项目面向政府发改部门等。不要追求"理想蓝图"，而要强调政府的引导和控制。

## 六、依法保护的用地

【链接】《城乡规划法》第三十五条　城乡规划确定的铁路、公路、港口、机场、道路、绿地、输配电设施及输电线路走廊、通信设施、广播电视设施、管道设施、河道、水库、水源地、自然保护区、防汛通道、消防通道、核电站、垃圾填埋场及焚烧厂、污水处理厂和公共服务设施的用地以及其他需要依法保护的用地，禁止擅自改变用途。

在城乡规划中以下用地原则上禁止改变用途：

（1）城乡规划确定的基础设施、水系、绿地和公共服务设施是城乡建设和发展重要的物质基础和资源，也是保障城乡居民生产、生活所必备的条件。如果不对城乡规划中确定的基础设施和公共服务设施用地、水系、绿地等进行严格的管制，将会直接造成安全隐患，导致人居环境的下降，阻碍城乡建设的健康、有序发展。

（2）城乡基础设施、公共服务设施用地和生态环境用地一经批准不得擅自改变用途。这不仅表明对保障城乡发展建设与运行过程中的安全、稳定的重视，也表明城乡规划编制和管理的重点要转向注重保护和合理利用各种资源，更加注重保障和落实城乡关键基础设施的布局。这一规定对于满足城市经济发展和人民生活的需求，保障城乡发展过程中的安全，创造良好的人居环境，促进城市健康可持续发展等，都具有十分重要的意义。

## 第三节　规划实施的管理

城乡规划实施的管理主要是指在城市、镇、乡和村庄规划区范围内使用土地进行各项建设，须有城乡规划管理部门核发选址意见书、建设用地规划许可证、建设工程规划许可证和乡村建设许可证。选址意见书是城乡规划主管部门依法核发的有关以划拨方式提供国有土地使用权的建设项目选址和布局的法律凭证。建设用地规划许可证是经城乡规划主管部门依法确认其建设的项目位置、面积、允许建设的范围等的法律凭证。建设工程规划许可证是经城乡规划主管部门依法确认其建设工程项目符合控制性详细规划和规划条件的法律凭证。有没有“一书两证”、按没按“一书两证”的要求进行用地和从事城镇建设活动，是合法与违法的分水岭。乡村建设规划许可证是经城乡规划主管部门依法确认其符合乡、村庄规划要求的法律凭证。有没有乡村建设规划许可证，按没按乡村建设规划许可证的要求进行用地和从事乡村建设活动，也是合法与违法的分水岭。

### 一、建设项目选址规划管理

城乡规划实施的关键是保障城乡合理布局，使城乡各项建设的选址、定点符合城乡规划，不得妨碍城乡的发展，危害城乡的安全，污染和破坏城乡的环境，影响城乡各项功能的协调。合理地选择建设项目的建设地址是城乡规划管理的重要职能，是城乡规划实施的首要环节。

**【链接】**《城乡规划法》第三十六条　按照国家规定需要有关部门批准或者核准的建设项目，以划拨方式提供国有土地使用权的，建设单位在报送有关部门批准或者核准前，应当向城乡规划主管部门申请核发选址意见书。

前款规定以外的建设项目不需要申请选址意见书。

（一）建设项目选址规划管理的概念

建设项目选址规划管理是指城乡规划行政主管部门根据城乡规划及其相关法律、法规对建设项目地址进行确认或选择，保证各项建设按照城乡规划安排，并核发建设该项目选址意见书的行政管理工作。

由于建设项目地址的选定与建设计划的落实、城乡规划的实施和建设用地规划管理有十分密切的关系，因此，从其管理过程和内容来看，建设项目选址规划管理具有以下特征：

1．它是城乡规划实施的首要环节

为了保障建设项目的选址和布局与城乡规划密切结合，科学合理，提高综合效益，按照国家规定需要有关部门批准或者核准的建设项目，以划拨方式提供国有土地使用权的，建设单位在报送有关部门批准或者核准前，应当向城乡规划主管部门申请核发选址意见书。可见，城乡规划实施管理的首要环节，是对建设项目选址的确认或选择。

2．它是建设用地规划管理的前期工作

建设项目的规划选址一旦确定，可行性研究报告并经批准后，建设单位就可以向城乡规划行政主管部门申请建设用地。在规划选址意见书中提出土地使用的规划要求，如用地规划性质、土地使用强度等，实际上也是建设用地规划管理的内容，是核发建设用地规划许可证的依据。这些要求在建设项目规划选址阶段提出的目的，一是为了保持管理的连续性，二是为了及早通知建设单位据此编制设计方案，以便确定建筑面积。这样既可提高管理工作效率，又可使发展和改革部门明确建设规模，便于审批建设项目可行性报告。认识建设用地项目规划选址与建设规划管理连续性的目的，是要求城乡规划管理人员要注意管理工作的一贯性，注意提高工作效率，注意配合计划部门对建设项目可行性报告的审批。

3．它是建设项目是否可行的必要条件之一

建设项目选址管理是建设项目立项阶段可行性的判断依据之一，城乡规划行政主管部门应当了解建设项目，建议书阶段的选址工作。各级人民政府发展和改革行政主管部门在审批项目建议书时，对拟安排在城乡规划区内的建设项目，要征求同级人民政府城乡规划行政主管部门的意见。城乡规划行政主管部门应当参加建设项目设计任务书阶段的选址工作，对确定安排在城乡规划内的建设项目从城乡规划方面提出选址意见书。设计任务书报请批准时，必须附有城乡规划行政主管部门的选址意见书。

（二）建设项目选址规划管理的任务

1．保证城乡规划实施，落实建设项目

城乡建设是由性质不一、数量巨大、类型众多的建设项目构成的一项复杂的系统工程。城乡规划经过法定的审批后，需要通过落实建设项目进行有效实施，由蓝图变为现实。而且，每一个建设项目都与城乡的自然环境、城乡的功能布局和空间形态以及城乡的其他设施，尤其是城乡基础设施有着密切联系。其中涉及方方面面的矛盾，既互相促进，又互相制约。例如大型工业企业选址就涉及城乡的交通运输、能源供应、废水排放、通信联系等市政配套设施和城乡居住和公共服务设施的配套衔接，其布点的合理与否与城乡的发展方向、布局结构和城乡的环境质量有着密切关系。城乡规划行政主管部门通过建设项目选址管理，科学决策，使建设项目遵循与既定城乡规划，从而保证城乡规划实施，落实建设项目的目标。

2．依法建设城乡，优化城乡布局

每一个建设项目的选址，不仅对项目本身的成败起着决定性的作用，而且会对城乡的发展产生深远的影响。尤其是一些大型的建设项目的布点合理与否，甚至对城乡的布局结构和发展起决定性作用。一个选址合理的建设项目可以长远地对城乡的发展起到促进作用，相反一个选址失败的建设项目也可以长远地阻碍城乡的发展。

通过建设项目选址规划管理，将各项建设的安排纳入城乡规划的轨道，使每一个建设项目的安排必须从城乡的全局和长远的利益出发，经济、合理地使用土地。另一方面，通过规划管理，调整城乡中不合理的用地布局，改善城乡环境质量，为城乡的经济运行和社会活动以及城乡居民的工作、生活、学习等，提供理想的城乡空间环境。

3．宏观调控城乡建设，促进城乡社会、经济的健康发展

城乡规划作为城乡政府宏观调控的重要手段在合理配置资源、引导国民经济和社会的发展中具有重要的地位和作用。加强建设项目选址的规划管理，有利于增强城乡政府对于城乡社会、经济发展和城乡建设的宏观调控能力。既可从规划上加以引导和控制，充分合理的利用城乡现有的土地资源，合理地选择建设地址，防止各自为政，无序建设；又可为计划审批提供规划依据，可以使可行性研究报告或计划任务的编制更加科学、合理，使计划更加切实可行，减少投资的盲目性，避免投资失误和重复建设，促进城乡社会、经济的健康发展。

4．综合协调，促进建设项目前期工作顺利进行

建设项目的前期论证，对建设项目的成败具有决定性的作用。建设项目在前期论证阶段，不仅涉及规划选址，也涉及城乡相关管理部门的要求。在建设项目可行性研究阶段，通过建设项目规划选址，为建设单位提供服务，综合协调各种矛盾，保证建设项目顺利实施，促进城乡规划实施。

（三）建设项目选址规划管理的内容

建设项目选址规划管理的目的决定了建设项目规划管理的内容。建设项目选址规划管理的成果是建设项目选址意见书，它是市规划行政主管部门依法核发的有关建设项目的选址和布局的法律凭证。在实际工作中，应依据国家相关法律法规，结合当地实际情况，因地制宜，科学地设计建设项目选址意见书的内容，从而指导下步的用地管理工作。

1．选择建设用地地址

建设项目规划选址是一项十分重要而复杂的工作，在选址时必须根据实际情况考虑下列因素：

（1）建设项目的基本情况。主要是根据经批准的建设项目建议书，了解建设项目的名称、性质、规模，对市政基础设施的供水、能源的需求量，采取的运输方式和运输量等、以便掌握建设项目选址的要求。

（2）建设项目与城乡规划布局的协调。建设项目的选址必须按照经批准的城乡规划进行。建设项目的性质大多数是比较单一的，但是，随着经济、社会的发展和科学技术的进步，出现了土地使用的多元化，同时深化了土地使用的综合性和相容性。按照土地使用相符和相容的原则安排建设项目的选址才能保证城乡布局的合理。

（3）建设项目与城乡交通、通信、能源、市政、防灾规划和用地现状条件的衔接与协调。建设项目一般都有一定的交通运输要求、能源供应要求和市政公用配套设施要求等。在选址时，要充分考虑拟使用土地是否具备这些条件，以及能否按规划配合建设的可能性，这是保证建设项目发挥效益的前提。没有这些条件的，则坚决不予安排选址。同时，建设项目的选址还要注意对城乡市政交通和市政基础设施规划用地的保护。

（4）建设项目配套的生活设施与城乡居住区及公共服务设施规划的衔接与协调。一般建设项目特别是大中型建设项目都有生活配套设施的要求。同时，征用农村土地、拆迁宅基地的建设项目还有安排被动迁的农民、居民的生活设施的问题。这些生活设施，不论是依托旧区还是另行安排，都有与交通配合和公共生活设施的衔接与协调的问题。建设项目选址时必须考虑周到，使之有利生产，方便生活。

（5）建设项目要与城乡环境保护规划相协调。建设项目应防止对城乡环境造成的污染或破坏，与城乡环境保护规划和风景名胜、文物古迹保护规划、城乡历史风貌区保护规划等相协调。

（6）交通和市政设施选址的特殊要求。某些建设项目的选址工作具有特殊的要求，涉及专业化的行业对接，例如，港口的建设不仅要考虑内地的交通运输，而且要考虑岸线的吃水深度等专业问题。因此港口设施的建设必须综合考虑城乡岸线的功能合理。

（7）综合有关管理部门对建设项目用地的意见和要求。根据建设项目的性质和规模以及所处区位，对涉及的环境保护、卫生防疫、消防、交通、绿化、河港、铁路、航空、气象、防汛、军事、国家安全、文物保护、建筑保护、农田水利等方面的管理要求，必须符合有关规定并征求有关管理部门的意见，作为建设项目选址的依据。

2．核定城乡规划控制指标

（1）核定土地使用性质。土地使用性质的控制是保证城乡规划布局合理的重要手段。为保证各类建设工程都能遵循土地使用性质的相容性原则进行安排，做到互不干扰，各得其所，原则上应按照批准的控制性详细规划控制土地使用性质，选择建设项目的建设地址。尚无批准的详细规划可依，或详细规划来不及制定的特殊情况，城乡规划行政主管部门应根据城乡总体规划，充分研究建设项目对周围环境的影响和基础设施条件具体核定。

核定土地使用性质应符合标准化、规范化的要求。必须严格执行《城市用地分类与规划建设用地标准》的有关规定。凡确实需要改变规划用地性质且对城乡规划实施无碍的，应先作出调整规划，然后按规定程序报经批准后执行。

(2) 核定容积率。土地使用建筑容积率是保证城乡土地合理利用的重要指标。容积率过低，会造成城乡土地资源的浪费和经济效益的下降；容积率过高，又会带来市政公用基础设施负荷过重，交通负荷过高，环境质量下降等负面影响。反过来影响建设项目效益的正常发挥，同时，城乡的综合功能和集聚效应也会受到影响。

核定建筑容积率时应考虑以下因素，一是建设活动的经济性要求：不同区位的土地经济价值存在着差异，一般市区高于郊区，市区的中心地区又高于一般地区。运用土地级差的原理，合理确定建筑容积率是城乡规划经济性的体现。二是城乡人工环境容量的制约：城乡人工环境容量是指城乡现状和规划建设的市政公用基础设施的供应能力、公共服务和其他配套设施的能力。综合考虑各项配套设施的情况，妥善处理好远期和近期、需要与可能的关系，在供需平衡的原则下，实行动态调整和总量控制。三是城乡总体规划的要求：城乡规划的人口规模、用地规模、结构布局以及建筑层次分区等因素对容积率的确定有密切的关系。

(3) 核定建筑密度。在建设项目选址规划管理中。核定建设项目的建筑密度，是为了保证建设项目建成后城乡的空间环境质量，并保证建设项目能满足绿化、地面停车场地，消防车作业场地，人流集散空间和变电站、煤气调压站等配套设施用地的面积要求。建筑密度指标和建筑物的性质有密切的关系。如居住建筑，为保证舒适的居住空间和良好的日照、通风、绿化等方面的要求，建筑密度一般较低；而办公、商业建筑等底层使用频率较高，为充分发挥土地的效益，争取较好的经济效益，建筑密度则相对较高。同时。建筑密度的核定，还必须考虑消防、卫生、绿化和配套设施等各方面的综合技术要求。对成片开发建设的地区应编制详细规划，重要地区应进行城乡设计，并根据经批准的详细规划和城乡设计所确定的建筑密度指标作为核定依据。

3．核定土地使用其他规划设计要求

在一般情况下，建设项目选址意见书不仅作为计划审批部门的依据，而且，在可行性研究报告获得批准后，也作为建设单位委托设计的依据。一旦建设项目可行性研究报告经过批准，即可进行工程方案设计，有利提高工作效率。

(四) 建设项目选址规划管理的程序

我国建设单位的土地使用权获得方式有两种：土地使用权无偿划拨和有偿出让。按照我国城市房地产管理法的有关规定，土地使用权划拨是指县级以上人民政府依法批准，在土地使用者缴纳补偿、安置等费用后将该幅土地交付其使用，或者将土地使用权无偿交付给土地使用者使用的行为。行政划拨用地共包括四大类：国家机关用地和军事用地，城市基础设施用地和公益事业用地，国家重点扶持的能源、交通、水利等基础设施用地以及法律、行政法规规定的其他用地。

1．行政划拨用地

(1) 申请程序。以行政划拨或征用土地方式取得土地使用权的，建设单位凭建设项目建议书等书面批准文件，向城乡规划行政主管部门提出建设项目选址的申请。

建设单位申请建设项目选址意见书操作要求。建设单位应向城乡规划行政主管部门提供下列资料：

1）填写建设项目选址意见书申请表或提出建设项目选址的书面申请。

2）批准的建设项目建议书或其他上报计划的文件。

3）新建、迁建项目已有选址意向的，应附送测绘部门晒印的迁建单位原址和选址地点地形图，并标明选址意向用地位置。尚未有选址意向的，待规划选址后补送地形图。

4）原址改建申请改变土地使用性质或原址改建需要使用本单位以外土地的，须附送土地权属证件；需拆除基地内房屋的，附送房屋产权证件等材料；其中联建的，应附送协议书等文件。

5）大型建设项目、对城乡布局有重大影响的建设项目、对周围环境有特殊要求的建设项目，应附送相应资格的规划设计单位作出的选址论证意见。

6）关于建设项目情况和选址要求的说明、有关图纸。

此外，实行审批制的项目，项目单位可在向发展改革部门报送项目建议书的同时，向规划部门申请规划选址。实行核准制的项目，项目单位直接向规划部门申请规划选址。实行备案制的项目，由规划部门出具拟划拨用地的规划意见。建设项目选址位于已经批准的控制性详细规划区域内，规划部门可直接提供规划条件。

（2）审核程序。以行政划拨或征用土地方式取得土地使用权的，一是对于尚无选址意向的建设项目，城乡规划行政主管部门根据城乡规划和土地现状条件选择建设地点，并核定土地使用规划要求；二是对于已有选址意向或改变原址土地使用性质的建设项目，城乡规划行政主管部门根据城乡规划予以确认是否同意，如经同意，则核定土地使用规划要求和规划设计要求。

城乡规划行政主管部门审理建设项目规划选址意见书操作要求。城乡规划行政主管部门受理建设单位的选址申请后必须慎重、仔细地审理建设项目选址要求，并应在法定工作日之内完成审理，提出审理意见。经审核同意的发给建设项目选址意见书；经审核不同意的，也应予以书面答复。

（3）核发程序。对于行政划拨或征用土地的，如经城乡规划行政主管部门审核同意，则向建设单位核发建设项目选址意见书及其附件，并按下列操作要求进行：

1）对于符合城乡规划选址的，应当颁发建设项目选址意见书。

2）对于不符合城乡规划的选址，应当说明理由，给予书面答复。

3）对于重大项目选址应要求作出选址比较论证后，重新申请建设项目选址意见书。

4）在地形图上按审核结论，划定示意建设项目的规划设计范围和有关控制线，并加盖公章，作为建设项目选址意见书的附件，发送建设单位及相关部门。

建设项目选址管理应遵循一定的程序和操作要求进行，遵循以建设单位提出申请为前提，法定程序为主线，审查为重点的工作原则。《建设项目选址意见书》审批流程详见

图 6-7 所示。

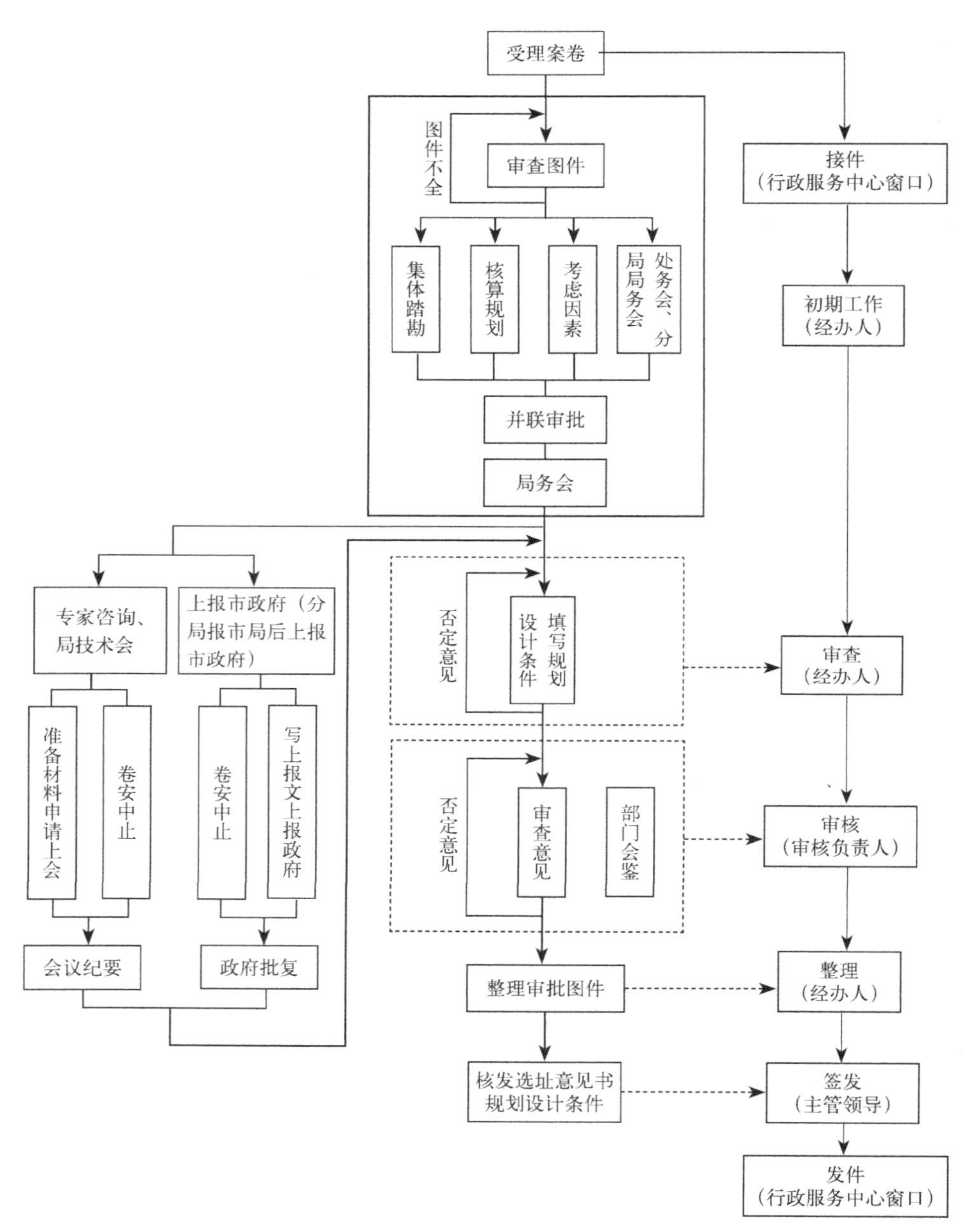


图 6–7 《建设项目选址意见书》审批流程图

2．有偿出让用地

有偿出让用地不需要申请选址意见书。这主要是因为，随着国有土地使用权有偿出让制度的全面推行，除划拨使用土地的项目（主要是公益事业项目）外，都将实行土地使用有偿出让。对于建设单位或个人通过有偿出让方式取得土地使用权的，按照城乡规划法规定，出让地块必须附具城乡规划主管部门提出的规划条件，规划条件要明确规定出让地块的面积、使用性质、建设强度、基础设施、公共设施的配置原则等相关要求。由此可见，通过有偿出让方式取得土地使用权的建设项目本身就具有与城乡规划相符的明确的建设地点和建设条件，不再需要城乡规划主管部门进行建设地址的选择或确认。

## 二、建设用地规划管理

建设单位在取得建设用地规划许可证后，方可向县级以上地方人民政府土地主管部门申请用地，经县级以上人民政府审批后，由土地主管部门划拨土地。因此，建设用地规划管理是规划实施的中心环节。

（一）建设用地规划管理的概念

建设用地规划管理，是建设项目选址规划管理的继续。它是城乡规划行政主管部门根据城乡规划法规及其有关法律、法规，确定建设用地面积和范围，提出土地使用规划要求，并核发建设用地规划许可证的行政管理工作。

建设用地规划管理和土地管理既有联系又有区别。二者区别在于管理的职能不同，建设用地规划管理负有实施城乡规划的责任，综合协调有关矛盾，保证城乡各项建设用地按照城乡规划实施；而土地管理是维护国家土地管理的制度，调整土地使用关系，保护土地使用者的权益，节约、合理利用土地和保护耕地的责任。建设用地规划管理与土地管理的联系在于管理的过程，城乡规划行政主管部门依法核发的建设用地规划许可证，是土地行政主管部门在城乡规划区内审批土地的重要依据。因此、建设用地的规划管理和土地管理应该密切配合，而决不能对立起来和割裂开来，应该相辅相成，共同促进城乡规划的实施，加强城乡土地管理。

（二）建设用地规划管理的任务

建设用地规划管理总的目的是实施城乡规划。即从城乡发展的全局和长远的利益出发，根据城乡规划和建设工程的用地要求，促使各项建设经济、合理地使用土地，调整不合理的用地；维护和改善城乡的生态环境、人文环境的质量，保障城乡综合效益的发挥，促进城乡的物质文明和精神文明的建设。具体来讲，建设用地管理有以下各项的任务。

1．控制各项建设合理的使用土地，保障城乡规划的实施

在促进或制约城乡发展的诸多因素之中，土地是一个极其重要的因素。土地是城乡和城乡中的一切活动赖以存在的基本物质条件。城乡的产生、存在、发展均离不开土地。城乡规划的实施依赖于各项建设，归根结底，城乡建设的一切内容最终都要落实到土地上去。同时土地又具有不可移动以及不能再生的特点。不合理的用地对城乡发展所造成的后果和影响是很难挽救的，甚至是无法挽救的。在人类规划、建设、管理城乡的过程中，人们认识到，要实现城乡健康、合理的发展，必须依据城乡规划所确定的用地性质、建设容量，对各类建设用地进行合理布局和有效控制，合理使用每一寸土地。在高度发达的现代社会中，不可能由各单位在无组织、无控制，即无管理的状态下去实现这一目标，必须通过规

划管理部门依法实施统一的建设用地规划管理才能实现。

2．节约利用建设用地，促进城乡建设和农业生产的协调发展

我国是一个人口多、耕地少的国家，并且人均耕地占有量少的国家之一。近几年，我国耕地面积每年锐减，而人口每年较大程度的增长，形势异常严峻。所以珍惜每一寸土地，集约化利用土地是我国的一项基本国策。有效遏止耕地继续减少的趋势，一方面是对荒田、滩涂的垦复，更重要的是节约各项建设工程的用地；另一方面要靠对建设用地规划管理加以控制，严格审核建设工程总平面布置，合理提高土地利用率。开源与节流并举，同时要严格控制分期实施工程的土地使用，方能将节约用地的政策落到实处。这些重大方针政策的落实离不开用地规划管理。

3．综合协调建设用地的有关矛盾，提高工程建设综合效益

建设工程使用的土地，既有建设工程对土地使用的专业要求，又有城乡规划的要求，如功能布局、用地性质和容量等；建设用地与周围环境还有一定的相互制约和影响；有关管理部门对建设工程也有一定的管理要求。这就需要通过建设用地的规划管理，正确处理局部与整体、近期与远期、需要与可能、发展与保护等方面的关系，协调有关矛盾，综合有关管理部门的管理意见，提出土地使用规划要求，合理地确定建设工程的用地范围，提高建设用地的经济、社会和环境等综合效益。

4．不断完善、深化落实城乡规划

规划管理在城乡规划不断付诸实践的过程中，结合各方面因素的演进和变化，完善规划的内容，也为下一轮规划编制提供了依据。新一轮规划的编制，面对的是规划实施过程所形成的结果。规划编制与规划实施管理两者互相依存，相辅相成，共同作用于城乡建设。在这个过程中，城乡规划不仅得到落实，也会不断完善和深化。因此，规划编制与规划实施管理两者互相依存，相辅相成，共同作用于城乡建设。在这个过程中，城乡规划不仅得到落实，而且会不断完善和深化。

（三）建设用地规划管理的内容

1．控制土地使用性质和土地使用强度

土地使用强度是通过容积率和建筑密度两个指标来控制的。土地使用性质、容积率和建筑密度已在建设项目选址规划管理阶段核定，在建设用地规划管理阶段，是通过审核设计方案控制土地使用性质和土地使用强度的。

2．确定建设用地范围

（1）对于土地使用权有偿出让的建设用地范围，应根据经城乡规划行政主管部门确认，并附有土地使用规划要求的土地使用权出让合同所确定的用地范围来确定。

（2）由于规划管理是一个连续的过程，为简化工作程序，提高工作效率，对于规模较小的单项建设工程，可以一并审定建筑设计方案，方便下一步核发建设工程规划许可证。

（3）确定建设用地范围时，要同时对建设工程如所涉及的临时用地范围和城乡道路红线、河道蓝线范围内需要代办的用地范围一并确定。

3．调整城乡用地布局

我国的大多数城镇的旧区都存在着布局混乱，各类用地混杂相间，市政公用设施容量不足，城乡道路狭窄弯曲，通行能力差等问题。这些问题的存在已经严重影响了城乡功能的发挥。对一些矛盾突出，严重影响生产、生活的用地进行调整，可以促进经济的发展，改善城乡的环境质量，节约城乡的建设用地。对于范围较大的旧区改建，则需要编制该地区详细规划并按法定程序批准后，方可组织用地的调整。

4．核定土地使用其他规划管理要求

城乡规划对土地使用的要求是多方面的。除土地使用性质和土地使用强度外，还应根据城乡规划对建设用地核定其他规划管理要求，如建设用地内是否涉及规划道路，是否需要设置绿化隔离带等。另外，还需要综合其他专业管理部门的要求一并提出。

（四）建设用地规划管理的程序

1．行政划拨用地

土地使用权划拨，是指县级以上人民政府依法批准，在土地使用者缴纳补偿、安置等费用后将该幅土地交付其使用，或者将土地使用权无偿交付给土地使用者使用的行为。

**【链接】**《城乡规划法》第三十七条　在城市、镇规划区内以划拨方式提供国有土地使用权的建设项目，经有关部门批准、核准、备案后，建设单位应当向城市、县人民政府城乡规划主管部门提出建设用地规划许可申请，由城市、县人民政府城乡规划主管部门依据控制性详细规划核定建设用地的位置、面积、允许建设的范围，核发建设用地规划许可证。

建设单位在取得建设用地规划许可证后，方可向县级以上地方人民政府土地主管部门申请用地，经县级以上人民政府审批后，由土地主管部门划拨土地。

（1）项目立项。

1）实行审批制的项目，由项目单位持项目建议书批复文件和规划选址、用地预审、环境影响评价审批文件，向发展改革部门申请办理可行性研究报告审批手续。

2）实行核准制的项目，由项目单位持规划选址、用地预审和环境影响评价审批文件，向发展改革部门申请办理项目申请报告核准手续。

3）实行备案制的项目，由项目单位向发展改革部门申请办理项目备案手续。

（2）用地预审。使用新增建设用地的，项目单位持建设项目选址意见书或规划意见等文件向国土房管部门申请建设项目用地的地质灾害危险性评估确认和用地预审。

建设项目选址位于本市地质灾害防治规划划定的历史灾害危险区域或者潜在灾害危险区域外的，不需要进行地质灾害危险性评估，由国土房管部门出具建设项目用地预审意见；建设项目选址位于本市地质灾害防治规划划定的历史灾害危险区域或者潜在灾害危险区域内的，项目单位需提供项目用地的地质灾害危险性评估报告，由国土房管部门出具建设项目用地预审意见。

使用存量国有建设用地的，项目单位可不办理用地预审。

（3）用地报批。项目单位持项目批准（或核准、备案）文件、规划选址、用地预审意见和土地测绘机构出具的土地勘测定界技术报告书等向国土房管部门申请办理用地报批手续。建设项目用地涉及农用地转为建设用地或征收农村集体土地的，项目单位应按报批规定提供地质、矿产、林业、劳动保障部门审查意见等报批材料。资料备齐后，由国土房管部门拟订农用地转用方案、补充耕地方案、征收土地方案和供地方案，依照《中华人民共和国土地管理法》的规定报有审批权的人民政府批准。

涉及国有土地使用权收回和国有土地上房屋征收的，由国土房管部门拟订国有土地使用权收回和房屋征收方案，报市（县级市）人民政府批准实施。

（4）环境影响评价。

1）实行审批制、核准制的项目，项目单位在向国土房管部门申请办理用地预审时，可同时向环保部门申报环境影响报告文件；属于铁路、交通等建设项目，经有审批权的环保部门同意，可以在初步设计完成前申报环境影响报告文件。

2）实行备案制的项目，项目单位可在建设项目开工前向环保部门申报环境影响报告文件。

（5）申领建设用地规划许可证。项目单位持项目批准（或核准、备案）文件和用地预审意见向规划部门提出建设用地规划许可申请。规划部门依据控制性详细规划核定建设用地的位置、面积、允许建设的范围，核发建设用地规划许可证，提供规划条件。

（6）实施土地或房屋征收。建设项目用地经有审批权的人民政府批准后，由国土房管部门依法发布农村集体土地征收或国有土地使用权收回公告；涉及国有土地上房屋征收的，依法核发房屋征收决定并予以公告。项目单位应协助国土房管部门依法实施农村集体土地征收或国有土地使用权收回以及房屋拆迁补偿安置工作，办结农用地转用、土地征收和房屋拆迁补偿安置手续。

（7）供应建设用地。项目单位向国土房管部门申请办理国有建设用地划拨手续，依照规定缴纳有关税费，领取国有建设用地划拨决定书和建设用地批准书。

（8）办理土地登记。项目单位凭建设用地批准书和国有建设用地划拨决定书依法向国土房管部门申请土地登记，领取国有土地使用证。

2．有偿出让用地

国有土地使用权有偿出让方式是指政府作为国有土地的代表以什么形式或程序将国有土地使用权让与土地使用者。按照有关规定，国有土地使用权的出让方式有三种：协议、招标和拍卖。

**【链接】**《城乡规划法》第三十八条　在城市、镇规划区内以出让方式提供国有土地使用权的，在国有土地使用权出让前，城市、县人民政府城乡规划主管部门应当依据控制性详细规划，提出出让地块的位置、使用性质、开发强度等规划条件，作为国有土地使用权出让合同的组成部分。未确定规划条件的地块，不得出让国有土地使用权。

以出让方式取得国有土地使用权的建设项目，在签订国有土地使用权出让合同后，建设单位应当持建设项目的批准、核准、备案文件和国有土地使用权出让合同，向城市、县人民政府城乡规划主管部门领取建设用地规划许可证。

城市、县人民政府城乡规划主管部门不得在建设用地规划许可证中，擅自改变作为国有土地使用权出让合同组成部分的规划条件。

（1）按照城市房地产管理法及配套行政法规的有关规定，土地使用权出让，是指国家将国有土地使用权在一定年限内出让给土地使用者，由土地使用者向国家支付土地使用权出让金的行为。土地使用权出让可以采取招标、拍卖、挂牌出让或者双方协议的方式。凡商业、旅游、娱乐和商品住宅等各类经营性用地，必须以招标、拍卖或者挂牌方式出让。土地使用权出让制度的实施，适应了社会主义市场经济制度的要求，有利于通过市场竞争机制优化土地资源配置、实现土地的经济价值，从而提高土地使用效率，增加国家财政收入。

（2）在国有土地使用权出让前，规划部门应当依据控制性详细规划，提出出让地块的位置、使用性质、开发强度等规划条件，作为国有土地使用权出让合同的组成部分。签订出让合同后，建设单位可向市、县城乡规划主管部门提出建设用地规划许可证申请，领取建设用地规划许可证。对于具备相关文件且符合城乡规划的建设项目，应当核发建设用地规划许可证；对于不符合法定要求的建设项目，不予核发建设用地规划许可证并说明理由，给予书面答复。

（3）规划条件是城乡规划主管部门依据控制性详细规划对建设用地以及建设工程提出的引导和控制，并依据规划要求进行建设的规定性和指导性意见。它是直接导控建设用地和建设工程设计的法定规划依据，是规划编制单位和设计单位进行规划方案设计和城乡规划主管部门对方案进行审定的依据和应当遵循的准则。它强化了城乡规划主管部门对国有土地使用和各项建设活动的引导和控制，有利于促进土地利用和各项建设工程符合规划所确定的发展目标和基本要求，从而为实现城乡统筹、合理布局、节约土地、集约和可持续发展提供保障。

规划条件一般包括规定性（限制性）条件，如地块位置、用地性质、开发强度（建筑密度、建筑控制高度、容积率、绿地率等）、主要交通出入口方位、停车场泊位及其他需要配置的基础设施和公共设施控制指标等；指导性条件，如人口容量、建筑形式与风格、历史文化保护和环境保护要求等。

（4）规划条件是国有土地使用权出让合同的组成部分，城市、县人民政府城乡规划主管部门不得擅自在建设用地规划许可证中改变。

（5）国有土地使用权一律实行净地出让。净地指已经完成拆除平整，不存在需要拆除的建筑物、构筑物等设施的土地。净地出让则往往是政府已经完成了出让前的土地使用权收回和拆迁补偿工作，法律关系相对简单；毛地出让往往是政府出让土地时尚未完成国有土地使用权收回和拆迁补偿工作，涉及多方法律和经济关系，需要衔接好国有土地使用权收回、补偿和出让等方面的法律关系。

3．无效的用地出让

【链接】《城乡规划法》第三十九条　规划条件未纳入国有土地使用权出让合同的，该国有土地使用权出让合同无效；对未取得建设用地规划许可证的建设单位批准用地的，由县级以上人民政府撤销有关批准文件；占用土地的，应当及时退回；给当事人造成损失的，应当依法给予赔偿。

（1）建设用地规划许可证和作为国有土地使用权出让合同的组成部分的规划条件是城乡规划主管部门对土地利用进行宏观调控和指导的必要手段。对此，规划条件必须作为国有土地使用权出让合同的组成部分，未确定规划条件的地块，不得出让国有土地使用权。同时还规定，建设单位在签订国有土地使用权出让合同后，应当向城市、县人民政府城乡规划主管部门申请领取建设用地规划许可证。因此，对于规划条件未纳入国有土地使用权出让合同的，应当认定该国有土地使用权出让合同无效。因国有土地使用权出让合同无效给当事人造成损失的，有关部门应当分清责任，依照有关法律规定给予赔偿。

（2）对未取得建设用地规划许可证的建设单位批准用地的，县级以上人民政府应当撤销有关批准文件。已经占用土地的，建设单位或者个人应当及时将占用的土地退回。因违法批准用地给当事人造成损失的，有关部门应当分清责任，依照有关法律规定给予赔偿。

4．办证工作程序

（1）申请程序。

1）以行政划拨或征用土地方式取得土地使用权的，一是建设单位在取得城乡规划行政主管部门核发的建设项目选址意见书后，在规定时间内，如建设项目可行性研究报告获得批准，建设单位可向城乡政府的城乡规划行政主管部门送审建设工程设计方案。二是设计方案批准后申请建设用地规划许可证。

2）以出让方式取得国有土地使用权的建设项目，在签订国有土地使用权出让合同后，建设单位应当持建设项目的国有土地使用权出让合同，向城乡、县人民政府城乡规划主管部门领取建设用地规划许可证。

（2）审核程序。城乡规划行政主管部门分两种情况审核：

1）以行政划拨或征用土地取得土地使用权的，对应上述申请程序，一是审核送审的建设工程设计方案；二是审核建设单位申请建设用地规划许可证的各项文件、资料、图纸是否完备。

2）以国有土地使用权有偿出让方式取得土地的，因其建设用地范围已经明确并经城乡规划行政主管部门确认，主要是审核各项申请条件、资料是否完备。

（3）核发程序。经城乡规划行政主管部门审核同意的向建设单位核发建设用地规划许可证及其附件。

为了提高工作效率，在建设用地规划管理阶段有三类情况可以不必审核建设工程设计方案。一是工程用地范围已经明确且不因设计方案而变化的。二是有些地区开发建设工程，如居住区开发建设，按照批准的控制性详细规划可以明确划定用地范围的。三是国有土地使用权有偿出让方式取得土地使用权的，因为土地使用权有偿出让合同明确了用地范围并经城乡规划行政主管部门确认。《建设用地规划许可证》审批流程如图 6-8 所示。

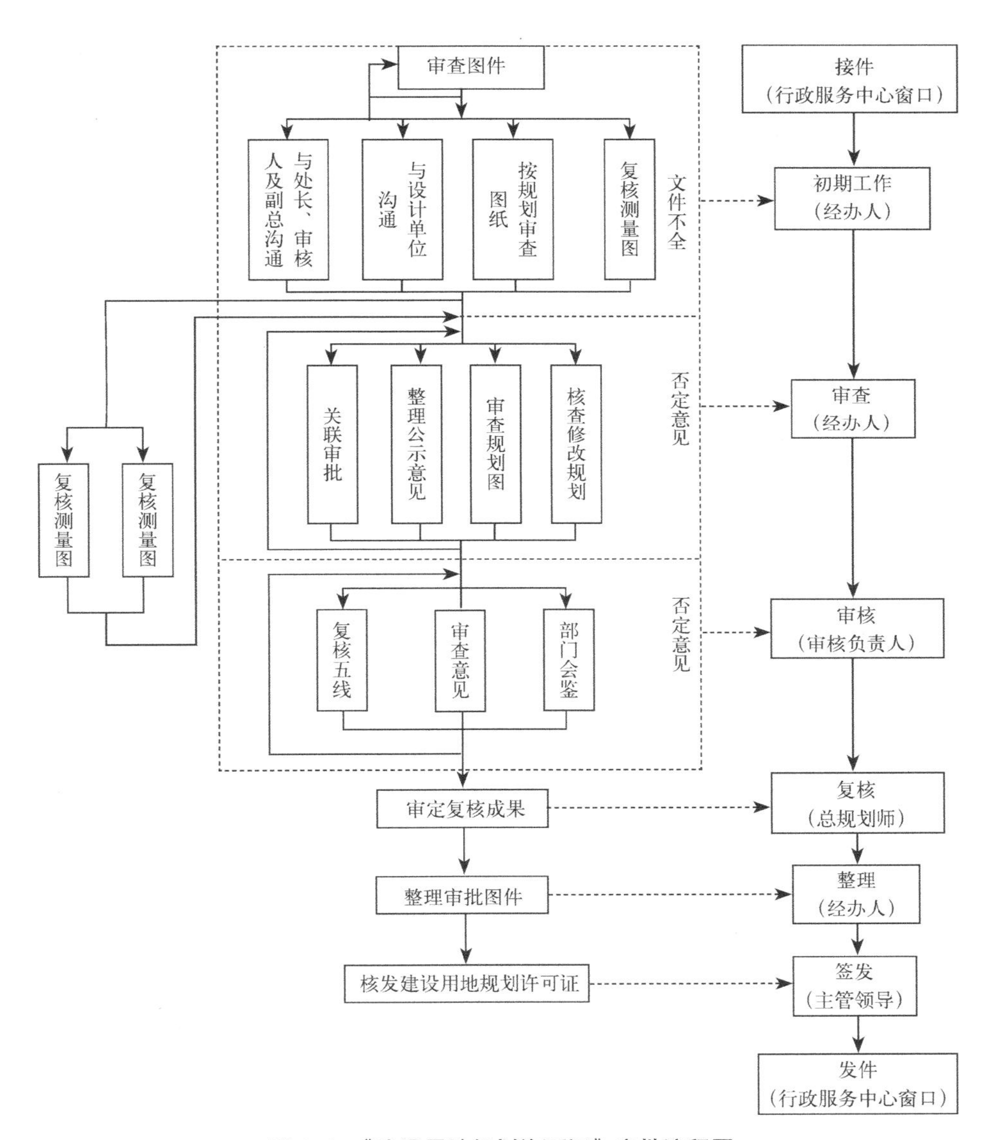


图 6-8 《建设用地规划许可证》审批流程图

## 三、建设工程规划管理

随着现代城乡规划制度的建立，建设工程规划管理已成为城乡规划管理的一个非常重要的管理环节，也是城乡规划实施管理最后的一个关口。

**【链接】**《城乡规划法》第四十条　在城市、镇规划区内进行建筑物、构筑物、道路、管线和其他工程建设的，建设单位或者个人应当向城市、县人民政府城乡规划主管部门或者省、自治区、直辖市人民政府确定的镇人民政府申请办理建设工程规划许可证。

申请办理建设工程规划许可证，应当提交使用土地的有关证明文件、建设工程设计方案等材料。需要建设单位编制修建性详细规划的建设项目，还应当提交修建性详细规划。对符合控制性详细规划和规划条件的，由城市、县人民政府城乡规划主管部门或者省、自治区、直辖市人民政府确定的镇人民政府核发建设工程规划许可证。

城市、县人民政府城乡规划主管部门或者省、自治区、直辖市人民政府确定的镇人民政府应当依法将经审定的修建性详细规划、建设工程设计方案的总平面图予以公布。

（一）建设工程规划管理的概念

建设工程规划管理是城乡规划行政主管部门根据城乡规划及其相关法律、法规和技术规范。对各类建设工程进行组织、控制、引导和协调，使其纳入城乡规划的轨道，并核发建设工程规划许可证的行政管理。

建设工程规划许可证是城乡规划行政主管部门依法核发的有关建设工程的法律凭证。

由于建设工程类型繁多、性质各异，归纳起来可以分为建筑工程、交通工程和市政管线工程三大类。

这三类建设工程形态不一，特点不同，城乡规划管理需有的放矢、分别管理。

（二）建设工程规划管理的任务

1．保证各类建设工程按照城乡规划的要求有序地建设

在建设工程规划管理中，必须在经过法定程序批准的城乡总体规划、控制性详细规划及各类专业系统规划的指导下，控制建设活动，并协调有关矛盾，使建设工程符合城乡规划的各项要求，才能保证城乡朝着预期的规划目标发展。

2．统筹规划，维护城乡公众合法权益

建设工程的建设必须考虑其对一定区域及相邻单位的影响。例如，变电站、煤气调压站的设置，应考虑城乡公共安全，符合消防规范要求；建筑工程交通流线的组织应避免对城乡交通及相邻基地产生干扰；建筑物高度、建筑物之间的间距等应保证相邻基地的通风、日照以及今后改建的可能性等权益要求等。如果处理不当，就可能引起纠纷。市政交通工程的建设，城乡交通向立体化发展，所涉及的问题和相关方面的矛盾更趋复杂，在此状态下更加需要规划管理的综合平衡，协调解决有关矛盾。因此，建设工程规划管理作为城乡政府的职能，应当站在维护公众利益的立场上，对建设活动进行必要的引导、控制、协调，从而保障社会公共利益和有关单位、个人的合法权益。

3．改善城乡市容景观、提高城乡环境质量

建筑物不仅是人们居住、工作和从事各项社会活动和经济活动的场所，而且是一定历史时期城乡经济、社会发展在空间形态上的反映。建筑工程规划管理，通过对影响城乡空

间布局的各项指标进行控制，完善城乡布局，维护和改善生态环境，保护文物古迹及具有历史、艺术和科学价值的建筑物，提高、优化城乡环境质量。因此，建设工程规划管理对提高城乡空间环境质量的重要作用是不言而喻的。

4．综合协调，促进建设工程的建设

各类建设工程由于性质、规模、功能及所处位置的不同，涉及环保、卫生、消防、人防、交通、工程管线等各专业管理部门的不同要求。在依法管理的前提下，规划管理部门作为综合部门，应该综合各有关部门的意见。必要时进行协调，保证建设工程符合各专业管理部门的要求，促进建设工程的建设。

（三）建设工程规划管理的内容

1．建筑工程规划管理的内容

根据建筑工程规划管理的目的及任务，在建筑工程规划管理工作中，对各项建筑工程应着重从以下几个方面提出规划设计要求并对其设计方案进行审核。

（1）建筑物使用性质的控制。建筑物使用性质的控制具有宏观和微观双重层面上的意义。建筑物使用性质与土地使用性质是密切相关的。在建筑工程规划管理中，要对建筑物使用性质进行审核，保证建筑物使用性质与土地使用性质相容，保证城乡规划布局的合理。在微观层面上，建筑物使用性质是与建筑容积率、建筑密度相关联的审核内容。建筑容积率和建筑密度是根据土地使用强度的要求，依据不同建筑性质核定的。因此，在审核建筑容积率和建筑密度之前，首先应对建筑使用性质予以审定。

（2）建筑容积率的控制。建筑容积率的概念和意义在建设用地规划管理章中已经阐述。这里主要说明建筑容积率审核和建筑容积率奖励应注意的问题。

1）建筑容积率审核应注意的问题。

一是要区别同一项目中的不同性质和不同类型的建筑。一般来讲，各地在建筑容积率的规划技术规定中，不同性质和高、多、低层的建筑容积率准许最高值是不同的，因此应当根据不同类型建筑的占地或建筑面积的比例和准许容积率值进行计算，审核建筑总面积是否超过准许的建筑总面积。

二是要区别单项建筑工程和地区开发建筑工程的不同情况。一般来说，许多城乡制定的容积率规定是针对单项工程基地的，对地区开发项目如果简单套用会出现容量过高的现象。因此有的城乡根据开发基地的面积大小确定容积率的折扣，或根据修建性详规或城乡设计，剔除基地中公共部分用地不作为计算容积率的基地面积，以达到控制开发总量的目的。

三是要区别应计入和不应计入容积率计算范围的建筑面积。我国目前鼓励地下空间使用、鼓励提供公共空间和开放空间，规定一些建筑面积不在计算容积率的范围，如有些城乡规定：地下室面积的计算，半地下室在室外地面以上不超过规定高度的不计，超过规定高度的则按比例计算；在规定高度以下的设备层不计；屋面上水箱、楼梯间、电梯间、机械房等附属设施，不超过规定高度，不超过标准层建筑面积一定比例的不计、为社会公众服务而提供的开放空间不计等。

四是建筑基地面积建筑面积的计算应当规范。如城乡规划道路红线和河道蓝线内的土地面积不计入建筑基地面积，建筑面积计算应符合国家有关规定等。建筑容积率审核是一项十分细致的工作，特别在市场经济条件下，由于经济利益的驱动，开发商盲目追求高容积率，甚至弄虚作假，应予严格审核。

2）建筑容积奖励应注意的问题。为鼓励在旧区改造中提供为社会公众服务的广场空间、游憩场所、公共停车场、公共绿地等公共活动空间，借鉴国外经验实行容积率奖励的办法，已在我国不少地区的城乡规划管理中采用。在规划管理活动中，必须正确运用容积率奖励的方法，为创造更舒适、更富人情味的城乡空间环境服务，避免产生仅为追求经济效益、追求容积率误区。实行建筑容积率奖励应坚持以下几个原则：

一是必须坚持公众利益第一的原则。提供公共活动空间的内容应按城乡规划的要求，体现公众的需求，而不是出于片面追求容积率的目的。如在交通繁忙的主要道路交叉口，而且周围地区已有足够停车场的基地，不应按提供停车场的方式进行容积率奖励。

二是必须坚持向公众开放的原则、开放空间必须常年向公众开放，并和基地其他空间相对独立，有明显的界线并应设置明显的标志。

三是必须坚持可达性原则。开放空间必须沿城乡道路、广场留设，并有方便的出入步道，若和基地或道路有高差的，应控制在一定幅度范围内，并应设置便捷的垂直交通联系设施。

四是必须坚持和建设工程同步实施的原则。开放空向应根据城乡规划的要求，在建筑设计方案审核阶段一并审定，和建设项目同步实施，同步竣工、并交有关主管部门管理。

（3）建筑密度的控制。由于建筑密度影响城乡空间环境质量和建设基地使用的合理安排，建筑密度的审核，是建筑工程规划管理中的一项重要内容，必须予以认真审核。应在确保建设基地内绿地率、消防通道、停车、回车场地和建筑间距的前提下予以审定。在管理活动中，矛盾比较突出的是沿街商业建筑的建筑密度控制。一般来讲，由于底层商业店面的经济价值较高，开发商往往要求提高建筑密度以取得尽可能多的底层商业面积。由于商业建筑需要货物装卸场地和容纳大量人流的广场、通道和泊车场地，容易产生矛盾，因此，这方面的用地必须予以保证，不应盲目追求过高的建筑密度。规划建筑密度较低的项目，如低密度庭园住宅区和其他对环境要求较高的建设项目，如医院、学校等，也容易在建筑密度上产生矛盾。建筑密度的审核，在城乡规划或在建设用地规划管理中明确的，应按规划及管理要求审核，如规定行政有自由裁量幅度的，应在满足前述绿地率、停车场地等其他技术要求的前提下，考虑城乡空间环境因素综合核定。

（4）建筑高度的控制。建筑高度的控制也是规划管理中核定规划设计要求和审核建筑设计方案的一项重要内容。在已编制详细规划或城市设计的地区内进行建设的，建筑高度应按已批准的详细规划或城市设计的要求控制。在尚未编制详细规划的城区，建筑高度的核定应充分考虑下列几个方面的制约因素：

1）视觉环境因素对建筑高度的制约。一般应考虑以下两个方面的因素：一是沿城乡道路两侧建造的建筑高度控制。城乡道路是形成城乡景观的主要识别体系。对沿路两侧建筑高度的控制，主要是为了保证形成适宜于人们观赏的街景，避免形成空间的压抑感。沿路两侧建筑的高度控制方法很多，如法国巴黎规定城乡沿街建筑高度不得超过 27m；日本一些城乡则以道路规划红线为基点，按规定的角度画出一条斜线，沿路建筑高度不得超过该斜线；我国某些城乡通过控制沿路建筑高度相对于其后退道路红线距离与道路红线宽度之和的比例，来控制沿路建筑高度。二是文物保护或历史建筑保护单位周围地区的建筑高度控制。为保护被保护对象的空间视觉环境，在文物保护单位或历史建筑保护单位周围的建设控制地带内新建、改建建筑物，必须对建筑的高度进行控制；其控制高度应符合文物保护或历史建筑保护的有关规定，并按经批准的详细规划执行。尚无批准的详细规划的，应先编制城市设计或建筑设计方案，进行方案论证、视线分析，确定建筑物的控制高度。这方面的方法也很多，如我国某些历史文化名城，规定了城区建筑等高线；有些城乡则采用视点距离分析法。应当指出，文物保护单位和历史建筑保护单位周围地区的高度控制是一个非常复杂的技术问题。必须经过建筑和文物保护专家评议后、由规划管理部门会同有关部门核定。严密的做法是必须通过详细规划或城市设计，进行多方案分析、论证、综合，经批准后方可作为建筑高度控制的依据。对于风貌保护区内建筑高度控制要求、城乡轮廓线的保护要求、标志性建筑的视觉走廊等更是如此。

2）机场、电讯等技术要求对建筑高度的制约。在飞机场、气象台、电台、电视台和其他无线电通信设施周围新建、改建建筑物的，其高度应严格按照各专业管理部门的规定要求进行控制。

3）其他相关要求对建筑物高度的制约。建筑物高度的控制，有时还要受其他相关要求的制约。如：拟建建筑物日照影响范围内存在居住建筑的，建筑物高度应满足日照规定的要求；对高层建筑的裙房高度，某些城乡有明确的规定；由于高层建筑和多层建筑在退界、间距、消防等方面的规范要求差别较大，在基地较小，且周围情况复杂的基地上，这些技术规定要求对确定建高层还是多层有很大的制约关系，有的城乡规定一定面积以下的建设基地不能建高层，即在客观上控制了建筑高度；在城乡特定地区、由于特殊单位的安全防护等方面的因素制定的高度控制要求用地质条件对建筑高度的控制要求等。

建筑高度控制是一项复杂的、综合的技术要求，制约因素很多，在审核建筑设计方案时，必须仔细、认真地考虑到各方面的要求，稍有疏忽就可能造成巨大的经济损失，或引发侵权等纠纷。

（5）建筑间距的控制。建筑间距是建筑物与建筑物之间的平面距离。建筑物之间因消防、卫生防疫、日照、交通、空间关系以及工程管线布置和施工安全等要求，必须控制一定的间距，确保城乡的公共安全、公共卫生和公共交通。建筑间距是审核建筑设计方案的重要内容之一。

建筑间距受到以下几个方面因素的制约：

1）日照影响的因素。住宅、学校、幼儿园、托儿所、疗养院和医院病房均有日照要求，都应按规定要求核定建筑间距。在审核时，不仅注意新建建筑之间的间距，更需特别注意新建建筑与建设基地之外的上述各类建筑的日照要求，以保障相关方面的权益。近几年高层建筑的增多，不少城乡规定要对新建高层建筑进行日照分析，新建高层建筑与这类建筑的间距同日照分析的结果关系密切，许多情况下高层建筑虽已满足间距规定尺寸，但为满足日照要求还必须增加间距。在进行日照分析时，应将高层建筑塔楼和裙房作为一个整体分析其影响。在审核日照分析图时，要注意新建高层建筑两侧已建、在建、拟建高层建筑的日照叠加影响。

2）消防安全的因素。建设基地内的建筑间距应保证消防通道的畅通，高层建筑还应留出高层消防登高场地。此外，对于新建建筑或建设基地外相邻建筑有易燃、易爆因素的，还应按有关规定核定其建筑安全防护间距。

3）卫生防疫的因素。对于新建建筑或建设基地外建筑有传染病房或其他污染源的，应按卫生防护规定，确定审核范围内的建筑使用性质，并核定其与有卫生防护要求的建筑（如住宅、学校等）之间的建筑间距。

4）施工安全的因素。由于建筑桩基或地下室施工会对建设基地外相邻建筑的安全产生不利因素。在审核建筑间距时，应充分考虑这种因素，保证有足够的施工安全距离，必要时应对桩基和地下室施工方案组织有关专家进行评估，方可确定建筑间距。

5）空间关系的因素。高层建筑之间或其与多、低层建筑之间，除符合上述诸多因素确定的建筑间距外，为了保证城乡环境质量、避免压抑感或视线干扰，还应符合最小间距的规定要求。对于文物保护单位或历史建筑保护单位周围的新建建筑，还应根据其保护要求，核定拟建建筑与这类建筑之间的距离。

6）其他方面的因素。如通道的安排、工程管线的布置也都会影响到建筑间距。

（6）建筑退让的控制。建筑退让是指建筑物、构筑物与相邻规划控制线之间的距离要求。如拟建建筑物后退道路红线、河道蓝线、铁路线、高压电线及建设基地界线的距离。建筑退让不仅是为保证有关设施的正常运营，而且也是维护公共安全、公共卫生、公共交通和有关单位个人的合法权益的重要方面。

1）建筑退让地界距离。建筑物退让地界的距离，除了应保证与界外建筑的间距要求外，还应符合不小于建筑规定间距1/2的要求。这是建设基地和相邻基地合理承担开发义务的重要方面。如建设基地内建筑退界不足，相邻基地的建设、改造，建筑物不得不多退地界距离，就可能承担由此而带来的权益损失。

2）建筑退让道路规划红线距离。为保证建筑物人流和车辆的出入、集散不影响城乡交通，保证建筑基地内的地下管线敷设不致占用城乡道路地下空间，和建筑基础或地下室的施工不致影响城乡道路下的城乡管线的安全运营，沿路建筑物应按规定后退城乡规划道路红线。至靠近道路交叉口的建筑，还应根据规划道路交叉口是否规划有立交或放大道路交叉口的要求退让红线距离。

为保证公路运输安全、通畅，形成良好的生态环境，防止沿公路无序开发，新建建筑物应按规定要求退让公路规划红线，在退让的空间内一般布置公路隔离绿带。

3）建筑退让铁路线的距离。为保证铁路运行安全，根据铁路管理部门的有关规定，毗邻铁路线拟建建筑应按要求距离退让铁路线。

4）建筑退让高压电力线（架空线）距离。为保证高压电力线运营安全和建筑物的使用安全，在高压电力线附近的新建建筑物，应根据电力部门规定要求距离退让电力高压线，更不允许在高压电力线走廊内新建建筑物。

5）建筑退让河道蓝线距离。为保证河网、水利规划实施和城乡河道防洪墙安全以及防洪抢险运输要求，沿河道新建建筑物应按规定距离退让河道规划蓝线。城乡中河道的生活岸线，是市民休息的空间；要保证一定的绿化腹地，必须做好规划，沿河建筑按规划规定距离后退河道蓝线。

（7）建设基地绿地率的控制。绿地率是指建设基地内的绿地面积占基地总面积的比例，以百分比表示。控制绿地率是改善城乡生态环境，提高环境质量的必要措施。计算绿地率的绿地面积，应包括建筑基地内的集中绿地和房前屋后、基地内道路两侧以及建筑间距内的绿化用地。绿地率除应符合规定要求外，对于地区开发建设基地和面积较大的单项建筑工程基地，还应设置集中绿地。集中绿地计入绿地率，但规定建筑间距内的绿地一般不能作为集中绿地计算。一个街区的集中绿地，可按建设项目的绿地率指标进行统一规划、统一设计、统一建设、综合平衡。在符合整个街区集中绿地指标的条件下，可不在每块建筑基地内平均分布。审核绿地率或集中绿地面积不能只注意图纸表现，更重要的是要注意绿化的实际效果，尽可能多植乔木。一些高层建筑由于地下停车需要，地下室扩展面积很大，地面绿化只能植草皮、种灌木，绿化效果较差。有的建设基地地面停车泊位和绿地率均不足，以植草砖铺地充作绿地，这种做法是不对的。特别应该注意的是，对于古树名木应该加以切实保护，不能因建筑工程而搬迁。在查勘现场时应充分注意，并在图纸上标明。

（8）基地出入口、停车和交通组织的控制。建设基地出入口、停车和交通组织对城乡交通影响很大。要根据不干扰城乡交通的要求，确定建设基地机动车、非机动车出入口方位，以及人流、机动车、非机动车的交通组织方式，并按规定设置停车泊位。出入口处应设置足够的临时停车场地。进出基地内地下停车场的车辆，不得利用城乡道路回车。

（9）建设基地竖向标高控制。建设基地标高，必须与相邻基地标高、城乡道路标高相协调，符合详细规划要求。尚未编制详细规划地区、可参考该地区的城乡排水设施情况和附近道路、附近基地的现状标高确定，建设基地标高一般应高于相邻泛城乡道路中心线标高 0~3m 以上。应处理好相邻基地块之间的地面标高关系，不得妨碍相邻各方的排水。

（10）建筑环境的管理。建筑工程环境规划管理，除对建筑物本身是否符合城乡规划及有关法规进行审核外，还必须考虑与周围环境的关系。城市设计是帮助规划管理对建筑环境进行审核的途径，特别是对于重要地区的建设，应按城市设计的要求，对建筑物高度、体量、造型、立面、色彩进行审核。在没有城市设计的地区，对于较大规模或较重要建筑的造型、立面、色彩亦应组织专家进行评审，从地区环境出发，使其在更大的空间内达到最佳景观效果。同时，基地内部空间环境亦应根据基地所处的区位，合理地设置广场、绿地、户外雕塑并同步实施。对于较大的建设工程或者居住区，还应审核其环境设计。

（11）各类公建用地指标和无障碍设施的控制。在地区开发建设的规划管理工作中，要根据批准的详细规划和有关规定，对中小学、幼托及商业服务设施的用地指标进行审核，并考虑居住区内的人口增长，留有公建和社区服务设施发展备用地，使其符合城乡规划和有关规定，保证开发建设地区的公共服务设施使用和发展的要求，不允许房地产开发挤占居住区配套公建用地。

对于办公、商业、文化娱乐等公共建筑的相关部位，应按规定设计无障碍设施并进行审核。对于地区开发建设基地，还应对地区内的人行道是否设置残疾人轮椅坡道和盲人通道等设施进行审核，保障残疾人的权益。

（12）综合有关专业管理部门的意见。建筑工程建设涉及有关的专业管理部门较多，有的已在各城乡制定的有关管理规定中明确需征求哪些相关部门的意见。在建筑工程管理阶段比较多的是需征求消防、环保、卫生防疫、交通、园林绿化等部门的意见。有的建筑工程，应根据工程性质、规模、内容以及其所在地区环境，确定还需征求其他相关专业管理部门的意见。作为规划管理人员，对有关专业知识的主要内容，特别是涉及规划管理方面的知识应有一定的了解，不断积累经验，以便及早发现问题，避免方案反复，从而提高办事效率。

上述各项审核内容，需根据建筑工程规模和基地状况，明确规划管理审核的侧重点。

2．交通工程规划管理的内容

为了科学、合理地进行城乡道路交通规划设计，优化城乡用地布局，提高城乡的运转效能，提供安全、高效、经济、舒适和低公害的交通条件，1995 年 1 月 4 日建设部发布了《城市道路交通规划设计规范》，结合城乡规划法，交通工程规划管理的内容主要有：

（1）地面道路工程的规划控制。

1）道路走向及坐标的控制。道路的走向和坐标是通过道路规划红线来控制的。道路规划红线范围内的空间既是组织城乡交通的基础，又是综合安排市政公用设施的基础。道路的正确坐标宜按测绘管理规定由城乡测绘部门统一测绘提供。

2）道路横断面布置的控制。影响城乡道路横断面形式与组成部分的因素很多，如交通量、车辆类型、设计行车速度、道路性质等。城乡道路横断面主要包括机动车道、非机动车道、人行道及绿化带等。在核定道路横断面布置时，要把握道路系统规划所确定的道路性质、功能，考虑交通发展要求。在发生未能按道路规划红线一次辟筑的情况时，要考虑近期道路断面布置向远期道路横断面布置的顺利过渡。

3）城乡道路标高的控制。城乡道路的竖向标高应按照城乡详细规划标高控制，适应临街建筑布置及沿路地区内地面水的排除。道路纵坡不宜过大。纵坡宜平顺，起伏不宜频繁。要综合考虑土方平衡和汽车运营的经济效益等因素，合理控制路面标高。城乡道路改建时，不应在旧路面上加铺结构层，以免影响沿路街坊的排水。

4）道路交叉口的控制。道路交叉口形式的核定，一是城乡规划明确设置立体交叉的，既要控制立体交叉用地范围，又要根据交通要求合理选择立体交叉形式，二是平面交叉路口要根据交通流量要求，渠化交叉口交通，即拓宽交叉口，增设左转或右转车道，合理确定拓宽段的长度。

5）路面结构类型的控制。近几年来由于沥青价格的上涨，又由于水泥混凝土路平时养护费用低，因此市政工程部门往往希望采用水泥混凝土路面。水泥混凝土路面建成以后，地下管线的敷设就很困难了。这样就提出了如何合理控制路面结构类型的问题。凡是地下管线按规划一次就位的，应支持建设单位采用水泥混凝土路面；反之，如管线未能按规划一次到位的，应控制水泥混凝土路面的实施。对于人行道，考虑残疾人使用，路侧石部位设置轮椅坡道，人行路面设置盲道。人行路面选材应平坦，铺装美观，但也不宜过多使用彩色路面板。

6）道路附属设施的控制。道路桥梁的附属设施包括管理用房、收费口、广场、停车场、公交车站等。应根据城乡规划和交通管理要求合理设置。

（2）高架交通工程的规划控制。无论是城乡高架道路工程，还是城乡高架轨道交通工程，都必须严格按照其系统规划和单项工程规划进行控制。其线路走向、控制点坐标等控制应与其地面道路部分相一致。

其结构立柱的布置，要与地面道路及横向道路的交通组织相协调，并要满足地下市政管线工程的敷设要求。高架道路的上、下匝道的设置，要考虑与地面道路及横向道路的交通组织相协调。高架轨道交通工程的车站设置，要留出足够的停车场面积，方便乘客换乘。同时，要考虑城乡景观的要求。高架交通工程还应设置有效的防止噪声、废气的设施，以满足环境保护的要求。

（3）地下轨道交通工程的规划控制。地下轨道交通工程，也必须严格按照城乡轨道交通系统规划及其单项工程规划进行控制。其线路走向除需满足轨道交通工程的相关技术规范要求外，还应考虑保证其上部和两侧现有建筑物的结构安全；当地下轨道交通工程在城乡道路下穿越时，应与相关城乡道路工程相协调，同时满足市政管线工程敷设空间的需要，地铁车站工程的规划控制，必须严格按照车站地区的详细规划进行规划控制。地铁车站附属的通风设施、变配电设施设置，除满足其功能要求外，还应考虑城乡景观要求，体量宜小不宜大，妥善处理好其外形与环境的关系。地铁车站附近的地面公交换乘站点，公共停车场等交通设施应与车站同步实施。与城乡道路规划红线的控制一样，城乡轨道交通系统规划确定的走向线路及其两侧的一定控制范围，包括车站控制范围，必须严格地进行规划控制，以保证今后工程的顺利实施。

（4）城乡桥梁、隧道、立交桥等交通工程的规划控制。城乡桥梁、隧道的平面位置及形式是根据城乡道路交通系统规划确定的，其断面的宽度及形式应与其衔接的城乡道路相一致。桥梁下的净空应满足地区交通、通航等要求；隧道纵向标高的确定既要保证其上部河道、铁路及其他道路等设施的安全，又要考虑与其衔接的城乡道路的标高。需要同时敷设市政管线的城乡桥梁、隧道工程，还应考虑市政管线敷设的特殊要求。在城乡立交桥和跨河、跨线桥梁的坡道两侧，以及隧道进出口30m的范围内，不宜设置平面交叉口。城乡各类桥梁结构选型及外观设计应充分注意城乡景观的要求。

3．市政管线工程规划管理的内容

结合建设工程规划管理的目的和任务以及市政管线工程的特点，要求管线工程规划管理主要控制市政管线工程的平面布置及其水平、竖向间距，并处理好与相关道路、建筑物、树木等关系，主要有以下几个方面：

（1）管线的平面布置。所有管线的位置均应采取城乡统一的坐标系统和高程系统，都应沿道路规划红线平行敷设，其规划位置相对固定，并具有独立的敷设宽度。

1）埋设管线的排列次序。应根据管线的性质和埋设深度等确定。其布置，依次从道路规划红线向道路中心排列，即电力电缆、电信电缆、配气管、配水管、热力管（一般在人行道下）、输气管、输水管（一般在慢车道下）、雨水干管、污水干管（一般在快车道下）。

2）埋设管线的水平间距。各类管线之间及其与建筑物、构筑物基础之间的最小水平间距，应符合有关规定。

在规划管理工作中，因为道路断面、现有管线的位置的因素，不能满足上述表格内的规定尺寸时，可在采取保护措施的前提下，适当缩小。

3）架空管线的水平间距。架空管线之间及其与建筑物、构筑物之间的最小水平净距，应符合规定。

（2）管线的竖向布置。各种市政管线不应在垂直方向上重叠直埋敷设。当交叉敷设时，自路面向下的排列顺序一般为：电力线、热力管、燃气管、给水管、雨水管、污水管。当市政管线竖向位置发生矛盾时、应按下列规定处理：压力管让重力管；可弯管让不易弯曲管；支管让干管；小口径管让大口径管线。市政管线的最小覆土深度应符合有关规定，至少700mm以上。

（3）管线敷设与行道树、绿化的关系。沿路架空线设置，应充分考虑行道树的生长与修剪需要。地下煤气管敷设要考虑煤气管损坏漏气对行道树的影响。

（4）管线敷设与市容景观的关系。各类电杆形式力求简洁，管线附属设施的安排应满足市名景观的要求；旧区架空管线应创造条件入地，同类架空管线尽可能合并设置，减少立杆数量。

（5）综合相关管理部门的意见。市政管线工程穿越市区道路、郊区公路、铁路、地下铁道、隧道、河流、桥梁、绿化地带、人防设施以及涉及消防安全、净空控制等方面要求的，应征得有关管理部门同意。对于不同意见，城乡规划行政主管部门应予协调。

（四）建设工程规划管理的程序

无论是建筑、交通工程，还是市政管线工程规划管理，其具体的工作审批流程均遵循图6-9所示的工作程序，在管理上大体分为申请、审核与核发三个有序流程。然而，由于主管部门及专业复杂程度不同等原因，三者在管理操作上又有区别，下面分别进行阐述。《建设工程规划许可证》审批流程如图 6-9 所示。

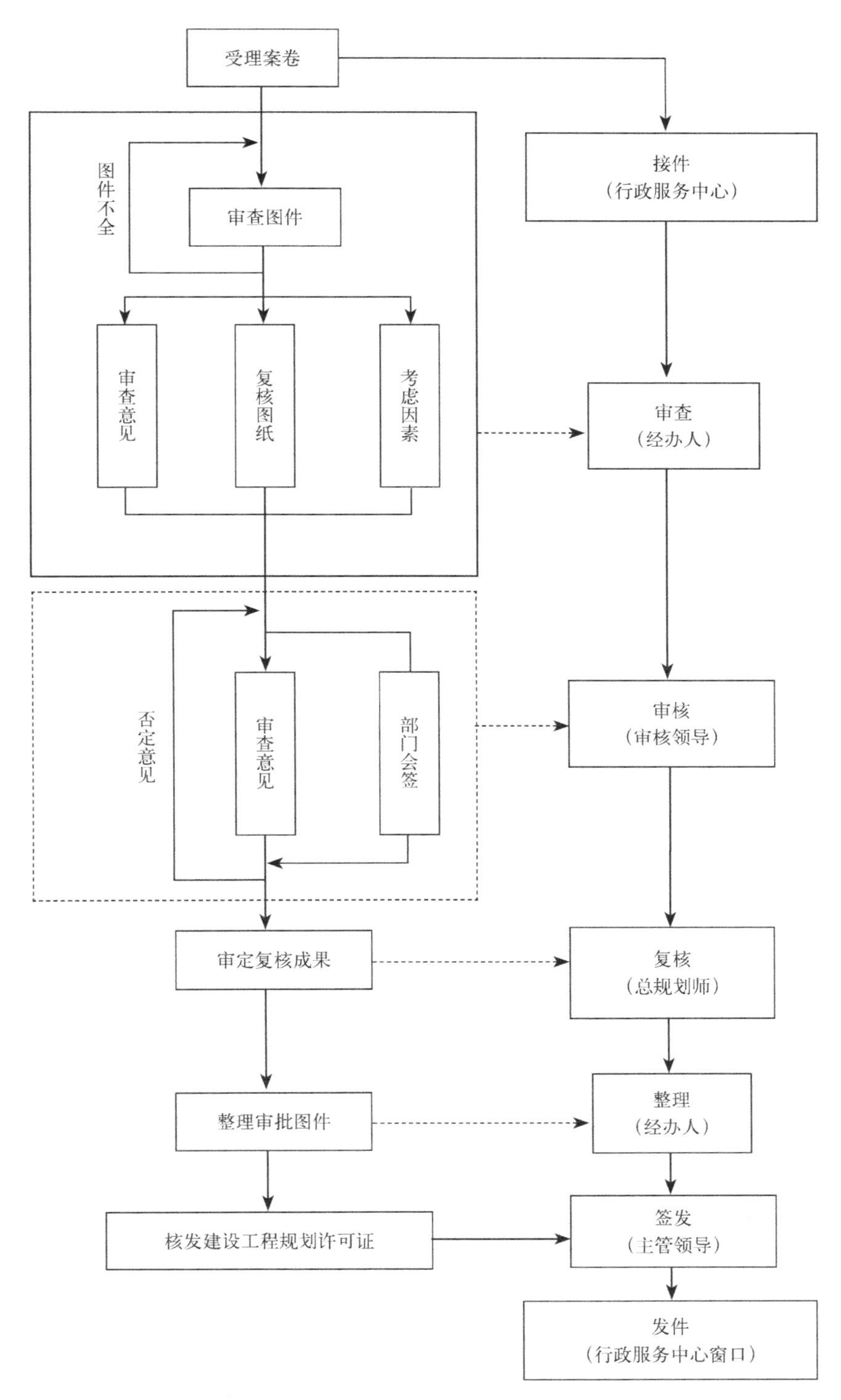


图 6-9 《建设工程规划许可证》审批流程图

1．建筑工程规划管理程序

由于获得土地使用权方式以及建筑工程规模的不同，建筑工程规划管理的程序亦有所区别。现阶段土地使用权的获取方式分两种形式，即行政划拨、征用土地和国有土地使用权有偿出让，而建筑工程规模又有单项工程建设和地区开发建设两种。建设工程规划管理的程序应区别上述不同情况进行。

（1）申请程序。分为以下三种情况：

1）在原使用基地上建设且不改变土地使用性质的建筑工程。一般需经过下列管理程序：一是建设单位申请建筑工程规划时要求委托设计；二是建设单位送审建筑设计方案；三是建筑设计方案审定后，建设单位申请建设工程规划许可证。

2）需要划拨、征用土地或原址改建需要改变原有土地使用性质的建筑工程。首先应经过建设用地规划管理程序获得建设用地规划许可证。在此基础上进入建筑工程规划管理程序。分为两种情况：

第一，在建设用地规划管理阶段，仅审定建筑设计总平面尚未审定建筑设计方案的：一是建设单位根据建设用地规划管理过程中的要求送审建筑设计方案；二是设计方案审定后，建设单位申请建设工程规划许可证。

第二，在建设用地规划管理阶段已审定了建筑设计方案的，建设单位可直接申请建设工程规划许可证。

3）土地使用权有偿出让地块上的建筑工程。一是建设单位送审建筑设计方案；二是设计方案审定后，建设单位申请建设工程规划许可证。上述申请人程序中，对于建筑设计方案的送审，如属成片开发地区的开发建设工程，则应先审批修建性详细规划，待批准后，再送审建筑设计方案。

（2）审核程序。城乡规划行政主管部门应对应于上述申请程序，一是提出建筑工程规划设计要求；二是审核建筑设计方案；三是审理建筑工程的建设工程规划许可证。对前两者，分别给予书面批复。对于建筑设计方案需要补充的，应告知相对方。

（3）核发程序。经城乡规划行政主管部门审核同意的，核发建设工程规划许可证。

2．交通工程规划管理程序

（1）申请程序。交通工程的申请程序，一是建设单位申请核定交通工程规划设计要求和划示道路规划红线；二是建设单位送审交通工程设计方案；三是建设单位申请交通建设工程规划许可证。

（2）审核程序。城乡规划行政主管部门应对建设单位的申请进行审核：一是核定规划设计要求和划定道路规划红线；二是审核交通工程设计方案；三是审理建设工程规划许可证。

（3）核发程序。经城乡规划行政主管部门审核同意的，核发交通工程的建设工程规划许可证。

3．市政管线工程规划管理程序

（1）市政管线工程规划管理事前协调程序。由于管线工程的特点及其规划管理内容的要求，市政管线工程规划管理需要设定事前协调程序，具体如下：

1）计划综合。城乡各类管线是综合地安排在城乡道路地上、地下空间内的。为了避免重复掘路，减少对城乡交通的影响，并协调各类管线工程走向和施工时间，需要由城乡规划行政主管部门会同城乡建设管理部门收集、汇总各类管线和道路建设部门年度工程计划，并根据各专业系统规划和城乡近期建设规划，本着尽可能减少掘路和“一家施工，各家配合”的要求，综合分析，区别轻重缓急，统一协调编制城乡道路和管线工程年度综合计划。各管线和道路建设部门，根据综合计划调整各自的年度工程计划。一般每年编制一次综合计划，并按季度和月份协调各管线和道路工程的施工安排，保证在一定时期内（一般为5年），不再重复掘路敷设管线。因此，计划综合是市政管线工程规划管理的关键环节。

2）管线综合。管线的计划综合主要解决了管线的布局、路径和施工时间上的矛盾，而管线综合则是协调各类管线的空间位置。由于有多根管线同时建设，因此要综合平衡，使各种管线在规划管理的协调下得到统筹安排，各得其位，避免干扰。管线综合是对多种管线同步建设时协调工作的过程。一般需要编制管线综合规划，综合协调管线平面布置、间距和竖向间距以及管线与绿化、建筑物、道路等方面的关系。进行管线的走向、管位多方案的比较，根据管线综合技术标准和规范，从而确定经济合理、切实可行的最佳方案，作为管线工程规划设计要求的依据。

（2）市政管线工程规划管理审理程序。市政管线工程规划管理在计划综合和管线综合的基础上，方可进行管线工程规划审理工作，主要审理程序如下：

1）申请程序。对于一般市政管线工程，建设单位的申请程序，一是申请管线工程设计要求，二是申请市政管线工程的建设工程规划许可证。对于规模较大、矛盾复杂的市政管线工程，在上述一、二程序之间，还需要增加送审设计方案的程序。

2）审核程序。城乡规划行政部门针对上述申请程序，一是核定市政管线工程规划设计要求。二是对于规模较大、矛盾复杂的管线工程，审核市政管线工程设计方案。三是审核市政管线工程建设工程规划许可证的申请。

3）核发程序。经城乡规划行政主管部门审核同意的，核发市政管线的建设工程规划许可证。

（五）建设工程设计方案的公布

城市、县人民政府城乡规划主管部门或者省、自治区、直辖市人民政府确定的镇人民政府应当依法将经审定的修建性详细规划、建设工程设计方案的总平面图予以公布。这一规定体现了对公众知情权的重视，使审批过程更加透明化和公开化，相关的被许可人、利害关系人和公众可以通过查阅公开的修建性详细规划和建设工程设计方案的总平面图加强对行政机关的监督，保证行政机关作出的行政许可符合公共利益的需要。

如厦门市规划局推行建筑工程设计方案变闭门审查为公开评审。此举可进一步提升城市建筑品质、提高行政效能，增加决策透明度。过去，建筑设计方案审查是按流程在规划局内部流转进行的，项目经办初审后报处室领导审查，再报分管局长审定。这种串联审查方式耗时多、意见杂，设计单位反复修改或重新设计的情况经常发生，一定程度上影响到项目的按时开工。规划部门对此进行改革，由内部审查改为公开评审，并提前介入规划服务。改革后的评审小组由局领导、主管业务处室（或分局）有关人员组成，邀请项目建设单位代表、项目设计师、部分厦门年度十佳建筑师参加，允许公众旁听。建筑设计方案评审会一般每周集中安排一次，评审的内容主要包括项目建筑造型、建筑风格、建筑立面和建筑色彩等建筑外观效果。通过评审的设计方案还将上规划网站公示。

## 四、乡村建设规划管理

乡村建设规划管理已经成为我国当前城乡规划管理工作中的新任务。为了科学地编制村镇规划，加强村镇建设和管理工作，创造良好的劳动和生活环境，促进城乡经济和社会的协调发展，《城乡规划法》确定了我国乡村建设规划管理制度。

**【链接】**《城乡规划法》第四十一条　在乡、村庄规划区内进行乡镇企业、乡村公共设施和公益事业建设的，建设单位或者个人应当向乡、镇人民政府提出申请，由乡、镇人民政府报城市、县人民政府城乡规划主管部门核发乡村建设规划许可证。

在乡、村庄规划区内使用原有宅基地进行农村村民住宅建设的规划管理办法，由省、自治区、直辖市制定。

在乡、村庄规划区内进行乡镇企业、乡村公共设施和公益事业建设以及农村村民住宅建设，不得占用农用地；确需占用农用地的，应当依照《中华人民共和国土地管理法》有关规定办理农用地转用审批手续后，由城市、县人民政府城乡规划主管部门核发乡村建设规划许可证。

建设单位或者个人在取得乡村建设规划许可证后，方可办理用地审批手续。

### （一）乡村建设规划管理的概念

在乡、村庄规划区内进行乡镇企业、乡村公共设施和公益事业建设以及农村村民住宅建设，不得占用农用地；一确需占用农用地的，应当依照《中华人民共和国土地管理法有关规定办理农用地转用审批手续后，由城乡、县人民政府城乡规划主管部门核发乡村建设规划许可证，称为乡村规划管理。

### （二）乡村建设规划管理的任务

#### 1．推进社会主义新农村建设

将乡和村庄纳入城乡规划管理的轨道，能够有效控制乡和村庄规划区内各项建设遵循先规划后建设的原则进行。在规划指导下进行社会主义新农村建设，加快乡村基础设施建设，加强村庄规划和人居环境治理，注重村庄安全建设，防止山洪、泥石流等灾害对村庄的危害，加强农村消防工作。村庄治理要突出乡村特色、地方特色和民族特色，保护有历史文化价值的古村落和古民宅。要本着节约原则，充分立足现有基础进行房屋和设施改造，防止大拆大建和加重农民负担，扎实稳步地推进村庄治理，不断推进社会主义新农村建设。

2．切实保护农用地、节约土地，为确保国家粮食安全作出具体贡献

近年来，我国粮食安全已经成为人们关注的核心问题之一，加之我国耕地的破坏，耕地总量锐减，这一现象更加剧了我国的粮食安全问题。确保国家粮食安全是保持国民经济平稳较快增长和社会稳定的重要基础。坚决落实最严格的耕地保护制度，切实保护基本农田。将乡村用地纳入城乡规划统一管理下，有利于集约化、科学利用土地，切实保护农用地总量平衡，确保国家粮食安全。

3．合理安排乡镇企业、乡村公共设施和公益事业建设，提升农村发展建设水平

将乡和村庄纳入城乡规划管理的轨道，在规划指导下，乡村农业生产设施、公共设施、公益事业和乡镇企业的建设，由乡（镇）人民政府审查汇总，提出年度计划，报县级主管部门批准后执行，推进了落实效率及科学性。

4．结合实际，因地制宜地引导农村住宅建设，提高综合效益

村庄、集镇规划建设管理，应当坚持合理布局、节约用地的原则，全面规划，正确引导、依靠群众，自力更生，因地制宜，量力而行，逐步建设，实现经济效益、社会效益和环境效益的统一。

（三）乡村建设规划管理的内容

乡规划、村庄规划的内容应当包括：规划区范围内的住宅、道路、供水、排水、供电、垃圾收集、畜禽养殖场所等农村生产、生活服务设施、公益事业等各项建设的用地布局、建设要求，以及对耕地等自然资源和历史文化遗产保护、防灾减灾等的具体安排。乡规划还应当包括本行政区域内的村庄发展布局。

（四）乡村建设规划管理的程序

（1）需要使用耕地的，经乡级人民政府审核、县级人民政府建设行政主管部门审查同意并出具选址意见书后，方可依照《土地管理法》向县级人民政府土地管理部门申请用地，经县级人民政府批准后，由县级人民政府土地管理部门划拨土地。

（2）使用原有宅基地、村内空闲地和其他土地的，由乡级人民政府根据村庄、集镇规划和土地利用规划批准。

城镇非农业户口居民在村庄、集镇规划区内需要使用集体所有的土地建住宅的，应当经其所在单位或者居民委员会同意后，依法办理。

（3）兴建乡（镇）村企业，必须持县级以上地方人民政府批准的设计任务书或者其他批准文件，向县级人民政府建设行政主管部门申请选址定点，县级人民政府建设行政主管部门审查同意并出具选址意见书后，建设单位方可依法向县级人民政府土地管理部门申请用地，经县级以上人民政府批准后，由土地管理部门划拨土地。

（4）乡（镇）村公共设施、公益事业建设，须经乡级人民政府审核、县级人民政府建设行政主管部门审查同意并出具选址意见书后，建设单位方可依法向县级人民政府土地管理部门申请用地，经县级以上人民政府批准后，由土地管理部门划拨土地。

如厦门市对村庄规划区内的个人建房、乡镇企业和乡村公共设施及公益事业的建设分

别进行了规定：

(1) 村庄规划区内的个人建房。使用新宅基地建设的，应当持村（居）民委员会书面同意意见、使用土地的证明文件、住宅设计图件报镇人民政府、街道办事处审查，再由镇人民政府、街道办事处报送市城乡规划主管部门核发乡村建设规划许可证。使用原有宅基地进行住宅建设的不涉及用地性质的调整，可直接由镇人民政府、街道办核发乡村建设规划许可证。在申请程序上，规定建房申请应当在本村（居）进行公示；申请材料上，为规范建设活动，保证规划实施，同时又与村（居）民的经济能力、建设水平相适应，村（居）民住宅建设应当提交村（居）民委员会的书面同意意见、使用土地的有关证明文件、住宅设计图件，其中住宅设计图件既可以是建设工程设计单位出具的设计方案，也可以是在村庄住宅建设标准图集中选定的设计方案。

(2) 村庄规划区内的乡镇企业、乡村公共设施和公益事业的建设。建设单位或者个人使用集体土地进行乡镇企业、乡村公共设施和公益事业建设，应当向城乡规划主管部门提出乡村建设规划许可申请，申请材料包括村（居）民委员会签署的书面同意意见和使用土地的有关证明文件。建设单位或者个人在村庄规划区内使用集体所有土地进行工程建设，应当先经村（居）民委员会同意。城乡规划主管部门受理申请后，应当在五个工作日内依据村庄规划核定建设用地位置、建设范围、基础标高、建筑高度等规划条件。这里所指的规划条件与城市、镇规划区内工程建设的规划条件相同，都是对建设活动实施规划管理的主要内容。建设单位或者个人应当根据规划条件，委托建设工程设计单位进行建设工程设计，完成建设工程设计方案后，建设单位或者个人将建设工程设计方案提交城乡规划主管部门进行审查，城乡规划主管部门审查认为符合村庄规划以及规划条件的，应当自收到建设工程设计方案之日起二十个工作日内作出乡村建设规划许可。

## 第四节　规划实施的其他事项

### 一、行政许可的用地范围

【链接】《城乡规划法》第四十二条　城乡规划主管部门不得在城乡规划确定的建设用地范围以外作出规划许可。

根据中央城镇化工作会议要求（2013 年 12 月 12 日至 13 日在北京举行），要尽快把每个城市特别是特大城市开发边界划定，把城市放在大自然中，把绿水青山保留给城市居民。这一决定的作出，实际上是指制定和实施城乡规划，必须在规划区范围内进行建设活动。规划区的具体范围由有关人民政府在组织编制的城市总体规划、镇总体规划、乡规划和村庄规划中，根据城乡经济社会发展水平和统筹城乡发展的需要划定。在此范围内，不仅建设单位和个人进行建设活动要遵守城乡规划法，有关行政主管部门的行政行为也应遵守这一法律。

如广州在全市划定增长边界约2440hm$^2$，首次在空间上明确了城市开发边界。并全面排查重点发展平台、重点发展项目，将市域范围的水库、湿地、水源保护区、自然保护区、森林公园等重要生态用地，以及其周边控制区域划定为保护性生态控制线。目前共划定基本生态控制线面积4426hm$^2$，占市域总面积的60%。并提出未来的“城市边界”以规划形式落地后，通过立法形式确定下来，使之具备法律效力和权威性。

## 二、规划条件变更

**【链接】**《城乡规划法》第四十三条　建设单位应当按照规划条件进行建设；确需变更的，必须向城市、县人民政府城乡规划主管部门提出申请。变更内容不符合控制性详细规划的，城乡规划主管部门不得批准。城市、县人民政府城乡规划主管部门应当及时将依法变更后的规划条件通报同级土地主管部门并公示。

建设单位应当及时将依法变更后的规划条件报有关人民政府土地主管部门备案。

规划条件是国有土地使用权出让合同的组成部分，是规划管理部门实施规划管理的依据，建设项目实施必须严格遵守规划条件，原则不得变更。

许多城市对规划条件变更都做了严格的规定。如西安市对建设用地规划条件变更作出了进一步的补充规定，(《西安市建设用地规划条件变更程序的补充规定》市政发〔2011〕96号）文规定如下：

（1）确需变更建设用地规划条件的，须具备以下条件之一：

1）建设项目确因城市规划调整或修编造成地块发展条件变化的；

2）因城市基础设施、公益性公共设施建设需要，导致已出让用地的大小及相关建设条件发生变化的；

3）国家、省、市有关政策发生变化的；

4）省、市政府同意变更的。

（2）规划条件变更工作程序为：申请、专家论证、公示、上报市政府、许可、备案。

（3）规划条件的变更，须由建设单位向规划行政管理部门提出申请。规划行政管理部门受理后，应当会同市国土部门进行审核。

（4）经审批同意变更规划条件的，应按照工作程序办理规划条件变更，已核发建设用地规划许可证的应依法办理变更手续，其中纳入出让合同的规划条件，应将变更后的规划条件函告国土部门。

涉及补缴出让金的，土地使用权人凭审批文件到国土部门签订土地出让合同变更协议，由国土部门开具专项缴款书缴入财政。

在核发建设工程规划许可证以前，涉及补缴出让金的，建设单位应提交补缴出让金凭证和土地出让合同变更协议；超出原项目批文或备案建设规模要求的，还应提供新的项目批文或项目增补批文。

（5）建设单位使用的国有划拨土地因用地的规划条件发生变更，需要改变为商业、旅游、娱乐、房地产开发、工业等经营性用途的，由国土部门向规划部门提出新的规划条件征询函并按照新的规划条件，重新实施招、拍、挂出让。

## 三、临时建设许可

临时建设是城镇建设中，因临时需要搭建的结构简易、依法必须在规定期限内拆除的建筑物、构筑物或其他设施。

**【链接】**《城乡规划法》第四十四条　在城市、镇规划区内进行临时建设的，应当经城市、县人民政府城乡规划主管部门批准。临时建设影响近期建设规划或者控制性详细规划的实施以及交通、市容、安全等的，不得批准。

临时建设应当在批准的使用期限内自行拆除。

临时建设和临时用地规划管理的具体办法，由省、自治区、直辖市人民政府制定。

（一）临时建设的规划许可

（1）临时建设需要占用城市、镇特定的公共空间，对城镇日常运行、规划实施等都会产生一定的影响，必须进行严格的控制，纳入城镇规划管理。

（2）实施规划许可管理的临时建设是在城市、镇规划区内进行的临时建设，其他区域内的临时建设无须事先取得本条规定的规划许可。

（3）临时建设规划许可的审批机关为城市、县人民政府的城乡规划主管部门。

（4）临时建设规划许可的审批条件是：不得对城市、镇的近期建设规划的实施产生影响；不得对城市、镇的控制性详细规划的实施产生影响；也不得对城市、镇的交通、市容、安全等造成干扰。有上述情形之一的，城市、县人民政府的城乡规划主管部门不得批准该临时建设。

（二）临时建设的拆除期限和拆除方式

临时建设是相对于永久性建设而言的，临时建设具有临时性，即用后就要及时拆除。临时建设应当在批准的使用期限内拆除；拆除的方式是自行拆除。违反上述规定，临时建筑物、构筑物超过批准期限不拆除的就要承担本法规定的法律责任。

（三）临时用地规划管理具体办法的授权

授权省、自治区、直辖市人民政府制定关于临时建设和临时用地规划管理的具体办法的规定。这主要是考虑到我国各地方发展不平衡，不同地区城镇临时建设工程的用途和使用周期也不尽相同。授权省、自治区、直辖市人民政府制定各自关于临时建设和临时用地规划管理的具体办法，有利于各地根据本地的实际情况和需要，作出有针对性和可操作性的、符合自身实际需要的办法。省、自治区、直辖市人民政府可以在政府规章中规定具体的临时建设的批准机关、批准程序等内容。

## 四、规划条件核实

规划条件核实是指各级城乡规划主管部门以《建设工程规划许可证》审批内容和批准的相关图件为依据，对已竣工的建设工程进行规划条件复核和确认的行政行为，也是加强建设用地容积率管理的关键环节。

【链接】《城乡规划法》第四十五条　县级以上地方人民政府城乡规划主管部门按照国务院规定对建设工程是否符合规划条件予以核实。未经核实或者经核实不符合规划条件的，建设单位不得组织竣工验收。

建设单位应当在竣工验收后六个月内向城乡规划主管部门报送有关竣工验收资料。

规划条件核实分为建筑工程竣工规划条件核实和市政道路及管线工程竣工规划条件核实。

（一）建设工程竣工后的规划核实

规划核实应当在建设工程竣工后，竣工验收前进行。城乡规划主管部门将依法核实完工的建设工程是否符合规划许可要求。核实中要严格审查建设工程总建筑面积是否超出规划许可允许建设的建筑面积。建设工程竣工时所建的建筑面积超过规划许可允许建设的建筑面积的，建设单位不得组织竣工验收。同时，涉及建设工程绿化未按总平规划实施的（即绿化率达不到要求的），市政配套设施未到位以及违章加层、临时设施、临时围墙、临时广告未拆除的，在建项目未按要求制作总平与建筑方案公示牌的，城乡规划主管部门不予受理建设工程竣工规划条件核实。

（二）建设工程竣工资料的规划管理

建设工程竣工资料是城市建设档案的重要内容。城乡规划主管部门收集、整理、保存建设工程竣工资料是城乡规划管理的重要内容。没有完整、准确、系统的城乡建设档案资料，城乡规划和建设就失去了基础和依据，将造成城乡建设的混乱和无序，给各项建设工程留下隐患，对基础设施安全、有效运行构成严重的威胁。这一点在地下管线和隐蔽工程建设过程中体现得尤为明显。为此，必须高度重视城乡规划制定与实施过程中的建设档案的收集、整理和保存，以建立完整、清晰、系统的城建档案资料，为城乡规划和建设发展提供及时、准确、科学的依据。未按照上述规定报送有关竣工验收资料的，将承担本法规定的法律责任。

# 第七章　城乡规划的修改

城乡规划的修改，是指城乡人民政府根据城乡经济建设和社会发展所产生的新情况和新问题，按照实际需要，对已经批准的城乡规划所规定的空间布局和各项内容进行局部的或重大的变更。城乡规划的修改，同样需要按照法定的程序进行审批。

## 第一节　规划实施的评估

城市规划作为一项公共政策，是城市发展战略和空间布局的纲领性文件。在现代城市规划运作体系中，规划实施效果评估是一个重要的和不可或缺的组成部分，且应贯穿于城市规划的整个过程。

**【链接】**《城乡规划法》第四十六条　省域城镇体系规划、城市总体规划、镇总体规划的组织编制机关，应当组织有关部门和专家定期对规划实施情况进行评估，并采取论证会、听证会或者其他方式征求公众意见。组织编制机关应当向本级人民代表大会常务委员会、镇人民代表大会和原审批机关提出评估报告并附具征求意见的情况。

### 一、规划评估的目的和内涵

构建城乡规划实施效果评估框架的根本目的在于，通过评估能够更为全面客观地掌握城乡规划内容的实施过程和具体情况，充分反馈现行城乡规划编制、实施和管理过程中存在的问题，并结合实际，对下一轮的城乡规划编制提出更为科学合理的指引和具体建议。

以城市总体规划为例，根据城市总体规划所应具备的本质属性要求，城市总体规划实施效果评估体系应涵盖并体现以下四个要旨。第一，具备完整性和针对性。完整性即指城市总体规划编制内容体系的完整性及对编制区域的覆盖性；针对性则是指城市总体规划的编制内容和思路要具有特定时期的针对性，要重点解决城市发展所面临的重要和重大问题。第二，突出比较和评价。规划实施评估的目的之一就是对规划的实施情况进行直接的比较和评价，城市总体规划实施效果评估框架应该突出这一特点和要求。第三，反映公共利益。公共利益是作为公共政策的城市总体规划的核心属性，而对其的实施效果进行评估同样应该用公共价值属性对其进行基本判断。第四，评价规划适应性水平。

当前，城乡规划管理部门已经将规划理念越来越从对规划图的编制转向对规划过程的重视与控制，认为城乡规划具有动态发展的特征，规划实施效果评估在进行实施情况评估以外，还要根据实际变化，对城乡规划的适应性水平进行趋向性判断，并应结合未来的城乡发展建设提出相应规划调整建议。

## 二、规划评估的总体框架

基于城市规划实施效果评估的基本目的及内涵，结合城市总体规划所具有的公共性、整体性、人文性和适应性等价值属性，拟从四大方面评估内容所组成的城市总体规划实施效果评估框架。该四大方面评估内容即内容综合评估、实施可达评估、公共价值评估和环境适应评估（图 7-1）。其中的内容综合评估是针对规划内容本身进行的评估，实施可达评估是对规划实体目标进行评估，公共价值评估是对规划公共利益体现的效果进行评估，环境适应评估是对现行规划对现时内外部环境的适应性进行评估。

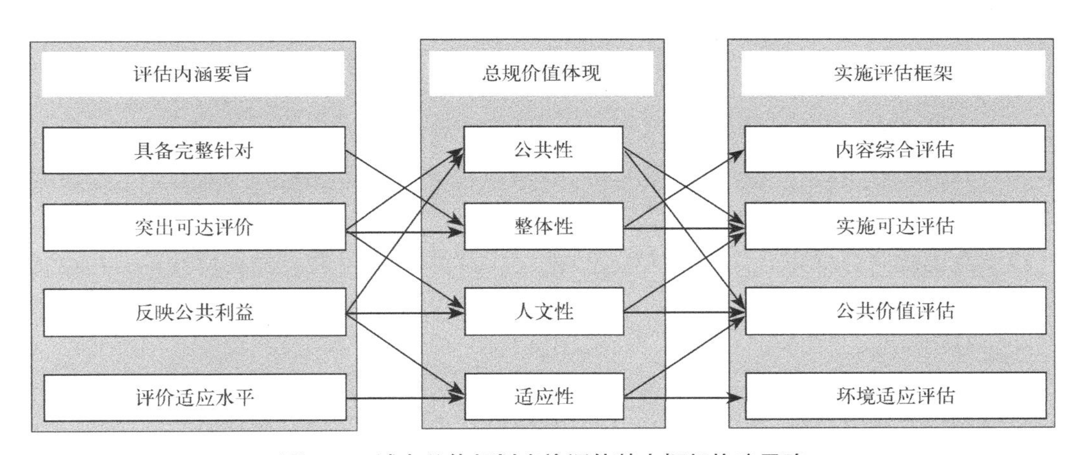


**图 7–1　城市总体规划实施评估基本框架构建思路**

城市规划实施评估是一项系统性的规划实践探索。它是对城市规划实施效果进行的综合评价，目的在于检验现行规划实施过程当中存在的问题和不足，并结合发展趋势检视现行城市规划的适应性，从而对下一阶段的规划修编或调整提出宏观指引和建议。城市规划实施效果评估的最终目的在于改善规划编制和实施的机制，使规划能更好地引导城市的发展。城市规划实施效果评估并不仅仅是规划实施效果的评估，更重要的是蕴涵于评估过程中的本质探索、评估效果发生前后的寻根溯源和价值反思，以及基于环境变化而提出的适应性判断。城市规划实施效果评估有利于相关部门从本源的角度讨论城市规划编制及实施管理中存在的不足，使之能够结合不断变化的实际，对城市规划进行实时调整，并对未来的发展生发出有效的指导意见。

## 三、规划评估的基本内容

住建部关于印发《城市总体规划实施评估办法（试行）》的通知提出，对城市总体规划实施情况的评估，是城市人民政府的法定职责，也是城乡规划工作的重要组成部分。各地必须认真组织开展城市总体规划实施评估工作，切实发挥城市总体规划对城市发展的调控和引导作用，促进城市全面协调可持续发展。《办法》要求城市总体规划实施评估报告的内容应当包括：

（1）城市发展方向和空间布局是否与规划一致；

（2）规划阶段性目标的落实情况；

（3）各项强制性内容的执行情况；

（4）规划委员会制度、信息公开制度、公众参与制度等决策机制的建立和运行情况；

（5）土地、交通、产业、环保、人口、财政、投资等相关政策对规划实施的影响；

（6）依据城市总体规划的要求，制定各项专业规划、近期建设规划及控制性详细规划的情况；

（7）相关的建议。

此外，城市人民政府可以根据城市总体规划实施的需要，提出其他评估内容。城市人民政府应当根据城市总体规划实施情况，对规划实施中存在的偏差和问题，进行专题研究，提出完善规划实施机制与政策保障措施的建议。

城市人民政府在城市总体规划实施评估后，认为城市总体规划需要修改的，结合评估成果就修改的原则和目标向原审批机关提出报告；其中涉及修改强制性内容的，应当有专题论证报告。

城市总体规划实施评估内容构成复杂，涉及城市经济、社会和环境发展的多个方面。其中，内容综合评估是对城市总体规划编制内容的完整性、针对性等进行评估，包括规划内容、强制性内容、内容成果的完整性、编制内容与思路是否针对地区发展阶段的重点问题，等等；实施可达评估则涵盖城市总体规划实施过程的主体内容，尤其是物质实体空间内容，包括空间结构、用地布局、公共设施、绿地建设、市政管线等内容，以此评估实施效果与内外部环境对规划实施的影响；公共价值评估是针对城市总体规划实施目标所具有的公共性价值进行评估，重点包括城市总体目标的实现情况、实施过程中的公共政策属性特征的体现等相关内容；环境适应性评估则是对现行城市总体规划的现实与未来的适应性进行评估，即结合现实环境的变化而对未来趋势进行评估与判断，并据此对现行总体规划提出若干调整或修改建议（图 7-2）。

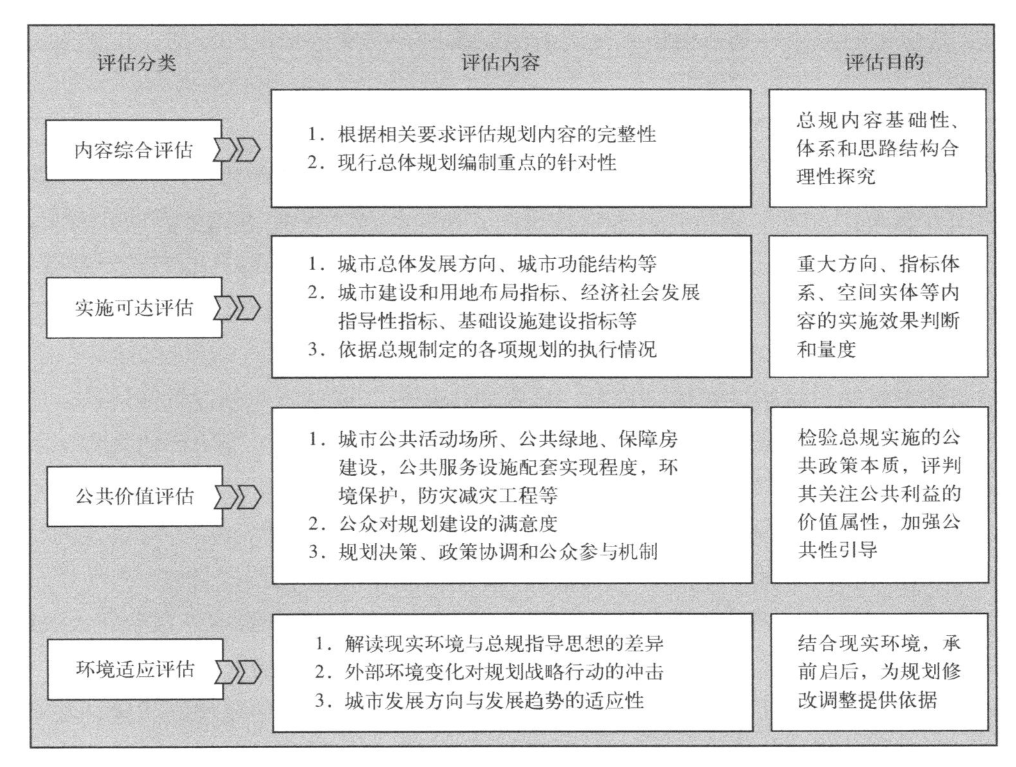
评估分类
评估内容
评估目的
内容综合评估
1．根据相关要求评估规划内容的完整性
2．现行总体规划编制重点的针对性
总规内容基础性、体系和思路结构合理性探究
实施可达评估
1．城市总体发展方向、城市功能结构等
2．城市建设和用地布局指标、经济社会发展指导性指标、基础设施建设指标等
3．依据总规制定的各项规划的执行情况
重大方向、指标体系、空间实体等内容的实施效果判断和量度
公共价值评估
1．城市公共活动场所、公共绿地、保障房建设，公共服务设施配套实现程度，环境保护，防灾减灾工程等
2．公众对规划建设的满意度
3．规划决策、政策协调和公众参与机制
检验总规实施的公共政策本质，评判其关注公共利益的价值属性，加强公共性引导
环境适应评估
1．解读现实环境与总规指导思想的差异
2．外部环境变化对规划战略行动的冲击
3．城市发展方向与发展趋势的适应性
结合现实环境，承前启后，为规划修改调整提供依据

图 7-2　城市总体规划实施效果评估框架

## 四、规划评估的组织实施

城乡规划是政府指导和调控城乡建设发展的基本手段和重要依据。城乡规划一经批准，即具有法定效力，必须严格遵守和执行。在城乡规划实施期间，结合当地经济社会发展的情况，应当定期对规划目标实现的情况进行跟踪评估，及时监督规划的执行情况，提高规划实施的严肃性。对城乡规划进行全面、科学的评估，有利于及时研究城乡规划实施中出现的新问题，及时总结和发现城乡规划存在的优点和不足，为继续贯彻实施规划或者对其进行修改提供可靠的依据，提高规划实施的科学性，从而避免有的地方政府及其领导人违反程序，随意干预和变更规划。对省域城镇体系规划、城市总体规划、镇总体规划实施情况的评估，应当全面分析、客观评价，既要总结成功的经验，也要查找存在的问题，分析问题形成的原因，还应当提出解决问题、改进工作的方案。

（一）规划评估的实施主体

对省域城镇体系规划、城市总体规划、镇总体规划实施情况进行评估的主体，为省域城镇体系规划、城市总体规划、镇总体规划的组织编制机关。省域城镇体系规划由省、自治区人民政府组织编制，其实施情况的评估，就由省、自治区人民政府组织实施；城市总体规划由城市人民政府组织编制，其实施情况的评估，由城市人民政府组织实施；县人民政府所在地镇的总体规划，由县人民政府组织编制，其实施情况的评估就由县人民政府组织实施；其他镇的总体规划，由镇人民政府组织编制，其实施情况的评估，由镇人民政府组织实施。

（二）规划评估的组织方式

省域城镇体系规划、城市总体规划、镇总体规划实施情况的评估，由规划的组织编制机关组织有关部门和专家进行，并采取论证会、听证会或者其他方式征求公众意见。“征求公众意见”除了本条明确规定的论证会和听证会外，还可以采取其他方式，如在报刊、网站等媒体上开展问卷调查，或委托统计部门进行抽样调查等。

（三）规划评估的上报要求

组织编制机关对省域城镇体系规划、城市总体规划、镇总体规划进行评估后，应当分别向本级人民代表大会常务委员会、镇人民代表大会和原审批机关提出评估报告并附具征求意见的情况。这里的“原审批机关”，按照本法关于规划审批的规定，省域城镇体系规划和直辖市的城市总体规划，省、自治区人民政府所在地的城市以及国务院确定的城市的总体规划，原审批机关为国务院，其实施情况的评估报告应提交给国务院；其他城市的总体规划的原审批机关为省、自治区人民政府，其评估报告应提交给省、自治区人民政府；镇总体规划的原审批机关为上一级人民政府，其评估报告应提交给上一级人民政府。

如厦门市规划局为了推进规划科学决策，及时发现规划执行中出现的问题，并对外界的重大变化及时作出反应，近些年来，每年都委托独立专业部门对厦门城市总体规划的实施及规划实施的重大问题进行定期检讨。检讨的主要内容由专业部门分析提出，其结论为专业部门独立意见，不代表政府意见，作为专业建议供政府决策参考。同时，规划局组织召开研讨会，聘请这一领域的知名规划专家对该检讨进行“会诊”。专家意见仅代表个人意见，同时作为政府决策参考。厦门市规划局的这种做法，对迅速发现和应对外部环境变化给城市带来的冲击，及对城乡规划实施中存在问题及时进行纠正与修改，具有较好的规划科学决策依据。

## 第二节　规划修改的条件和程序

城市规划经批准后，应严格执行，不得擅自改变。但是城市规划的实施是一个较长的过程，实施过程中会产生新的情况，出现新的问题。作为指导城市建设与发展的城市规划不可能是静止的，需要进行调整以适应城市经济和社会发展的新要求。但是这种调整和修改，应按照法定程序，经批准后才能进行。

### 一、修改省域城镇体系规划、城市总体规划、镇总体规划

省域城镇体系规划、城市总体规划、镇总体规划的规划期限一般为 20 年，是对城镇的一种长远规划，具有长期性的特点，规划一经批准，就应当严格执行，不得擅自改变。在规划实施的 20 年间，城镇的发展和空间资源配置中总会不断产生新的情况，出现新的

问题，提出新的要求，影响规划确定目标的实现。作为指导城镇建设与发展的省域城镇体系规划、城市总体规划、镇总体规划，也不可能是一成不变的。也就是说，经过批准的省域城镇体系规划、城市总体规划、镇总体规划，在实施的过程中，出现某些不能适应城镇经济与社会发展要求的情况，需要进行适当调整和修改，是正常的。

**【链接】**《城乡规划法》第四十七条　有下列情形之一的，组织编制机关方可按照规定的权限和程序修改省域城镇体系规划、城市总体规划、镇总体规划：

（一）上级人民政府制定的城乡规划发生变更，提出修改规划要求的；

（二）行政区划调整确需修改规划的；

（三）因国务院批准重大建设工程确需修改规划的；

（四）经评估确需修改规划的；

（五）城乡规划的审批机关认为应当修改规划的其他情形。

修改省域城镇体系规划、城市总体规划、镇总体规划前，组织编制机关应当对原规划的实施情况进行总结，并向原审批机关报告；修改涉及城市总体规划、镇总体规划强制性内容的，应当先向原审批机关提出专题报告，经同意后，方可编制修改方案。

修改后的省域城镇体系规划、城市总体规划、镇总体规划，应当依照本法第十三条、第十四条、第十五条和第十六条规定的审批程序报批。

（一）修改规划的条件

目前，修改规划的程序不规范，修改规划的成本过低，致使随意改变规划和违规建设在一些地方还较严重。为了增强规划实施的严肃性，防止随意修改规划，因此，法规对规划的修改条件和程序作出了具体规定。

当出现下列五种情形之一时，方可依法修改省域城镇体系规划、城市总体规划、镇总体规划：

（1）上级人民政府制定的城乡规划发生变更，提出修改规划要求的。这是因为，城乡规划的制定必须以上级人民政府依法制定的城乡规划为依据，必须在规划中落实上级人民政府在上位规划提出的控制要求。而当上级人民政府制定的规划发生变更时，就应当根据情况及时调整或修改相应的下位规划，否则的话，就会造成上、下位规划之间的脱节，导致规划实施的失控。

（2）行政区划调整需修改规划的。行政区划是国家的结构体制安排，是国家根据政权建设、经济建设和行政管理的需要，遵循有关的法律规定，充分考虑政治、经济、历史、地理、人口、民族、文化、风俗等客观因素，按照一定的原则，将全国领土划分成若干层次和大小不同的行政区域，并在各级行政区域设置相关的地方机关，实施行政管理。城乡规划的编制和实施，与行政区划及城乡建制有着密切的关系。依据《城乡规划法》的规定，地方城乡规划主管部门只能在政府行政管辖区域内依法行使城乡规划的实施管理职能。因此，行政区划的调整将会影响城乡规划的实施。从保障城乡规划依法实施的角度出发，应该在行政区划调整后，及时根据情况作出规划修改。

（3）因国务院批准重大建设工程确需修改规划的。国务院批准的重大建设工程项目，是从国家经济社会发展全局的考虑进行选址建设的。毫无疑问，这些重大建设项目对国家的发展具有举足轻重的作用，同时也会对项目所在地的区域发展带来重要影响。从城乡规划的角度而言，要认真研究重大建设工程对城镇发展、用地布局以及基础设施的影响问题，做好协调工作。例如，大型工业企业选址就涉及城镇的交通运输、能源供应、污染物排放与处理、生活居住等设施的衔接，其布点与城镇的发展方向：用地布局和环境质量有着密切关系，有时甚至会造成城镇性质与布局结构的重大变更，对城镇发展产生深远的影响。因此，对于国务院批准的重大建设工程，应根据情况作出相应的规划修改。

（4）经评估确需修改规划的。地方人民政府在实施省域城镇体系规划、城市总体规划、镇总体规划的过程中，如果发现规划规定的某些基本目标和要求已经不能适应城市经济建设和社会发展的需要，如由于产业结构的重大调整或者经济社会发展方面的重大变化，造成城市发展目标和空间布局等的重大变更，要通过认真的规划评估来确认是否有必要对规划进行修改。如果规划评估认为，确有必要对原规划作出相应修改的，要依法进行修改。

（5）城乡规划的审批机关认为应当修改规划的其他情形。城乡规划审批机关从统筹全局和区域发展的需要出发，认为确有必要对有关城乡规划进行调整的，应责成有关地方人民政府组织进行规划的修改工作。

（二）修改规划的程序

1．省域城镇体系规划调整和修编

为加强对省域城镇体系规划调整和修编工作的管理，省域城镇体系规划的修改必须按程序进行。修改省域城镇体系规划前，组织编制机关应当对原规划的实施情况进行总结，并向原审批机关报告，经同意后，方可编制修改方案。《关于加强省域城镇体系规划调整和修编工作管理的通知》（建规 [2007] 88 号）文件要求，经省级人民政府同意后，由省（自治区）建设厅向建设部提出修编申请，说明现行规划执行情况、规划修编的必要性和修编重点，并附关于现行省域城镇体系规划实施绩效的评估报告。

2．城市总体规划、镇总体规划的修改

在修改城市总体规划、镇总体规划前，组织编制机关应对原规划的实施情况进行总结和评估。然后向原规划审批机关提交总结报告，对拟修改的内容及调整预案作出说明，经原审批机关同意后，方可进行规划的修改工作。修改后的城市、镇总体规划在履行法律规定的审查、公告、人大审议等程序后，报原审批机关审批。要修改城市、镇总体规划涉及强制性内容的，编制组织单位必须先向原审批机关提出修改规划强制性内容的专题报告，对修改规划强制性内容的必要性作出专门说明，经原批准机关审查同意后，方可进行修改工作。

3．规划修改的审批程序

修改后的省域城镇体系规划、城市总体规划、镇总体规划，应当依照本法规定的审批程序报批，修改后的规划的报批程序同制定规划的报批程序是一致的，即：省域城镇体系规划，直辖市的城市总体规划以及省、自治区人民政府所在地的城市以及国务院确定的城市的总体规划，报国务院审批；其他城市的总体规划，报省、自治区人民政府审批；县人民政府所在地的镇的总体规划，报县人民政府的上一级人民政府审批；其他镇的总体规划，报镇人民政府的上一级人民政府审批。同时，在报上一级人民政府审批前，应当先经本级人民代表大会常务委员会或镇人民代表大会审议，审议意见和根据审议意见修改规划的情况，应当一并报送上一级人民政府（图 7-3）。

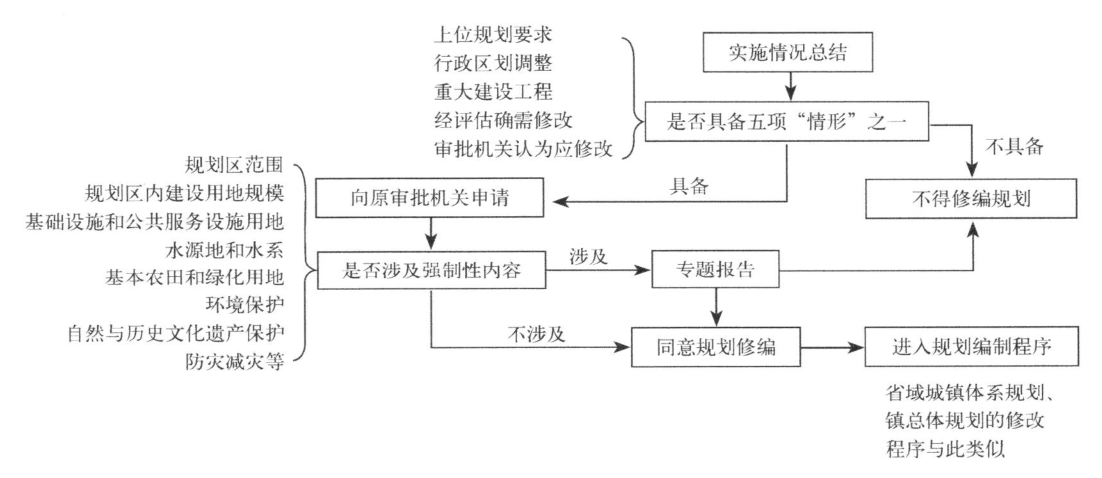


**图 7-3 城市总体规划修改的条件与程序**

## 二、修改控制性详细规划及乡规划、村庄规划

在规划实施中，总体规划是指导城市空间合理布局的蓝图；分区规划是对大、中城市各分区的土地利用、人口分布和公共设施、城市基础设施的配置等作出进一步的安排；对城市近期建设行为起更为直接指导和控制作用的是城市控制性详细规划。控制性详细规划是城市、镇实施规划管理最直接的法律依据，详细规定了建设用地的各项控制指标和规划管理要求，有的还直接对建设项目作出具体的安排和规划设计，是国有土地使用权出让、综合开发和建设的法定前置条件，直接决定着土地的市场价值和相关人的切身利益。因此，修改控制性详细规划必须依法进行，任何单位和个人不得擅自修改控制性详细规划的内容。

【链接】《城乡规划法》第四十八条　修改控制性详细规划的，组织编制机关应当对修改的必要性进行论证，征求规划地段内利害关系人的意见，并向原审批机关提出专题报告，经原审批机关同意后，方可编制修改方案。修改后的控制性详细规划，应当依照本法第十九条、第二十条规定的审批程序报批。控制性详细规划修改涉及城市总体规划、镇总体规划的强制性内容的，应当先修改总体规划。

修改乡规划、村庄规划的，应当依照本法第二十二条规定的审批程序报批。

（一）修改控制性详细规划的条件与程序

修改控制性详细规划的，组织编制机关应当对修改的必要性进行论证，征求规划地段内利害关系人的意见，并向原审批机关提出专题报告，经原审批机关同意后，方可编制修改方案。修改后的控制性详细规划，经本级人民政府批准后，报本级人民代表大会常务委员会和上一级人民政府备案。控制性详细规划的修改必须符合城市、镇的总体规划。控制性详细规划修改涉及城市总体规划、镇总体规划强制性内容的，应当按法律规定的程序先修改总体规划。在实际工作中，为提高行政效能，如果控制性详细规划的修改不涉及城市或镇总体规划强制性内容，可以不必等总体规划修改完成后，再修改控制性详细规划（图 7-4）。

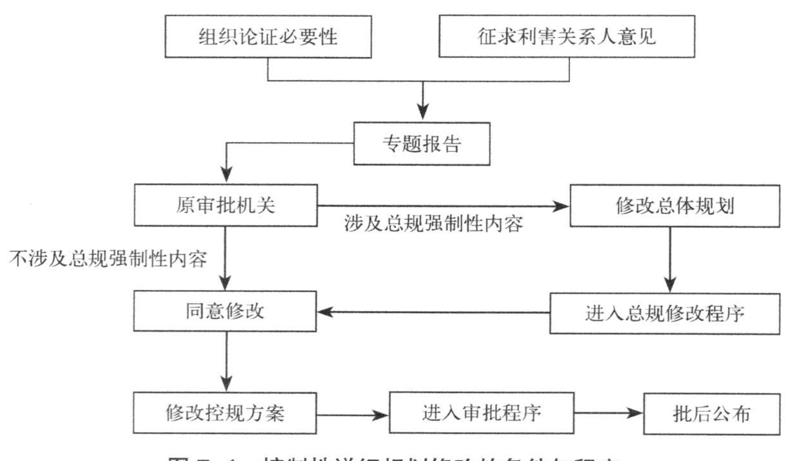


图 7-4 控制性详细规划修改的条件与程序

（二）修改乡规划、村庄规划的条件与程序

修改乡规划、村庄规划必须依照相应的编制规划的审批程序进行报批。乡、镇人民政府组织修改乡规划、村庄规划，报上一级人民政府审批。修改后的村庄规划在报送审批前，应当经村民会议或村民代表会议讨论同意。乡规划、村庄规划应当从农村实际出发，尊重村民意愿，体现地方和农村特色。乡规划、村庄规划经依法批准后，与省域城镇体系规划、城市总体规划、镇总体规划等一样，是建设和规划管理的依据，必须严格执行，未经法定程序，任何人不得擅自修改。

## 三、修改近期建设规划

近期建设规划是对已经依法批准的城市、镇总体规划的分阶段实施安排和行动计划，是对城市、镇近期建设进行控制和指导的一种规划安排。做好近期建设规划的编制工作，直接关系到保障城市、镇科学、有序地发展建设，保证城市、镇总体规划实施的严肃性。

【链接】《城乡规划法》第四十九条　城市、县、镇人民政府修改近期建设规划的，应当将修改后的近期建设规划报总体规划审批机关备案。

修改近期建设规划，首先必须符合城市、镇总体规划。近期建设规划内容的修改，只能在总体规划的内容限定范围内，对实施时序、分阶段目标和重点等进行调整。在实际工作中，绝不能通过对近期建设规划的修改，变相修改城市总体规划的内容。任何超出依法批准的城市、镇总体规划内容的近期规划内容，不具有法定效力。

近期建设规划的修改由城市、县、镇人民政府组织进行。修改后的近期建设规划要依法报城市、镇总体规划批准机关备案。

## 第三节　规划修改的损失补偿

提出规划修改的损失补偿，其目的就是从法律上明确严格的规划修改制度，防止随意修改法定规划的问题。完善关于规划修改的法律制度，对于保障规划的严肃性、，权威性和科学性，确保法定规划严格依法执行，具有十分重要的意义。

【链接】《城乡规划法》第五十条　在选址意见书、建设用地规划许可证、建设工程规划许可证或者乡村建设规划许可证发放后，因依法修改城乡规划给被许可人合法权益造成损失的，应当依法给予补偿。

经依法审定的修建性详细规划、建设工程设计方案的总平面图不得随意修改；确需修改的，城乡规划主管部门应当采取听证会等形式，听取利害关系人的意见；因修改给利害关系人合法权益造成损失的，应当依法给予补偿。

### 一、规划修改的补偿责任

行政许可法明确规定，公民、法人或者其他组织依法取得的行政许可受法律保护，行政机关不得擅自改变已经生效的行政许可。在核发有关许可后，因依法修改城乡规划给被许可人合法权益造成损失的，应依法给予补偿。这体现了对公众合法权益的尊重和保护，也对修改规划的行为提出了更高要求。

### 二、规划修改的补偿原则

城乡规划主管部门依据经法定程序批准的城多规划，核发选址意见书、建设用地规划许可证、建设工程规划许可证或者乡村建设规划许可证。在有关许可核发后，规划主管部门不得擅自改变已经生效的行政许可。但由于客观情况发生了重大变化，出于公共利益的需要，城乡规划可以依法作出相应的修改。而根据修改后的城乡规划，有可能导致城乡规划主管部门变更或者撤销原发放的规划许可的情况出现，这时就要依照《行政许可法》、《城乡规划法》等法律的规定，对被许可人合法权益的损失进行补偿。这种补偿是指行政机关的合法行政行为给公民、法人或其他组织的合法权益造成损失所给予的行政补偿。《城乡规划法》就因规划修改可能导致当事人合法权益损失的情况，规定了必须依法对当事人给予补偿的原则：

（1）因按照法定程序修改规划，给已取得选址意见书、建设用地规划许可证、建设工程许可证或者乡村建设规划许可证其中之一的被许可人的合法利益造成损失的，应当依法给予必要的补偿；

（2）修改法定的修建性详细规划、建设工程设计方案总平面图的，在符合规划和间距、采光、通风、日照等法规、规范要求的前提下，城乡规划主管部门应当采取听证会等形式，听取利害关系人的意见。其中因修改给利害关系人合法权益造成损失的，应当依法给予利害关系人补偿。

补偿的前提条件有两个：①对公民、法人等的财产造成了损失；②财产损失与变更或者撤销原发放的规划许可有直接的、必然的联系。

# 第八章　城乡规划的监督检查

城乡规划监督检查贯穿于城乡规划制定和实施的全过程，是城乡规划管理工作的重要组成部分，也是保障城乡规划工作科学性与严肃性的重要手段。要加强城乡规划实施监督，提高城乡规划严肃性，必须强化了对城乡规划工作的人大监督、公众监督、行政监督，以及各项监督检查措施。目的就是从法律上明确城乡规划的监督管理制度，进一步强化城乡规划对城乡建设的引导和调控作用，促进城乡建设健康有序发展。

## 第一节　监督检查的总体要求

城乡规划实施的监督检查是城乡规划管理的一个重要环节。城乡规划管理包括城乡规划的编制与审批、实施管理和实施监督检查三个工作层次。按照现代管理的原则，制定、审批城乡规划相当于管理决策，规划实施相当于管理执行，规划实施监督相当于管理反馈，三个工作层次构成了监督检查的总体要求。

### 一、监督检查是政府的职责

县级以上人民政府应对城乡规划编制、审批、实施和修改的情况进行监督检查。

【链接】《城乡规划法》第五十一条　县级以上人民政府及其城乡规划主管部门应当加强对城乡规划编制、审批、实施、修改的监督检查。

我国宪法规定，国务院领导和管理“城乡建设”，县级以上地方各级人民政府依照法律规定的权限，管理本行政区域内的“城乡建设事业”。城乡建设离不开城乡规划。城乡规划是人民政府指导和调控城乡建设和发展的基本手段，也是关系我国社会主义现代化建设事业全局的重要工作。本法要求城乡规划的编制，主要由人民政府负责组织进行；城乡规划的审批，属于人民政府的职权；城乡规划的实施，也主要由人民政府负责组织开展；城乡规划的修改，也要报人民政府审批。所以，县级以上人民政府首先应当依照本法的规定，依法组织编制城乡规划，依法审查城乡规划，依法组织实施城乡规划，依法审批修改城乡规划。为了加强和改进城乡规划工作，国务院还明确规定，城乡规划工作是各级人民政府的重要职责，各级人民政府要把城乡规划纳入国民经济和社会发展规划，把城乡规划工作列入政府的重要议事日程，及时协调解决城乡规划中的矛盾和问题；城市人民政府的主要职责是抓好城市的规划、建设和管理；地方人民政府的主要领导要对城乡规划负总责，对城乡规划工作领导或监管不力，造成重大损失的，要追究主要领导和有关责任人的责任。

因此，监督检查城乡规划的编制、审批、实施、修改，是政府的一项重要职责。县级以上人民政府应当切实履行法律赋予的职责，加强对城乡规划编制、审批、实施、修改的监督检查，及时处理城乡规划的制定与修改、实施中的违法或者不当行为。

## 二、规划工作的行政监督

行政监督根据监督部门和监督任务的不同，有不同的分类方法以及监督检查的侧重点。在《城乡规划法》中，对于城乡规划工作行政监督的规定包括两个层面的内容。

（1）县级以上人民政府及其城乡规划主管部门对下级政府及其城乡规划主管部门执行城乡规划编制、审批、实施、修改情况的监督检查。也就是通常所说的政府层级监督检查。例如，国家住房与建设部建立推广的城乡规划督察员制度，即由上级人民政府或其城乡规划主管部门向下级人民政府或其城乡规划主管部门派驻规划督察员，对城乡规划的编制、审批、实施管理工作进行全面督察。目的是强化城乡规划工作的事前和事中监督，形成快速反馈和及时处置的督察机制，及时发现、制止和查处违法违规行为，保证城乡规划和有关法律法规的有效实施，推动地方政府和规划主管部门依法行政，促进党政领导干部在城乡规划决策方面的科学化和民主化。

（2）县级以上地方人民政府城乡规划主管部门对城乡规划实施情况进行的监督检查，即通常所说的对管理相对人的监督检查。包括严格验证有关土地使用和建设申请的申报条件是否符合法定要求，有无弄虚作假；复验有关用地的坐标、面积等与建设用地规划许可证规定是否相符；对已领取建设工程规划许可证并放线的建设工程，履行验线手续，检查其坐标、标高、平面布局等是否与建设工程规划许可证相符；建设工程竣工验收前，检查核实有关建设工程是否符合规划设计条件等；各地普遍开展的查处违法建设的行动等，这些都属于此类监督检查的范畴。

县级以上人民政府城乡规划主管部门实施行政监督检查权，其基本前提是必须严格遵循依法行政的原则，具体而言包括：

1）监督检查的内容要合法。即监督检查的内容必须是城乡规划法律、法规中规定要求当事人遵守或执行的行为。如城乡规划编制与审批，城乡规划修改，规划实施中的行政许可等，内容与程序是否合法。非违反城乡规划法律、法规的行为，则不属于县级以上人民政府城乡规划主管部门监督检查的内容。

2）监督检查的程序要合法。即按照法律、法规的要求和程序进行有关监督检查工作。如城乡规划监督检查人员履行监督检查职责时，应当出示统一制发的城乡规划监督检查证件；城乡规划监督检查人员提出建议或处理意见要依法并符合法定程序等。对于违反法律规定进行监督检查的，被检查的单位和个人有权拒绝接受和进行举报。

3）监督检查采取的措施要合法，即只能采取城乡规划法律、法规允许采取的措施，采取措施超出城乡规划法律、法规允许的范围，给当事人造成财产损失的，要依法赔偿；构成犯罪的，要依法追究刑事责任。

### 三、人大对规划的工作监督

【链接】《城乡规划法》第五十二条　地方各级人民政府应当向本级人民代表大会常务委员会或者乡、镇人民代表大会报告城乡规划的实施情况，并接受监督。

立法监督是指国家的立法机关对行政机关实行的工作监督。具体而言，在我国，立法监督是指各级人民代表大会及其常务委员会对国家行政机关及其工作人员的行政管理活动实施的监督。我国立法监督的方式主要有以下几种：

（1）改变或撤销政府制定的同宪法、法律相抵触的行政法规、规定和命令；

（2）听取和审议政府工作报告；

（3）审查和批准政府的国民经济计划和社会发展规划、财政预算决算以及它们的执行情况的报告；

（4）对政府机关及其主要领导人提出质询和询问；

（5）视察和检查政府工作；

（6）组织对特定问题的调查；

（7）罢免或撤销相关人员职务；

（8）受理人民群众对行政机关及其工作人员的申诉、控告、检举和意见。

人民代表大会及其常委会对政府工作实施监督，是宪法和法律赋予国家权力机关的重要职权。地方各级人民政府向人民代表大会或常委会报告城乡规划的实施情况，就是人民政府接受人民代表大会及其常委会监督的一种形式，属于立法监督中的一种。即地方人民代表大会及其常务委员会有权对地方人民政府城乡规划的实施情况进行视察和检查，听取地方政府报告，实施监督。具体而言：

（1）监督的主体是地方人民代表大会常务委员会；

（2）监督的对象是地方人民政府；

（3）监督的内容是地方人民政府对城乡规划的制定和实施情况；

（4）监督的方式是通过地方人民政府向本级人民代表大会常务委员会报告城乡规划的制定和实施情况，实现地方权力机关对政府的工作监督。

## 第二节　监督检查的法定措施

县级以上人民政府城乡规划主管部门依法履行监督检查职责，纠正和查处违反城乡规划法律、法规的行为，有时会受到违法行为人的抵制，特别是当违法行为涉及地方政府、政府部门和有关领导人员时，更增加了查处的难度。为了加大查处力度，提高查处工作效率，保证查处工作质量，有效打击违反城乡规划法律、法规的行为，需要赋予县级以上人民政府城乡规划主管部门必要的监督检查手段。

**【链接】**《城乡规划法》第五十三条　县级以上人民政府城乡规划主管部门对城乡规划的实施情况进行监督检查，有权采取以下措施：

（一）要求有关单位和人员提供与监督事项有关的文件、资料，并进行复制；

（二）要求有关单位和人员就监督事项涉及的问题作出解释和说明，并根据需要进入现场进行勘测；

（三）责令有关单位和人员停止违反有关城乡规划的法律、法规的行为。

城乡规划主管部门的工作人员履行前款规定的监督检查职责，应当出示执法证件。被监督检查的单位和人员应当予以配合，不得妨碍和阻挠依法进行的监督检查活动。

## 一、监督检查的工作措施

县级以上人民政府城乡规划主管部门在履行监督检查职责时，有权采取下列工作措施：

（1）对本行政区域内城乡规划编制、审批、实施、修改的情况进行监督检查，对建设单位和个人的建设活动是否符合城乡规划进行监督检查，对违反城乡规划的行为进行查处。同时，还要接受本级政府及有关监督检查部门、上级政府城乡规划主管部门和权力机关、社会公众对城乡规划工作的监督。为此，城乡规划主管部门必须建立健全监督检查制度，强化内部监督机制，畅通外部监督渠道，形成完善的行政检查、行政纠正和行政责任追究机制。

城乡规划主管部门在对本行政区域内城乡规划编制、审批、实施、修改的情况进行监督检查时，可以采取执法检查、案件调查、不定期抽查和接受群众举报等措施。上级城乡规划主管部门既可以对下级城乡规划主管部门具体行政行为进行监督检查。如国家住房与建设部要会同所在省级人民政府对国务院审批的城市总体规划的实施情况进行经常性的监督检查，省级城乡规划主管部门可以采取措施对本行政区域内城乡规划的实施情况进行检查；也可以对下级城乡规划主管部门的制度建设情况进行监督检查，如城乡规划主管部门是否明确了实施规划许可的程序要求，是否建立了规划公开公示制度，是否实行城乡规划集中统一管理等。下级城乡规划主管部门应当定期就城乡规划的实施情况和管理工作向上级城乡规划主管部门进行汇报。

（2）城乡规划主管部门应当建立健全对涉及城乡规划实施行为的监督管理制度，要明确各项具体监督管理职责、方式和程序，明确对违反城乡规划行为依法可采取的各种措施，明确实施监督管理的具体部门和工作人员的责任。城乡规划主管部门可以通过对在建项目的跟踪管理、巡察或调查、受理举报等方式，采用遥感技术等先进技术手段，掌握城乡规划的实施情况。城乡规划主管部门在进行监督检查时有权采取的措施包括：要求有关单位和人员提供与监督事项有关的文件、资料，并进行复制；要求有关单位和人员就监督事项涉及的问题作出解释和说明，并根据需要进入现场进行勘测；责令有关单位和人员停止违反有关城乡规划法律、法规的行为。县级以上人民政府城乡规划主管部门依法履行监督检查职责时，可以采用这些法定的强制性措施，被检查的单位或者个人则有遵守与配合的义务和责任。但也必须注意，采取这些措施时必须符合法定程序，同时不得超越法律赋予的权限，采用其他法律不允许采用的强制措施。

## 二、监督检查的证件出示

城乡规划监督检查证件是县级以上人民政府城乡规划主管部门依法制发的，格式统一的，证明城乡规划监督检查人员身份和资格的证书。只有经过严格培训、严格考核，符合法定任职条件的人员才可以依法取得城乡规划监督检查人员资格，才可被授予城乡规划监督检查的证件。城乡规划监督检查人员在履行监督检查职责时，应当出示城乡规划监督检查证件，如不出示证件，被检查的单位或者个人有权拒绝接受检查，有权拒绝其进入现场勘测，有权拒绝提供有关文件、资料和作出说明。为此，县级以上人民政府城乡规划主管部门要加强对城乡规划监督检查人员的监督和管理，要教育城乡规划监督检查人员持证上岗，依法行政。要加强对城乡规划监督检查证件的管理。城乡规划监督检查证件只限本人依法使用，不得涂改或者转借。城乡规划监督检查人员因离职或者其他原因，不再履行城乡规划监督检查职责的，应当缴销其城乡规划监督检查证件。

## 三、监督检查的工作配合

工作配合分为二个层面：政府部门之间工作配合，被监督检查单位的配合。

（1）城乡规划是一项综合性的工作，综合性是城乡规划工作的重要特点。城乡的社会、经济、环境等各项要素，既互为依据，又相互制约，城乡规划需要对城乡建设的各项要素进行统筹安排，使之各得其所、协调发展，因而城乡规划部门和各专业部门有较密切的联系。工作过程中，城乡规划的实施既要遵循城乡规划的科学规律，又要和有关部门密切配合，只有这样，才能使城乡规划真正成为地方政府组织城乡建设的有力武器。实践中，往往由于各相关部门缺乏密切衔接与配合，导致城乡规划难以实施。为此，县级以上人民政府各部门应当建立工程建设领域信息共享、工作配合、监管联动机制和查处违法建设信息抄告反馈制度，记录和查处违反城乡规划的建设活动。

（2）被监督检查的单位和个人对县级以上人民政府城乡规划主管部门进行的监督检查应当支持与配合。县级以上人民政府城乡规划主管部门依法行使监督检查权，查处违反城乡规划法律、法规的行为，维护的是国家利益，保护的是有关单位和个人的合法权益。有关单位和个人对县级以上人民政府城乡规划主管部门进行的监督检查应当支持与配合，并提供工作方便，如提供查处线索、协助执行等。妨碍与阻挠城乡规划监督检查人员依法执行职务，构成犯罪的，依法追究刑事责任；尚不构成犯罪的，由公安机关依照治安管理处罚法的规定处罚。

## 四、监督检查的社会公开

城乡规划的严肃性体现在已经批准的城乡规划必须遵守和执行，公众监督是保障城乡规划严肃性的重要途径之一。

【链接】《城乡规划法》第五十四条　监督检查情况和处理结果应当依法公开，供公众查阅和监督。

（1）城乡规划制定、实施和修改均应遵循公开的原则，即要求公开经依法制定和修改的城乡规划，公开规划许可的条件、程序和作出的许可决定。

（2）将城乡规划实施的监督检查情况以及处理结果公开，对于保障行政相对人、利害关系人和公众的知情权，以及加强对行政机关的监督具有重要意义。首先，将监督检查情况和处理结果予以公开，可以使社会公众了解权力机关、行政机关的执法及监督过程和理由，从而有利于社会公众对权力机关、行政机关的行为进行监督；第二，对于行政相对人、利害关系人来说，监督检查情况和处理结果公开，有助于其了解权力机关、行政机关监督检查的情况，以决定是否对自身权益采取相关保护措施，寻求相应的司法救济；第三，对于公众来说，监督检查结果和处理结果公开，使其可以了解自己需要的信息，指导什么是法律允许的、什么是法律禁止的，以保障自己的行为在法律允许的范围内。

（3）一般情况下，有关城乡规划编制、审批、实施和修改的监督情况和处理结果，都应当依法公开。但遇有按照相关法律规定不得公开的情形，则不能公开。这种情形包括以下两方面：一是涉及国家秘密的；二是涉及商业秘密的。我国《行政许可法》明确规定，行政许可的实施和结果，涉及国家秘密、商业秘密的，不能公开。

如厦门市规划局为使公众方便、及时了解城乡规划信息，规定在规划信息公开平台将依法批准的城乡规划和相关的城乡规划信息，自形成或者批准之日起二十日内向社会公开。同时设立规划展示固定场所，并配备方便查询的设施、设备，也通过新闻媒体、公告牌和网络等方式予以公开。此举为进一步增强规划制定和实施的透明度，对人民群众在城乡规划实施过程中享有建议、查询、检举和控告权，保障社会公众对城乡规划实施的知情权和监督权，实现城乡规划实施过程中的民主监督等，营造了良好的社会氛围和环境。

## 第三节　监督检查的行政监督

行政监督是指在公共行政管理过程中所进行的监察、督促和控制活动，是各类监督主体依法对国家行政机关及国家公务员在执行公务和履行职责时各种行政行为所实施的监察、督促和控制活动。

### 一、对国家机关工作人员有违法行为的处分

【链接】《城乡规划法》第五十五条　城乡规划主管部门在查处违反本法规定的行为时，发现国家机关工作人员依法应当给予行政处分的，应当向其任免机关或者监察机关提出处分建议。

城乡规划主管部门在进行监督检查时，发现国家机关工作人员依法应当给予行政处分的，应当及时、准确、全面地向有关机关通报情况，并提出处分建议。按照《中华人民共和国行政监察法》、《中华人民共和国公务员法》和《行政机关公务员处分条例》等法律法规，对行政机关公务员给予处分，由任免机关或者监察机关按照管理权限决定，处分分为：警告、记过、记大过、降级、撤职、开除。县级以上人民政府城乡规划主管部门发现国家机关工作人员的违法行为，依法应当给予行政处分的，属于本系统自行任命的工作人员，由县级以上人民政府城乡规划主管部门按照干部管理权限，依法予以处理。对于非本系统任命的工作人员，则应当向任免机关或者上级人民政府的监察机关提出行政处分建议书，由有关行政监察机关依法处理。

## 二、对规划部门不履行法定职责的处置

**【链接】**《城乡规划法》第五十六条　依照本法规定应当给予行政处罚，而有关城乡规划主管部门不给予行政处罚的，上级人民政府城乡规划主管部门有权责令其作出行政处罚决定或者建议有关人民政府责令其给予行政处罚。

上级人民政府城乡规划主管部门在进行监督检查时，发现有关城乡规划主管部门不履行法定行政处罚职责的，应当责成有关人民政府或城乡规划主管部门履行行政处罚责任。根据《城乡规划法》第六章法律责任第六十二条至第六十七条的规定，县级以上人民政府城乡规划主管部门，应当依法对城乡规划违法行为给予行政处罚。有关城乡规划主管部门应当给予而不予处罚，是指在违法事实清楚，违法案件处罚权明确的前提下，有处罚权的城乡规划主管部门对依法应当给予行政处罚的行为，而不给予行政处罚的做法。有关城乡规划主管部门不依法行使行政处罚权，就将损害城乡规划的严肃性，破坏城乡规划实施管理的正常秩序，导致受害人的合法权益得不到法律保护等严重后果。为此，上级人民政府城乡规划主管部门要责令有关城乡规划主管部门或者建议有关地方政府，及时作出行政处罚决定，同时可以根据情况，对于不履行法定行政处罚职责的城乡规划主管部门的责任人提出行政处分建议。

## 三、对规划部门违法作出行政许可的撤销

**【链接】**《城乡规划法》第五十七条　城乡规划主管部门违反本法规定作出行政许可的，上级人民政府城乡规划主管部门有权责令其撤销或者直接撤销该行政许可。因撤销行政许可给当事人合法权益造成损失的，应当依法给予赔偿。

上级人民政府城乡规划主管部门在进行监督检查时，发现有关违法行为必须及时进行制止的，可以本条规定作出纠正决定。近年来，一些地方出现了城乡规划主管部门及其工作人员违反城乡规划要求，违反法定规划许可制度的程序和条件，擅自核发规划行政许可，

如违反控制性详细规划核发许可，违反容积率指标要求核发许可，在公园、绿地、文物、市政公用基础设施保护范围内核发许可等。这种情况直接造成公共利益受损、社会资源浪费，也给利害关系人的合法权益造成损失，同时也给政府形象造成损害，必须及时予以纠正。为此法律明确规定了上级人民政府城乡规划主管部门有权责令其撤销或者直接撤销该行政许可。当然，上级人民政府城乡规划主管部门作出这样的纠正，应当坚持掌握准确的事实依据、慎重决定的原则，能够让有关城乡规划主管部门意识到错误，自己纠正的，尽可能责成其自行纠正，只有在其没有正当理由，明知错误拒不改正的前提下，才依法给予纠正。因撤销行政许可给当事人合法权益造成损失的，应当依据《行政许可法》的有关规定给予赔偿。

### 四、对规划实施过程中不良行为的公布

党的十七届六中全会强调“把诚信建设摆在突出位置，大力加政务诚信、商务诚信、社会诚信和司法公信建设”。在当今社会，诚信体系产生危机，影响经济发展，扰乱社会生活秩序。尤其是城乡规划建设领域，涉及面广，相关利益较大，诚信危机失信严重。参照民法、消费者权益保护法、合同法等相关法律，对规划实施过程中设计单位、施工单位、监理单位、测绘单位及其直接责任人员诚信行为要求及处理措施进行了相应的规定，由城乡规划主管部门依法处理。

《厦门市城乡规划条例》第五十六条“市城乡规划主管部门应当将规划实施过程中建设、设计、测绘等单位及个人的不良行为予以记录并公布。对违法建设的设计单位、施工单位、监理单位及其直接责任人员，市城乡规划主管部门、城市管理行政执法部门应当及时通报市建设行政管理部门处理。”对保障城乡规划建设领域诚信体系建设，达到行政部门间齐抓共管的效果，扭转诚信危机的局面，使诚信体系建设步入法治轨道，进一步维护了城乡规划的严肃性。

## 第四节　监督检查的工作内容

城乡规划实施监督检查是依照批准的城乡规划和规划法规对城市的土地利用和各项建设活动进行监督检查，查处违法用地与违法建设，收集、综合、反馈城乡规划实施的信息。监督检查贯穿于城乡规划实施的全过程，是保障城乡规划实施的重要措施。

根据城乡规划实施的任务和要求，监督检查的内容比较广泛，归纳起来有以下五项基本内容。

### 一、城乡土地利用的监督检查

城乡土地利用监督检查包括两项具体内容：对建设工程利用土地情况的监督检查和对规划区内保留和控制区用地情况的监督检查。

（一）建设用地监督检查

建设单位和个人办理建设用地规划许可证后，应当按法定的土地征用、划拨或者受让手续，领取土地利用权属证件后方可使用土地。规划管理部门应当对建设单位和个人使用土地的性质、位置、范围、面积等进行监督检查。发现实际用地情况与建设用地规划许可证不相符合时，应当责令其改正，并依法作出处理。

（二）城市规划区内保留、控制用地监督检查

规划管理部门应定期或不定期检查规划区内居住区、工业区、经济技术开发区、历史文化街区、水源保护区等控制区用地情况，对城市规划控制区内保护用地和保留用地进行监控，保证将来城乡建设对用地的需求。

## 二、建设活动过程的监督检查

城乡规划管理部门核发的建设工程规划许可证是确保建设工程符合城乡规划和规划法规要求的法律凭证。它确认了有关建设活动的合法性，保证建设单位和个人的合法权益，是城乡规划管理部门对建设活动进行跟踪、监督检查的依据。监督检查的具体内容如下：

（一）确立用地红线边界（规划放样验线）

建设单位和个人领取建设工程规划许可证后，应当悬挂在施工现场。紧邻道路的建设工程，应当向城乡规划管理部门申请订立道路规划红线界桩。城乡规划管理部门接到申请后，应当测定道路规划红线位置、订立界桩，并为建设单位和个人提供道路规划红线测定成果资料。

（二）复验灰线（±0.00 复测检查）

建设工程施工放线后，建设单位和个人应当向城乡规划管理部门申请复验红线，经复验无误后方可开工。城乡规划管理部门接到申请后，应当派员按照规定时间对照建设工程规划许可证核准的图纸复验灰线。

（三）施工检查

在施工过程中，城乡规划管理部门应当对建设工程执行建设工程规划许可证的情况进行现场检查。被检查者应当如实提供情况。检查人员应当为被检查者保守技术秘密和业务秘密。

（四）竣工规划验收（竣工规划条件核实）

建设工程竣工后，建设单位和个人应当向城乡规划管理部门申请工程竣工规划验收。城乡规划管理部门应当派员按照规定完成工程竣工规划验收。建设单位和个人凭城乡规划管理部门出具的工程竣工规划验收合格证明，方可向房产管理部门申请房屋产权证。

## 三、查处违法用地和违法建设

违法建设分为两种情况，第一是未取得城乡规划管理部门核发的建设工程规划许可证

而擅自进行建设，即无证建设；第二是虽然领取了建设工程规划许可证，但未按照建设工程规划许可证的要求进行建设，即越证建设。城乡规划管理部门通过监督检查，及时制止并依法处理各类违法用地和违法建设。

### 四、建设用地和建设工程规划许可证的合法性检查

建设单位或者个人采取不正当的手段获得建设用地规划许可证和建设工程规划许可证，私自转让建设用地规划许可证和建设工程规划许可证等都是违法行为，应当予以纠正或者撤销。规划管理部门在监督检查活动中发现的问题应及时纠正，并不断改进工作，促进依法行政。

### 五、建筑物、构筑物使用性质的监督检查

在市场经济条件下，由于经济利益的驱使，随意改变建筑工程使用性质的情况日益增多。有些建筑物使用性质的改变，对环境、交通、消防、安全等方面产生不良后果，也影响到城乡规划的实施，因此对竣工交付使用后建筑工程使用性质进行检查十分必要。

## 第五节　监督检查的主要环节

城乡规划管理部门对建设活动进行监督检查主要把握道路规划红线定界、复验灰线和建设工程竣工规划验收三个主要环节。

### 一、道路规划红线定界

紧邻道路的建筑工程，办理建设工程规划许可证件时，建设单位或者个人应当办理道路规划红线定界申请手续。道路规划红线定界由规划管理部门委托测绘单位承担。建设单位或者个人在申请开工验线前，应当向测绘单位申请道路规划红线定界。测绘单位接到申请后，应当在规定时间内完成道路规划红线位置的测定，订立界桩，并为建设单位或者个人提供道路规划红线测定成果资料。

监督检查人员在现场复验灰线前，应当先复验道路规划红线，测定红线后，发现有误差或者有疑问时，应当进行复测。

### 二、复验灰线

建设单位和个人在领取建设工程规划许可证件时，应当办理建设工程开工验线申请手续。建筑工程和管线、道路、桥梁工程现场放线后，建设单位或者个人必须按照规定向规划管理部门申请复验灰线，并报告开工日期。开工前，规划管理部门应当指定监督检查人员承担复验灰线任务。

监督检查人员对建设工程下列内容进行检查：

（1）检查建设工程施工现场是否悬挂建设工程规划许可证。

（2）检查建设工程总平面布局。

（3）检查建设工程基础的边界与道路规划红线、与相邻建筑物外墙、与建设用地边界的间距。

（4）检查建设工程外墙长、宽尺寸以及各开间的长、宽尺寸。

（5）查看基地周围环境如架空高压电线等对建设工程施工的相应要求是否得到满足。

### 三、建设工程竣工规划验收

建设单位或者个人申请领取建设工程规划许可证时，应当办理建设工程竣工规划验收申请手续。当建设工程竣工后，应当向城乡规划管理部门报送建设工程竣工规划验收申请。城乡规划管理监督检查机构收到申请后，应当进行登记，指定监督检查人员承担建设工程竣工规划验收任务，并告知建设单位或者个人建设工程竣工规划验收的时间。

监督检查人员受理任务前，应当查阅并熟悉建设工程规划许可证核准的建设工程总平面图和施工图的内容以及有关资料，按照约定的时间赴建设工程现场，对下列内容进行检查：

（1）总平面布局。检查建设工程的位置、占地范围、坐标、平面布置、建筑间距、出入口设置等是否符合建设工程规划许可证及其核准的图纸要求。

（2）容量指标。检查建设工程的建筑面积、建筑层数、建筑密度、容积率、建筑高度、绿地率、停车泊位等是否符合建设工程规划许可证及其核准的图纸要求。

（3）建筑立面、造型。检查建筑物或构筑物的形式、风格、色彩、立面处理等是否符合建设工程规划许可证核准的图纸要求。

（4）室外设施。检查室外工程设施，如道路、踏步、绿化、围墙、大门、停车场、雕塑、水池等是否符合建设工程规划许可证核准的图纸要求。并检查其施工现场临时设施是否按规定期限拆除并得到清理。

竣工验收合格后，应当核发竣工验收合格证。竣工规划验收合格证是由工程质量检验部门验收，供电、供水、供气部门办理供电、供水、供气手续，房产部门办理产权登记等环节的必备条件。竣工验收合格后，建设单位应当在6个月内向城乡规划行政主管部门报送竣工档案资料，包括文件和图纸（图8-1）。

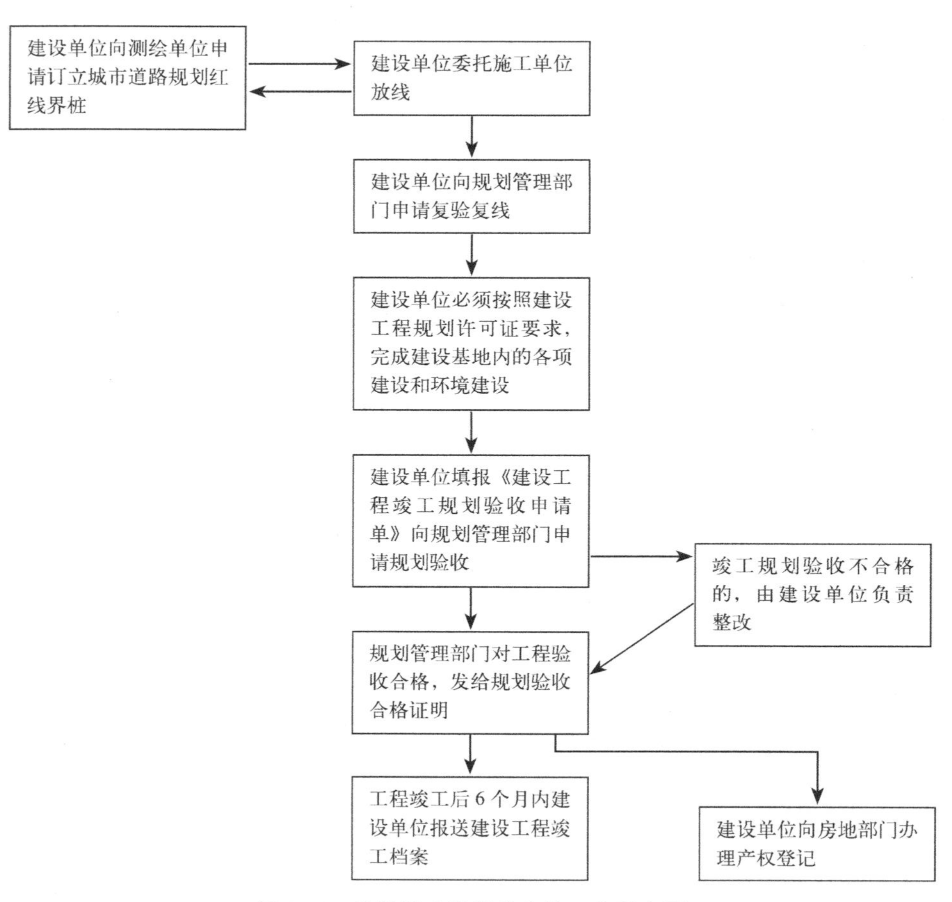


图8-1　建设活动监督检查的工作程序图

# 第九章　违反城乡规划的法律责任

我国法律规定了3种法律责任，即民事责任、行政责任和刑事责任。行政责任是指行政法律关系主体因违反行政法律规范所规定的义务而引起的，依法必须承担的法律责任。

## 第一节　规划管理部门的法律责任

镇人民政府或者县级以上人民政府城乡规划主管部门有下列行为之一的，由本级人民政府、上级人民政府城乡规划主管部门或者监察机关依据职权责令改正，通报批评；对直接负责的主管人员和其他直接责任人员依法给予处分。

1．未组织编制，或者未按法定程序编制、审批、修改城乡规划所应承担的法律责任

【链接】《城乡规划法》第五十八条　对依法应当编制城乡规划而未组织编制，或者未按法定程序编制、审批、修改城乡规划的，由上级人民政府责令改正，通报批评；对有关人民政府负责人和其他直接责任人员依法给予处分。

编制城乡规划是各级政府的职责，各级政府应当依照《城乡规划法》的规定编制城乡规划。《城乡规划法》第三条对城市规划、镇规划和乡规划、村庄规划提出不同要求。对城市规划、镇规划，《城乡规划法》规定，城市和镇应当依照本法制定城市规划和镇规划。城市、镇规划区内的建设活动应当符合规划要求。对乡规划、村庄规划，《城乡规划法》则规定，县级以上地方人民政府根据本地农村经济社会发展水平，按照因地制宜、切实可行的原则，确定应当制定乡规划、村庄规划的区域。在确定区域内的乡、村庄，应当依照本法制定规划，规划区内的乡、村庄建设应当符合规划要求。有关人民政府依法应当编制城乡规划而未组织编制的，应当承担《城乡规划法》规定的行政法律责任。

《城乡规划法》第十二条、第十三条、第十四条、第十五条、第十六条、第二十二条、第二十六条、第二十七条分别对全国城镇体系规划、省域城镇体系规划、城市总体规划、镇总体规划和乡规划、村庄规划的编制、审批程序和征求意见程序做了规定。《城乡规划法》第十九条、第二十条、第二十一条、第三十四条分别对城市、镇的控制性详细规划以及近期建设规划的编制、审批程序做了规定。《城乡规划法》第四十六条、第四十七条、第四十八条、第四十九条、第五十条分别对省域城镇体系规划、城市总体规划、镇总体规划和控制性详细规划、修建性详细规划、近期建设规划的修改程序做了规定。

各级政府是城乡规划编制、修改的主体，上级政府是城乡规划审批的主体，有关人民政府必须严格遵守《城乡规划法》规定的职权和程序编制、审批、修改城乡规划。有关人

民政府未按法定程序编制、审批、修改城乡规划，应承担行政法律责任。这样规定对行政领导随意编规划改规划的行为进行了约束，有利于增加规划的严肃性、权威性。

2. 委托不具有相应资质等级的单位编制城乡规划所应承担的法律责任

【链接】《城乡规划法》第五十九条 城乡规划组织编制机关委托不具有相应资质等级的单位编制城乡规划的，由上级人民政府责令改正，通报批评；对有关人民政府负责人和其他直接责任人员依法给予处分。

各级人民政府是组织编制城乡规划的机关，但承担具体城乡规划编制工作的机构需要有专业技术知识，这种专业技术机构要具备一定的资质才能被许可从事城乡规划编制工作。根据本法有关规定，城乡规划组织编制机关应当委托具有相应资质等级的单位承担城乡规划的具体编制工作。从事城乡规划编制工作的单位应当有法人资格，有规定数量的经国务院城乡规划主管部门注册的规划师，有规定数量的相关专业技术人员，有相应的技术装备，有健全的技术、质量、财务管理制度。并经国务院城乡规划主管部门或者省、自治区、直辖市人民政府城乡规划主管部门依法审查合格，取得相应等级的资质证书后，方可在资质等级许可的范围内从事城乡规划编制工作。城乡规划组织编制机关委托不具有相应资质等级的单位承担城乡规划的具体编制工作的，应当承担本条规定的法律责任；由上级人民政府责令改正，通报批评；对有关人民政府负责人和其他直接责任人员依法给予处分。

3. 规划主管部门违反本法所应承担的法律责任

【链接】《城乡规划法》第六十条 镇人民政府或者县级以上人民政府城乡规划主管部门有下列行为之一的，由本级人民政府、上级人民政府城乡规划主管部门或者监察机关依据职权责令改正，通报批评；对直接负责的主管人员和其他直接责任人员依法给予处分：

（一）未依法组织编制城市的控制性详细规划、县人民政府所在地镇的控制性详细规划的；

（二）超越职权或者对不符合法定条件的申请人核发选址意见书、建设用地规划许可证、建设工程规划许可证、乡村建设规划许可证的；

（三）对符合法定条件的申请人未在法定期限内核发选址意见书、建设用地规划许可证、建设工程规划许可证、乡村建设规划许可证的；

（四）未依法对经审定的修建性详细规划、建设工程设计方案的总平面图予以公布的；

（五）同意修改修建性详细规划、建设工程设计方案的总平面图前未采取听证会等形式听取利害关系人的意见的；

（六）发现未依法取得规划许可或者违反规划许可的规定在规划区内进行建设的行为，而不予查处或者接到举报后不依法处理的。

城乡规划主管部门违反《城乡规划法》的规定，有下列行为之一的，应承担行政法律责任。

（1）未依法组织编制城市的控制性详细规划、县人民政府所在地镇的控制性详细规划。

《城乡规划法》第十九条规定，城市人民政府城乡规划主管部门根据城市总体规划的要求，组织编制城市的控制性详细规划。第二十条规定，县人民政府城乡规划主管部门组织编制县人民政府所在地镇的控制性详细规划。城市人民政府城乡规划主管部门未组织编制城市的控制性详细规划、县人民政府城乡规划主管部门未组织编制县人民政府所在地镇的控制性详细规划的，应当承担行政法律责任。

（2）超越职权或者对不符合法定条件的申请人核发选址意见书、建设用地规划许可证、建设工程规划许可证、乡村建设规划许可证。

《城乡规划法》第三十六条规定，按照国家规定需要有关部门批准或者核准的建设项目，以划拨方式提供国有土地使用权的，建设单位在报送有关部门批准或者核准前，应当向城乡规划主管部门申请核发选址意见书。《城乡规划法》第三十七条、第三十八条规定，在城市、镇规划区内以划拨方式提供国有土地的用权的建设项目，经有关部门批准、核准、备案后，建设单位应当同城市、县人民政府城乡规划主管部门提出建设用地规划许可申请，由城市、县人民政府城乡规划主管部门依据控制性详细规划核定建设用地的位置、面积、允许建设的范围，核发建设用地规划许可证。在城市、镇规划区内以出让方式取得国有土地使用权的建设项目，在签订国有土地使用权出让合同后，建设单位应当持建设项目的批准、核准、备案文件和国有土地使用权出让合同，向城市、县人民政府城乡规划主管部门领取建设用地规划许可证。《城乡规划法》第四十条规定，在城市、镇规划区内进行建筑物、构筑物、道路、管线和其他工程建设的，建设单位或者个人应当向城市、县人民政府城乡规划主管部门申请办理建设工程规划许可证。申请办理建设工程规划许可证，应当提交使用土地的有关证明文件、建设工程设计方案等材料。需要建设单位编制修建性详细规划的建设项目，还应当提交修建性详细规划。对符合控制性详细规划和规划条件的，由城市、县人民政府城乡规划主管部门核发建设工程规划许可证。《城乡规划法》第四十一条规定，在乡、村庄规划区内进行乡镇企业、乡村公共设施和公益事业建设的，建设单位或者个人应当向乡、镇人民政府提出申请，由乡、镇人民政府报城市、县人民政府城乡规划主管部门核发乡村建设规划许可证。在乡、村庄规划区内进行乡镇企业、乡村公共设施和公益事业建设以及农村村民住宅建设，不得占用农用地；确需占用农用地的，应当依照《土地管理法》的有关规定办理农用地转用审批手续后，由城市、县人民政府城乡规划主管部门核发乡村建设规划许可证。

在受理申请人的城乡规划许可申请后，城乡规划主管部门应当进行认真审查，符合规定条件的，应当作出准予规划许可的决定，如果不符合条件，应当作出不予许可的决定，并说明不予许可的理由和依据。城乡规划主管部门必须在自己的职权范围内实施规划许可，对于不属于自己职权范围内的事项，不得实施行政许可。如果超越职权或者对不符合法定条件的申请人核发选址意见书、建设用地规划许可证、建设工程规划许可证、乡村建设规划许可证的，属违法行为，应承担行政法律责任。

（3）对符合法定条件的申请人未在法定期限内核发选址意见书、建设用地规划许可证、建设工程规划许可证、乡村建设规划许可证。

根据《行政许可法》的规定，行政机关对行政许可申请进行审查后，除当场作出行政许可决定的情形外，应当在法定期限内按照规定程序作出行政许可决定。行政机关在经过审查后，对于符合条件的申请人不仅应当准予行政许可，还应当在法定的期限内作出准予行政许可的决定。除可以当场作出行政许可决定的情形外，行政机关应当自受理行政许可申请之日起 20 日内作出行政许可的决定。如果 20 日内不能作出决定，经本行政机关负责人批准，可以延长 10 日，并应当将延长期限的理由告知申请人。行政许可采取统一办理或者联合办理、集中办理的，办理的时间不得超过 45 日；45 日内不能办结的，经本级人民政府负责人批准，可以延长 15 日，并应当将延长期限的理由告知申请人。行政机关作出准予行政许可决定的，应当自作出决定之日起 10 日内向申请人颁发、送达行政许可证件。县级以上人民政府城乡规划主管部门对符合法定条件的申请人未在法定期限内核发选址意见书、建设用地规划许可证、建设工程规划许可证、乡村建设规划许可证的，应承担行政法律责任。

（4）未依法对经审定的修建性详细规划、建设工程设计方案的总平面图予以公布，或者批准修改修建性详细规划、建设工程设计方案的总平面图前未采取听证会等形式听取利害关系人的意见。

《城乡规划法》第四十条、第五十条中规定，城乡规划主管部门应当依法将经审定的修建性详细规划、建设工程设计方案的总平面图予以公布，经依法审定的修建性详细规划、建设工程设计方案的总平面图不得随意修改；确需修改的，城乡规划主管部门应当采取听证会等形式，听取利害关系人的意见。违反上述规定的，即构成违法，应当承担行政法律责任。

（5）发现未依法取得规划许可或者违反规划许可的规定在规划区内进行建设的行为，而不予查处或者接到举报后不依法处理。

这里规定的是城乡规划主管部门的行政不作为，即城乡规划主管部门应当履行自己的职责而不予履行的行为。行政不作为在很大程度上影响政府职能的正常发挥。行政不作为虽然不如超越职权、滥用职权的行政违法行为的表现形式明显，但是其危害性却不可低估，例如会导致一些违法建设成为既成事实，加大采取整改措施和处罚的难度等，并且会严重破坏政府部门在人民群众心目中的形象，应当承担相应的法律责任。《城乡规划法》赋予了城乡规划主管部门对城乡规划的实施情况进行监督检查有权采取的行政措施，城乡规划主管部门应当履行职责，同时对群众举报或者控告违反城乡规划的行为，应当及时受理并组织核查、处理。如果发现未依法取得规划许可或者违反规划许可的规定在规划区内进行建设的行为，而不予查处或者接到举报后不依法处理的，是渎职行为，必须追究相应人员的法律责任。

有上述违法行为之一的，由本级人民政府或者上级人民政府城乡规划主管部门或者监察机关依据职权责令改正，对县级以上人民政府城乡规划主管部门通报批评；对直接负责的主管人员和其他直接责任人员依法给予处分。追究法律责任的机关有三个：一是本级人民政府．二是上级人民政府城乡规划主管部门，三是监察机关。本级人民政府和上级人民政府城乡规划主管部门对有关城乡规划主管部门的工作负有领导和监督责任，一旦发现有违法行为，本级人民政府或者上级人民政府城乡规划主管部门均有权予以处理。监察机关是人民政府行使监察职能的机关，依法对行政机关、国家公务员和行政机关任命的其他人员实施监察。根据《中华人民共和国行政监察法》的规定，监察机关有权依法检查行政机关及其工作人员遵守和执行法律、法规和人民政府的决定和命令中的问题，并有权根据检查、调查结果，作出监察决定或者对行政机关提出监察建议。据此，对行政机关及其工作人员是否严格执法，是监察机关行使监察权的重要内容之一。

## 第二节　有关行政管理部门的法律责任

城乡规划管理与政府相关部门密切相关，许多工作环节也相互交叉和衔接，在实际城乡规划实施中，若政府有关部门绕开规划管理的法定程序而直接作出行政许可，同样要承担相应法律责任。

【链接】《城乡规划法》第六十一条　县级以上人民政府有关部门有下列行为之一的，由本级人民政府或者上级人民政府有关部门责令改正，通报批评；对直接负责的主管人员和其他直接责任人员依法给予处分：

（一）对未依法取得选址意见书的建设项目核发建设项目批准文件的；

（二）未依法在国有土地使用权出让合同中确定规划条件或者改变国有土地使用权出让合同中依法确定的规划条件的；

（三）对未依法取得建设用地规划许可证的建设单位划拨国有土地使用权的。

县级以上人民政府有关部门违反《城乡规划法》的规定，有下列行为之一的，应承担行政法律责任。

1．对未依法取得选址意见书的建设项目核发建设项目批准文件

《城乡规划法》第三十六条规定，按照国家规定需要有关部门批准或者核准的建设项目，以划拨方式提供国有土地使用权的，建设单位在报请有关部门批准或者核准前，应当向城乡规划主管部门申请核发选址意见书。这里讲的核发建设项目批准文件的部门，是指除城乡规划主管部门外主要负责有关建设项目审批的部门。

2．未依法在国有土地使用权出让合同中确定规划条件或者改变国有土地使用权出让合同中依法确定的规划条件

《城乡规划法》第三十八条规定，在城市、镇规划区内以目让方式提供国有土地使用权的，在国有土地使用权出让前，城市、县人民政府城乡规划主管部门应当依据控制性详

细规划，提出出让地块的位置、使用性质、开发强度等规划条件，作为国有土地使用权出让合同的组成部分。未确定有关规划条件的地块不得出让国有土地使用权。城市、县人民政府城乡规划主管部门不得在建设用地规划许可证中，擅自改变作为国有土地使用权出让合同组成部分的规划条件。同时第三十九条规定，规划条件未纳入国有土地使用权出让合同的，该国有土地使用权出让合同无效。由此，城市、县人民政府城乡规划主管部门和其他有关部门未依法在国有土地使用权出让合同中确定规划条件或者改变国有土地使用权出让合同中依法确定的规划条件的，应承担行政法律责任。

3．对未依法取得建设用地规划许可证的建设单位划拨国有土地使用权

《城乡规划法》第三十七条规定，建设单位在取得建设用地规划许可证后，方可向县级以上地方人民政府土地主管部门申请用地，经县级以上人民政府审批后，由土地主管部门划拨土地。土地主管部门对未依法取得建设用地规划许可证的建设单位划拨国有土地使用权的，应承担行政法律责任。

县级以上人民政府有关部门违反《城乡规划法》的规定，有上述行为之一的，由本级人民政府或者上级人民政府有关部门责令改正，对县级以上人民政府有关部门通报批评；对直接负责的主管人员和其他直接责任人员，依法给予处分。

## 第三节　规划编制单位的法律责任

城乡规划组织编制机关应当委托具有相应资质等级的单位承担城乡规划的具体编制工作。从事城乡规划编制工作应当具备相应条件，并经国务院城乡规划主管部门或者省、自治区、直辖市人民政府城乡规划主管部门审查合格，取得相应等级的资质证书后，方可在资质等级许可的范围内从事城乡规划编制工作。

1．城乡规划编制单位违反本法所应承担的行政和民事法律责任的规定

**【链接】**《城乡规划法》第六十二条　城乡规划编制单位有下列行为之一的，由所在地城市、县人民政府城乡规划主管部门责令限期改正，处合同约定的规划编制费一倍以上二倍以下的罚款；情节严重的，责令停业整顿，由原发证机关降低资质等级或者吊销资质证书；造成损失的，依法承担赔偿责任：

（一）超越资质等级许可的范围承揽城乡规划编制工作的；

（二）违反国家有关标准编制城乡规划的。

未依法取得资质证书承揽城乡规划编制工作的，由县级以上地方人民政府城乡规划主管部门责令停止违法行为，依照前款规定处以罚款；造成损失的，依法承担赔偿责任。

以欺骗手段取得资质证书承揽城乡规划编制工作的，由原发证机关吊销资质证书，依照本条第一款规定处以罚款；造成损失的，依法承担赔偿责任。

城乡规划编制单位违反《城乡规划法》的规定，有下列行为之一的，应承担法律责任。

（1）超越资质等级许可的范围或者未依法取得资质证书承揽城乡规划编制工作，或者以欺骗手段取得资质证书承揽城乡规划编制工作。

《城乡规划法》第二十四条规定，城乡规划组织编制机关应当委托具有相应资质等级的单位承担城乡规划的具体编制工作。法律不允许城乡规划编制单位超越资质等级许可的范围或者未依法取得资质证书而承揽城乡规划编制工作，更不允许以欺骗手段取得资质证书承揽城乡规划编制工作。

（2）违反国家有关标准编制城乡规划。

《城乡规划法》第二十四条规定，编制城乡规划必须遵守国家有关标准。国家有关标准是城乡规划编制的技术标准和规范，城乡规划编制单位必须遵守。

（3）城乡规划编制单位取得资质证书后，经原发证机关检查不再符合法定的相应资质条件，不能继续承揽城乡规划编制工作或者按原资质等级许可的范围承揽城乡规划编制工作，应当按期改正而不改正。

城乡规划编制单位实施上述违法行为，根据《城乡规划法》的规定，应承担相应的行政法律责任、民事法律责任。城乡规划编制单位所应承担的行政法律责任的形式主要是行政处罚。行政处罚是指有行政处罚权的行政机关或者法律、法规授权的组织，对违反行政法律规范和依法应当给予处罚的行政相对人所实施的法律制裁行为。行政处罚的种类包括：警告、罚款、没收违法所得和非法财物、责令停产停业、暂扣或者吊销许可证（执照）、行政拘留和法律法规规定的其他行政处罚。城乡规划编制单位还要承担相应的民事法律责任。民事法律责任通常也称民事赔偿责任，是指公民、法人或者其他组织因违反合同或者不履行其他义务，或者由于过错侵害国家、集体财产或者他人财产权利、人身权利所应当承担的法律后果。承担民事损害赔偿责任，一般应当具备以下条件：一是行为人的不正当行为给他人的正常活动造成了实际损失；二是违法行为人造成的损害与其不正当行为有因果关系；三是符合有关法律应当给予赔偿的情形。赔偿责任可以由城乡规划主管部门以调解的方式要求违法行为人承担，受害人也可以提起民事诉讼，请求人民法院判决违法行为人承担赔偿责任。

城乡规划编制单位超越资质等级许可的范围承揽城乡规划编制工作的，由其所在的城市、县人民政府城乡规划主管部门责令限期改正，处合同约定的规划编制费1倍以上2倍以下的罚款；情节严重的，责令停业整顿，由原发证机关降低资质等级或者吊销资质证书；造成损失的，依法承担赔偿责任。对未取得资质证书承揽城乡规划编制工作的，由县级以上地方人民政府城乡规划主管部门责令停止违法行为，按照对超越资质等级许可的范围承揽城乡规划编制工作的罚款处罚和承担赔偿责任。对以欺骗手段取得资质证书承揽城乡规划编制工作的，由原发证机关吊销资质证书，按照对超越资质等级许可的范围承揽城乡规划编制工作的罚款处罚和承担赔偿责任。

城乡规划编制单位违反国家有关标准编制城乡规划的，由其所在的城市、县人民政府城乡规划主管部门责令限期改正，处合同约定的规划编制费1倍以上2倍以下的罚款；情节严重的，责令停业整顿，由原发证机关降低资质等级或者吊销资质证书；造成损失的，依法承担赔偿责任。

2．规划编制单位取得资质证书后，不再符合相应的资质条件所应承担的法律责任的规定

【链接】《城乡规划法》第六十三条　城乡规划编制单位取得资质证书后，不再符合相应的资质条件的，由原发证机关责令限期改正；逾期不改正的，降低资质等级或者吊销资质证书。

从事城乡规划编制工作应当具备下列条件，并经国务院城乡规划主管部门或者省、自治区、直辖市人民政府城乡规划主管部门审查合格，取得相应等级的资质证书后，方可在资质等级许可的范围内从事城乡规划编制工作，具有法人资格；有规定数量的经国务院城乡规划主管部门注册的规划师；有规定数量的相关专业技术人员；有相应的技术装备；有健全的技术、质量、财务管理制度。城乡规划编制单位取得资质证书后，经原发证机关检查不再符合上述资质条件的，由原发证机关责令限期改正；逾期不改正的，降低其资质等级或者吊销其资质证书。

## 第四节　建设单位或当事人的法律责任

城乡规划行政主管部门依照法定权限和程序，应当追究对违反城乡规划规划许可的建设单位或当事人的法律责任。

1．未取得建设工程规划许可证或者未按照建设工程规划许可证进行建设所应承担的法律责任

【链接】《城乡规划法》第六十四条　未取得建设工程规划许可证或者未按照建设工程规划许可证的规定进行建设的，由县级以上地方人民政府城乡规划主管部门责令停止建设；尚可采取改正措施消除对规划实施的影响的，限期改正，处建设工程造价百分之五以上百分之十以下的罚款；无法采取改正措施消除影响的，限期拆除，不能拆除的，没收实物或者违法收入，可以并处建设工程造价百分之十以下的罚款。

对违法建设追究行政法律责任的方式是行政处罚，根据违法建设行为的不同阶段和情节轻重，由县级以上地方人民政府城乡规划主管部门采取下列行政措施和进行行政处罚。

（1）责令停止建设。城乡规划主管部门发现建设单位未取得建设工程规划许可证或者违反建设工程规划许可证的规定进行开发建设的，首先应立即发出停止违法建设活动通知书，责令其立即停止违法建设活动，防止违法建设给规划实施带来更多不利影响。

（2）责令限期改正，并处罚款。对责令停止的违法建设，还可以采取改正措施消除对规划实施的影响的，由城乡规划主管部门责令建设单位在规定的期限内采取改正措施。“责

令改正”不属于行政处罚，而是行政机关在实施行政处罚时必须采取的行政措施。《行政处罚法》规定，行政机关实施行政处罚时，应当责令当事人改正或者限期改正违法行为。

对于行政管理相对人实施的违法行为，行政机关应当追究其相应的法律责任，给予行政处罚，但不能简单地一罚了事，而应当要求当事人改正其违法行为，不允许其违法状态继续存在下去。“责令限期改正”，指除要求违法行为人立即停止违法行为外，还必须限期采取改正措施，消除其违法行为造成的危害后果，恢复合法状态，即建设工程恢复到符合建设工程规划许可证的规定。对于未取得建设工程规划许可证而进行建设，但又符合详细规划的要求，建设单位应当按照《城乡规划法》的规定补办建设工程规划许可证；对已经建成的应当予以改建使其符合城乡规划；不能通过改建达到符合城乡规划要求的，应当予以拆除。在“责令限期改正”的同时，并处建设工程造价5%以上10%以下的罚款。这里规定的作为罚款计算基数的工程造价，可以考虑以下规定：对未取得建设工程规划许可证的为工程全部造价，对未按照建设工程规划许可证的规定进行建设的为工程违规部分的造价。

（3）限期拆除。违法建设无法采取改正措施消除对规划实施的影响的，由城乡规划主管部门通知有关当事人，在规定的期限内无条件拆除违法建筑物。

（4）没收实物或者违法收入，可以并处罚款。对已形成的违法建筑，已无法采取措施消除对规划实施的影响，但又不宜拆除的，由城乡规划主管部门没收该违法建筑或者违法收入。城乡规划主管部门在没收违法建筑或者违法收入的同时，根据违法行为的具体情节，可以并处建设工程造价10%以下的罚款。

实践中违法建设的情况比较复杂，有的可以通过采取补救措施予以改正；有的需要全部拆除，有的需要部分拆除；有的改正或者拆除难度较大、社会成本较高，如何进行处罚需要综合考虑，既要严格执法，防止“以罚款代替没收或拆除”，又要从实际情况出发，区分不同情况。但对违法建设的处罚必须坚持让违法成本高，使违法者无利可图的原则，这样才能有效地遏制违法建设，保障城乡规划的顺利实施，为城镇的发展提供一个良好的，建设环境与建设秩序。

2．在乡、村庄规划区内未依法取得乡村建设规划许可证或者未按照乡村建设规划许可证进行建设所应承担的法律责任

**【链接】**《城乡规划法》第六十五条　在乡、村庄规划区内未依法取得乡村建设规划许可证或者未按照乡村建设规划许可证的规定进行建设的，由乡、镇人民政府责令停止建设、限期改正；逾期不改正的，可以拆除。

乡村建设规划许可证是在乡、村庄规划区内进行乡村建设活动的法律凭证，未依法取得乡村建设规划许可证或者未按照乡村建设规划许可证的规定进行建设的，属违法建设。《城乡规划法》第四十一条规定，在乡、村庄规划区内进行乡镇企业、乡村公共设施和公益事业建设的，建设单位或者个人应当向乡、镇人民政府提出申请，由乡、镇人民政府报城市、县人民政府城乡规划主管部门核发乡村建设规划许可证。在乡、村庄规划区内进行

乡镇企业、乡村公共设施和公益事业建设以及农村村民住宅建设，不得占用农用地；确需占用农用地的，应当依照《土地管理法》的有关规定办理农用地转用审批手续后，由城市、县人民政府城乡规划主管部门核发乡村建设规划许可证。建设单位或者个人在取得乡村建设规划许可证后，方可办理用地审批手续。

按照本条规定，在乡、村庄规划区内未依照《城乡规划法》取得乡村建设规划许可证或者未按照乡村建设规划许可证的规定进行建设的，由乡、镇人民政府责令停止建设、限期改正；逾期不改正的，可以拆除。

3．建设单位或者个人违反本法规定进行临时建设所应承担的法律责任

【链接】《城乡规划法》第六十六条　建设单位或者个人有下列行为之一的，由所在地城市、县人民政府城乡规划主管部门责令限期拆除，可以并处临时建设工程造价一倍以下的罚款：

（一）未经批准进行临时建设的；

（二）未按照批准内容进行临时建设的；

（三）临时建筑物、构筑物超过批准期限不拆除的。

本法条规定，在城市、镇规划区内进行临时建设的，应当经城市、县人民政府城乡规划主管部门批准。临时建设影响近期建设规划或者控制性详细规划的实施以及交通、市容、安全等的，不得批准。临时建设应当在批准的使用期限内自行拆除。建设单位或者个人未经批准进行临时建设、未按照批准内容进行临时建设或者临时建筑物、构筑物超过批准期限不拆除的，由所在地城市、县人民政府城乡规划主管部门责令限期拆除，可以并处临时建设工程造价1倍以下的罚款。是否处以罚款及罚款的具体数额根据违法行为的情节轻重而定。

4．建设单位未按规定报送竣工验收资料所应承担的法律责任

【链接】《城乡规划法》第六十七条　建设单位未在建设工程竣工验收后六个月内向城乡规划主管部门报送有关竣工验收资料的，由所在地城市、县人民政府城乡规划主管部门责令限期补报；逾期不补报的，处一万元以上五万元以下的罚款。

本法规定，建设单位应当在竣工验收后6个月内向城乡规划主管部门报送有关竣工验收资料。竣工资料包括该工程的审批文件和该建设工程竣工时的总平面图、各层平面图、立面图、剖面图、设备图、基础图和城乡规划主管部门指定需要的其他图纸。竣工资料是城乡规划主管部门进行具体的规划管理过程中需要查阅的重要资料，建设单位必须依照本法的规定报送竣工资料。否则追究违法行为人的行政法律责任。

对违反《城乡规划法》第四十五条的规定，建设单位未在建设工程竣工验收后6个月内向城乡规划主管部门报送有关竣工验收资料的，首先由其所在地城市、县人民政府城乡规划主管部门责令限期补报，在责令补报的期限内补报了竣工验收资料的，就不予处罚。逾期不补报的，处1万元以上5万元以下的罚款。

5．违法建设行政强制执行的规定

【链接】《城乡规划法》第六十八条　城乡规划主管部门作出责令停止建设或者限期拆除的决定后，当事人不停止建设或者逾期不拆除的，建设工程所在地县级以上地方人民政府可以责成有关部门采取查封施工现场、强制拆除等措施。

行政强制执行是指公民、法人或者其他组织不履行行政机关依法所作的行政处理决定中规定的义务，有关行政机关依法强制其履行义务。

（1）查封施工现场。"查封施工现场"，即县级以上地方人民政府责成有关部门以张贴封条或者采取其他必要措施，将违法建设的施工现场进行封存，未经许可，任何单位和个人都不得启封、动用。查封施工现场时，应当遵守必要的程序规定：经过建设工程所在地县级以上地方人民政府的批准，应当通知被查封施工现场的单位负责人员到场，对被查封施工现场的设施、设备、器材应当清点、登记，并在法定期限内及时作出处理决定。

（2）强制拆除。"强制拆除"是一种行政强制措施，县级以上地方人民政府依法行使强制执行权，强制执行的具体工作可以由县级以上地方人民政府责成有关部门负责。

《行政诉讼法》规定，公民、法人或者其他组织对具体行政行为在法定期间不提起诉讼又不履行的，行政机关可以申请人民法院强制执行，或者依法强制执行。城乡规划主管部门作出责令停止建设或者限期拆除的决定后，当事人在法定期间有权提出行政复议或直接向法院提起诉讼，行政复议或诉讼期间不影响执行。依照《城乡规划法》的规定，城乡规划主管部门作出责令停止建设或者限期拆除的决定后，当事人不执行决定，不停止建设或者逾期不拆除的，建设工程所在地县级以上地方人民政府可以责成有关部门采取查封施工现场、强制拆除等措施。《城乡规划法》赋予行政机关的强制执行权，相对通常行政机关申请人民法院强制执行的规定，是一个特别规定，是基于我国违法建设的实际情况和借鉴国外经验而作出的。

采取查封施工现场、强制拆除等措施对当事人的影响很大，应当慎重。地方政府行使行政强制执行权违反法律有关规定，侵害当事人合法权益的，也要承担相应的法律责任。

## 第五节　刑事责任的追究

刑事法律责任，是指具有刑事责任能力的人实施了刑事法律所禁止的行为（犯罪行为）所必须承担的法律后果。

【链接】《城乡规划法》第六十九条　违反本法规定，构成犯罪的，依法追究刑事责任。

刑事责任是最严厉的法律责任。有关人民政府的负责人和其他直接责任人员、城乡规划主管部门等有关部门负责的主管人员和其他直接责任人员、城乡规划编制单位、建设单位，违反《城乡规划法》的规定，构成犯罪的，依法追究其刑事责任。刑事责任主要涉及渎职罪和破坏市场经济秩序罪。

# 第十章　城乡规划管理的法制保障

法必须高于行政，行政必须服从于法，这是行政与法的基本关系，也是依法行政的基本内涵。但是，这一关系的实现，就要一系列法律、制度、体制等方面条件与措施来予以保障。在法律的保障方面，首先，必须要采取一系列监督措施，防止违法行为的发生；其次，要在效力上采取撤销或者“无效”等办法使行政违法行为不能发生法律效力；第三必须要有健全的行政救济制度，以保障公民的合法权益。

## 第一节　城乡规划行政的法制监督

1979年后国家相继颁布了《中华人民共和国地方各级人民代表大会和地方各级人民政府组织法》、《中华人民共和国行政诉讼法》、《中华人民共和国人民检察院组织法》、《中华人民共和国行政监察法》、《中华人民共和国国家赔偿法》、《中华人民共和国行政复议法》以及其他有关的法律、法规，都对行政行为的监督作了相应规定，在法律制度上有了保障。本节就依法对城乡规划行政的监督进行论述。

### 一、法制监督的概念和特征

（一）城乡规划行政法制监督检查的概念

城乡规划行政管理的法制监督，简称行政法制监督，是指国家机关、社会团体和公民依据宪法、法律、法规、政策和有关部门国家行政管理的规范性文件，对城乡规划行政机关的行政行为的合法性与合理性，对国家行政机关工作人员是否廉洁奉公、遵纪守法所进行的监督。

（二）城乡规划行政监督的特征

城乡规划行政的法制监督具有以下四个特征：

1．特定的监督主体

城乡规划行政法制监督的主体是国家机关的监督（包括国家权力机关、国家行政机关、国家审判机关和国家检察机关的监督）和社会群众的监督（包括人民群众、人民政协、民主党派、社会团体、新闻舆论等监督）。中国共产党是我国的执政党，是国家政权的领导核心。党对行政管理工作的监督是通过党的组织系统对担任行政工作的党员进行教育和督促。

2．特定的监督对象

对城乡规划行政法制监督的对象，是城乡规划行政机关及其行政执行人员。依法享有城乡规划行政执法权力的非行政机关组织及其工作人员，则视同城乡规划行政管理机关及其行政执法人员对待，也属于行政执法监督的对象。

如厦门市有些区的监督检查队（科）不属于行政机关编制，而属事业单位编制，但他们由法律、法规授予政府行政权力，代表政府行使城乡规划实施监督检查权，构成准行政机关，也应当纳入对城乡规划行政监督对象。反之，如行政机关以外的其他国家机关、企业事业单位、社会团体和一般公民等，不属于城乡规划行政监督的对象，如城市规划协会等。

3．特定的监督内容

对城乡规划行政法制监督的内容，主要从下述四个方面的内容进行考查和评价：

(1) 国家行政管理必须坚持宪法所确定的四项基本原则坚持廉政勤政，努力为人民服务。

(2) 国家行政管理必须遵循宪法、法律、法规、规章和政策的规定，坚持依法行政，维护社会主义法制的统一和尊严。

(3) 国家行政管理必须切实保障人民群众的合法权利和利益，提高人民群众履行法定义务的自觉性和促进社会主义民主政治的建设。

(4) 国家行政管理必须积极地为国民经济的发展和改革开放服务，以保证我国社会主义现代化建设的顺利进行。

4．法定监督的行为

行政法制监督是对国家行政机关及其工作人员的行政行为和职务行为，依法作出的一种监督、检查和纠正的行为。由于监督主体的职权或者权利的不同，它们的监督、检查和纠正行为的表现形式不尽相同。有的表现为撤销或变更的行为，如国家权力机关对国家行政机关或者上级行政机关对下级行政机关的行政行为的撤销或变更，国家审判机关通过审理行政案件对行政机关的具体行政行为的撤销或变更。有的表现为行政监督行为，即行政监察机关对有关行政机关及及其工作人员依法进行的监察活动；有的表现为批评或建议的行为，如政党社团、企业事业组织和公民对国家行政机关及其工作人员提出的批评或建议，等等。这种监督、检查和纠正的行为尽管表现形式多种多样，但都是为了保证国家行政管理的正常进行，切实贯彻国家行政管理的法制原则，确保国家行政机关的行政行为的合法性与合理性。

## 二、法制监督的重要意义

行政的法制监督是我国的一项重要的法律制度，是我国国家行政管理活动遵循社会主义法治轨道进行的重要保证。坚持和完善行政管理法制监督，有利于实现国家行政管理的科学化、制度化和法律化，直接体现着我国社会主义民主和法制建设重要标志。

(1) 行政的法制监督确保城乡规划行政管理活动体现和维护全国各族人民的共同意志和利益，坚持社会主义方向。

通过监督使规划行政机关及其工作人员成为具有很高威信的机关和忠实于人民利益的公仆。这就保证了宪法第二十七条中关于“一切国家机关和国家工作人员必须依靠人民的支持，经常保持同人民的密切联系，倾听人民的意见和建议，接受人民的监督，努力为人民服务”的规定，从行政的法制监督方面得以切实贯彻实施。

(2) 行政的法制监督保证城乡规划行政机关及其工作人员遵守法制统一和依法行政原则。

依法治国，保证法制统一是我国的建国基本立略。依法行政是依法治国方略在国家行政管理领域的具体体现和要求。依法行政是国家行政管理活动必须遵循的基本准则。通过监督使国家行政机关及其工作人员忠于宪法，严格执行有关国家管理的法律、法规、规章和其他具有普遍约束力的规范性文件以及有关党和国家的政策，提高国家行政管理的效能，防止发生和及时纠正违法的或者不当的行政行为，坚持有法必依、违法必究，保证国家行政管理活动遵循社会主义法治轨道进行。

(3) 行政的法制监督促进城乡规划行政机关的廉政、勤政建设。

廉政、勤政是由我国社会主义国家性质决定的，是国家行政管理为人民服务的宗旨的要求和表现。通过监督促使国家行政机关及其工作人员忠于职守、遵纪守法、廉洁奉公和努力克服官僚主义。同时也有利于及时地消除腐败的现象和惩治各种违法违纪的行为。

## 三、国家机关的监督

(一) 国家权力机构的监督

宪法和地方组织法关于国家权力机关对国家行政机关的监督作了如下规定：一是国家的一切权利属于人民；二是国家行政机关是国家权力机关的执行机关，既国务院是最高权力机关的执行机关，地方各级人民政府是地方各级国家权力机关的执行机关；三是全国人民代表大会及其常务委员会有权监督国务院的工作，县级以上的地方各级人民代表大会及其常务委员会有权监督本级人民政府的工作。

(二) 国家权力机构监督的形式

(1) 听取和审议政府工作报告。这一形式包括三个层次：一是人民代表大会全体代表会议听取和审议政府工作报告；二是人民代表大会常务委员会听取和审议政府的专题报告；三是人民代表大会各专门委员会听取政府有关部门的情况汇报。

(2) 咨询或询问。

(3) 视察。

(4) 调查。

(5) 人大代表的建议、批评和意见。

(6) 处理公民的来信、来访。

(7) 审查政府的行政法规、规章、决定和命令。

(8) 对政府组成人员的任免并听取审议其述职报告。

(三) 国家行政机关自上而下的监督

国家行政机关的自身监督是行政机关系统内部实施的行政管理法制监督。其内部监督制度有：一是工作报告制度；二是工作检查制度；三是备案检查制度；四是政绩考核制度；五是行政复议制度；六是听证制度。

（四）行政监察

行政监察是为了保证政令畅通、维护行政纪律、促进廉政建设、改善行政管理和提高行政效能的需要。其主要职责：一是监督检查国家行政机关及其行政人员贯彻执行国家法律、法规和政策以及决定、命令的情况；二是受理对监督国家行政机关及其行政人员违反国家法律、法规以及违反政纪行为的检举、控告；三是调查、处理、监督国家行政机关及其行政人员违反国家法律、法规以及违反政纪的行为；四是受理国家行政机关行政人员不服本机关行政处分的申诉；五是法律、法规规定的其他由检察机关受理的申诉。

（五）司法监督

司法机关的监督，是指人民法院和人民检察院依法对国家行政机关及其行政人员的尚未构成犯罪的行政行为进行审判、检察的活动。司法监督可分为审判机关的监督和检察机关的监督。司法监督的目的是：一方面保护公民、法人和其他组织的合法权益，防止国家行政机关及其工作人员对其合法权益的侵犯，也使《宪法》赋予公民对国家机关和国家机关工作人员的违反失职行为，向有关国家机关提出书面申诉控告或者检察的权利落到实处；另一方面，则是维护国家行政机关依法行政，防止官僚主义、徇私枉法、滥用职权等腐败现象，保证国家行政权力正确、合法地使用。司法监督目的的两个方面是对立统一的辩证关系，保护和监督是相辅相成、缺一不可的。

## 四、社会公众的监督

社会公众监督，是人民群众和社会各方面对国家行政机关及其工作人员的国家行政管理活动的合法性与合理性进行的监督。是人民群众直接管理国家事务、经济和文化事业、社会事务的重要手段，是切实进行社会主义民主政治建设的重要保证。

（一）社会监督的基本形式

1．公民的监督形式

一般通过信访等形式，提出批评、建议、举报申诉、控告等。另外，公民对政府行政有知情权，可以向行政机关查询有关情况，属保密规定的内容外，国家行政机关义务答复。

2．舆论监督的形式

舆论监督的基本形式主要有两种：

（1）新闻舆论监督。即通过大众传播媒介的报纸、杂志、广播、电视，直接反映人民群众对政府行政或其他社会事务的意见。它具有广泛的影响力，舆论可以促使国家行政机关纠正错误，改进工作。

（2）民意舆论监督。这种舆论是经过新闻媒介或不经过新闻媒介，由一定的群体或区域的人们对国家行政机关及其行政人员形成共同看法或评价。这种舆论监督往往是通过由民意测验或调查社情民情来实现的。

3．社会团体监督

社会团体对国家行政机关的监督，主要通过参政、议政、协商对话，或通过其他国家监督系统，采取口头或书面形式，提出批评、建议、倡议、呼吁，或借助于社会团体所拥有的宣传媒介发挥影响，监督、促进国家行政机关的行政工作。

（二）城市规划行政部门接受社会监督实施的几项制度

1．政务公开制度

所谓政务公开，是指将规划管理事务向社会公开，增强规划管理工作的透明度，接受社会监督的一种制度。公开与透明，是有效约束行政权力的基本要素，是对行政权力运行的有效监督，从而使非法、不当的行政行为无处藏身。监督对象活动的公开性，是权力监督机制能够达到限制与约束目的的内在本质要求。

政务公开的内容包括：

（1）办事依据公开；

（2）办事程序公开；

（3）办事机构和人员公开；

（4）办事结果公开；

（5）办事纪律和监督渠道公开。

各种媒介使规划管理的活动与人民群众沟通，提高规划行政管理部门规划管理活动的开放度，依法公开城市各类规划和各项建设工程审批的依据、程序、结果与期限，使人民群众能够参与施政过程，改变过去少数人封闭型施政的现象。

在规划管理上，要明确审批权限和依据，并向社会公布。这样，才能使公共权力运作受到控制，并使群众监督落到实处。

2．公众参与制度

“公众参与”是管理民主化的一种体现。在城乡规划行政领域内引入“公众参与”机制，对城乡规划制定过程中的科学决策和进行有效的规划管理具有十分重要的作用。推行“公众参与”制度需要有相应的社会法律意识和健全的法制等环境条件，有序地推进。目前，“公众参与”城乡规划行政的方式有以下两个方面：

（1）专家参与。城乡规划涉及面广，技术要求较高，城乡规划行政是一项技术性、综合性较强的管理工作。专家作为社会公众中特殊层面的代表参与城乡规划工作，条件比较成熟。

（2）社区单位代表参与。如组织编制单位在组织编制城乡详细规划时，应当征求所在的单位代表及市、区、县、乡镇人民代表对初步规划设计方案的意见；编制城市详细规划时，应听取有关社区、单位代表意见，反映社区公众的要求，有利规划方案更为合理与完善。

3．信访接待制度

接受并处理人民群众的来信来访，是政府行政机关听取人民群众意见的重要渠道，也是政府部门接受人民群众监督的重要途径之一。目前，市和区、县规划管理部门都有专人负责信访处理与人民群众来访的接待。对人民群众来信反映的问题与要求，政府管理部门调查研究或查实后均予以书面答复。对人民群众来访反映的问题与要求，当场能处理的随即答复，当场处理不了的，均予以书面记录，事后调查研究或查实后给予书面答复。

## 第二节　城乡规划的行政违法

### 一、行政违法的界定

（一）行政违法的概念

行政违法是与行政合法相对而言的。这里，我们所说的行政违法，专指违法的行政行为。所谓行政违法，是指国家行政机关、、其他行政组织和公务员实施的违反行政法律规范规定的规定和要求的行政行为。这一概念可以从以下方面把握：

（1）行政违法是行政行为的违法；

（2）行政违法的主体是国家行政机关、其他行政组织和公务员；

（3）行政违法在性质上是违反行政法律规范。

需要特别指出的是，行政违法如侵犯公民、法人和其他组织合法权益的，应追究行政主体的行政侵权责任。

（二）行政违法与相关概念的区别

（1）行政违法与无效行政行为。无效行政行为，是从法律效力上对行政行为所作的评价。一般来说，违法行政行为都不应具有法律效力，是无效的，违法的行政行为可以因被撤销或宣告无效而不具有法律效力。如果行政相对方通过欺骗而获得国家行政机关的行政许可，那么，此行政许可行为是无效行为，但并不因此而一定构成行政违法行为。它们的区别主要是表现性质不同，前者是效力的否定，后者是合法的否定。

（2）行政违法与行政职务违法行为。行政职务违法行为，是指公务员在执行职务过程中违反其职务上要求的行为。它包括公务员以国家行政机关名义直接执行职务的违法行为和公务员的违法不履行其职务的行为，如利用职务之便谋取私利的行为。

（3）行政违法与行政不当。行政不当，主要是针对行政自由裁量权的不合理行使而言的。与行政违法比较，行政不当以合法为前提，是合法幅度的失当，表现为畸轻畸重，显失公正等。行政违法可以引起惩罚性行政责任和补救性行政责任，而行政不当一般只限于补救性行政责任。

（4）行政违法与行政违纪行为。行政违纪行为，是指公务员违反纪律（或称政纪）的行为。随着法制的完善，对公务员的职业道德要求往往以法律规范加以明确，从而使约束公务员职业道德的纪律等道德规范转化为法律规范，例如《国家公务员暂行条例》对公务员“纪律”作了专门规定，对纪律的遵守是公务员的一项法定义务。因此，对公务员而言，不遵守纪律的行为，既是违纪行为，又是违法行为。违纪行为可归入行政违法，但不完全等同于行政违法，如公务员“违反社会公德，造成不良影响”等行为，就不宜视为行政违法。

## 二、行政违法的种类和原因

（一）行政违法种类

按行政违法的不同标准划分，大致有以下几种：

（1）规范创制违法与具体行政行为违法；

（2）行政实体违法与行政程序违法；

（3）依职权的行政违法与依委托或授权的行政违法；

（4）行政作为违法与行政不作为违法；

（5）形式意义的违法与实质意义的违法；

（6）内部行政违法与外部行政违法。

（二）行政违法的原因分析

行政违法是客观、主观原因相互作用的结果，各种客观因素和主观因素交织在一起，从而决定了违法行为的形成。行政违法原因，主要有：

（1）行政依据上的原因。行政依据主要是法律规范，就城乡规划行政来讲，还须依据按法定程序批准的城乡规划。同时，国家行政机关又必须遵从和执行上级国家行政机关和所属机关及行政首长的命令和决定。目前，法律规范和城乡规划的制定不完善，内容滞后或不明确，甚至发生与上位法相冲突的情况，以致行政人员在理解和执行上无所适从，易于产生行政违法行为。

（2）行政传统习性的影响。我国国家行政机关实行首长负责制。新中国成立以后，我国国家行政机关行政活动，一向采取一种简单的命令服从方式。这在客观上促进了行政首长和行政人员习惯于以政策、命令进行行政管理，忽视了行政行为的依法性，以致在行政的实践中出现“黑头（法律）不如红头（行政文件），红头不如白头（一定范围内传阅的文件），白头不如口头”的不良现象。在这种模式的作用下，一旦行政首长的口头命令不符合法律规范，国家行政机关极易自发地产生习惯性的行政违法行为。这种行政传统习性是长期以来形成的，不能以此为由而否认习惯性违法行为的。

任何一种违法行为都是有意识的行为，行政传统习性导致的习惯性行政违法行为，在主观上是一种有意识的行为，这种意识不仅有行政人员的个人意识，也含有国家行政机关的组织整体意识，是在其主观上不重视依法行政的要求和不考虑行为的社会影响而导致的。法律本身就是一种行政管理控制手段，但此观念并未深入人心，以致在行政中存在不注意依法律条文评价行政行为的做法，甚至出现不服从法律规范约束的倾向。

（3）适用法律条款不当。行政行为的作出，有赖于行政主体对法律的认识和适用等主观因素。国家行政机关和行政人员对法律知识的理解、掌握程度，以及对待依法行政的态度，直接影响对法律的适用，以及行政行为产生的后果。如果对法律条款的认识出现偏差，必然引发行政违法行为。这种认识上的偏差反映在两个方面：一是没有从立法目的、法律原则的高度认识法律条款，理解不深不透，适用把握不准；二是不注意法律条款的适用条件，机械地套用。

（4）功利的诱惑。行政主体的需要和利益方面出现的偏差也是违法行为的起因。反映在行政组织方面，是局部利益和短期效益的促使。政府是人民的政府，人民的利益、国家的利益应高于一切。政府在行使城乡管理的职能中，坚持城乡发展的全局利益、长远利益是坚持人民利益的体现。如果仅顾局部利益、短期效益，不顾按法定程序批准的城乡规划，作出影响城乡协调、可持续发展的事来，严重干扰了行政机关合法地行使行政权，其行政行为极易出现违法行为。功利的诱惑反映在行政人员身上则是以权谋私、权钱交易等腐败现象。几乎所有腐败现象都与违法行政联系在一起，这已为近些年在反腐败斗争中查处的案件所证实。

（5）人情网和关系网的不当干扰。人情和关系对依法行政构成一种无形且巨大的威胁和破坏。从法治要求而言，国家行政机关和公务员必须服从和正确适用法律，而不得考虑任何法外因素。一旦有人情关系渗入行政行为中，行政行为的合法性和合理性就受到影响，：我国是一个人情味浓厚的国家，人情因素的影响不可忽视。不仅如此，公务员还需要面对错综复杂的关系网，如果这个关系网渗入了个人利益，也会削弱了法律实施的效果。

## 三、行政违法的预防

导致行政违法的原因及条件是多方面的。因此，要预防、减少和有效制止行政违法行为，必须对症下药从多方面着手，采取一系列措施将不利措施、不利条件转化为有利条件，消除和控制行政违法的诱因，形成多层次、多方位预防和矫治行政违法行为的有效机制。如何有效预防和矫治行政违法呢？我们认为应从以下几方面进行：

1．完善行政法制依据，提高法律权威

目前，有些行政违法行为是由于立法上的不完善、漏洞较多等原因而导致的，因此，既要健全和完善立法体制、立法权限和立法程序等，又要从立法上对行政权进行合理的分工和定位，规范行政权及其职责权限范围，在内容上做到明晰清楚和具有操作性，从而克服现有立法上的缺陷，有效预防行政违法。为防止以权谋私、滥用权力等腐败和行政违法现象，也必须完善法律。不给以权谋私者留下可乘的法律漏洞。

就城乡规划行政而言，按法定程序批准的城乡规划，也是行政法制依据之一。城乡规划作为法制依据，不仅要加强城乡规划法律规范的制定，还要加强城乡规划本身的法制化，这已被国外某些发达国家和地区实践证明，是城乡规划实施的有效途径。加强城乡规划本身的法制化，一是要求城乡规划制定的内容具备法制化的要求，具有可操作性；二是要研究将指导行政管理操作层面的城市规划纳入立法轨道，提高其法律地位和权威性，使其真正成为指导城乡建设和规划管理的法制依据；三是研究深化城乡规划调整的审批程序，既适应城乡建设和发展变化的情况，又避免随意修改城乡规划等违法行为的发生。这应该成为城乡规划改革的主要内容。

2．加强法律培训，增强法制观念，提高依法行政水平

随着行政法治化的程度越来越高，法律对国家行政机关和公务员的要求也越来越严。

与之相适应，必须要求公务员除具有丰富的文化修养、道德修养和知识水平外，还特别要求公务员具有丰富的法律知识和纯属运用法律的技能。而法律知识的获取和运用法律的能力大多是通过法律教育和法律培训方法等进行的，法律培训有利于提高在职公务员的法律素质、政治素质和业务素质等。法律知识掌握的多少和理解程度，直接影响着国家行政机关和公务员的行政行为的质量和是否合法问题。公务员一旦拥有了丰富的行政管理知识、专业知识、法律知识和法律运用技能，就具备了正确、依法行政的前提条件。

做好法律培训，一是坚持理论与实际相结合，结合行政工作实践，有针对性地增强行政人员的法律知识。二是增强法律知识与提高遵法守法精神相结合。公务员应养成一种依法行政的“法律感觉”，即一旦碰到某种特定事件自然会相应地作出某种依法的决定。同时也要求国家行政机关和公务员具有敬法精神，国家行政机关和公务员必须信仰法律、尊重法律、视法律为至上的权威。对法律的情感与遵从，是法律得以存续和实现其效力的保证，否则，法律就会成为一纸空文。

3．建立有效的监督机制

在实行政治体制及行政体制改革的同时，必须强化监督，建立有力、有效的监控机制，正是由于现行体制中缺乏有效的监督制约机制，在对行政权行使方面的监控存在很多漏洞，而使得行政违法行为不能得到及时和有效的纠正、制止与预防。行政权的本质特征、公民合法权益保障要求、行政违法的预防和控制等因素，决定了不仅要对行政权实行监控，而且这种监控还必须有力、有效。从监控范围来看，一切行政行为都应受到监控而不能仅限于部分行政行为。现在的问题是需要完善监控机制，协调各种监督机制、方式等之间的冲突和不一致，发挥各种监督形式的作用，方能有效抑制行政违法。

4．有效惩戒与适当奖励并用

如果没有必要和有效惩处措施和制度，对行政违法的国家行政机关｛或组织）和公务员不予以惩戒和追究其责任，监控机制就不可能发挥真正有效的监督作用，违法就会难以制止。对有行政违法行为的国家行政机关或其他行政公务组织及公务员，既要追究机关的整体责任，又要追究有关行政人员的个体责任，使行政违法者（组织体和公务员个体）受到谴责和制裁。这是因为行政机关或其他行政公务组织的行政行为对外是国家行政机关或其他组织的组织体行为，应由其承担违法责任理所当然；另一方面，其行为又总是通过公务员具体实施的，要防止行政违法的发生，必须与公务员的个体责任相联系，如果只让国家或行政机关承担行政违法责任，公务员个体就会对违法采取一种“事不关己、高高挂起”的态度，不可能在公务员的个体心理上起到一种防范作用。因此，除国家行政机关或组织是行政违法的责任主体外，还必须对行政违法行为的公务员个体或其所属国家行政机关的首长或其他责任人员实行惩戒，使行政公务人员看到个人并不能逃避因其故意或重大过失违法而引起的法律责任，国家行政机关（或组织）的违法与公务员的受惩处也具有因果联系，这样可以使其在心理上谨慎行为而避免违法，自觉地依法行使行政权；相反，则会产生行政行为违法无所谓的消极情绪。现行行政违法的惩戒制度存在许多缺陷和不足，如责任不明确，有些违法责任是只有机关责任而无公务员个体责任，或者有公务员个体责任而无国家行政机关（或组织）的整体责任，对行政违法者的惩戒实际上是和风细雨、不痛不痒的，如此则不足以预防违法。对此，我们以为不仅要完善行政责任制度，而且还应加大对行政违法者的惩戒力度，从而起到一种震慑和防止作用。

对违法者应实行有效惩戒，但对严格依法行政、积极守法者（行政守法）给予适当奖励也是十分必要的，奖偿守法者，是对守法行为积极、肯定的评价。一方面通过物质、精神奖励，将利益与守法相联系，可以加强守法者的守法行为；另一方面奖励具有榜样和激励的作用，有利于形成"依法行政"的法治环境。对依法行政正面的肯定和鼓励与对违法行政反面的否定和惩戒，相辅相成，起到一种有效控制行政违法的作用。

5．改善法律实施环境

强调法律教育和培训以及监督、惩戒等，如不与环境改变相结合，则无论多么好的教育和制度，其影响都会大打折扣，或会无足轻重或者是没有效果的。环境造就人，环境也造就违法者，正是由于现实法制环境的不理想，才使得行政违法现象较为普遍和严重。我们以为，预防和减少行政违法的根本办法应是改善法律实施环境，从国家行政机关系统内部和外部形成一种有利于依法行政的环境。这种环境的改变应是全面的，凡与行政行为相联系的政治、经济、社会、文化环境，都应将其改变为与"依法行政"要求相符合的环境。这种环境的改变，既要注重政风的改良，又要加强民风的善化，从而培育出一种有利于法律实施的社会大环境。

## 第三节　城乡规划的行政救济

城乡规划行政救济，是指当事人的权益因受城乡规划行政主管部门或其法律、法规授权组织的不法行政直接受到损害时，请求国家采取措施，使自己受到损害的权益得到维护的制度。可见，行政救济是国家保障人民权益的制度，行政救济的形式有多种：如申诉、声明异议、行政复议、行政诉讼、行政赔偿等。但是，行政机关或法律、法规授权的组织自动纠正不法行政行为的，属于行政监督性质，不属行政救济的范围。行政救济必须是当事人为维护自己的合法权益，依申请，请求国家被动采取的措施，这是行政救济的主要标志。

### 一、规划管理的行政复议

1999 年 4 月 29 日第九届全国人民代表大会常务委员会第九次会议通过《中华人民共和国行政复议法》，建立了我国行政复议制度，详细规定了复试的范围、主体及管辖权限。城乡规划行政复议是我国城乡规划管理中行政救济的主要手段。

城乡规划行政复议是指，公民、法人或其他组织认为，城乡规划行政机关或法律、法规授权组织的具体行政行为侵犯其合法权益，依法向被申请人的上级领导机关提出申请，由受理申请的机关对原行政行为依法进行审查并作出行政复议决定的活动。从处理对象上看，行政复议是针对行政争议的；从程序上看，行政复议属于行政机关内部自我纠正错误的一种监督制度。

城乡规划管理工作属于一项行政管理工作，应当将其行政行为纳入行政复议的范围中，既有利于保护行政相对人的合法权益，又有利于不断改进工作，在城乡规划管理行业推进依法行政的良好政治局面。

1．城乡规划行政复议的受理范围

依据《行政复议法》、《城乡规划法》以及城乡规划管理行业特点及工作实践，以下城乡规划行政行为可纳入行政复议的范围中，城乡规划行政主管部门或城乡人民政府应按照法定职权履行复议。

（1）对行政机关作出的警告、罚款、没收违法所得、没收非法财物、责令停产停业、暂扣或者吊销用地、工程许可证等行政处罚决定不服的。

（2）对行政机关作出的查封、扣押、冻结建筑等行政强制措施决定不服的。

（3）对行政机关作出的有关许可证和设计资质证书变更、中止、撤销的决定不服的。

（4）认为行政机关侵犯其合法的经营自主权的。

（5）认为符合法定条件，申请行政机关颁发许可证、设计及施工资质证书，或者申请行政机关审批、登记有关事项，行政机关没有依法办理的。

（6）认为行政机关的其他具体行政行为侵犯其合法权益的。

2．城乡规划行政复议的申请对象

对行政机关具体行政行为不服或有疑义的，按照下列规定申请行政复议：

（1）对县以上地方人民政府依法设立的派出机关的具体行政行为不服的，向设立该派出机关的人民政府申请行政复议。

（2）对政府工作部门依法设立的派出机构依照法律、法规或者规章规定，以自己的名义作出的具体行政行为不服的，向设立该派出机构的部门或者该部门的本级地方人民政府申请行政复议。

（3）对法律、法规授权的组织的具体行政行为不服的，分别向直接管理该组织的地方人民政府、地方人民政府工作部门或者国务院部门申请行政复议。

（4）对两个或者两个以上行政机关以共同的名义作出的具体行政行为不服的，向其共同上一级行政机关申请行政复议。

（5）对被撤销的行政机关在撤销前所作出的具体行政行为不服的，向继续行使其职权的行政机关的上一级行政机关申请行政复议。

3．城乡规行政复议受理

按上述规定的行政复议机关收到行政复议申请后，应当在5日内进行审查，对不符合本法规定的行政复议申请，决定不予受理，并书面告知申请人；对符合本法规定，但是不属于本机关受理的行政复议申请，应当告知申请人向有关行政复议机关提出。

法律、法规规定应当先向行政复议机关申请行政复议，对行政复议决定不服再向人民法院提起行政诉讼的，行政复议机关决定不予受理或者受理后超过行政复议期限不作答复的，公民、法人或者其他组织可以自收到不予受理决定书之日起或者行政复议期满之日起十五日内，依法向人民法院提起行政诉讼。

公民、法人或者其他组织依法提出行政复议申请，行政复议机关无正当理由不予受理的，上级行政机关应当责令其受理；必要时，上级行政机关也可以直接受理。

行政复议期间具体行政行为不停止执行。但是，有下列情形之一的，可以停止执行：一是被申请人认为需要停止执行的；二是行政复议机关认为需要停止执行的；三是申请人申请停止执行，行政复议机关认为其要求合理，决定停止执行的；四是法律规定停止执行的。

4．城乡规划行政复议决定

行政复议原则上采取书面审查的办法，但是申请人提出要求或者行政复议机关负责法制工作的机构认为有必要时，可以向有关组织和人员调查情况，听取申请人、被申请人和第三人的意见。

行政复议机关负责法制工作的机构应当自行政复议申请受理之日起七日内，将行政复议申请书副本或者行政复议申请笔录复印件发送被冲请人。被申请人应当自收到申请书副本或者申请笔录复印件之日起十日内，提出书面答复，并提交当初作出具体行政行为的证据、依据和其他有关材料。申请人、第三人可以查阅被申请人提出的书面答复、作出具体行政行为的证据、依据和其他有关材料，除涉及国家秘密、商业秘密或者个人隐私外，行政复议机关不得拒绝。

在行政复议过程中，被申请人不得自行向申请人和其他有关组织或者个人收集证据。行政复议决定作出前，申请人要求撤回行政复议申请的，经说明理由，可以撤回；撤回行政复议申请的，行政复议终止。

行政复议机关在对被申请人作出的具体行政行为进行审查时，认为其依据不合法，本机关有权处理的，应当在三十日内依法处理；无权处理的，应当在七日内按照法定程序转送有权处理的国家机关依法处理。处理期间，应中止对具体行政行为的审查。

行政复议机关负责法制工作的机构应当对被申请人作出的具体行政行为进行审查，提出意见，经行政复议机关的负责人同意或者集体讨论通过后，按照下列规定作出行政复议决定。

（1）具体行政行为认定事实清楚，证据确凿，适用依据正确，程序合法，内容适当的，决定维持。

（2）被申请人不履行法定职责的，决定其在一定期限内履行。

（3）具体行政行为有下列情形之一的，决定撤销、变更或者确认该具体行政行为违法的，可以责令被申请人在一定期限内重新作出具体行政行为：主要事实不清、证据不足的；适用依据错误的；违反法定程序的；超越或者滥用职权的；具体行政行为明显不当的。

行政复议机关责令被申请人重新作出具体行政行为的，被申请人不得以同一的事实和理由作出与原具体行政行为相同或者基本相同的具体行政行为。

申请人在申请行政复议时可以一并提出行政赔偿请求，行政复议机关对符合国家赔偿法的有关规定应当给予赔偿的，在决定撤销、变更具体行政行为或者确认具体行政行为违法时，应当同时决定被申请人依法给予赔偿。

## 二、规划管理的行政诉讼

为保证人民法院正确、及时审理行政案件，保护公民，法人和其他组织的合法权益、维护和监督行使机关依法行使行政职权，当公民、法人或者其他组织认为城乡规划行政部门或其工作人员的具体行政行为侵犯其合法权益，有权依照本法向人民法院提起诉讼。城乡规划行政诉讼是我国城乡规划行政救济的司法实现途径。

1．城乡规划行政诉讼受范围

人民法院受理公民、法人和其他组织对城乡规划行政主管部门作出的下列具体行政行不服提起的诉讼：

（1）对罚款、吊销许可证和执照、责令停止建设、没收建筑物等行政处罚不服的。

（2）对私有财产的查封、扣押、冻结等行政强制措施不服的。

（3）认为行政机关侵犯法律规定的经营自主权的。

（4）认为符合法定条件申请行政机关颁发许可证和资质证书，但城乡规划行政机关拒绝颁发或者不予答复的。

（5）认为城乡规划行政机关实施的违法行政危害到本人权利及利益的行政行为。

2．行政诉讼参加人

提起诉讼的公民、法人或者其他组织是原告。作出具体行政行为的城乡规划行政机关或是城乡人民政府是被告。

经复议的案件，复议机关决定维持原具体行政行为的，作出原具体行政行为的行政机关是被告；复议机关改变原具体行政行为的，复议机关是被告。

两个以上行政机关作出同一具体行政行为的，共同作出具体行政行为的行政机关是共同被告。

由法律、法规授权的组织所作的具体行政行为，该组织是被告。由行政机关委托的组织所作的具体行政行为，委托的行政机关是被告。

行政机关被撤销的，继续行使其职权的行政机关是被告。

同提起诉讼的具体行政行为有利害关系的其他公民、法人或者其他组织，可以作为第三人申请参加诉讼，或者由人民法院通知参加诉讼。

3．审理和判决

诉讼期间，不停止具体行政行为的执行。但有下列情形之一的，停止具体行政行为的执行：被告认为需要停止执行的；原告申请停止执行，人民法院认为该具体行政行为的执行会造成难以弥补的损失，并且停止执行不损害社会公共利益，裁定停止执行的；法律、法规规定停止执行的。

人民法院认为地方人民政府制定、发布的规划管理规章与国务院部、委制定、发布的规划管理规章不一致的，以及国务院部、委制定、发布的规章之间不一致的，由最高人民法院送请国务院作出解释或者裁决。

人民法院经过审理，根据不同情况，分别作出以下判决：

（1）具体行政行为证据确凿，适用法律、法规正确，符合法定程序的，判决维持。

（2）具体行政行为有下列情形之一的，判决撤销或者部分撤销，并可以判决被告重新作出具体行政行为：主要证据不足的；适用法律、法规错误的；违反法定程序的；超越职权的；滥用职权的。

（3）当事人不服人民法院第一审判决的，有权在判决书送达之日起十五日内向上一级人民法院提起上诉。当事人不服人民法院第一审裁定的，有权在裁定书送达之日起十日内向上一级人民法院提起上诉。逾期不提起上诉的，人民法院的第一审判决或者裁定发生法律效力。二审后，人民检察院对人民法院已经发生法律效力的判决、裁定，发现违反法律、法规规定的，有权按照审判监督程序提出抗诉。

### 三、规划管理的国家赔偿

城乡规划管理是一项行政管理工作，涉及的因素众多，其管理既要遵守实体法还要遵守程序法，由于人的主观性和我国规划管理自由裁量权的行使，可能会对行政相对人造成一定程度上的利益损害，完善的社会主义民主法制需要对行政相对人的利益损失作出补偿。国家赔偿制度应运而生。

1．国家赔偿的概念

国家赔偿是指国家机关和国家机关工作人员违法行使职权并侵犯公民、法人和其他组织的合法权益造成损害的，受害人有取得国家赔偿的权利的一种救济制度。

2．城乡规划管理国家赔偿的意义

《城乡规划法》规定，对于城乡人民政府或是城乡规划行政主管部门的违法行政行为给当事人造成损失的应给予赔偿，如未能提供有效的规划设计条件，违法审批项目或是违法行政许可等。在城乡规划管理活动中推行国家赔偿制度有利于保护行政相对人的合法权益，促进行政机关依法行政，对建设社会主义民主法治具有重要意义。

3．城乡规划管理国家赔偿的范围

城乡规划行政主管部门或城乡人民政府及其工作人员在行使行政职权时有下列侵犯财产权情形之一的，受害人有取得赔偿的权利：

（1）违法实施罚款、吊销许可证和执照：责令停产停业、没收财物等行政处罚的。

（2）违法对财产采取查封、扣押、冻结等行政强制措施的。

（3）违反国家规定征收财物、摊派费用的。

（4）造成财产损害的其他违法行为。

属于下列情形之一的，国家不承担赔偿责任：

（1）行政机关工作人员与行使职权无关的个人行为。

（2）因公民称法人和其他组织自己的行为致使损害发生的。

（3）法律规定的其他情形。

4．赔偿请求人和赔偿义务机关

受害的公民、法人或者其他组织有权要求赔偿。受害的公民死亡，其继承人和其他有扶养关系的亲属有权要求赔偿。受害的法人或者其他组织终止，承受其权利的法人或者其他组织有权要求赔偿。

行政机关及其工作人员行使行政职权侵犯公民、法人和其他组织的合法权益造成损害的，该行政机关为赔偿义务机关。

两个以上行政机关共同行使行政职权时侵犯公民、法人和其他组织的合法权益造成损害的，共同行使行政职权的行政机关为共同赔偿义务机关。

法律、法规授权的组织在行使授予的行政权力时侵犯公民、法人和其他组织的合法权益并造成损害的，被授权的组织为赔偿义务机关。

受行政机关委托的组织或者个人在行使受委托的行政权力时侵犯公民、法人和其他组织的合法权益并造成损害的，委托的行政机关为赔偿义务机关。

赔偿义务机关被撤销的，继续行使其职权的行政机关为赔偿义务机关；没有继续行使其职权的行政机关的，撤销该赔偿义务机关的行政机关为赔偿义务机关。

经复议机关复议的，最初造成侵权行为的行政机关为赔偿义务机关，但复议机关的复议决定加重损害的，复议机关对加重的部分履行赔偿义务。

5．赔偿方式和计算标准

国家赔偿以支付赔偿金为主要方式。能够返还财产或者恢复原状的，予以返还财产或者恢复原状。

侵犯公民、法人和其他组织的财产权造成损害的，按照下列规定处理：

（1）处罚款、罚金、追缴、没收财产或者违反国家规定征收财物、摊派费用的，返还财产。

（2）查封、扣押、冻结财产的，解除对财产的查封、扣押、冻结，造成财产损坏或者灭失的，给予相应的赔偿金。

（3）应当返还的财产损坏的，能够恢复原状的恢复原状，不能恢复原状的，按照损害程度给付相应的赔偿金。

（4）应当返还的财产灭失的，给付相应的赔偿金。

（5）财产已经拍卖的，给付拍卖所得的价款。

（6）吊销许可证和执照、责令停产停业的，赔偿停产停业期间必要的经常性费用开支。

（7）对财产权造成其他损害的，按照直接损失给予赔偿。

6．赔偿请求的时效

赔偿请求人请求国家赔偿的时效为两年，自国家机关及其工作人员行使职权时的行为被依法确认为违法之日起计算。赔偿请求人在赔偿请求时效的最后六个月内，因不可抗力或者其他障碍不能行使请求权的，时效中止。从中止时效的原因消除之日起，赔偿请求时效期间继续计算。

# 下篇　案例解读——以厦门市规划管理为例

# 第十一章　厦门规划编制管理

城乡规划管理主要由规划编制、规划实施和规划监督三大部分构成。打个简单的比方，类似于板凳至少要有三条腿，却一条腿都不行，否则板凳必然无法站立。规划编制管理包括：规划编制的组织管理、规划编制的审批管理和规划编制的批后管理等三部分工作内容。以下以厦门市城市规划编制管理为例，解读在实际中的城市规划编制管理工作。

## 第一节　规划编制的组织管理

### 一、规划编制的管理分类

规划编制分为法定规划和非法定规划两大类。

法定规划分为：城市总体规划、分区规划、近期建设规划、专业和专项规划、镇总体规划、控制性详细规划。

非法定规划分为：城市设计、概念规划、用地控制规划、整合规划、发展规划、规划研究、选址规划、项目策划、总平咨询、行动规划等。

### 二、规划编制的立项管理

规划编制的立项管理分为一般立项、计划内立项、编外立项等三种类型。

1. 一般立项

（1）经费来源为市财政。

（2）费用预算根据《厦门市财政性投融资城市规划设计计费暂行标准》计费。

（3）立项依据主要有“市委、市政府常务会、市重大项目领导小组会、市土管会”等市领导组织召开的会议，要求规划局开展规划编制的会议纪要。若项目比较紧急，而会议纪要还未签发，则会议通报单可作为附件，待收到会议纪要后再进行替换。

2. 计划内立项

（1）经费来源为市财政。

（2）费用预算根据《厦门市财政性投融资城市规划设计计费暂行标准》计费。

（3）立项依据是规划局年度规划编制计划。

3. 编外立项

（1）费用预算根据《厦门市财政性投融资城市规划设计计费暂行标准》计费。

（2）立项依据是其他部门、单位申请开展规划编制的文件。

规划编制项目立项详见表 11-1。

**厦门市规划局规划编制项目立项表**

（2010）厦规编立项第　号　　　　**表11－1**

<table>
<tr><td>项目名称</td><td colspan="6">厦门市商业网点布局规划（修编）</td></tr>
<tr><td>组织单位</td><td colspan="2">市规划局规划处</td><td colspan="2">委托单位</td><td colspan="2">厦门市贸发局（编外增加此栏）</td></tr>
<tr><td>推荐<br>编制单位</td><td colspan="6">厦门市城市规划设计研究院</td></tr>
<tr><td>规划范围</td><td colspan="6">厦门全市域1565km²</td></tr>
<tr><td>项目规模</td><td>用地面积</td><td>1565km²</td><td>规划人口</td><td>2015年250万人</td><td>其他规模</td><td>期限<br>2008~2015</td></tr>
<tr><td>项目类别</td><td colspan="6">□ 总体规划　□ 分区规划　□ 控制性详规　□ 修建性详规<br>□ 城市设计　√ 专业规划　□ 市政专项规划　□ 交通规划<br>□ 发展规划　□ 概念规划　□ 规划咨询　□ 项目策划<br>□ 规划研究　□ ____（其他）　（打“√”选择）</td></tr>
<tr><td>组织方式</td><td colspan="6">√邀请　□征集　□竞赛　□集中采购　（打“√”选择）</td></tr>
<tr><td>经费来源</td><td colspan="6">市财政</td></tr>
<tr><td>费用预算</td><td colspan="6"></td></tr>
<tr><td>立项依据</td><td colspan="6">1．3月14日市委专题会议要求市贸发局、规划局牵头，抓紧研究提出新的商业网点规划方案、报市委专题会议研究（纪要[2008]15号文）。<br>2．4月3日全市流通工作会议将修编全市商业网点布局规划作为重点工作。</td></tr>
<tr><td>主要规划技术标准</td><td colspan="6">√《城市规划编制办法》<br>√《城市用地分类与规划建设用地标准》（GBJ 137—90）<br>√《厦门市城市总体规划修编》（2004~2020年）<br>√《厦门市城市规划管理技术规定》（2006年版）<br>√ 各片区相关规划<br>√ 零售业态分类　（打“√”选择）</td></tr>
<tr><td>主要规划任务要求</td><td colspan="6">1．对厦门市的商业网点现状及发展状况进行详细调查分析研究，内容包括商业网点发展水平、全市商品销售活跃要素、商业空间布局现状、商业网点现状类型及特征、连锁经营、商业网点发展存在的主要问题等。<br>2．对国内外城市商业网点发展特点和趋势进行综合分析研究，对2004年编制的厦门市商业网点布局规划和实施情况进行检讨分析，并汲取各片区商业网点规划和其他相关规划的精髓，作为规划修编的基础和经验借鉴。<br>3．明确厦门市的商业功能定性，确定商贸业发展的支撑对策和厦门市商业体系规划、厦门市零售业网点布局规划等，制定规划实施策略和分期发展计划，便于规划的实施与管理。</td></tr>
<tr><td>成果要求</td><td colspan="6">文本、图纸格式A3或A4；数量10份；电子文档2份</td></tr>
<tr><td>时间要求</td><td colspan="6">四个月</td></tr>
<tr><td>备 注</td><td colspan="6">1．本立项表是签订规划项目合同、开展规划项目编制的基本依据；<br>2．本立项表一式六份，办公室、规划处、相关处室、分局、设计单位各执一份。</td></tr>
</table>

立项日期：2010年1月12日　　　　厦门市规划局

续表

<table>
<tr><td rowspan="6">审核意见</td><td>主办处室（分局）经办（含详细费用测算）：<br>根据2008年3月14日市委专题会议（纪要[2008]15号文）和4月3日全市流通工作会议工作会议精神，我局拟和市贸发局联合委托市规划院开展厦门市商业网点布局规划（修编）工作，根据《厦门市财政性投融资城市规划设计计费暂行标准》：该项目按城市总体规划层面单项专业规划修编计费，折数：　　，计算：　　，取费：　　万元。<br>妥否，请批示。<br>签名：　　　　日期：</td></tr>
<tr><td>主办处室（分局）领导：<br>签名：　　　　日期：</td></tr>
<tr><td>规划处：<br>签名：　　　　日期：</td></tr>
<tr><td>局规划编制项目审核小组（本局委托30万元以上规划编制项目）：<br>签名：　　　　日期：</td></tr>
<tr><td>分管局领导：<br>签名：　　　　日期：</td></tr>
<tr><td>主管局领导：<br>签名：　　　　日期：</td></tr>
<tr><td>备注</td><td></td></tr>
</table>

## 三、规划方案征集、招标、竞赛和咨询管理

城市规划方案征集、招标、竞赛、咨询应坚持公开、公平、公正合法、择先和诚实信用的原则，按下列程序进行：

1．编制工作文件

城市规划方案征集、招标、竞赛、咨询工作文件以中文为准，文件发出后，组织者不得擅自变更内容。确需变更的，应提前书面通知设计单位。工作文件主要内容应包括：

（1）项目背景、名称、范围等。

（2）项目城市规划方案征集、招标、竞赛、咨询须知。明确设计单位资格审查标准，项目设计程序和日程安排，送件要求，奖励方案及其他需说明的事项。

（3）设计项目任务书。明确现状情况说明、规划设计原则、规划控制和成果要求等内容。

（4）附必要的规划设计基础资料。

2．发布信息

组织者公开在媒体上发布城市规划方案征集、招标、竞赛、咨询信息，邀请若干个设计单位参加。

3．确定规划设计单位

组织者对规划设计单位进行资格审查，确定规划设计单位。参加的设计单位应向组织

者提供下列材料：

（1）营业执照副本，资质等级说明。

（2）近几年来承担与本项目类似的项目及其质量情况。

（3）针对项目任务书编制的工作大纲。

（4）项目主要负责人及主要设计人员简历和主要相关作品。

4．现场踏勘和答疑

（1）发放征集、招标、竞赛、咨询工作文件及有关资料，配合设计单位现场踏勘，调查现状。组织设计单位对征集、招标、竞赛、咨询工作文件进行答疑，并形成书面材料分发各设计单位。

（2）组织设计单位对征集、招标、竞赛、咨询工作文件进行答疑，并形成局面材料分发各设计单位。

5．规划方案文件编制和成果报送

（1）设计单位应根据城市规划方案征集、招标、竞赛、咨询工作文件要求编制规划方案文件。

（2）设计单位提供的成果文件其中一份应加盖设计单位法人印鉴并经法定代表人签字后按规定时间、方式与其余文件送达。

6．规划评审

（1）组建评审委员会。评审会议前组建评审委员会，成员由项目代表（最多1人）和有关专家组成，总人数应为单数。成员的人数、资历及专业结构组成应与规划项目相适应。评审委员会成员应当客观、公正地履行职责，遵守职业道德，对所提出的评审意见承担个人责任，与规划项目有利害关系的人员不得进入评审委员会。

（2）召开评审会。评审会由评委会成员和市有关部门参加。评审委员会负责评审，出具评审意见书，对推荐方案提出修改、完善意见。

（3）通知评审结果。评审会结束后，组织者应书面通知设计单位评审结果。

7．规划成果验收

参加城市规划方案征集、招标、竞赛、咨询活动的设计单位应在指定日期内将规划设计成果交给组织者。规划设计成果所有权归组织者。

## 第二节　规划编制的审批规程

《城乡规划法》上提到的规划都属于法定规划，如城镇体系规划、城市规划（含总体规划、控规、修规）、镇规划（含总体规划、控规、修规）、乡规划和村庄规划。总体规划涉及的各类专项规划，规划实施评估也属于法定规划。

以下仅对城市总体规划、近期建设规划、专业与专项规划、控制性详细规划等四种类型的法定规划审批提出规程要求，并对非法定规划和规划招商也提出相应的规程要求。

## 一、法定规划的审批规程

### 1．城市总体规划

根据《城乡规划法》的规定，城市总体规划审批实行各级人民代表大会对城市总体规划的审查制度和政府分级审批制度。政府应严格城市总体规划成果的审批程序，健全和完善有关审批工作制度，切实提高城市总体规划修编的质量和水平。

城市总体规划审批规程详见表11-2。

**城市总体规划审批规程** **表11－2**

| 项目 | | 城市总体规划 |
| --- | --- | --- |
| 组织编制阶段<br>（项目立项） | | 1．规划组织<br>城市总体规划由市人民政府组织编制，市规划局负责具体的组织编制工作。<br>2．前期准备<br>市规划局提请市政府组织编制（修编）城市总体规划，市政府下达规划编制计划，提出总体要求；市政府提出编制城市总体规划前，应当对现行城市总体规划以及各专项规划的实施情况进行评估。由市政府报请省政府，再由省人民政府向国务院报送要求修编总体规划的请示，经审查同意总体规划修编后，开展规划编制方案。原总体规划实施评估报告和修改强制性内容专题论证报告，应作为报送国务院请示的附件。<br>3．项目立项<br>3.1 立项类型：编内立项<br>3.2 编制单位的确定：市规划局可采用直接委托或征集、招标、竞赛等方法确定规划设计单位，规划设计单位应具有相应规划设计资质。<br>3.3 费用预算<br>依据“厦门市财政性投融资城市规划设计计费暂行标准”（以下简称“标准”）预算；标准中未涵盖的项目参照相关类型确定；30万以上项目由局规划编制项目审核小组审核。<br>3.4 立项依据<br>立项表必须附带立项依据；立项依据主要为国务院同意厦门市开展城市总体规划修编的文件及“市委、市政府常务会”等会议纪要。<br>3.5 任务要求<br>依据《中华人民共和国城乡规划法》、《城市规划编制办法》，根据相关会议纪要的要求，结合实际需要。<br>4．合同签订<br>市规划局拟定城市总体规划编制任务书，与编制单位签订项目合同书，开展总体规划编制工作。 |
| 审批阶段 | 纲要阶段 | 1．提请市政府组织有关部门进行综合协调和论证；<br>2．报请住建部组织专家审查，形成会议纪要。<br>3．按会议纪要修改后，提请城市规划委员会审议；<br>4．经市规划委员会审议通过后，提请市政府常务会审议；<br>5．经政府常务会审议通过后，提请市人大常委会审议；<br>6．经市人大常委会审议通过后，报省人民政府审议。 |
| | 成果阶段 | 1．提请市人大、政协、政府各部门和各区政府讨论；<br>2．提请建设部组织专家对城市总体规划进行审查论证；<br>3．将规划草案在本市主要新闻媒体和市人民政府网站上公开展示30天以上，征询市民意见；<br>4．按会议纪要和市民意见修改后，提请市规划委员会审议；<br>5．经市规划委员会审议通过后，提请市政府常务会审议；<br>6．经市政府常务会审议通过后，提请市人大常委会审议；市人大常委会在审查决定中提出修改意见的，市政府应当依据决定进行修改；<br>7．经市人大常委会审议通过后，将审议意见以及根据审议意见修改规划的情况一并呈报省人民政府审查；<br>8．经省人民政府审查通过后，由省人民政府报请提请国务院审批。 |
| 公布入库阶段<br>（公示阶段） | | 城市总体规划批准后三十日内，其主要内容应在本市主要新闻媒体和市人民政府网站上公布。 |
| 修改 | | 涉及城市总体规划修改的按照国务院办公厅印发的《城市总体规划修改工作规则》执行。 |

2．近期建设规划

近期建设规划是落实城市总体规划的重要步骤，是城市近期建设项目安排的依据。近期建设规划编制完成后，由城乡规划行政主管部门负责组织专家进行论证并报城市人民政府。 城市人民政府批准近期建设规划前，必须征求同级人民代表大会常务委员会意见。批准后的近期建设规划应当报总体规划审批机关备案，其中国务院审批总体规划的城市，报建设部备案。近期建设规划审批规程详见表 11-3。

**近期建设规划审批规程**　　**表11－3**

<table>
<tr><th>项目</th><th colspan="2">近期建设规划</th></tr>
<tr><td>组织编制阶段<br>（项目立项）</td><td colspan="2">1．规划组织<br>近期建设规划由市政府组织编制，市规划局负责具体工作。<br>2．项目立项<br>2.1 立项类型：编内立项<br>2.2 编制单位的确定：市规划局可采用直接委托或征集、招标、竞赛等方法确定规划设计单位，规划设计单位应具有相应规划设计资质。<br>2.3 费用预算<br>依据“厦门市财政性投融资城市规划设计计费暂行标准”（以下简称“标准”）预算；标准中未涵盖的项目参照相关类型确定；30万以上项目由局规划编制项目审核小组审核。<br>2.4 立项依据<br>立项表必须附带立项依据及“市委、市政府常务会”等会议纪要，尚未出会议纪要的可先行以会议通报单作为依据。<br>2.5 任务要求<br>依据中华人民共和国城乡规划法、城市规划编制办法，根据相关会议纪要的要求，结合实际需要。<br>3．合同签订<br>市规划局拟定近期建设规划编制任务书，与编制单位签订项目合同书，开展近期建设规划编制工作。</td></tr>
<tr><td rowspan="3">审批阶段</td><td>初审阶段</td><td>市规划局组织各区政府及相关部门对规划方案进行初审，形成初审意见；</td></tr>
<tr><td>评审阶段</td><td>1．市规划局组织专家进行论证，形成会议纪要。<br>2．在规划局网站及规划展览馆发布规划方案，进行公开展示并征求公众意见，公告时间不少于30日。</td></tr>
<tr><td>报批阶段</td><td>1．规划设计单位根据会议纪要的要求对规划项目进行修改完善后，形成报批成果，报市规划局审查；<br>2．市规划局审查通过后，报市人民政府，由市人民政府提请市人大常委会审议；<br>3．市人大常委会审议通过后，提请市政府常务会审批；<br>4．市政府常务会批准后，呈报省住建厅和国家住建部备案。</td></tr>
<tr><td>公布入库阶段<br>（公示阶段）</td><td colspan="2">近期建设规划批准后，其主要内容应在规划局网站上公布。</td></tr>
<tr><td>备注</td><td colspan="2">设计经费30万以上规划项目，需经市财政局确定采购方式。</td></tr>
</table>

3．专业、专项规划

专业及专项规划是城市总体规划的重要组成部分，包括综合交通、环境保护、商业网点、医疗卫生、绿地系统、河湖水系、历史文化名城保护、地下空间、给水、排水、供电、通信、供热、燃气等基础设施、综合防灾等内容。专业及专项规划成果在报市政府审批前，由市行业主管部门进行批前公示、征求公众意见，经市政府批复后由行业主管部门进行批后公告，同时向市城乡规划主管部门备案，纳入城市总体规划并落实到控制性详细规划中。

专业、专项规划审批规程详见表 11-4。

**专业、专项规划审批规程** **表11-4**

<table>
<tr><th>项目</th><th colspan="2">专业、专项规划</th></tr>
<tr><td>组织编制阶段<br>（项目立项）</td><td colspan="2">1．项目立项<br>1.1 立项类型：编内立项或编外立项<br>1.2 组织编制单位的确定<br>规划组织编制单位为市规划局或相关业务主管部门。<br>规划委托单位为相关业务主管部门、规划局或两者联合。<br>1.3 编制单位的确定<br>30万以下项目由委托单位直接邀请。30万以上项目报财政部门确定采购方式。<br>1.4 费用预算<br>依据“厦门市财政性投融资城市规划设计计费暂行标准”（以下简称“标准”）预算。标准中未涵盖的项目参照相关类型项目确定。<br>30万以上项目由局规划编制项目审核小组审核。<br>1.5 立项依据<br>立项表必须附带立项依据。立项表必须附带立项依据；立项依据主要有“市委、市政府常务会、市重大项目领导小组会、市土管会”等市领导组织召开的会议纪要，以及我局年度规划编制计划。<br>1.6 任务要求<br>依据城乡规划法、城市规划编制办法，根据相关会议纪要的要求，结合实际需要拟定任务要求。<br>2．合同签订<br>30万以下项目根据立项依据签订合同；30万以上项目根据立项依据及采购方式批文签订合同。</td></tr>
<tr><td rowspan="3">审批阶段</td><td>初审<br>阶段</td><td>在规划项目编制过程中，市规划局组织相关部门、业主和设计单位进行协调，及时对规划设计方案进行初审。<br>规划设计单位按照初审意见修改完善形成中间成果报审。<br>由相关业务主管部门组织编制的专项规划应报市规划部门综合协调。</td></tr>
<tr><td>评审<br>阶段</td><td>市规划局组织召开中间成果评审会，形成会议纪要下达给建设单位或规划设计单位。</td></tr>
<tr><td>审查<br>阶段</td><td>规划设计单位根据会议纪要的要求对规划项目进行修改完善后，形成报批文件，报市规划局审查同意后，按程序上报。</td></tr>
<tr><td>公布入库阶段<br>（公示阶段）</td><td colspan="2">1．编制或审批专业专项规划的过程中，应将规划方案公开展示30天以上，展示时间和地点应在本市规划局网站上公布。<br>2．专业、专项规划批准之日起30日内，其主要内容应在本市规划局网站上公布。</td></tr>
<tr><td>批后管理阶段</td><td colspan="2">专业、专项划成果向城乡规划主管部门备案，纳入总体规划并落实到控制性详规中</td></tr>
<tr><td>备注</td><td colspan="2">1．单独编制的各专业规划应在城市总体规划的指导下进行，不得违反城市总体规划确定的基本原则。<br>2．市级以上规划协调项目，拟定意见报市政府，由市政府报上级主管部门。市一级规划协调项目，拟定意见发送来函单位，抄送市政府。<br>3.专项、专业规划主要指国务院有关部门、设区的市级以上地方人民政府及其有关部门，对其组织编制的工业、农业、畜牧业、林业、能源、水利、交通、城市建设、旅游、自然资源开发的有关专项、专业规划</td></tr>
</table>

4．控制性详细规划

《城乡规划法》规定，城市或县人民政府所在地镇的控制性详细规划，由城市或县人民政府的城乡规划主管部门组织编制，经本级人民政府批准后，报本级人民代表大会常务委员会和上一级人民政府备案。其他镇的控制性详细规划由镇人民政府组织编制，报上一级人民政府审批。

控制性详细规划（大纲阶段）审批规程详见表11-5。

**控制性详细规划（大纲阶段）审批规程** **表11-5**

| 项目 | | 控制性详细规划（大纲阶段） |
| --- | --- | --- |
| 组织编制阶段（项目立项） | | 1．规划组织<br>控制性详细规划（大纲阶段）由市规划部门组织编制，必要时可会同有关区政府或业务主管部门共同组织。对每项控规编制工作，规划处，用地处、市政处和信息中心应落实责任人跟踪，跟踪人员与设计人员每周定期沟通交流，加强规划编制科学性、实用性。<br>2．项目立项<br>2.1 立项类型：编内立项<br>2.2 编制单位的确定：市规划局可采用直接委托或征集、招标、竞赛等方法确定规划设计单位，规划设计单位应具有相应规划设计资质。<br>2.3 费用预算<br>依据“厦门市财政性投融资城市规划设计计费暂行标准”（以下简称“标准”）预算；标准中未涵盖的项目参照相关类型确定；30万以上项目由局规划编制项目审核小组审核。<br>2.4 立项依据<br>规划立项的审批采用立项表报批形式以简化审批程序，报批前主办处室应先填写《厦门市规划局规划编制项目立项表》，立项表的填写详见附件六。<br>2.5 任务要求<br>依据中华人民共和国城乡规划法、城市规划编制办法，根据相关会议纪要的要求，结合实际需要。<br>3．合同签订<br>市规划局拟定控制性详细规划编制任务书，择优委托规划设计单位，下达规划设计条件（内容包括规划范围、规划依据、规划设计要点、成果要求等），签订项目合同书，提供相关基础资料。 |
| 审批阶段 | 初审阶段 | 市规划局对规划设计单位提交的控制性详细规划初步方案进行初审，形成初审意见。（本阶段亦可省略） |
| | 评审阶段 | 1．市规划局组织相关专家及有关部门对控制性详细规划（大纲阶段）方案进行评审，形成会议纪要；<br>2．将评审后的规划方案在规划局网站向社会公示，广泛征询公众意见。 |
| | 报批阶段 | 1．规划设计单位根据会议纪要修改完善形成报批成果，报市规划局审查；<br>2．市规划局审查通过后，上报市政府审批；<br>3．经市人民政府批准后，报市人民代表大会常务委员会和省建设厅备案。 |
| 公布入库阶段（公示阶段） | | 控制性详细规划经市政府批准后，其主要内容应在规划局网站上公布。 |
| 修编与局部调整 | | 修改分为控制性详细规划修编和控制性详细规划局部调整：<br>涉及城市总体规划或分区规划发生重大变更以及重大项目招商等因素，对控制性详细规划控制区域功能于布局产生重大影响的，必须进行控制性详细规划修编；<br>涉及以下情形的，应进行控制性详细规划局部调整：<br>1．建设项目对控制性详细规划控制地块的功能与布局产生局部影响的；<br>2．在实施城市建设中发现控制性详细规划有局部缺陷的；<br>3．对控制性详细规划规定的建设用地性质、开发强度和公共配套设施的规划要求进行调整的；<br>4．市政府及相关部门认为应进行局部调整的。<br>5．控制性详细规划局部修改流程。 |
| 维护 | | 控制性详细规划信息系统维护程序<br>1．控制性详细规划成果应纳入规划成果信息系统，规划编制成果数据应符合《厦门市规划编制成果电子版制图要求（试行）》<br>2．涉及控制性详细规划成果维护的应填写“——单元成果维护审批表”。 |
| 备注 | | 规划设计经费30万以上规划项目，需经市财政局确定采购方式。 |

## 二、非法定规划的审批规程

非法定规划编制分为发展战略规划、概念咨询规划、项目行动规划三个层次。发展战略规划是宏观层面上的非法定规划，对全市或分区发展中具有方向性、战略性的重大问题进行专题研究，提出宏观、全局性的发展政策和设想，一般不设定具体的规划期限；概念咨询规划是中观层面上的非法定规划，对城市片区或基于某种目标进行整合的地区进行专题研究，提出开发建设设想和规划设计导则；项目行动规划是微观层面上的非法定规划，对近期需要建设、改造或予以保护的具体地块开发提出规划指导，或对某一种类型的项目提出专项规划标准和策划方案。建设单位组织编制的修规也为非法定规划。

非法定规划的审批规程详见表 11-6。

**非法定规划的审批规程** 表11－6

<table>
<tr><th>项目</th><th colspan="2">非法定规划</th></tr>
<tr><td>组织编制阶段<br>（项目立项）</td><td colspan="2">1．项目立项<br>1.1 立项类型：编内立项、编外立项<br>1.2 组织编制单位<br>规划组织单位为规划局。<br>规划委托单位为建设单位、规划局或两者联合。<br>1.3 编制单位的确定<br>编内项目30万以下项目由委托单位直接邀请。30万以上项目报财政部门确定采购方式。<br>1.4 费用预算<br>依据“厦门市财政性投融资城市规划设计计费暂行标准”（以下简称“标准”）预算。<br>30万以上项目由局规划编制项目审核小组审核。<br>1.5 立项依据<br>立项表必须附带立项依据；立项依据主要有“市委、市政府常务会、市重大项目领导小组会、市土管会”等市领导组织召开的会议纪要，以及我局年度规划编制计划。<br>1.6 任务要求<br>依据城乡规划法、城市规划编制办法，根据相关会议纪要的要求，结合实际需要拟定任务要求。<br>2．合同签订<br>30万以下项目根据立项依据签订合同；30万以上项目根据立项依据及采购方式批文签订合同。</td></tr>
<tr><td rowspan="3">审批阶段性</td><td>初审阶段</td><td>市规划局对规划设计单位提交的规划初步方案进行初审，形成初审意见。<br>（本阶段亦可省略）</td></tr>
<tr><td>评审阶段</td><td>市规划局组织相关业务部门、建设单位进行评审，形成会议纪要。</td></tr>
<tr><td>审查阶段</td><td>规划设计单位根据会议纪要修改完善形成报批成果，报市规划局审查。</td></tr>
<tr><td>公布入库阶段<br>（公示阶段）</td><td colspan="2">非法定规划依据项目的类型不同，选择相关项目的主要内容在规划局网站上公布</td></tr>
<tr><td>备注</td><td colspan="2">非法定规划主要指发展战略规划、概念咨询规划、城市设计用地控制规划、整合规划、发展规划、规划研究、选址规划、项目策划、总平咨询、项目行动规划等</td></tr>
</table>

## 三、规划招商规程

为了高标准的推进城市规划建设，加强信息公开并发挥规划统筹先导作用，厦门市规划局创新性地开展了规划招商暨项目策划方案征集专项活动，即通过不定期分批次对外发布拟由社会投资项目地块的现状及规划信息，发动社会资源参与地块项目策划，征集优质项目落地。意向人及社会团体可根据依据该信息对意向开发地块提出初步开发设想或项目策划方案提交市规划局研究，规划部门将及时把征得的优秀方案上报市政府研究审定，确定后将以优秀方案为基础制作土地挂牌规划条件，推进项目按规划实施。

规划招商规程详见表 11-7。

**规划招商规程**　　**表11-7**

| 项目 | 规划招商 |
|---|---|
| 适用范围 | 1．适用于经营性重大项目，特别是由市领导分管或批示，由我局相关处室、分局、规划院配合，需要专门制定选址咨询，提出多方案供市领导比选决策的项目。<br>2．其他类型重大项目前期可参照本规程执行。 |
| 政策依据 | 1．新一轮机构改革，增加由我局开展规划招商与推介的职责。<br>2．市政府《关于建立推进社会资本及外商投资项目统筹协调与决策机制的建议》。<br>3．市领导关于央企招商有关工作的批示。<br>4．市规划局关于规划招商与项目策划领导小组第一次会议纪要（厦规〔2010〕31号文）。<br>5．市规划局关于成立规划招商与项目策划领导小组的通知（厦规〔2010〕37号文）<br>6．市规划局关于招商工作涉及重大项目选址注意事项的通知（厦规〔2010〕75号文） |
| 招商工作程序 | 1．市级招商项目<br>1.1 局规划招商与项目策划领导小组或分管局领导根据有关市领导指示或批示下达规划招商项目选址和接洽工作。<br>1.2 规划处与投资意向人接洽，了解意向人投资意愿和投资方向，由规划展览馆和分局配合，向投资意向人推介我市规划和重大片区开发情况。<br>1.3 规划处组织制定项目选址规划咨询，经局分管领导审查后报有关市领导审定，并及时将有关情况汇总后向局土地招商例会报告。规划处及时形成规划招商快讯对外发布。<br>1.4 有关市领导与投资意向人明确项目选址后，由规划处将最终选址方案转至用地处，由用地处组织开展下阶段土地出让规划条件制定工作；同时规划处向市土总下达工作联系单，通报规划招商结果并提请市土总做好委托规划条件制定等土地出让前期工作。<br>1.5 规划处对已编制完成的重大项目选址咨询进行验收入库，履行项目委托合同、结算等收尾工作。<br>2．区级招商项目<br>2.1 区政府向我派驻分局下达规划招商选址任务。<br>2.2 分局会同区相关部门与投资意向人接洽，了解意向人投资意愿和投资方向，同投资意向人推介本区规划和开发情况，组织制定项目选址方案。<br>2.3 分局向局务会（业务会）或分管局领导报告规划招商和项目选址情况，征得同意后将项目选址方案报区政府审议，并及时将有关情况向局土地招商例会报告，同时形成招商快讯汇总至规划处。<br>2.4 区政府确定项目选址后，由分局将最终选址方案转至用地处，由用地处组织下阶段土地出让规划条件制定工作，分局同时向区土地收储部门下达工作联系单，通报规划招商结果并提请其做好委托规划条件制定等土地出让前期工作。<br>2.5 分局对已编制完成的项目选址咨询进行验收入库，履行项目合同、结算等收尾工作。 |
| 招商工作要求 | 1．分层协调机制：市级和思明区、湖里区各招商部门由规划处统一协调、衔接；岛外各区政府及招商部门由属地分局沟通衔接。<br>2．项目统筹机制：规划处和分局应及时将在谈项目及客商意向等上报局务会或局规划招商与项目策划领导小组，由分管局领导对项目进行统筹和审查，市级项目选址咨询方案应经分管局领导审核后方可上报市委、市政府。<br>3．及时反应机制：规划处、各分局应将需要协调的事宜及时上报分管领导，由分管局领导决定或组织召开局规划招商与项目策划例会审议。各分局应将各区规划招商动态及时汇总至规划处，由规划处组织形成规划招商快讯及时报道。 |
| 备注 | |

### 四、规划编制与审批管理事项

（1）市局负责制定全市城市规划编制的年度计划，报市政府批准后组织实施。分局负责强调编报本辖区规划编制（包括区政府开发建设单位将组织编制的规划）年度计划建议。

（2）城市总体规划由市局提请市政府组织编制（或修编）市政府下达编制计划和总体要求，市规划局负责委托编制组织协调、审查、公示、报批、归档。规划分局参与、配合城市总体规划的编制，协助收集相关资基础资料，并负责在本辖区内宣传经批准的总体规划。

（3）分区规划、市政专项规划、法定图则、重点地段的城市设计由市规划局负责组织编制、审查、公示（必要时）和报批工作。规划分局配合编制工作，协调收集相关基础资料，征求辖区政府和相关部门意见。

（4）控制性详细规划（大纲阶段）由市规划局负责提出规划设计要求，组织审查和报批。规划分局负责会同区人民政府或其他相关部门组织编制。

（5）$10hm^2$ 以上（含 $10hm^2$）修建性详细规划由市规划局负责提出规划设计要求、组织审查和审批。规划分局协助区政府或开发建设单位组织编制、公示和报批。$10hm^2$ 以下的修建性详细规划，由规划分局负责提出规划设计要求，组织审查和审批。

（6）建制镇总体规划由规划局负责提出规划设计要求，组织审查与报批，规划分局协助区政府组织编制和公示。其他村镇规划由规划分局负责提出规划设计要求、组织审查和审批。

## 第三节　规划编制的批后管理

规划编制的批后管理包括规划修改和规划成果维护两部分内容。《城乡规划法》对规划修改的前提条件作了明确的规定。规划成果的动态维护，是提高规划管理依据的及时性、准确性、精细化和效率化的重要保障。实现对规划的“动态化”维护，及时根据城市发展实际的变化及规划管理的需要，及时更新相关基础数据和资料，定期对规划进行评估，及时对规划中不符合实际的内容进行修正和完善，但涉及规划基本内容时，应按程序进行修改。

### 一、规划修改

由于公共利益的需要或不可预见的因素出现，规划主管部门应当拥有对规划作出变更的自由裁量权。为了防止规划主管部门滥用变更规划的自由裁量权，自由裁量权的行使应当受到行政程序的约束，因为规划本身与其他机关或利害关系人有密切的关系，规划的变更也必然对这些机关或利害关系人产生影响，所以规划的变更应当经过与规划编制和审批同样的程序。

以下仅以城市总体规划、控制性详细规划为例提出规划修改的工作规则与修改流程。

1．城市总体规划修改工作规则

为了维护城市总体规划的严肃性，依据《中华人民共和国城乡规划法》要求，对报经国务院审批的城市总体规划修改工作程序和内容规范如下：

（1）报经国务院审批的城市总体规划修改适用本工作规则。其他城市总体规划修改工作规则，同省、自治区、直辖市人民政府参照本工作规则制定。

（2）城市总体规划修改，要贯彻落实科学发展观，维护人民群众合法权益，正确处理局部与整体、近期与长远、需要与可能、发展与保护的关系，促进城市经济社会与生态资源环境全面协调可持续发展。

（3）有下列情形之一的，组织编制机关可按照规定的权限和程序修改城市总体规划；

1）上级人民政府制定的城乡规划发生变更，提出修改规划要求的；

2）行政区划调整确需修改规划的；

3）因国务院批准重大建设工程确需修改规划的；

4）经评估确需修改规划的；

5）国务院认为应当修改规划的其他情形。

（4）拟修改城市总体规划的城市人民政府，应根据《中华人民共和国城乡规划法》的要求，结合城市发展和建设的实际，对原规划的实施情况进行评估。评估报告要明确原规划实施中遇到的新情况、新问题，深入分析论证修改的必要性，提出拟修改的主要内容，以及是否涉及强制性内容。

（5）拟修改城市总体规划涉及强制性内容的，城市人民政府除按规定实施评估外，还应就修改强制性内容的必要性和可行性进行专题论证，编制专题论证报告。

城市总体规划的强制性内容包括：

1）规划区范围；

2）规划区内建设用地规模；

3）基础设施和公共服务设施用地；

4）水源地和水系；

5）基本农田和绿化用地；

6）环境保护控制性指标；

7）自然和历史文化遗产保护区范围；

8）城市防灾减灾设施用地；

9）法律法规规定的其他内容。

（6）修改城市总体规划，应按下述程序进行：

1）省、自治区人民政府所在地的城市人民政府以及国务院确定的城市人民政府，向省、自治区人民政府报送要求修改城市总体规划的请示，经审查同意后，由省、自治区人民政府向国务院报送要求修改规划的请示。直辖市要求修改城市总体规划，由直辖市人民政府向国务院报送要求修改规划的请示。原规划实施评估报告和修改强制性内容专题论证报告，应作为报送国务院请示的附件，一并上报。

2）国务院办公厅将省、自治区、直辖市人民政府要求修改规划的请示转住房城乡建设部商有关部门研究办理。住房城乡建设部应及时对申报材料进行核查，提出是否同意修改及修改工作要求的审查意见，函复有关省、自治区、直辖市人民政府，并将复函抄送国务院办公厅。其中，对拟修改城市总体规划涉及强制性内容的，住房城乡建设部应组织有关部门和专家，对原规划实施评估报告和修改强制性内容专题论证报告进行审查，提出审查意见报国务院同意后，函复有关省、自治区、直辖市人民政府。

3）城市人民政府根据住房城乡建设部复函组织修改城市总体规划，编制规划修改方案，进行公告、公示，征求专家和公众意见，并报本级人民代表大会常务委员会审议。修改后的直辖市城市总体规划，由直辖市人民政府报国务院审批；修改后的省、自治区人民政府所在地城市总体规划以及国务院确定的城市的总体规划，由省、自治区人民政府审核并报国务院审批。报批材料包括：城市总体规划文本图纸、修改方案专题论证报告、专家评审意见及采纳情况、公众意见及采纳情况、城市人民代表大会常务委员会审议意见及采纳情况和省、自治区、直辖市人民政府审查意见。

4）国务院办公厅将省、自治区、直辖市人民政府的请示转住房城乡建设部商有关部门研究办理。住房城乡建设部应及时对报批材料进行初步审核，对有关材料不齐全或内容不符合要求的，应要求有关方面补充完善。

5）住房城乡建设部组织专家和有关部门召开审查会，对修改后的城市总体规划提出审查意见。有关城市人民政府按照审查意见对城市总体规划进行修改完善后，由住房城乡建设部报国务院审批。

（7）依法应当修改城市总体规划而城市人民政府未提出修改的，住房城乡建设部应会同有关省、自治区、直辖市人民政府督促其按法定程序开展规划修改工作。

2．控制性详细规划局部调整

控制性详细规划一经批准便具有法律效力，在城乡规划实施过程中必须严格执行，以保证城乡建设的有序、协调和可持续发展。

在维护控制性详细规划严肃性的前提下，考虑到城乡规划实施过程中，影响城乡建设和发展的各种因素总是不断发展变化的，有必要对控制性详细规划进行修改或局部调整。

结合实际情况，明确涉及城市总体规划发生重大变更以及重大招商等因素，对控制性详细规划控制区域功能与布局产生重大影响的，或涉及重大基础设施、公共服务设施变化的，才必须修改控制性详细规划，具体可分为以下四种情形：

（1）因城市总体规划修改导致控制性详细规划相应修改的；

（2）因有关专项规划、城市设计的编制，需要完善控制性详细规划的；

（3）因重大基础设施、公共服务设施建设或者国家、省、市重点工程项目需要修改的；

（4）经评估、分析确需修改的。同时强调控制性详细规划修改涉及城市总体规划强制性内容的，应当先修改城市总体规划。

如果控制性详细规划的局部变更不涉及公共利益及其他重大调整，如施工图设计中导致规划道路线位进行调整的，或落实已明确项目导致规划细化等，且不涉及公共利益也不影响相对人的利益或相对人对控规的变更没有异议，仅对控规进行局部调整，不属于涉及控制性详细规划强制性内容的修改。

控规局部调整如图 11-1、图 11-2 所示

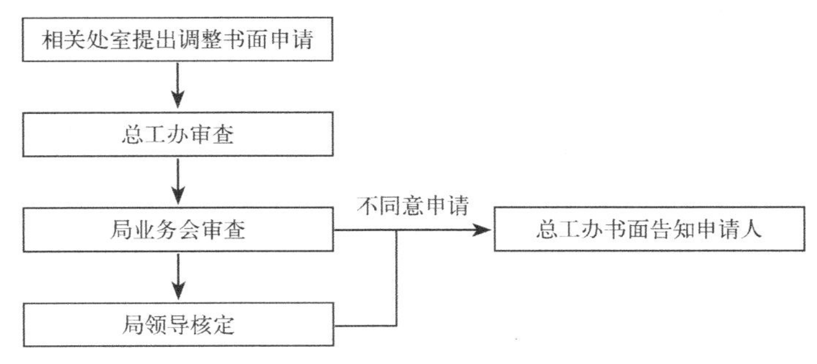


**图 11–1　控规局部调整申请审核流程图**

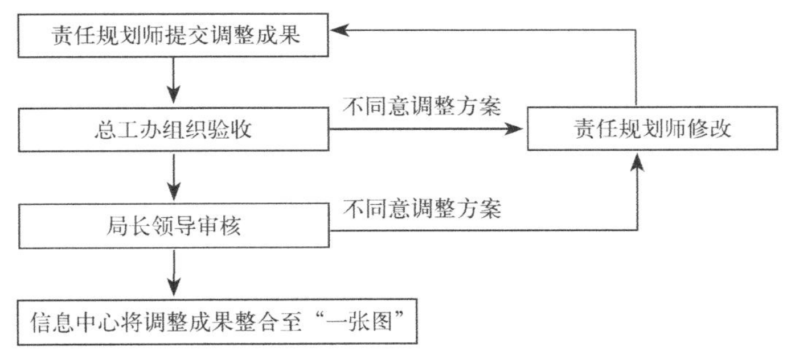


**图 11–2　控规局部调整方案审查流程图**

3．责任规划师制度

为做好规划跟踪服务工作，适应城乡发展变化需要，厦门市规划局建立了责任规划师制度，并依此确定责任规划单位。责任规划师分为片区责任规划师和专项责任规划师，主要是做好规划实时维护及跟踪服务，承担职责包括：

1）负责责任区的规划信息维护，定期更新一次本责任区的规划总图，经规划部门审核后提供电子文件和图纸；

2）列席规划部门关于责任区内重大建设项目的会审，提供技术意见及其他规划服务。

通过推行责任规划师制度，一是改变了规划设计师只管规划编制，不管规划实施的情况，有效保障了土地开展沿着城市规划的框架进行；二是为城乡规划主管部门项目前期选址、方案审批提供技术建议，相当于项目总工的职能，有效缓解了城乡规划主管部门人员不足的情况，提高了行政水平及行政效率。

## 二、规划成果维护审批

规划局实行严格的规划成果维护审批制度。以控制性详细规划局部调整为例，从申请的审核、到方案审查都有严格的程序规范，其既确保规划成果的严肃性，也便于对规划成果进行及时更新，保持规划成果的统一性。

控制性详细规划局部调整申请审核详见表 11-8，控制性详细规划局部调整方案审查审批详见表 11-9。

控制性详细规划局部调整申请审核表　　表11-8

| 调整名称 | | 调整单元 | |
|---|---|---|---|
| 申请单位 | | 联系方式 | |
| 调整的内容与理由 | 经办人：　公章：　年　月　日 | | |
| 总工办审查意见 | 经办人：　公章：　年　月　日 | | |
| 局业务会审查意见 | 审核人：　年　月　日 | | |
| 领导审批意见 | 签章　年　月　日 | | |

控制性详细规划局部调整方案审查审批表　　表11-9

| 调整名称 | | 申请批准日期 | |
|---|---|---|---|
| 责任规划师调整说明 | 详细调整图纸、文字说明附后<br>责任人：　年　月　日 | | |
| 总工办审查意见 | 经办人：　责任人：　年　月　日 | | |
| 局业务会审批意见 | 审核人：　年　月　日 | | |
| 领导审批意见 | 审核人：　年　月　日 | | |
| 信息中心调整 | 负责人　年　月　日 | | |

# 第十二章　厦门规划实施管理

城市规划实施管理主要包括：建设项目选址的管理、建设工程设计方案的审批、建设用地规划许可证的核发和建设工程规划许可证的核发等四部分工作。下面以厦门市城市规划实施管理为例，解读实际工作中的城市规划实施管理。

## 第一节　建设项目选址许可

### 一、行政许可的内容与法律依据

1．行政许可内容

对在城市规划区内新建、扩建和改建各类建设项目（含临时建筑）用地提出规划选址意见。

2．法律依据

（1）《中华人民共和国城乡规划法》第36条；

（2）《福建省实施 < 中华人民共和国城乡规划法 > 办法》第28条、第29条、第30条；

（3）《厦门市城乡规划条例》第23条、第26条、第27条。

### 二、行政许可的条件

1．申请办理《建设项目选址意见书》，申请人应提交如下材料

（1）申请报告、建设单位营业执照（或组织机构代码证）及授权委托人身份证复印件；

（2）建设项目选址许可申请表及《授权委托书》；

（3）政府财政投资的建设项目须提供发改部门的批准文件；特殊行业的应提供其主管部门意见；

（4）已取得土地使用权的项目，应提供与建设单位名称相符的建设基地土地使用权属证明复印件；

（5）改、扩建项目应按相关规定取得须前置审批的文件，附送有相应资质的设计单位作出的改、扩建方案设计总平面图及已批的相关规划文件；

（6）已明确初步选址范围的项目，应提供用地边界及坐标图（含CAD电子版资料）；

（7）曾不予许可项目，应提供《不予规划许可决定书》；

（8）依相关法律、法规要求应提供的其他材料。

2．下列建设项目需要编制选址论证报告

（1）大中型建设项目；

（2）跨行政区域的建设项目；

（3）城乡规划以及相关专项规划确定的重点监管区域内的建设项目；

（4）各级人民政府要求加强监管的其他建设项目。

建设项目选址论证报告应当委托具有相应城市规划编制资质的单位编制，编制选址论证报告应当符合有关技术规范。

3. 选址论证报告具体内容

（1）项目概况：

1）项目建设的依据与必要性；

2）建设项目的基本情况，包括：建设规模、投资规模、用地规模、运输量及运输方式、用水量、用电量、用气量、用热量等；主要污染物排放量及噪声情况；技术装备先进性情况；职工人数、配套生活设施情况；

3）选址要求，包括区位、用地条件、外部条件及项目的特殊情况。

（2）项目建设区域概况：项目拟建地区的资源环境、经济社会、城乡建设、土地利用、基础设施及同类项目的有关情况。

（3）城乡规划要求：项目拟建地区城乡规划及其他相关规划情况。

（4）项目选址研究的依据与原则：项目选址研究的法律、技术、政策依据及遵循的原则。

（5）项目选址过程、选址方案及各方案的基本情况。

（6）选址方案分析论证比选：

1）对城乡功能、城乡空间资源配置的宏观影响分析；

2）是否符合相关城乡规划的强制性内容及用地布局安排；

3）场址工程地质、水文地质及地震、洪水、地质灾害等情况分析；

4）交通、供水、排水、供电、供热、供气等外部条件及生活服务设施配套情况分析；

5）是否符合生态和环境、自然和历史文化资源保护及景观要求；

6）对城乡公共安全、公共利益及直接关系人利益影响分析；

7）对机场净空、微波通道、军事设施保护及国家安全等特殊要求的分析；

8）定量和定性经济分析。

（7）结论与建议：

1）统筹考虑各种因素，通过方案对比分析，提出推荐选址方案，并对其合理性、可行性与否等相关内容提出研究结论；

2）提出按推荐方案进行前期工作和建设的条件及建议。

## 三、行政许可的程序

1. 行政许可申请受理与决定机关

行政许可申请受理机关：思明区、湖里区范围内的受理机关为市规划局综合管理处；海沧区、集美区、同安区、翔安区范围内的受理机关为所在区的市规划局规划分局。

行政许可决定机关：厦门市规划局。其中须由省规划部门核发选址意见书的建设项目由市规划部门提出审核意见后，报省规划部门核发选址意见书。

2．行政许可程序

以划拨方式提供国有土地使用权的建设项目，建设单位报送有关部门批准或者核准前，应当向规划部门申请办理《建设项目选址意见书》。

以出让方式提供国有土地使用权的建设项目，项目批准（核准、备案）机关应当在项目批准（核准、备案）前，征求规划部门的书面意见。

申请人提交完整及符合要求的文件，规划部门受理、审批。同意的核发《建设项目选址意见书》；不同意的作出书面答复。

需提请市规划委员会审议的，经市规划委员会审议通过并经市人民政府批准后，核发《建设项目选址意见书》。

对环境影响较大的三类工业（对居住和公共设施等环境有严重干扰和污染的工业用地，如采掘工业、冶金工业、大中型机械制造工业、化学工业、造纸工业、制革工业、建材工业等用地）建设项目，规划部门先提出初步选址意见函，建设项目经环评基本同意后，方可进行选址许可程序。

3．行政许可时限

行政许可的时限为 12 个工作日（分局受理，须报市局审批的项目，增加 5 个工作日）。

### 四、行政许可的有效期与法律效力

《建设项目选址意见书》有效期：一年。建设单位或个人在取得《建设项目选址意见书》一年内未申请《建设用地规划许可证》的，该《建设项目选址意见书》由原核发机关予以注销。

行政许可法律效力：领取《建设项目选址意见书》并满足相关要求后，方可申办建设工程设计方案规划许可及《建设用地规划许可证》。

### 五、办理许可过程中的救济权利

（1）当事人在申请行政许可的过程中，依法享有陈述权与申辩权；

（2）当事人在申请行政许可的过程中，依法享有要求许可部门组织听证的权利；

（3）当事人的行政许可申请被驳回时，有权要求许可部门予以说明理由；

（4）当事人不服行政许可决定的，有权依法申请行政复议或者提起行政诉讼；

（5）许可机关为了公共利益的需要依法变更或者撤回已经生效的行政许可时，当事人因此遭受财产损失的，有权依法提出补偿；

（6）当事人的合法权益因行政机关违法实施行政许可受到损害的，有权依法要求赔偿；

（7）法律法规规定当事人享有的其他权利。

当事人在行使权利的过程中，应同时履行《行政许可法》等法律法规以及规划行政管理法律法规规定的义务；维护国家利益以及社会公共利益，维护利害关系人的合法权益，维护行政机关的法定许可权利和正常的行政许可秩序。

## 六、建设项目选址意见书与行政权力运行流程

### 1.《建设项目选址意见书》表样（表 12-1）

建设项目选址意见书　　表12-1

<table>
<tr><td colspan="2">建设单位</td><td colspan="5"></td></tr>
<tr><td colspan="2">项目名称</td><td colspan="3"></td><td>建设地点</td><td></td></tr>
<tr><td colspan="2">用地性质</td><td colspan="3"></td><td>批准机关及文号</td><td></td></tr>
<tr><td colspan="2">建设工程性质</td><td colspan="3"></td><td>批准机关及文号</td><td></td></tr>
<tr><td rowspan="4">建设规模</td><td></td><td>投资（万元）</td><td>总用地面积（平方米）</td><td>建设用地面积（平方米）</td><td>建筑面积（平方米）</td><td>其他</td></tr>
<tr><td>总规模</td><td></td><td></td><td></td><td></td><td></td></tr>
<tr><td>一期</td><td></td><td></td><td></td><td></td><td></td></tr>
<tr><td>二期</td><td></td><td></td><td></td><td></td><td></td></tr>
<tr><td>用地规划设计要求</td><td colspan="6">1．容积率：<br>2．建筑密度：<br>3．绿地率：绿地面积占用地总面积的比例＿＿＿＿＿%，其中集中绿地面积＿＿＿＿＿用地总面积的＿＿＿＿＿%。<br>4．建筑退让用地边界（拟定红线）距离：<br>5．建筑间距及日照控制要求：<br>6．建筑高度、层数控制要求：<br>7．基地主要出入口宜沿＿＿＿＿＿路设置。应按＿＿＿＿＿规定配置机动车、自行车停车泊位。<br>8．建设基地标高：最低点应控制在＿＿＿＿＿m以上。（周边道路标高见附图）<br>9．公共建设配套要求：<br>10．其他：</td></tr>
<tr><td>建筑规划设计要求</td><td colspan="6">1．建筑平面与空间布局：<br>2．建筑形态与风格：<br>3．建筑色彩：<br>4．建筑屋顶形式：<br>5．景观环境：<br>6．其他要求：与周边已建建筑存在间距控制的，须请有资质的测量单位对：①周边已建建筑的角点坐标；②±0.00的黄海高程和建筑高度（至实体女儿墙或檐口）进行实测，作为规划审批建筑间距审查的依据。</td></tr>
<tr><td>市政规划设计要求</td><td colspan="6">1．市政配套设施：<br>2．市政管线：<br>3．室外地坪标高：<br>4．其他要求：</td></tr>
<tr><td colspan="7">注：1．本证效期一年，设从发证之日起计。需要办理延期的应在有效期满三十日前提出申请，延长期限不超过一年。到期既不办理建设项目审批、核准手续，又不延期的，本证自动失效。图纸随文有效，图文不一致时，以文为准。<br>2．用地5万～20万$m^2$的建设项目，下阶段须报送2个规划方案或进行规划竞赛（须报送模型）：20万$m^2$以上的建设项目必须由多家甲级规划院进行规划竞赛（须报送模型）。建筑面积2～4万$m^2$以上或18层以上建筑，须由多家甲级建筑院进行设计竞赛（须报送模型）。须进行方案竞赛的项目，在正式向规划管理部门报建方案前，应向规划管理部门申请组织竞赛，在取得中标通知书及专家意见（规划部门所出会议纪要）后，将会议纪要及确定后的规划、建筑方案一并报送。</td></tr>
</table>

经办：　　　　签发：　　　　日期：

2．行政权力运行流程图（图 12-1）

在行政权力运行流程图中，载明了行使权力的条件、承办岗位、办理时限、监督制约环节等，包括在重要部位和环节相应注明程序、时限、法律依据等，方便群众“按图索骥”给予监督。

3．领取《建设项目选址意见书》之后应注意事项

（1）有效期限。《建设项目选址意见书》有效期一年。确需延期的，应当在期限届满三十日内，向我局提出申请延期，延长期限不得超过一年。

（2）法律责任。建设单位或个人应当在《建设项目选址意见书》有效期内依法办理建设项目审批、核准手续，或者申请延期，否则《建设项目选址意见书》自动失效。

（3）后续手续办理：

1）建设单位或个人依法办理建设项目批准、核准、备案及土地预审手续；

2）根据规划设计条件，完成建设工程方案设计；

3）住宅建筑及可能对住宅建筑产生日照影响的其他项目，均需进行建筑物日照分析；

4）凡是涉及建筑的建设项目，在报批设计方案之前，请先办理建设项目技术审查，取得《建设项目审查意见书》；

5）依据规划许可办法的要求备齐申请材料向我局申报建设项目单体设计方案；新增用地则需办理《建设用地规划许可证》。

## 第二节　建设工程设计方案规划许可

### 一、行政许可的内容与法律依据

1．行政许可内容

建设工程设计方案规划许可，其中包括：建筑工程设计方案规划许可和市政工程设计方案规划许可。

在城市规划区内新建、扩建和改建各类建设项目（包括已有建筑的加层、临时建筑、雕塑、夜景工程等建设项目。

以下建设项目可不报审建筑工程设计方案规划许可：

（1）建筑面积 1000$m^2$ 以下的非城市重点地段的临时建筑；

（2）经城市修建性详细规划许可的工业园区内非城市主要干道侧的工业建筑、仓储建筑；

（3）一般性地段的一般性非公共建筑且建筑面积小于 1000$m^2$ 以下的单体建筑。

2．法律依据

《厦门市城乡规划条例》第 32 条、第 35 条。

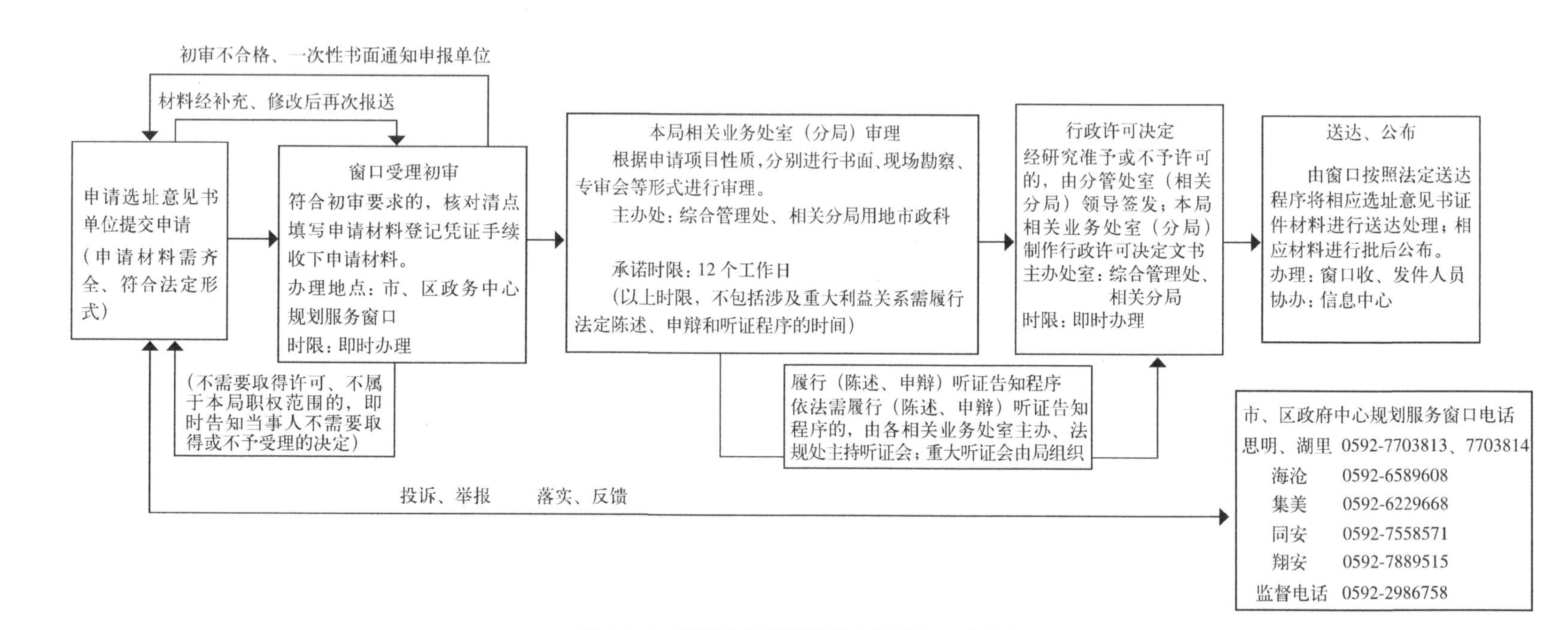
初审不合格、一次性书面通知申报单位
材料经补充、修改后再次报送
申请选址意见书单位提交申请（申请材料需齐全、符合法定形式）
窗口受理初审
符合初审要求的，核对清点填写申请材料登记凭证手续收下申请材料。
办理地点：市、区政务中心规划服务窗口
时限：即时办理
（不需要取得许可、不属于本局职权范围的，即时告知当事人不需要取得或不予受理的决定）
本局相关业务处室（分局）审理
根据申请项目性质，分别进行书面、现场勘察、专审会等形式进行审理。
主办处：综合管理处、相关分局用地市政科
承诺时限：12个工作日
（以上时限，不包括涉及重大利益关系需履行法定陈述、申辩和听证程序的时间）
履行（陈述、申辩）听证告知程序
依法需履行（陈述、申辩）听证告知程序的，由各相关业务处室主办、法规处主持听证会；重大听证会由局组织
行政许可决定
经研究准予或不予许可的，由分管处室（相关分局）领导签发；本局相关业务处室（分局）制作行政许可决定文书
主办处室：综合管理处、相关分局
时限：即时办理
送达、公布
由窗口按照法定送达程序将相应选址意见书证件材料进行送达处理；相应材料进行批后公布。
办理：窗口收、发件人员
协办：信息中心
投诉、举报
落实、反馈
市、区政府中心规划服务窗口电话
思明、湖里 0592-7703813、7703814
海沧 0592-6589608
集美 0592-6229668
同安 0592-7558571
翔安 0592-7889515
监督电话 0592-2986758

图 12-1 厦门市规划局选址意见书运行流程图

## 二、行政许可的条件

1. 建筑工程

（1）符合有效《建设项目选址意见书》的要求；

（2）符合城市规划；

（3）满足城市各类基础设施、公共设施配套的要求；

（4）满足环保、通信、能源、安全和防灾等要求；

（5）满足风景名胜、自然生态和历史文化保护的要求；

（6）符合有关城市规划的法律、法规、规章、规范性文件及技术规范和标准要求。

2. 市政工程

（1）市政场（厂）站工程符合有效《建设项目选址意见书》的要求，道路交通工程、管线工程符合规划设计要求；

（2）符合城市规划；

（3）满足城市各类基础设施、公共设施配套的要求；

（4）满足环保、通信、能源、安全和防灾等要求；

（5）满足风景名胜、自然生态和历史文化保护的要求；

（6）符合有关城市规划的法律、法规、规章、规范性文件及技术规范和标准要求。

## 三、行政许可的程序

（一）行政许可申请受理与决定机关

行政许可申请受理：思明区、湖里区范围内的受理机关为市规划局综合管理处，海沧区、集美区、同安区、翔安区范围内的受理机关为所在区的市规划局规划分局。

行政许可决定机关为厦门市规划局。

（二）申请材料

1. 建筑工程

（1）申请报告、建设单位营业执照（或组织机构代码证）及授权委托人身份证复印件；

（2）建筑工程设计方案规划许可申请表、附表及《授权委托书》；

（3）设计单位相应的资质证书；

（4）已取得用地红线的项目应提供市政府核发的建设用地批文及用地红线附图；

（5）《建设项目选址意见书》（有效复印件）及附图或国有土地出让合同；

（6）总平面图及设计方案文本（含总体鸟瞰、建筑透视图、夜景效果图）及电子文件（光盘）；如需做日照分析，需报送方案文本；

（7）经济技术指标表、建筑单体分层指标表、建筑功能及面积分配汇总表；

（8）建设基地实测地形图（1份）；由具有测绘资质单位对现状建筑邻近一侧的建筑角点坐标、室外地坪标高（黄海高程）、建筑高度（至女儿墙或檐口）等的实测成果；

（9）居住建筑项目及可能对居住建筑产生日照影响的其他建筑项目应提供《日照分析

报告》；

（10）项目报件表及中标通知书；重点建筑或须经方案征集、竞赛或方案招投标的项目应提供中标通知书、专家评审意见及前三名设计方案文本；

（11）其他需提供的材料：

① 须经发改部门审批的项目应提供有关批准文件；技改项目应提供经发改部门批准文件，高科技、保税区等相关开发园区内项目应提供管委会批准文件；

② 安置房项目须提供区政府和市住宅管理办公室的书面意见；

③ 改、扩建项目应提供原项目“一书两证”及附图（有效复印件）和原建筑施工图（核准原件的复印件），以及土地和房屋权属证明；

④ 工业项目须提供“环境影响报告书”和环保主管部门的批文；

⑤ 在历史风貌建筑保护规划确定的保护范围内新建建筑，应提供建筑视线分析图；

⑥ 雕塑和夜景工程的项目，应附景观效果图及电子文档。

（12）曾不予许可项目，应提供《不予规划许可决定书》；

（13）设计方案调整的项目需附原设计方案批复意见及附图；

（14）依相关法律、法规要求应提供的有关材料。

2．市政工程

（1）申请报告、建设单位营业执照（或组织机构代码证）及授权委托人身份证复印件；

（2）市政工程设计方案规划许可申请表、附表及《授权委托书》；

（3）政府投资的建设项目须提供发改部门的批准文件，其他建设项目须提供相关主管部门的批准文件；

（4）设计单位资质证书复印件；

（5）符合国家规定设计深度的市政工程方案设计文件（设计文件含电子光盘），独自建设的市政管线项目还应提供含最新地形及主要节点坐标的管线路径图；

（6）道路交通工程及市政场（厂）站工程项目，应提供《建设项目选址意见书》及附图；

（7）对环境影响较大的建设项目（大型污水处理厂、垃圾处理场）须提供环保行政主管部门的环评审查意见，如涉及填海造地的还须提供海洋行政主管部门的审查意见；涉及水利、防洪的项目须提供水利行政主管部门的审查意见；

（8）通信管线项目，须附市通信管理局关于通信管线共建的意见；

（9）燃气管道项目，须附市市政园林局关于管道燃气特许经营的授权书；

（10）建筑工程外部配套市政管线项目，须附建筑工程项目的规划许可手续及附图；

（11）方案调整的需提供原方案批复意见及其附图；

（12）曾不予许可项目，应提供《不予规划许可决定书》；

（13）依相关法律、法规要求应提供的其他材料。

（三）行政许可程序与时限

申请人提交完整及符合要求的文件，规划部门受理、审批、批复（建筑工程设计方案规划许可涉及绿化设计方案由市政园林局提出审核意见，规划部门汇总）。

行政许可的时限为 8 个工作日：

（1）分局受理，须报市局审批的项目，增加 5 个工作日；

（2）建筑工程设计方案规划许可涉及绿化设计方案由市政园林局审核，在 2 个工作日内将审核意见提交规划部门。

## 四、行政许可证的有效期与法律效力

行政许可证有效期：建筑工程的《建设工程设计方案批复通知书》和市政工程的《市政工程设计方案批复通知书》，有效期：长期有效。

行政许可法律效力：领取方案批复，方可办理《建设工程规划许可证》。

## 五、办理许可过程中的救济权利

同本章第一节。

## 六、建设工程设计方案批复与行政权力运行流程

1.《建设工程设计方案（建筑类）批复通知书》表样（表 12-2）与运行流程图（图 12-2）

**建设工程设计方案（建筑类）批复通知书** **表12-2**

<table>
<tr><td colspan="2">建设单位</td><td colspan="2"></td><td colspan="2">选址意见书编号</td><td colspan="2"></td></tr>
<tr><td colspan="2">项目名称</td><td colspan="2"></td><td colspan="2">建设地点</td><td colspan="2"></td></tr>
<tr><td colspan="2">用地性质</td><td colspan="2"></td><td colspan="2">批准机关及文号</td><td colspan="2"></td></tr>
<tr><td colspan="2">建设工程性质</td><td colspan="2"></td><td colspan="2">批准机关及文号</td><td colspan="2"></td></tr>
<tr><td rowspan="7"></td><td></td><td>总用地面积（m²）</td><td>建设用地面积（m²）</td><td colspan="2">总建筑面积（m²）</td><td>建筑密度（%）</td><td>容积率</td></tr>
<tr><td rowspan="2">总用地指标</td><td rowspan="2"></td><td rowspan="2"></td><td rowspan="2"></td><td>地上</td><td rowspan="2"></td><td rowspan="2"></td></tr>
<tr><td>地下</td></tr>
<tr><td rowspan="2">一期用地指标</td><td rowspan="2"></td><td rowspan="2"></td><td rowspan="2"></td><td>地上</td><td rowspan="2"></td><td rowspan="2"></td></tr>
<tr><td>地下</td></tr>
<tr><td rowspan="2">二期用地指标</td><td rowspan="2"></td><td rowspan="2"></td><td rowspan="2"></td><td>地上</td><td rowspan="2"></td><td rowspan="2"></td></tr>
<tr><td>地下</td></tr>
<tr><td>总平、建筑规划设计方案</td><td colspan="7">1. 绿地率：绿地面积占用地总面积的比例不小于________%，其中集中绿地面积不小于建设用地面积的________%（分期实施的用地，本期绿地面积占本期建设用地的比例不小于________%，其中集中绿地面积不小于本期建设用地面积的________%。）<br>2. 建筑退让用地边界（拟定红线）距离：<br><br>3. 建筑间距及日照控制要求：<br><br>4. 基地主要出入口宜沿____________路设置。应按__________规定配置机动车、自行车停车泊位，地上______个，地下______个。<br>5. 建设基地标高：最低点应控制在______m以上。（周边道路标高见附图）<br>6. 公共建筑配套要求：</td></tr>
</table>

续表

<table>
<tr><td rowspan="5">总平、建筑规划设计方案</td><td colspan="4">7. 建筑高度______m，建筑层数______层，主要层高要求：</td></tr>
<tr><td colspan="4">8. 建筑功能划分：</td></tr>
<tr><td colspan="4">9. 建筑立面要求：</td></tr>
<tr><td colspan="4">10. 其他规划要求：</td></tr>
<tr><td colspan="4">11. ①为确保规划严肃性，方案批复后，《建设工程规划许可证》须按方案内容申报，核发后除强制性或规划另有要求外，原则不在受理变更。②《建设工程规划许可证》申报时必须提供有资质的测量单位核算的建筑面积报告书并在施工图上加盖测量单位公章。</td></tr>
<tr><td rowspan="10">市政规划设计方案要求</td><td>内容</td><td>总容（用）量</td><td>同城市市政的接口情况</td><td>相关市政设施情况<br>（厂、站、所、房）</td></tr>
<tr><td></td><td></td><td></td><td></td></tr>
<tr><td></td><td></td><td></td><td></td></tr>
<tr><td></td><td></td><td></td><td></td></tr>
<tr><td></td><td></td><td></td><td></td></tr>
<tr><td></td><td></td><td></td><td></td></tr>
<tr><td></td><td></td><td></td><td></td></tr>
<tr><td></td><td></td><td></td><td></td></tr>
<tr><td></td><td></td><td></td><td></td></tr>
<tr><td colspan="4">管线综合及其他审定意见：</td></tr>
</table>

经办：　　　　签发：　　　　日期：

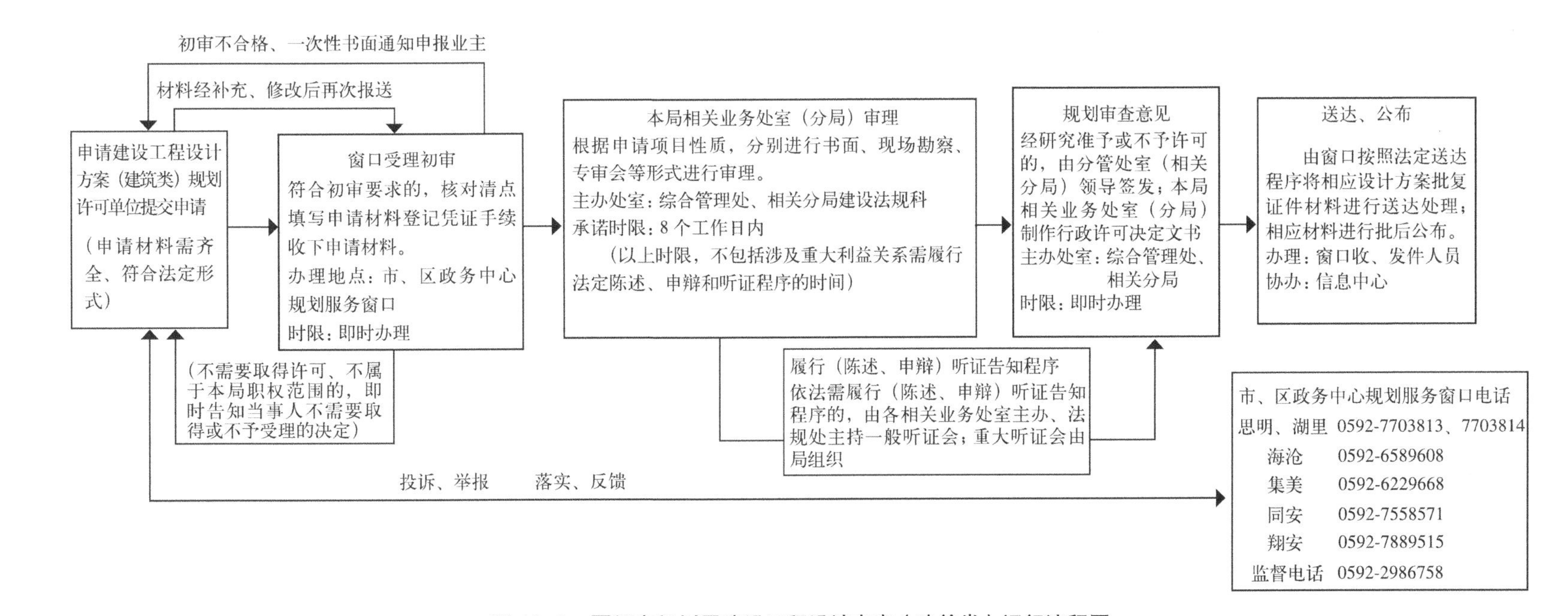
初审不合格、一次性书面通知申报业主
材料经补充、修改后再次报送
申请建设工程设计方案（建筑类）规划许可单位提交申请
（申请材料需齐全、符合法定形式）
窗口受理初审
符合初审要求的，核对清点填写申请材料登记凭证手续收下申请材料。
办理地点：市、区政务中心规划服务窗口
时限：即时办理
（不需要取得许可、不属于本局职权范围的，即时告知当事人不需要取得或不予受理的决定）
本局相关业务处室（分局）审理
根据申请项目性质，分别进行书面、现场勘察、专审会等形式进行审理。
主办处室：综合管理处、相关分局建设法规科
承诺时限：8 个工作日内
（以上时限，不包括涉及重大利益关系需履行法定陈述、申辩和听证程序的时间）
履行（陈述、申辩）听证告知程序
依法需履行（陈述、申辩）听证告知程序的，由各相关业务处室主办、法规处主持一般听证会；重大听证会由局组织
规划审查意见
经研究准予或不予许可的，由分管处室（相关分局）领导签发；本局相关业务处室（分局）制作行政许可决定文书
主办处室：综合管理处、相关分局
时限：即时办理
送达、公布
由窗口按照法定送达程序将相应设计方案批复证件材料进行送达处理；相应材料进行批后公布。
办理：窗口收、发件人员
协办：信息中心
投诉、举报
落实、反馈
市、区政务中心规划服务窗口电话
思明、湖里　0592-7703813、7703814
海沧　0592-6589608
集美　0592-6229668
同安　0592-7558571
翔安　0592-7889515
监督电话　0592-2986758

图 12-2　厦门市规划局建设工程设计方案（建筑类）运行流程图

2．领取《建设工程设计方案（建筑类）批复通知书》之后应注意事项

（1）根据设计方案要求编制施工图；

（2）建设项目在办理《建设工程规划许可证》之前，用地批文过期或动工期限超期，应提前到国土部门办理延期手续；

（3）在报批建设工程规划许可之前，请先办理建设项目规划指标复核，取得《建设项目指标核算报告书》和《建设项目指标复核和技术审查意见书》；

（4）向消防、施工图审查、民防、抗震、园林等部门申办相关手续（岛内项目并联收件）；

（5）依据规划许可办法的要求，备齐申请材料向规划局申办《建设工程规划许可证》；

3．《建设工程设计方案（市政类）批复通知书》表样（表12-3）与运行流程图（图12-3）

**建设工程设计方案（市政类）批复通知书** 表12-3

________________________________:

你单位申报的位于________________________的________________________工程设计方案，经审查，同意按下列审定事项进行下阶段设计：

<table>
<tr><td rowspan="11">项目对市政设施的要求</td><td>内容</td><td>管径</td><td>容量</td><td>长度</td><td>相关设施情况</td></tr>
<tr><td></td><td></td><td></td><td></td><td></td></tr>
<tr><td></td><td></td><td></td><td></td><td></td></tr>
<tr><td></td><td></td><td></td><td></td><td></td></tr>
<tr><td></td><td></td><td></td><td></td><td></td></tr>
<tr><td></td><td></td><td></td><td></td><td></td></tr>
<tr><td></td><td></td><td></td><td></td><td></td></tr>
<tr><td></td><td></td><td></td><td></td><td></td></tr>
<tr><td></td><td></td><td></td><td></td><td></td></tr>
<tr><td></td><td></td><td></td><td></td><td></td></tr>
<tr><td></td><td></td><td></td><td></td><td></td></tr>
<tr><td></td><td colspan="5">管线综合、管线路径批复及其他审定意见：</td></tr>
</table>

图纸随文有效，图文不一致时，以文为准。 发证日期： 厦门市规划局

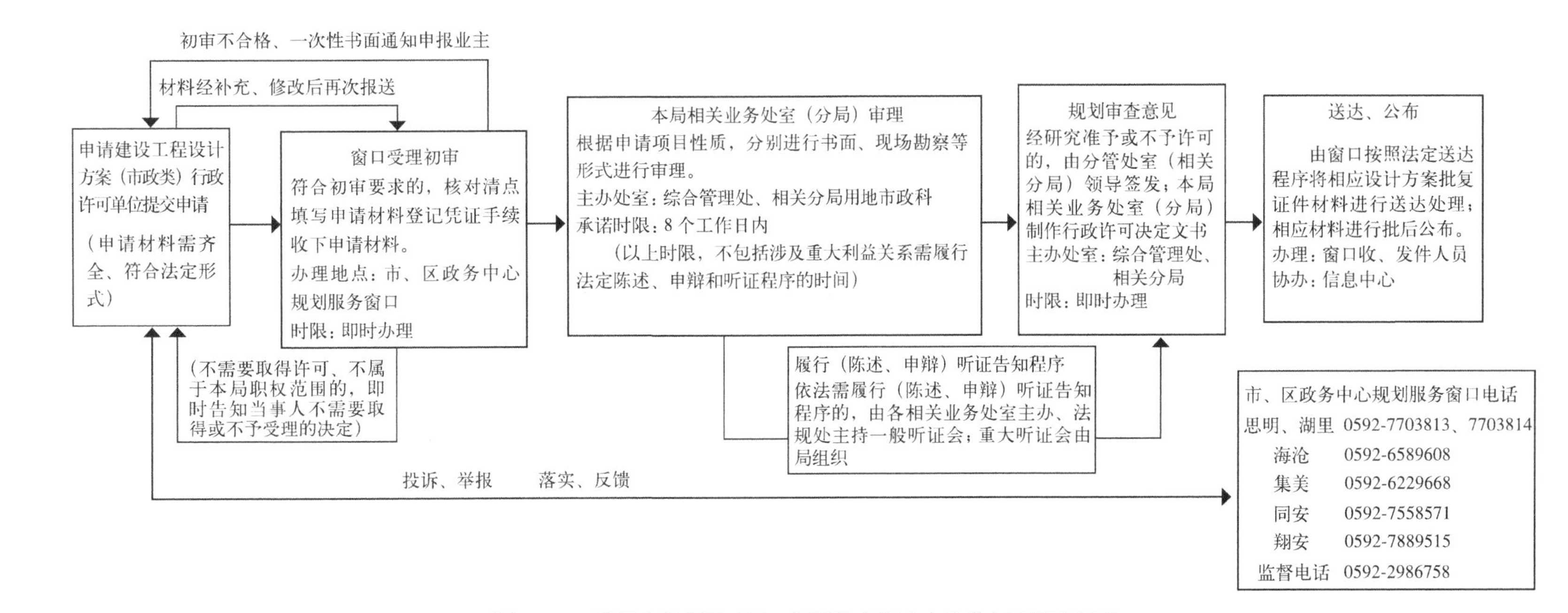
初审不合格、一次性书面通知申报业主
材料经补充、修改后再次报送
申请建设工程设计方案（市政类）行政许可单位提交申请
（申请材料需齐全、符合法定形式）
窗口受理初审
符合初审要求的，核对清点填写申请材料登记凭证手续收下申请材料。
办理地点：市、区政务中心规划服务窗口
时限：即时办理
本局相关业务处室（分局）审理
根据申请项目性质，分别进行书面、现场勘察等形式进行审理。
主办处室：综合管理处、相关分局用地市政科
承诺时限：8个工作日内
（以上时限，不包括涉及重大利益关系需履行法定陈述、申辩和听证程序的时间）
规划审查意见
经研究准予或不予许可的，由分管处室（相关分局）领导签发；本局相关业务处室（分局）制作行政许可决定文书
主办处室：综合管理处、相关分局
时限：即时办理
送达、公布
由窗口按照法定送达程序将相应设计方案批复证件材料进行送达处理；相应材料进行批后公布。
办理：窗口收、发件人员
协办：信息中心
（不需要取得许可、不属于本局职权范围的，即时告知当事人不需要取得或不予受理的决定）
履行（陈述、申辩）听证告知程序
依法需履行（陈述、申辩）听证告知程序的，由各相关业务处室主办、法规处主持一般听证会；重大听证会由局组织
投诉、举报　　落实、反馈
市、区政务中心规划服务窗口电话
思明、湖里 0592-7703813、7703814
海沧 0592-6589608
集美 0592-6229668
同安 0592-7558571
翔安 0592-7889515
监督电话 0592-2986758

图 12-3　厦门市规划局建设工程设计方案（市政类）运行流程图

4．领取《建设工程设计方案（市政类）批复通知书》之后应注意事项

（1）根据设计方案要求编制施工图；

（2）建设项目在办理《建设工程规划许可证》之前，用地批文过期或动工期限超期，应提前到国土部门办理延期手续；

（3）在市政设计方案中，凡是涉及建筑的建设项目，在报批建设工程规划许可之前，请先办理建设项目规划指标复核，取得《建设项目指标核算报告书》和《建设项目指标复核和技术审查意见书》；

（4）依据规划许可办法的要求，备齐申请材料向规划局申办《建设工程规划许可证》。

## 第三节　建设项目用地规划许可

### 一、行政许可内容与法律依据

1．行政许可内容

行政许可事项名称：建设项目用地规划许可。

行政许可内容：在城市规划区内新建、扩建和改建各类建设项目用地的规划许可。

2．法律依据

（1）《中华人民共和国城乡规划法》第 38 条；

（2）《福建省实施〈中华人民共和国城市规划法〉办法》第 38、39 条；

（3）《厦门市城乡规划条例》第 23 条、第 29 条；

（4）建设部令第 22 号《城市国有土地使用权出让转让规划管理办法》第 9 条。

### 二、行政许可条件

（1）符合有效《建设项目选址意见书》的要求；

（2）符合有关城市规划的法律、法规、规章、规范性文件及技术规范和标准要求；

（3）符合城市规划；

（4）满足城市各类基础设施、公共设施配套的要求；

（5）满足环保、通信、能源、安全和防灾等要求；

（6）满足风景名胜、自然生态和历史文化保护的要求；

（7）执行标准（表 12-4）；

表12-4

| 许可指标 | 许可依据 | 许可标准 |
| --- | --- | --- |
| 1．用地性质 | 《中华人民共和国城乡规划法》、总规、控规、修规、城市设计、土地出让规划设计条件 | 强制性 |
| 2．用地面积 | 《中华人民共和国城乡规划法》、选址意见书（或土地出让规划设计条件）、控规、修规、城市设计 | 强制性 |
| 3．建筑面积 | 《中华人民共和国城乡规划法》、选址意见书（或土地出让规划设计条件）、方案批复、控规、修规、城市设计等 | 强制性 |
| 4．容积率 | 《中华人民共和国城乡规划法》、选址意见书（或土地出让规划设计条件）、方案批复、控规、修规、城市设计等 | 强制性 |
| 5．建筑密度 | 《中华人民共和国城乡规划法》、选址意见书（或土地出让规划设计条件）、方案批复、控规、修规、城市设计、技术规定 | 强制性（工业类项目为建议性） |
| 6．绿地率 | 《中华人民共和国城乡规划法》、选址意见书（或土地出让规划设计条件）、方案批复、控规、修规、城市设计、技术规定 | 建议性 |
| 7．建筑退线 | 《中华人民共和国城乡规划法》、选址意见书（或土地出让规划设计条件）、方案批复、控规、修规、城市设计 | 强制性 |
| 8．建筑日照间距 | 《中华人民共和国城乡规划法》、选址意见书（或土地出让规划设计条件）、方案批复、技术规定 | 强制性 |
| 9．建筑高度 | 《中华人民共和国城乡规划法》、选址意见书（或土地出让规划设计条件）、方案批复、航空限高 | 除航空、特殊地段限高及导则明确规定的地块为强制性外，其余为建议性 |
| 10．基地主要出入口 | 《中华人民共和国城乡规划法》、选址意见书（或土地出让规划设计条件）、方案批复、控规、修规、城市设计、技术规定 | 建议性 |
| 11．停车位 | 《中华人民共和国城乡规划法》、选址意见书（或土地出让规划设计条件）、方案批复、技术规定及其他管理办法 | 强制性 |
| 12．公建配套要求 | 《中华人民共和国城乡规划法》、选址意见书（或土地出让规划设计条件）、方案批复、控规、修规、城市设计 | 强制性 |
| 13．市政配套设施 | 《中华人民共和国城乡规划法》、控规、市政专项规划、技术规定 | 强制性 |
| 14．市政管线 | 《中华人民共和国城乡规划法》、控规、市政专项规划、技术规定 | 建议性 |
| 15．室外地坪标高 | 《中华人民共和国城乡规划法》、控规、市政专项规划、技术规定 | 建议性 |
| 16．交通组织 | 《中华人民共和国城乡规划法》、控规、市政专项规划、技术规定 | 建议性 |

## 三、行政许可程序

1．行政许可申请受理与决定机关

思明区、湖里区范围内的受理机关为市规划局综合管理处；海沧区、集美区、同安区、翔安区范围内的受理机关为所在区的市规划局规划分局。

行政许可决定机关为厦门市规划局。

2．申请材料

（1）申请人为单位的，提供营业执照或组织机构代码证；申请人为公民的，提供身份证明。委托代理人申请行政许可的，还需提供授权委托书和代理人身份证明；

（2）建设用地规划许可申请表及申请报告；

（3）须经发改部门审批的项目，应提供批准文件；

（4）国土部门提供土地预审意见；

（5）有效的《建设项目选址意见书》及附图；

（6）已取得土地使用权的项目，应提供与建设单位名称相符的建设基地土地使用权属证明；

（7）建设基地最新实测地形图（比例 1 ∶ 1000 或 1 ∶ 2000、厦门市测绘与基础地理信息中心提供）并标示用地边界及坐标；

（8）需提供建设项目总平或方案；

（9）以公开出让方式（招标、拍卖、挂牌）取得土地的项目，须提供上述第 1、2、6 项材料以及国有土地使用权有偿出让合同书；

（10）曾被退件的项目，应提供补正材料通知书；

（11）项目如果涉及有关的法律、法规及政策的调整，申请材料按新规定要求提供。

3．行政许可程序与时限

行政许可程序：申请人提交完整及符合要求的文件，规划部门受理、审批。同意的核发《建设用地规划许可证》，不同意的作出书面答复。

行政许可的时限为 8 个工作日（分局受理，须报市局审批的项目，增加 5 个工作日）。

## 四、行政许可有效期与法律效力

《建设用地规划许可证》有效期：6 个月，《建设用地规划许可证》自核发之日起六个月内未办理《建设工程规划许可证》又未申请延期的，该《建设用地规划许可证》由原核发机关予以注销。

行政许可法律效力：领取《建设用地规划许可证》后，方可办理《建设工程规划许可证》。

## 五、办理许可过程中的救济权利

同本章第一节。

## 六、建设用地规划许可与行政权力运行流程

1．《建设用地规划许可证》表样（表 12-5）与运行流程图（图 12-4、图 12-5）

**建设用地规划许可证**　　　　表12-5

<table>
<tr><td colspan="2">建设单位</td><td colspan="3"></td><td>选址意见书编号</td><td></td></tr>
<tr><td colspan="2">项目名称</td><td colspan="3"></td><td>建设地点</td><td></td></tr>
<tr><td colspan="2">用地性质</td><td colspan="3"></td><td>批准机关及文号</td><td></td></tr>
<tr><td colspan="2">建设工程性质</td><td colspan="3"></td><td>批准机关及文号</td><td></td></tr>
<tr><td rowspan="4">建设规模</td><td></td><td>投资（万元）</td><td>总用地面积（$m^2$）</td><td>建设用地面积（$m^2$）</td><td>建筑面积（$m^2$）</td><td>其他</td></tr>
<tr><td>总规模</td><td></td><td></td><td></td><td></td><td></td></tr>
<tr><td>一期</td><td></td><td></td><td></td><td></td><td></td></tr>
<tr><td>二期</td><td></td><td></td><td></td><td></td><td></td></tr>
<tr><td>规划设计要求</td><td colspan="6">1．容积率：<br>2．建筑密度：<br>3．绿地率：绿地面积占用地总面积的比例_________%，其中集中绿地面积_______用地总面积的_________%<br>4．建筑退让用地边界（拟定红线）距离：<br><br>5．建筑间距及日照控制要求：<br><br>6．建筑高度、层数控制要求：<br><br>7．基地主要出入口宜沿______________________________路设置。应按__________________规定配置机动<br>8．建设基地标高：最低点应控制在__________________m以上。（周边道路标高见附图）<br>9．公共建筑配套要求：<br><br>10．其他规划设计要求：</td></tr>
<tr><td>市政要求</td><td colspan="6">（市政道路、河道、高压走廊、微波通道等市政控制线见附图）</td></tr>
</table>

本证有效期为一年，从发证之日起计。需要办理延期的应在有效期届满三十日前提出申请，延长期不超过一年。到期既不向土地管理部门申办用地手续，又不延期的，本证自动失效，图纸随文有效，图文不一致的，以文为准。

发证日期：

厦门市规划局

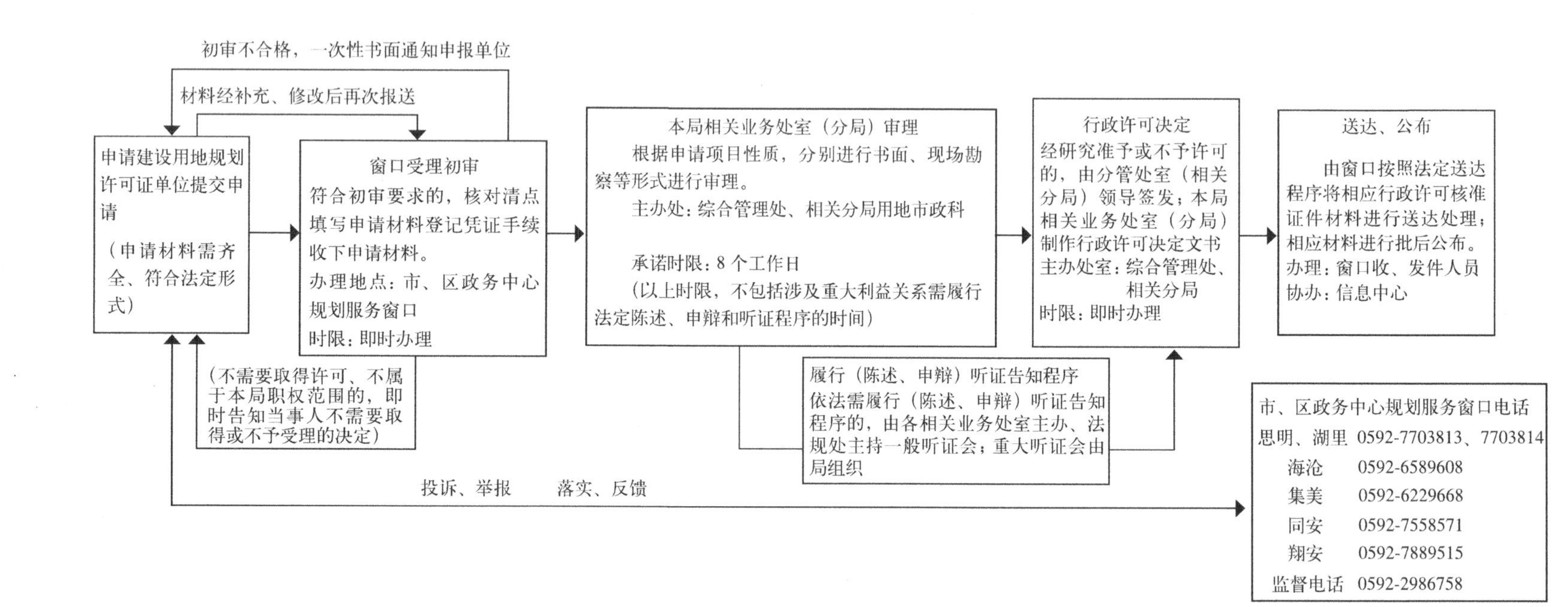
初审不合格，一次性书面通知申报单位
材料经补充、修改后再次报送
申请建设用地规划许可证单位提交申请
（申请材料需齐全、符合法定形式）
窗口受理初审
符合初审要求的，核对清点填写申请材料登记凭证手续收下申请材料。
办理地点：市、区政务中心规划服务窗口
时限：即时办理
（不需要取得许可、不属于本局职权范围的，即时告知当事人不需要取得或不予受理的决定）
本局相关业务处室（分局）审理
根据申请项目性质，分别进行书面、现场勘察等形式进行审理。
主办处：综合管理处、相关分局用地市政科
承诺时限：8个工作日
（以上时限，不包括涉及重大利益关系需履行法定陈述、申辩和听证程序的时间）
履行（陈述、申辩）听证告知程序
依法需履行（陈述、申辩）听证告知程序的，由各相关业务处室主办、法规处主持一般听证会；重大听证会由局组织
行政许可决定
经研究准予或不予许可的，由分管处室（相关分局）领导签发；本局相关业务处室（分局）制作行政许可决定文书
主办处室：综合管理处、相关分局
时限：即时办理
送达、公布
由窗口按照法定送达程序将相应行政许可核准证件材料进行送达处理；相应材料进行批后公布。
办理：窗口收、发件人员
协办：信息中心
投诉、举报
落实、反馈
市、区政务中心规划服务窗口电话
思明、湖里 0592-7703813、7703814
海沧 0592-6589608
集美 0592-6229668
同安 0592-7558571
翔安 0592-7889515
监督电话 0592-2986758

图12-4 厦门市规划局建设用地规划许可证（以划拨方式供地项目）规划许可运行流程图

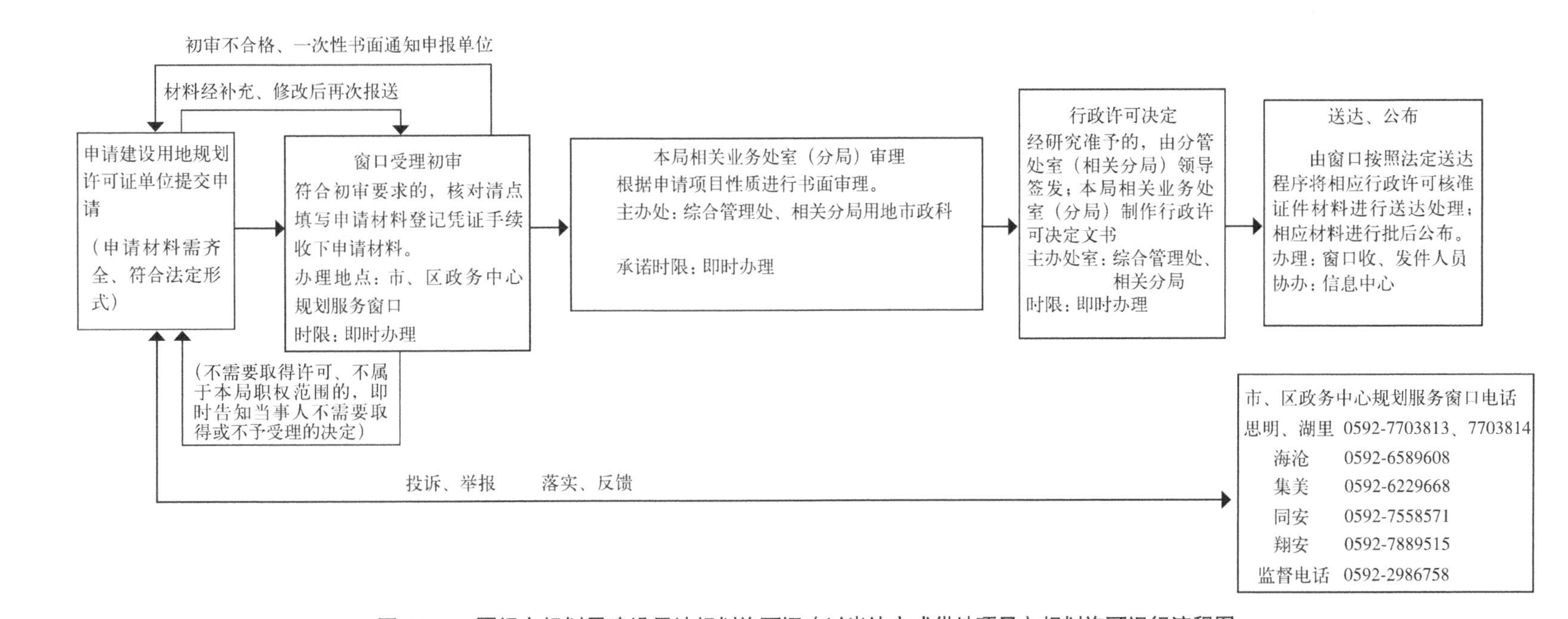

初审不合格、一次性书面通知申报单位
材料经补充、修改后再次报送
申请建设用地规划许可证单位提交申请
（申请材料需齐全、符合法定形式）
窗口受理初审
符合初审要求的，核对清点填写申请材料登记凭证手续收下申请材料。
办理地点：市、区政务中心规划服务窗口
时限：即时办理
（不需要取得许可、不属于本局职权范围的，即时告知当事人不需要取得或不予受理的决定）
本局相关业务处室（分局）审理
根据申请项目性质进行书面审理。
主办处：综合管理处、相关分局用地市政科
承诺时限：即时办理
行政许可决定
经研究准予的，由分管处室（相关分局）领导签发；本局相关业务处室（分局）制作行政许可决定文书
主办处室：综合管理处、相关分局
时限：即时办理
送达、公布
由窗口按照法定送达程序将相应行政许可核准证件材料进行送达处理；相应材料进行批后公布。
办理：窗口收、发件人员
协办：信息中心
投诉、举报
落实、反馈
市、区政务中心规划服务窗口电话
思明、湖里 0592-7703813、7703814
海沧 0592-6589608
集美 0592-6229668
同安 0592-7558571
翔安 0592-7889515
监督电话 0592-2986758

图 12-5　厦门市规划局建设用地规划许可证（以出让方式供地项目）规划许可运行流程图

2．领取《建设用地规划许可证》之后应注意事项

（1）有效期限。《建设用地规划许可证》有效期一年。需要延期的，应当在期限届满三十日内，向我局提出申请延期，延长期限不得超过一年。

（2）法律责任。建设单位或个人应当在取得《建设用地规划许可证》之日起一年内办理用地批准手续，或者申请延期，否则《建设用地规划许可证》自动失效。

（3）后续手续办理：

1）在《建设用地规划许可证》有效期内向土地管理部门申办用地手续。

2）根据规划设计条件，完成建设工程方案设计。

3）住宅建筑及可能对住宅建筑产生日照影响的其他项目，均需进行建筑物日照分析。

4）凡是涉及建筑的建设项目，在报批设计方案之前，请先办理建设项目技术审查，取得《建设项目审查意见书》。

5）依据规划许可办法的要求备齐申请材料向我局申报建设项目单体设计方案。

## 第四节　建设项目工程规划许可

### 一、行政许可内容与法律依据

1．行政许可内容

建设项目工程规划许可包括：建筑工程规划许可和市政工程规划许可。

在城市规划区内新建、扩建和改建各类建设项目的建设工程规划许可；在城市规划区内市政工程建设项目的建设工程规划许可；违法建设处罚后予以保留的建筑补办建设工程规划许可。

2．法律依据

（1）《中华人民共和国城乡规划法》第40条；

（2）《福建省实施〈中华人民共和国城市规划法〉办法》第41、42、59条；

（3）《厦门市城乡规划条例》第23条、第32条。

### 二、行政许可条件

1．建设工程规划许可（建设工程、违法建设处罚后予以保留的建筑补办）

（1）符合有效《建设用地规划许可证》的要求。

（2）建设工程设计方案批复通知书的要求（违法建设处罚后予以保留的建筑补办除外）。

（3）符合城市规划。

（4）满足城市各类基础设施、公共设施配套的要求。

（5）满足环保、通信、能源、安全和防灾等要求。

（6）满足风景名胜、自然生态和历史文化保护的要求。

（7）符合有关城市规划的法律、法规、规章、规范性文件及技术规范和标准要求。

（8）执行标准（表12-6）。

表12-6

| 许可指标 | 许可依据 | 许可标准 |
|---|---|---|
| 1．建筑使用性质 | 《中华人民共和国城乡规划法》、建设项目设计方案批复、建设用地规划许可证、用地红线 | 强制性 |
| 2．容积率 | 《中华人民共和国城乡规划法》、建设项目设计方案批复、建设用地规划许可证、用地红线 | 强制性 |
| 3．建筑日照间距 | 《中华人民共和国城乡规划法》、建设项目设计方案批复、建设用地规划许可证、用地红线 | 强制性 |
| 4．建筑退让 | 《中华人民共和国城乡规划法》、建设项目设计方案批复、建设用地规划许可证、用地红线 | 强制性 |
| 5．建筑空间环境：立面、色彩、造型 | 《中华人民共和国城乡规划法》、建设项目设计方案批复、建设用地规划许可证、用地红线 | 建议性 |
| 6．基地其他相关要素：出入口、停车位、交通组织等 | 《中华人民共和国城乡规划法》、建设项目设计方案批复、建设用地规划许可证、用地红线 | 建议性 |
| 7．建筑密度 | 《中华人民共和国城乡规划法》、建设项目设计方案批复、建设用地规划许可证、用地红线 | 强制性（工业类项目为建议性） |
| 8．绿地率 | 《中华人民共和国城乡规划法》、建设项目设计方案批复、建设用地规划许可证、用地红线 | 建议性 |
| 9．建筑高度 | 《中华人民共和国城乡规划法》、建设项目设计方案批复、建设用地规划许可证、用地红线 | 除航空、特殊地段限高及导则明确规定的地块为强制性外，其余为建议性 |
| 10．市政配套设施 | 《中华人民共和国城乡规划法》、控规、市政专项规划、技术规定 | 强制性 |
| 11．市政管线 | 《中华人民共和国城乡规划法》、控规、市政专项规划、技术规定 | 建议性 |
| 12．室外地坪标高 | 《中华人民共和国城乡规划法》、控规、市政专项规划、技术规定 | 建议性 |
| 13．交通组织 | 《中华人民共和国城乡规划法》、控规、市政专项规划、技术规定 | 建议性 |

2．建设工程规划许可（市政工程）

（1）市政场（厂）站工程符合有效《建设用地规划许可证》的要求；道路交通工程、管线工程符合规划设计要求。

（2）市政工程设计方案批复通知书的要求。

（3）符合城市规划。

（4）满足城市各类基础设施、公共设施配套的要求。

（5）满足环保、通信、能源、安全和防灾等要求。

（6）满足风景名胜、自然生态和历史文化保护的要求。

（7）符合有关城市规划的法律、法规、规章、规范性文件及技术规范和标准要求。

（8）执行标准（表12-7）。

表12-7

| 许可指标 | 许可依据 | 许可标准 |
|---|---|---|
| 道路交通工程 | 《中华人民共和国城乡规划法》、选址意见书、控规、、市政专项规划、技术规定 | 建议性 |
| 市政场（厂）站 | 《中华人民共和国城乡规划法》、选址意见书、控规、市政专项规划、土地出让规划设计条件、技术规定 | 强制性 |
| 市政管线工程 | 《中华人民共和国城乡规划法》、控规、市政专项规划、技术规定 | 建议性 |

## 三、行政许可程序

（一）申请材料

1．建筑工程

（1）申请人为单位的，提供营业执照或组织机构代码证（复印件）；申请人为公民的，提供身份证明。委托代理人申请行政许可的，还需提供授权委托书和代理人身份证明。

（2）建设工程规划许可申请表、附表及申请报告。

（3）须经发改部门审批的项目，应提供批准文件。

（4）市政府核发的建设用地批复及用地红线附图。

（5）符合国家规定设计深度的建筑施工图设计文件及总平面图（总平面图比例1：200~1：500）（设计文件含电子版光盘）。

（6）规划部门最终审定的建设项目建设工程设计方案批复通知书及其附图原件（可不报审建设工程方案许可的建设项目除外）。

（7）提供有测绘资质单位对报批施工图建筑面积的测算报告。

（8）原有建筑扩建、改建、加层项目应附：规划部门核发的原建筑的"一书两证"原件。

（9）规划部门核发的有效的《建设项目选址意见书》和《建设用地规划许可证》及附图。

（10）设计单位资质证书。

（11）曾被退件的项目，应提供补正材料通知书。

（12）项目如果涉及有关的法律、法规及政策的调整，申请材料按新规定要求提供。

（13）应提供消防、人防、施工图审查等相关部门审查意见或批复。（目前适用于岛外各区）

2．市政工程

（1）建设单位书面申请报告及组织机构代码证；

（2）建设工程规划许可申请表、附表及申请报告；

（3）有关部门项目批准书；

（4）设计单位资质证书；

（5）市政工程设计方案批复及审定的附图；

（6）道路、市政场（厂）站建设项目须提供规划部门核发的有效的《建设项目选址意见书》和《建设用地规划许可证》及附图以及市政府核发的用地批复及用地红线图；

（7）曾被退件的项目，应提供补正材料通知书；

（8）项目如果涉及有关的法律、法规及政策的调整，申请材料按新规定要求提供；

（9）电子版设计图（按规划局相关规定要求提供）；

（10）符合国家相关规范要求的施工图设计文件，若涉及水利部分，应附水利部门相关审查意见。

（11）岛外主干道（含主干道）以上，岛内次干道（含次干道）以上的道路工程应附市交通改善办对交通工程的审核意见。

3．违法建设处罚后予以保留的建筑补办《建设工程规划许可证》（由本实施办法规定）

（1）建设单位书面申请报告及组织机构代码证；

（2）行政执法部门对违法行为作出的《行政处罚决定书》；

（3）建筑安全鉴定书；

（4）消防部门的审批意见；

（5）竣工后的建筑施工图；

（6）厦门市测绘与基础地理信息中心测绘的建筑现状资料；

（7）该建设项目若有规划部门原核发的《建设用地规划许可证》及《建设工程规划许可证》应附送有效复印件，若超出原核发的《建设用地规划许可证》范围且在用地红线内的应重新办理《建设用地规划许可证》；

（8）市政府核发的建设用地批复及用地红线附图；

（9）项目如果涉及有关的法律、法规及政策的调整，申请材料按新规定要求提供。

（二）行政许可申请受理与决定机关

行政许可申请受理机关：思明区、湖里区范围内的受理机关为市规划局综合管理处；海沧区、集美区、同安区、翔安区范围内的受理机关为所在区的市规划局规划分局。

行政许可决定机关：厦门市规划局

（三）行政许可程序与时限

1．建筑工程、市政工程

申请人提交完整及符合要求的文件，规划部门受理、审批；同意的核发《建设工程规划许可证》；不同意的作出书面答复。

2．违法建设处罚后可保留的建设项目补办《建设工程规划许可证》

申请人提交完整及符合要求的文件，规划部门受理、审批；同意的核发《建设工程规划许可证》。

3．行政许可的时限

建筑工程：5个工作日。

市政工程：5 个工作日。

违法建设处罚后可保留的建设项目补办《建设工程规划许可证》：7 个工作日。

## 四、行政许可有效期与法律效力

1．有效期

建筑工程、市政工程的《建设工程规划许可证》有效期为 6 个月，《建设工程规划许可证》自核发之日起六个月内主体工程不动工又未申请延期的，由原核发机关予以注销。

2．法律效力

建筑工程、市政工程项目在领取《建设工程规划许可证》后，方可办理建设工程放样检查。

违法建设处罚后可保留的建设项目补办《建设工程规划许可证》、建设工程竣工规划条件核实。

## 五、办理许可过程中的救济权利

同本章第一节

## 六、建设工程规划许可与行政权力运行流程

1．《建设工程（建筑类）规划许可证》表样（表 12-8）与运行流程图（图 12-6）

建设工程（建筑类）规划许可证　　表12-8

| 项目名称 | | 批准机关文号 | |
|---|---|---|---|
| 建设单位 | | 选址意见书编号 | |
| 建设地点 | | 建设用地规划许可证号 | |
| 建设工程性质 | | 用地性质 | |
| 用地周边情况 | | | |
| 建筑规划设计审定意见 | 1．总用地面积：______（$m^2$），建设用地面积______（$m^2$）。<br>2．总建筑面积：______$m^2$。（地上______$m^2$，地下______$m^2$）<br>3．容积率：<br>4．建筑密度：<br>5．绿地率：绿地面积占总用地面积的比例不小于______%，其中集中绿地面积不小于建设用地面积的______%。<br>6．建筑退让用地边界（拟定红线）距离：<br>7．建筑间距及日照控制要求：<br>8．基地主要出入口宜沿______路设置。应按______规定配置机动车、自行车停车泊位，地上______个，地下______个。<br>9．建设基地标高：最低点应控制在______m以上。（周边道路标高见附图）<br>10．公共建筑配套要求： | | |

续表

<table>
<tr><td rowspan="4">建筑规划设计审定意见</td><td colspan="4">11．建筑高度________________米，建筑层数________________层，<br>主要层高要求：</td></tr>
<tr><td colspan="4">12．建筑功能部分：</td></tr>
<tr><td colspan="4">13．建筑立面要求：</td></tr>
<tr><td colspan="4">14．其他规划要求：</td></tr>
<tr><td rowspan="12">市政规划设计方案要求</td><td>内容</td><td>总容（用）量</td><td>同城市市政的接口情况</td><td>相关市政设施情况（厂、站、所、房）</td></tr>
<tr><td>给水</td><td></td><td></td><td></td></tr>
<tr><td>污水</td><td></td><td></td><td></td></tr>
<tr><td>雨水</td><td></td><td></td><td></td></tr>
<tr><td>排洪沟</td><td></td><td></td><td></td></tr>
<tr><td>电力</td><td></td><td></td><td></td></tr>
<tr><td>电讯</td><td></td><td></td><td></td></tr>
<tr><td>有线电视</td><td></td><td></td><td></td></tr>
<tr><td>燃气</td><td></td><td></td><td></td></tr>
<tr><td>路灯</td><td></td><td></td><td></td></tr>
<tr><td></td><td></td><td></td><td></td></tr>
<tr><td colspan="4">管线综合及其他审定意见：<br><br>放样须经我局验线后方可动工。</td></tr>
</table>

经办：　　　　　　　　签发：　　　　　　　　日期：

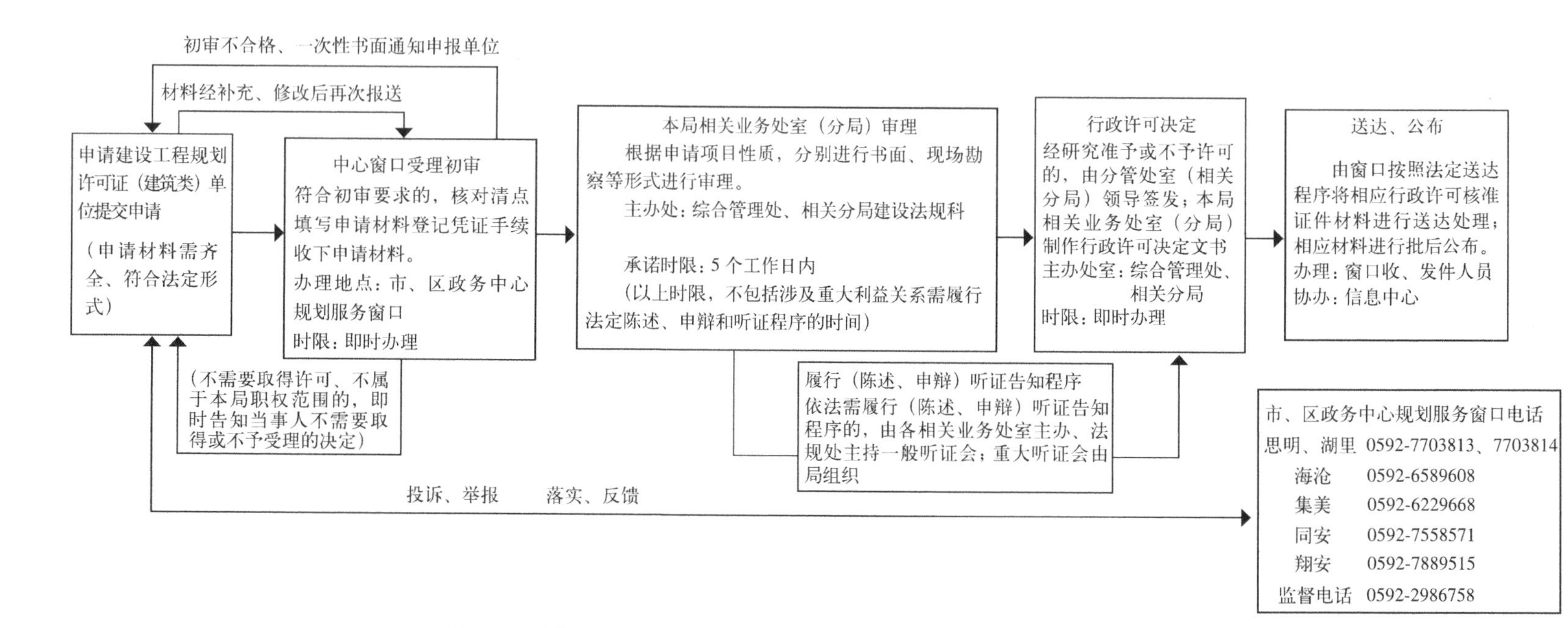
申请建设工程规划许可证（建筑类）单位提交申请
（申请材料需齐全、符合法定形式）
初审不合格、一次性书面通知申报单位
材料经补充、修改后再次报送
中心窗口受理初审
符合初审要求的，核对清点填写申请材料登记凭证手续收下申请材料。
办理地点：市、区政务中心规划服务窗口
时限：即时办理
（不需要取得许可、不属于本局职权范围的，即时告知当事人不需要取得或不予受理的决定）
本局相关业务处室（分局）审理
根据申请项目性质，分别进行书面、现场勘察等形式进行审理。
主办处：综合管理处、相关分局建设法规科
承诺时限：5个工作日内
（以上时限，不包括涉及重大利益关系需履行法定陈述、申辩和听证程序的时间）
履行（陈述、申辩）听证告知程序
依法需履行（陈述、申辩）听证告知程序的，由各相关业务处室主办、法规处主持一般听证会；重大听证会由局组织
行政许可决定
经研究准予或不予许可的，由分管处室（相关分局）领导签发；本局相关业务处室（分局）制作行政许可决定文书
主办处室：综合管理处、相关分局
时限：即时办理
送达、公布
由窗口按照法定送达程序将相应行政许可核准证件材料进行送达处理；相应材料进行批后公布。
办理：窗口收、发件人员
协办：信息中心
投诉、举报
落实、反馈
市、区政务中心规划服务窗口电话
思明、湖里 0592-7703813、7703814
海沧 0592-6589608
集美 0592-6229668
同安 0592-7558571
翔安 0592-7889515
监督电话 0592-2986758

图 12-6　厦门市规划局建设工程规划许可证（建筑类）规划许可运行流程图

2.《建设工程（市政类）规划许可证》表样（表 12-9）与流程图（图 12-7）

**建设工程（市政类）规划许可证**　　表12-9

<table>
<tr><td colspan="2">项目名称</td><td colspan="2"></td><td colspan="2">建设单位</td><td></td></tr>
<tr><td colspan="2">建设地点</td><td colspan="2"></td><td colspan="2">投资规模（万元）</td><td></td></tr>
<tr><td rowspan="11">项目对市政设施的要求</td><td>内容</td><td>管径<br>（断面尺寸）</td><td>容量</td><td colspan="2">长度<br>（m）</td><td>相关设施情况<br>（厂、站、所、房等）</td></tr>
<tr><td></td><td></td><td></td><td colspan="2"></td><td></td></tr>
<tr><td></td><td></td><td></td><td colspan="2"></td><td></td></tr>
<tr><td></td><td></td><td></td><td colspan="2"></td><td></td></tr>
<tr><td></td><td></td><td></td><td colspan="2"></td><td></td></tr>
<tr><td></td><td></td><td></td><td colspan="2"></td><td></td></tr>
<tr><td></td><td></td><td></td><td colspan="2"></td><td></td></tr>
<tr><td></td><td></td><td></td><td colspan="2"></td><td></td></tr>
<tr><td></td><td></td><td></td><td colspan="2"></td><td></td></tr>
<tr><td></td><td></td><td></td><td colspan="2"></td><td></td></tr>
<tr><td></td><td></td><td></td><td colspan="2"></td><td></td></tr>
<tr><td>其他市政设计审定意见</td><td colspan="6">放样须经我局验线后方可动工。</td></tr>
</table>

备注：1．施工中若与其他建设或有关单位发生矛盾，遇到问题须先停工，并报告发证机关或有关单位听候处理，经批准方可继续施工。

2．涉及隐蔽工程须由指定的城市勘测单位检测复核后方可覆土。

3．本证有效期半年，从发证之日起计。

需要办理延期的应在有效期届满三十日前提出申请。　　发证日期：　　厦门市规划局

图纸随文有效，图文不一致时，以文为准。

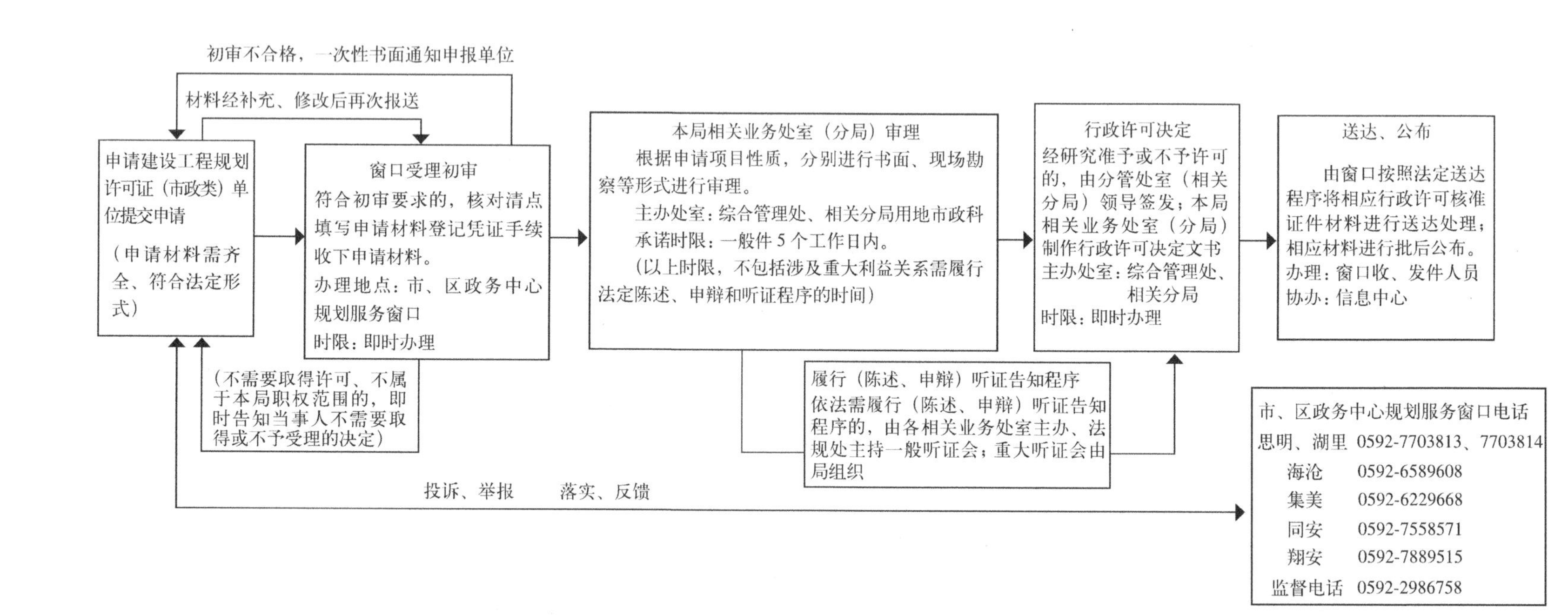
初审不合格，一次性书面通知申报单位
材料经补充、修改后再次报送
申请建设工程规划许可证（市政类）单位提交申请
（申请材料需齐全、符合法定形式）
窗口受理初审
符合初审要求的，核对清点填写申请材料登记凭证手续收下申请材料。
办理地点：市、区政务中心规划服务窗口
时限：即时办理
（不需要取得许可、不属于本局职权范围的，即时告知当事人不需要取得或不予受理的决定）
本局相关业务处室（分局）审理
根据申请项目性质，分别进行书面、现场勘察等形式进行审理。
主办处室：综合管理处、相关分局用地市政科
承诺时限：一般件5个工作日内。
（以上时限，不包括涉及重大利益关系需履行法定陈述、申辩和听证程序的时间）
履行（陈述、申辩）听证告知程序
依法需履行（陈述、申辩）听证告知程序的，由各相关业务处室主办、法规处主持一般听证会；重大听证会由局组织
行政许可决定
经研究准予或不予许可的，由分管处室（相关分局）领导签发；本局相关业务处室（分局）制作行政许可决定文书
主办处室：综合管理处、相关分局
时限：即时办理
送达、公布
由窗口按照法定送达程序将相应行政许可核准证件材料进行送达处理；相应材料进行批后公布。
办理：窗口收、发件人员
协办：信息中心
投诉、举报
落实、反馈
市、区政务中心规划服务窗口电话
思明、湖里 0592-7703813、7703814
海沧 0592-6589608
集美 0592-6229668
同安 0592-7558571
翔安 0592-7889515
监督电话 0592-2986758

图 12-7 厦门市规划局建设工程规划许可证（市政类）规划许可运行流程图

3．领取《建设工程规划许可证》之后应注意事项

（1）有效期限。《建设工程规划许可证》有效期一年。确需延期的，应当在期限届满三十日内，向规划局提出申请延期，延长期限不得超过一年。

（2）设立规划公告牌。建设工程（市政工程中道路、管线工程除外）经规划局核发《建设工程规划许可证》后，应在施工现场的醒目位置设立《建设工程规划许可公告牌》，将规划许可核定的规划指标和总平面图进行公告。

（3）许可变更申请。建设工程应严格按规划局核准的设计图纸施工，不得擅自变更。如因并联审批等原因造成的与规划许可内容不一致的，以及建设工程施工过程中需调整或变更的，应及时向规划局申请规划许可变更，经批准后方可实施。

（4）后续手续办理：

1）建设单位或个人应当在《建设工程规划许可证》有效期内办理施工许可证。

2）放样检查。建设工程开工前，应委托厦门市测绘与基础地理信息中心组织放样定位，并在领取测量成果资料5日内将相关资料报厦门市政务服务中心规划窗口（岛外地区报各规划分局规划窗口），经规划局现场检查合格后方可开工。

3）±0.00复测检查（市政工程除外）。建设工程施工至地面层±0.00标高时，应委托厦门市测绘与基础地理信息中心组织测量，并在领取的测量成果资料由监理单位出具检查意见后持所需资料报厦门市政务服务中心规划窗口（岛外地区报各规划分局），待规划局对±0.00复测检查资料进行审核并出具检查意见后方可继续建设。

4）竣工规划条件核实。建设工程竣工并在配套设施工程建设已完成、用地红线内应拆除的建筑以及临时设施已拆除后，应委托厦门市测绘与基础地理信息中心组织测量，并按相关要求持相关竣工规划条件核实资料到厦门市政务服务中心规划窗口报件（岛外地区报各规划分局规划窗口）。

（5）法律责任。建设单位或个人应当在取得《建设工程规划许可证》之日起一年内办理施工许可证，或者申请延期，否则《建设工程规划许可证》自动失效。

**【链接】**《厦门市建设项目规划许可及其他事项申请》详见表12-10。

为规范厦门市规划局行政许可服务的办理，所有建设项目规划许可及其他事项的申请，均统一填写《厦门市建设项目规划许可及其他事项的申请表》提交至规划办件窗口。

**厦门市建设项目规划许可及其他事项申请表** 表12-10

**项目编号：** **建设项目类别：** **□建筑工程** **□市政工程**

| | | | | |
|---|---|---|---|---|
| 建设单位（个人） | 本单位（人）承诺：对本表所填报的内容及提交的申报材料的真实性负责，并依法承担相应的法律责任。<br>法人代表：（名章） 建设单位（人）：（公章、名章） | | 委托代理人 | |
| | | | 证件号码（身份证） | |
| | | | 联系电话 | |
| | | | 组织机构代码证号 | |
| | 单位地址 | | | |
| 建设项目基本情况 | 项目名称 | | | |
| | 项目性质 | □新建 □扩建、改建 □其他 | 项目类别 | □普通工程 □机密工程 |
| | 建设位置 | □思明区 □湖里区 □海沧区 □集美区 □翔安区 □同安区 | | |
| | | 路（街、街道） 号（村） | | |
| | 用地性质 | | 用地面积 | 总用地面积： m² |
| | | | | 建设用地面积： m² |
| | □建筑工程<br>□市政场站 | 总建筑面积： m²，地上： m² 地下： m² | | |
| | | 容积率： | 建筑密度： | 绿地率： |
| | | 停车位： | 地上： | 地下： |
| | 道路、管线工程 | 管线类别： | 管线长度： m | |
| 申报事项 | 申报阶段 | 办理事项 | | |
| | 规划编制 | □修建性详细规划 | | |
| | 建设项目选址 | □建设项目选址意见书 □规划设计条件 □规划意见函 | | |
| | 建设用地规划许可 | □建设用地规划许可证（出让用地） □建设用地规划许可证（划拨用地） | | |
| | 设计方案 | □建筑工程设计方案 □市政工程设计方案 | | |
| | 建设工程规划许可 | □建筑工程规划许可证 □市政工程规划许可证 | | |
| | 规划批后管理 | □单体放样验线 □±0.00验线报备 □规划竣工条件核实 | | |
| | 其他服务事项 | □规划许可延期 □规划许可内容变更 □其他事项 | | |
| 报建人签名 | | 日期： 年 月 日 | | |

填表说明：项目在规划局首次报建时，无须填写项目编号该栏目内容。非首次报建的，应按照前次报建时获得的项目编号填写。

**【链接】**厦门市规划局建设项目规划办理总流程

综上建设项目“一书两证”的办理要求，厦门市规划局建设项目规划办理总流程详见图 12-8。

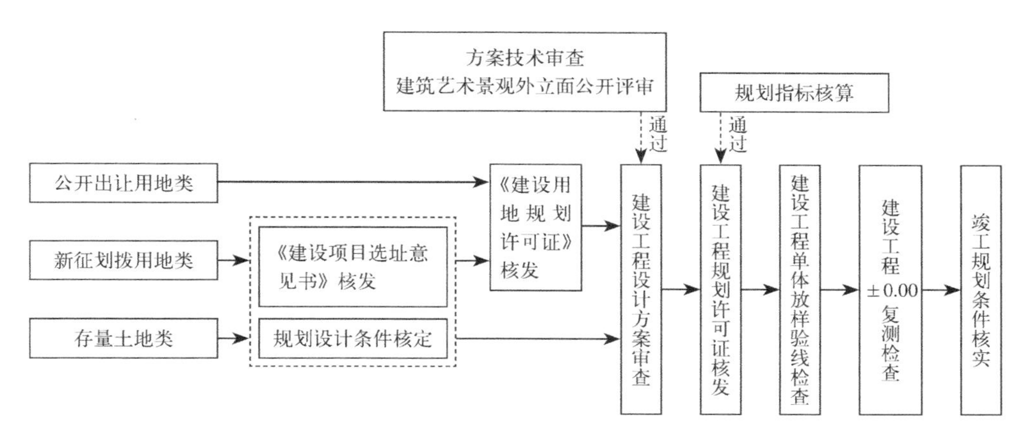


**图 12-8　厦门市规划局建设项目规划办理总流程图**

# 第十三章　厦门规划监督管理

城市规划监督检查管理包括对规划编制、审批、实施、修改等方面的内容，实施情况的监督检查是规划监督管理之重点。本章主要介绍规划实施情况的监督检查，分为规划放样验线、±0.00 复测检查和竣工规划条件核实等 3 部分工作。违法用地和建设的查处原本也是规划管理部门的一项重要工作，但随着行政事权的调整，这部分工作许多城市调整至城市管理行政执法部门，规划部门一般仅作规划业务方面的配合。以下以厦门城市规划监督管理为例，解读实际工作中城市规划监督管理中的主要内容与要求。

## 第一节　规划放样验线

### 一、行政许可内容与法律依据

1．行政许可内容

建设工程单体放样验线检查。

2．法律依据

《福建省实施〈中华人民共和国城乡规划法〉办法》第 42 条；《厦门市城乡规划条例》第 39 条。

### 二、行政许可条件

（1）办理条件：符合《建设工程规划许可证》核准的施工图。

（2）申请办理建设工程单体放样验线检查，申请人应提交如下材料：

1）填写《厦门市建设工程单体放样验线检查申请表》（表 13-1、表 13-2）；

2）建设单位营业执照（或组织机构代码证）复印件及《授权委托书》；委托代理人身份证复印件；

3）市政府核发的建设用地批文及用地红线附图；招拍挂项目提供《厦门市国有建设用地使用权出让合同》及《厦门市土地房屋权证》或建设用地批准书；

4）规划部门核发的《建设工程规划许可证》和附件；

5）规划部门核定的总平面图；

6）市测绘与基础地理信息中心测绘的建设工程放样测量成果报告书。

## 三、行政许可程序

1．行政许可申请受理与决定机关

行政许可申请受理机关：思明区、湖里区范围内的受理机关为市规划局综合管理处；海沧区、集美区、同安区、翔安区范围内的受理机关为所在区的市规划局规划分局。

行政许可决定机关：厦门市规划局。

2．建设工程单体放样验线检查的条件核实

(1) 应按照《建设工程规划许可证》附图（总平面图）中的标准审核：拟建建筑与用地红线间距离；拟建建筑与相关规划道路的距离；拟建建筑与相邻建筑的距离；拟建建筑（两栋以上）之间的距离。

(2) 在满足有关建筑间距规定，同时符合消防间距有关法规的前提下，施工误差控制在规定的范围之内（有的城市规定：审批尺寸的1%，同时绝对值不超过0.5m）；

3．行政许可程序

(1) 对《工程测量成果》进行初步审核；

(2) 组织建设单位、施工单位、设计单位、测绘单位对建设工程进行现场验线，按照《建设工程规划许可证》附图（总平面图）中的标准审核：拟建建筑与用地红线间距离；拟建建筑与相关规划道路的距离；拟建建筑与相邻建筑的距离；拟建建筑（两栋以上）之间的距离；

(3) 填写《厦门市规划局建设工程验线检查单》（表13-3），并逐级报批；

(4) 制作《建设工程验线结果通知单》，送达建设单位；

(5) 结案，并生成相应的规划核实案卷。

4．行政许可时限

法定期限：自受理之日起10个工作日；

承诺期限：思明、湖里区项目：即时办理；同安、海沧、集美、翔安区项目：自受理之日起3个工作日。

## 四、相关申请表与行政权力运行流程

1．《厦门市建设工程单体放样验线检查申请表》表样（表13-1、表13-2）及运行流程图（图13-1）

厦门市建设工程（建筑类）单体放样验线检查申请表　　表13-1

| 项目名称 | ×××××× |
|---|---|
| 建设单位 | ×××××× |
| 项目地点 | ×××区　×××街道办（镇）×××　路（村）××× |

续表

<table>
<tr><td colspan="2">《建设工程规划许可证》证号</td><td colspan="2">建字第3502××20××××××××号</td></tr>
<tr><td colspan="2">竣工测量图编号:</td><td colspan="2">××××××</td></tr>
<tr><td colspan="4">工 程 实 测 指 标</td></tr>
<tr><td>建设用地面积:</td><td colspan="3">×××× m<sup>2</sup></td></tr>
<tr><td rowspan="2">《建设工程规划许可证》审定</td><td>建筑退让用地边界距离</td><td>东退: ××m<br>南退: ××m</td><td>西退: ××m<br>北退: ××m</td></tr>
<tr><td>建筑间距</td><td colspan="2">××××××</td></tr>
<tr><td rowspan="2">测绘成果</td><td>建筑退让用地边界距离</td><td>东退: ××m<br>南退: ××m</td><td>西退: ××m<br>北退: ××m</td></tr>
<tr><td>建筑间距</td><td colspan="2">××××××</td></tr>
<tr><td colspan="4">测绘放样坐标以(□ 建筑外墙 □ 建筑轴线)为准</td></tr>
<tr><td colspan="4">需要补充说明的事项:</td></tr>
<tr><td colspan="4">承诺:<br>本表填报的内容及提交的所有材料及其内容是真实的。如因虚假而引致的法律责任,概由测量单位承担,与审批(核准)机关无关。<br><br>测量单位:(签章)<br><br>年 月 日</td></tr>
</table>

**厦门市建设工程（市政类）单体放样验线检查申请单附表** **表13-2**

<table>
<tr><td colspan="2">项目名称</td><td colspan="4">×××××××</td></tr>
<tr><td colspan="2">建设单位</td><td colspan="2">×××××××</td><td>经办人</td><td>×××</td></tr>
<tr><td colspan="2">项目地点</td><td colspan="2">××××××</td><td>联系电话</td><td>××××××</td></tr>
<tr><td colspan="6">工　程　实　测　指　标（请按工程类型填写相应栏目）</td></tr>
<tr><td rowspan="2">道路工程</td><td>道路等级</td><td>起点位置坐标</td><td colspan="2">终点位置坐标</td><td>道路红线宽度（m）</td></tr>
<tr><td></td><td>X-××××××<br>Y-××××××</td><td colspan="2">X-××××××<br>Y-××××××</td><td>××</td></tr>
<tr><td rowspan="2">地道天桥工程</td><td>形式</td><td>通道主体位置起点</td><td colspan="2">通道主体位置终点</td><td>净　宽（m）</td></tr>
<tr><td></td><td>X-<br>Y-</td><td colspan="2">X-<br>Y-</td><td></td></tr>
<tr><td rowspan="2">立交桥梁工程</td><td>立交形式</td><td>通道主体位置起点</td><td colspan="2">通道主体位置终点</td><td>占地面积（m²）</td></tr>
<tr><td></td><td>X-<br>Y-</td><td colspan="2">X-<br>Y-</td><td></td></tr>
<tr><td rowspan="2">路口</td><td>道路名称</td><td colspan="4">路中位置坐标</td></tr>
<tr><td></td><td colspan="4">X-<br>Y-</td></tr>
<tr><td rowspan="4">市政管线工程</td><td>管线名称</td><td colspan="2">起点位置</td><td colspan="2">终点位置</td></tr>
<tr><td></td><td colspan="2"></td><td colspan="2"></td></tr>
<tr><td></td><td colspan="2"></td><td colspan="2"></td></tr>
<tr><td></td><td colspan="2"></td><td colspan="2"></td></tr>
<tr><td rowspan="2">市政设施</td><td colspan="2">建筑退让用地边界距离</td><td colspan="3">建筑间距</td></tr>
<tr><td colspan="2"></td><td colspan="3"></td></tr>
<tr><td colspan="2">放样测量图编号：</td><td colspan="4"></td></tr>
<tr><td colspan="6">需要补充说明的事项：</td></tr>
<tr><td colspan="6">承诺：<br>本表填报的内容及提交的所有材料及其内容是真实的。如因虚假而引致的法律责任，概由测量单位承担，与审批（核准）机关无关。<br><br>测量单位：（签章）<br>年　　月　　日</td></tr>
</table>

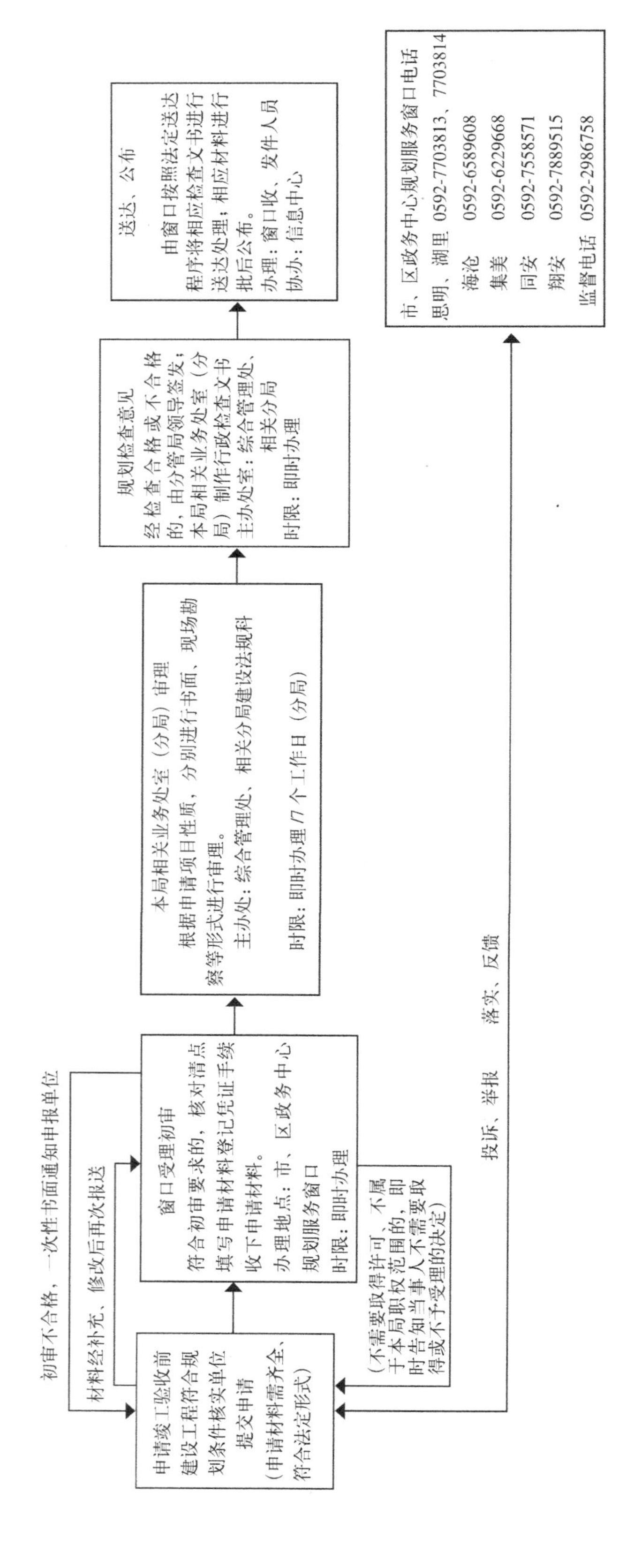
初审不合格，一次性书面通知申报单位
材料经补充、修改后再次报送
申请竣工验收前建设工程符合规划条件核实单位提交申请
（申请材料需齐全、符合法定形式）
窗口受理初审
符合初审要求的，核对清点填写申请材料登记凭证手续收下申请材料。
办理地点：市、区政务中心规划服务窗口
时限：即时办理
本局相关业务处室（分局）审理
根据申请项目性质，分别进行书面、现场勘察等形式进行审理。
主办处：综合管理处、相关分局建设法规科
时限：即时办理/7个工作日（分局）
规划检查意见
经检查合格或不合格的，由分管局领导签发；本局相关业务处室（分局）制作行政检查文书
主办处室：综合管理处、相关分局
时限：即时办理
送达、公布
由窗口按照法定送达程序将相应检查文书进行送达处理；相应材料进行批后公布。
办理：窗口收、发件人员
协办：信息中心
（不需要取得许可、不属于本局职权范围的，即时告知当事人不需要取得或不予受理的决定）
投诉、举报
落实、反馈
市、区政务中心规划服务窗口电话
思明、湖里 0592-7703813、7703814
海沧 0592-6589608
集美 0592-6229668
同安 0592-7558571
翔安 0592-7889515
监督电话 0592-2986758

图 13-1 厦门市规划局建设工程放样验线运行流程图

2．领取《建设工程验线检查单》之后应注意的事项

（1）建设工程开工前，应委托厦门市测绘与基础地理信息中心组织测量，并在领取的测量成果资料由监理单位出具检查意见后持所需资料报厦门市政务服务中心规划窗口（岛外项目报各区市政务服务中心规划分局窗口），待规划局对建设工程验线进行审核并出具检查意见后方可继续建设。详见表13-3。

（2）建设单位或者个人在建设工程开工前，应当在施工现场设立建设工程规划许可公告牌，对外公示建设工程规划许可证及建设工程设计方案总平面图，并在建设工程竣工验收前，保持公告牌及其内容的完整。通过加强规划公告牌管理，强化规划公开和社会监督，完善建设工程批后管理。

厦门市规划局建设工程验线查单　　表13-3

| 项目名称 | |
|---|---|
| 建设单位 | |
| 建设地点 | |
| 建设用地面积 | |
| 《建设工程规划许可证》证号 | |
| 建设工程放样测量成果报告书项目编号 | |
| 验线检查意见：<br><br>盖　章 | |
| 注意事项：<br>1．根据《厦门市城市规划条例》第四十条规定，建设工程放样定位后，须经规划部门验线及检查合格后方可开工。<br>2．根据《厦门市城市规划条例》第六十条规定，未经规划部门验线、放样检查或经检查不合格擅自开工的，由市城市管理行政执法部门责令改正，并处以五千元以上一万元以下罚款。<br>3．建设项目开工前，须在施工现场醒目位置设立“建设工程规划许可公告牌”，公告牌制作式样详见厦门规划网站http://www.xmgh.gov.cn<br>4．建设工程施工至±0.00标高时，应经市测绘与基础地理信息中心组织验线测量，并持测量成果等相关资料向规划部门报备。 | |

## 第二节　±0.00复测检查

### 一、行政许可内容与法律依据

1．行政许可内容

建设工程±0.00复测检查。

2．法律依据

《厦门市城乡规划条例》第39条。

## 二、行政许可条件

1．办理条件：符合《建设工程规划许可证》核准的施工图。

2．申请办理建设工程 ±0.00 复测检查，申请人应提交如下材料：

（1）填写《厦门市建设工程规划条件核实申请表》（表 13-4、表 13-5）；

（2）建设单位营业执照（或组织机构代码证）复印件及《授权委托书》（原件）；委托代理人身份证复印件；

（3）规划部门核发的《建设工程规划许可证》和附件；

（4）规划部门核定的总平面图；

（5）规划部门核发的《厦门市规划局建设工程验线单》；

（6）市测绘与基础地理信息中心测绘的建设工程 ±0.00 测量成果报告书；

（7）提供施工现场建设工程规划许可证公告牌照片。

## 三、行政许可程序

1．行政许可申请受理与决定机关

行政许可申请受理机关：思明区、湖里区范围内的受理机关为市规划局综合管理处；海沧区、集美区、同安区、翔安区范围内的受理机关为所在区的市规划局规划分局。

行政许可决定机关：厦门市规划局。

2．建设工程 ±0.00 复测检查的条件核实

（1）应按照《建设工程规划许可证》附图（总平面图）中的标准审核：拟建建筑与用地红线间距离；拟建建筑与相关规划道路的距离；拟建建筑与相邻建筑的距离；拟建建筑（两栋以上）之间的距离。

（2）在满足有关建筑间距规定，同时符合消防间距有关法规的前提下，施工误差控制在规定的范围之内（有的城市规定：审批尺寸的 1%，同时绝对值不超过 0.5m）；

（3）建设项目 ±0.00 的高程误差应控制在规定的范围之内（有的城市规定：小于审批 ±0.00 高程 0.1m）。

3．行政许可程序

（1）收到建设单位申请的 ±0.00 阶段《工程测量成果》后，进行初步审核；

（2）到施工现场对建设项目进行现场审核；

（3）填写《厦门市规划局建设工程建设工程 ±0.00 验线备案单》（表 13-6）；

（4）符合建设工程规划许可证要求的，经办人通知建设单位复验合格；

（5）不符合建设工程规划许可证要求的：

1）责令建设单位停工，要求限期改正；

2）根据实际情况，提出初步处理意见；

3）发出《违法建设停工通知书》；

4）按照违法建设查处的工作程序进行立案处理。

4．行政许可时限

法定期限：自受理之日起10个工作日。

承诺期限：思明、湖里区项目，即时办理；同安、海沧、集美、翔安区项目，自受理之日起3个工作日。

## 四、相关申请表与行政权力运行流程

1．《厦门市建设工程规划条件核实申请表》表样（表13-4、表13-5）及运行流程图（图13-2）

厦门市建设工程（建筑类）规划条件核实申请表　表13-4

| 项目名称 | ×××××× | | |
|---|---|---|---|
| 建设单位 | ×××××× | | |
| 项目地点 | ×××区×××街道办（镇）×××路（村）××× | | |
| 竣工测量图编号：×××××× | | | |
| 工程实测指标 | | | |
| 建设用地面积：×××m² | | | |
| 总建筑面积：××××m²<br>其中：地上建筑面积：××××m²；地下建筑面积：m² | | | |
| 建筑占地面积：×××m² | | 建筑密度 | × |
| 绿地面积：×××m² | | 绿地率 | × |
| 建筑退让用地边界距离：×××××× | | | |
| 建筑间距：×××××× | | | |
| 主要出入口沿×××路设置。停车位：×××其中地上：××地下：×××（注：对照设计图） | | | |
| 公共建筑配套情况： | | | |
| 建筑层数 | 地上：××层；地下：×层；夹层×层 | | |
| 建筑高度 | 总高度：×××m；层高××m | | |
| 建筑分项面积情况 | ×××××× | | |
| 临时设施是否拆除：（打"√"选择）□是　□否 | | | |
| 需要补充说明的事项： | | | |
| 承诺：<br>本表填报的内容及提交的所有材料及其内容是真实的。如因虚假而引致的法律责任，概由测量单位承担，与审批（核准）机关无关。<br>测量单位：（签章）<br>年　月　日 | | | |

**厦门市建设工程（市政类）规划条件核实申请表** **表13-5**

<table>
<tr><td colspan="2">项目名称</td><td colspan="6">××××××</td></tr>
<tr><td colspan="2">建设单位</td><td colspan="6">××××××</td></tr>
<tr><td colspan="2">项目地点</td><td colspan="6">××××××</td></tr>
<tr><td colspan="8">工 程 实 测 指 标（请按工程类型填写相应栏目）</td></tr>
<tr><td rowspan="2">道路工程</td><td>道路等级</td><td>起点位置坐标</td><td>终点位置坐标</td><td colspan="2">里 程（m）</td><td colspan="2">道路红线宽度（m）</td></tr>
<tr><td></td><td>X-××××××<br>Y-××××××</td><td>X-××××××<br>Y-××××××</td><td colspan="2">×××</td><td colspan="2">××</td></tr>
<tr><td rowspan="2">地道天桥工程</td><td>形式</td><td>通道主体位置起点</td><td>通道主体位置终点</td><td colspan="2">净 空（m）</td><td colspan="2">净 宽（m）</td></tr>
<tr><td></td><td>X-<br>Y-</td><td>X-<br>Y-</td><td colspan="2"></td><td colspan="2"></td></tr>
<tr><td rowspan="2">立交桥梁工程</td><td>立交形式</td><td>通道主体位置起点</td><td>通道主体位置终点</td><td colspan="2">总长度（m）</td><td colspan="2">占地面积（m²）</td></tr>
<tr><td></td><td>X-<br>Y-</td><td>X-<br>Y-</td><td colspan="2"></td><td colspan="2"></td></tr>
<tr><td rowspan="2">路口</td><td>道路名称</td><td colspan="2">路中位置坐标</td><td colspan="4">占地面积（m²）</td></tr>
<tr><td></td><td colspan="2">X-<br>Y-</td><td colspan="4"></td></tr>
<tr><td rowspan="5">市政管线工程</td><td>管线名称</td><td>起点位置</td><td>终点位置</td><td>总长度</td><td colspan="2">管径或断面尺寸（mm）</td><td>管材</td></tr>
<tr><td></td><td></td><td></td><td></td><td colspan="2"></td><td></td></tr>
<tr><td></td><td></td><td></td><td></td><td colspan="2"></td><td></td></tr>
<tr><td></td><td></td><td></td><td></td><td colspan="2"></td><td></td></tr>
<tr><td></td><td></td><td></td><td></td><td colspan="2"></td><td></td></tr>
<tr><td rowspan="3">市政设施</td><td rowspan="2">工程规模</td><td>用地面积（m²）</td><td colspan="2">建筑面积（m²）</td><td colspan="2">建筑密度</td><td>绿地率</td></tr>
<tr><td></td><td colspan="2"></td><td colspan="2"></td><td></td></tr>
<tr><td colspan="7">建筑退让用地边界距离情况：</td></tr>
<tr><td colspan="2">竣工测量图编号：</td><td colspan="6"></td></tr>
<tr><td colspan="8">需要补充说明的事项：</td></tr>
<tr><td colspan="8">承诺：<br>本表填报的内容及提交的所有材料及其内容是真实的。如因虚假而引致的法律责任，概由测量单位承担，与审批（核准）机关无关。<br><br>测量单位：（签章）<br><br>年　　月　　日</td></tr>
</table>

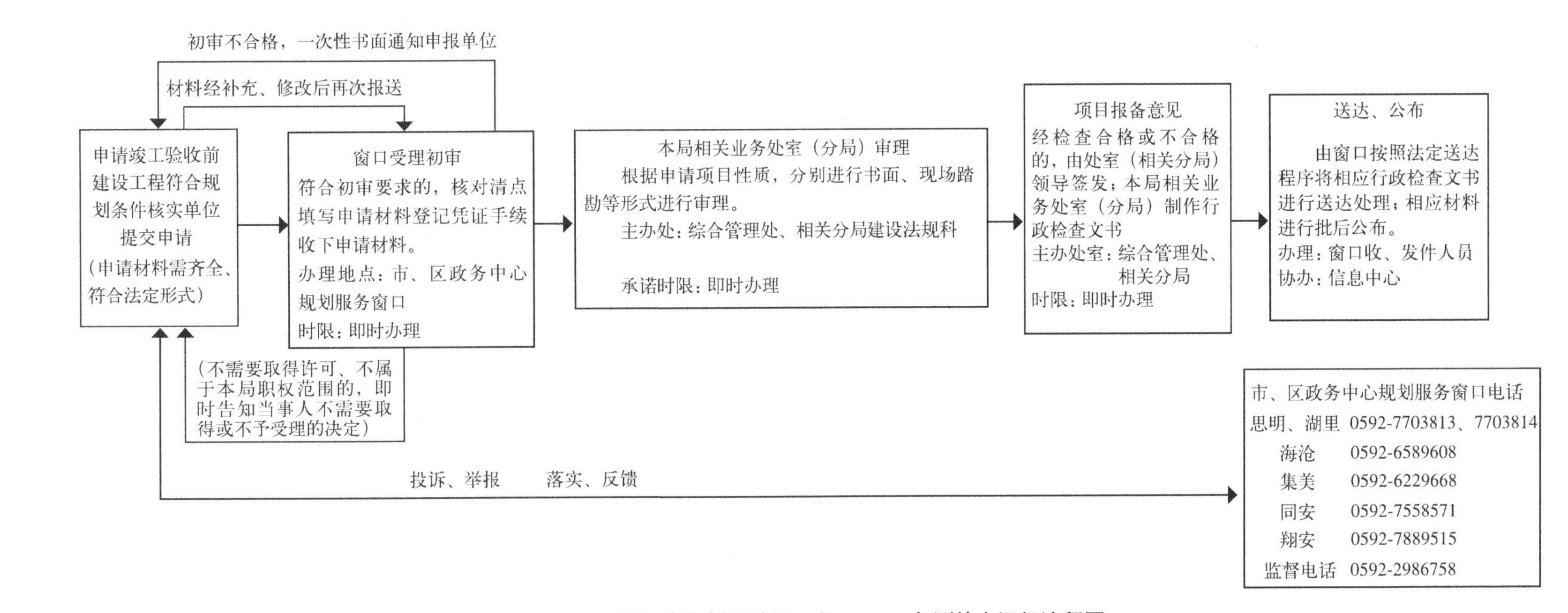
初审不合格，一次性书面通知申报单位
材料经补充、修改后再次报送
申请竣工验收前建设工程符合规划条件核实单位提交申请
（申请材料需齐全、符合法定形式）
窗口受理初审
符合初审要求的，核对清点填写申请材料登记凭证手续收下申请材料。
办理地点：市、区政务中心规划服务窗口
时限：即时办理
（不需要取得许可、不属于本局职权范围的，即时告知当事人不需要取得或不予受理的决定）
本局相关业务处室（分局）审理
根据申请项目性质，分别进行书面、现场踏勘等形式进行审理。
主办处：综合管理处、相关分局建设法规科
承诺时限：即时办理
项目报备意见
经检查合格或不合格的，由处室（相关分局）领导签发；本局相关业务处室（分局）制作行政检查文书
主办处室：综合管理处、相关分局
时限：即时办理
送达、公布
由窗口按照法定送达程序将相应行政检查文书进行送达处理；相应材料进行批后公布。
办理：窗口收、发件人员
协办：信息中心
投诉、举报
落实、反馈
市、区政务中心规划服务窗口电话
思明、湖里 0592-7703813、7703814
海沧 0592-6589608
集美 0592-6229668
同安 0592-7558571
翔安 0592-7889515
监督电话 0592-2986758

图 13-2　厦门市规划局建设工程 ±0.00 复测检查运行流程图

2．领取《建设工程验线检查单》之后应注意事项

±0.00 复测检查（市政工程除外）。建设工程施工至地面层 ±0.00 标高时，应委托厦门市测绘与基础地理信息中心组织测量，并在领取的测量成果资料由监理单位出具检查意见后持所需资料报厦门市政务服务中心规划窗口（岛外项目报各区市政务服务中心规划分局窗口），待规划局对 ±0.00 复测检查资料进行审核并出具检查意见后方可继续工程建设。详见表 13-6。

**厦门市规划局建设工程建设工程±0.00验线备案单** **表13-6**

| 项目名称 | | |
|---|---|---|
| 建设单位 | | |
| 建设地点 | | |
| 建设用地面积 | | |
| 《建设工程规划许可证》证号 | | |
| 建设工程±0.00验线测量成果报告书项目编号 | | |
| 备案意见： | | |
| 盖　章 | | |
| 注意事项：<br>1．建设工程已完工（含配套设施工程建设一完成）、规划核定的建筑施工总平面图外的建（构）筑物已拆除、规划设计变更已经规划部门许可，应经市测绘与基础地理信息中心组织竣工测量，在领取测绘成果资料后，持测绘报告等相关资料向规划总门申请建设工程竣工规划条件核实。<br>2．根据《城乡规划法规定》第四十五条规定，未经核实或者经核实不符合规划条件的，建设单位不得组织竣工验收。 | | |

## 第三节　竣工规划条件核实

### 一、行政许可内容与法律依据

1．行政许可内容

建设工程竣工规划条件核实。

2．法律依据

《中华人民共和国城乡规划法》第 45 条，《厦门市城乡规划条例》第 40 条。

### 二、行政许可条件

1．办理条件

（1）建设单位按照《建设工程规划许可证》及施工图的要求完成全部建设内容；

（2）拆除依规划审批要求应当拆除的建筑物、构筑物及临时设施。。

2．提交材料

申请办理建设工程竣工规划条件核实，申请人应提交如下材料：

（1）建筑工程。

1）提出建设工程（建筑类）竣工规划条件核实的申请报告；

2）建设单位营业执照（或组织机构代码证）及《授权委托书》；委托代理人身份证复印件；

3）市政府核发的建设用地批复及用地红线附图；招拍挂项目提供《厦门市国有建设用地使用权出让合同》及《厦门市土地房屋权证》；

4）规划部门核发的《建设工程规划许可证》及附件；

5）规划部门核定的总平面图及立面图；

6）规划部门核发的《厦门市规划局建设工程验线单》；

7）规划部门核查的《建设工程 ±0.00 验线单》；

8）厦门市测绘与基础地理信息中心测绘出具的《建设工程竣工测量成果报告书》；

9）复验（经整改后再报规划条件核实）申请材料，除提供上述材料外，还需提供整改意见通知书、整改报告材料或相关证明材料。

（2）市政工程。

1）提出建设工程（市政类）竣工规划条件核实的申请报告；

2）建设单位营业执照（或组织机构代码证）复印件及授权委托书；委托代理人身份证复印件；

3）道路交通工程及市政场（厂）站工程项目须提供建设用地红线图及土地批文；

4）规划部门核发的《建设工程规划许可证》及附件、附图；

5）规划部门核查的《厦门市规划局建设工程验线单》；

6）厦门市测绘与基础地理信息中心组织测绘的《建设工程（市政工程）竣工规划条件核实测量成果报告书》；

7）管线及架空线平面位移及竖向变化给其他工程的实施造成影响而确实无法整改的，应提供相关管理及架空线单位的书面意见；

8）复验（经整改后再报规划条件核实）申请材料，除提供上述材料外，还需提供整改意见通知书、整改报告材料或相关证明材料。

## 三、行政许可程序

1．行政许可申请受理与决定机关

行政许可申请受理机关：思明区、湖里区范围内的受理机关为市规划局综合管理处；海沧区、集美区、同安区、翔安区范围内的受理机关为所在区的市规划局规划分局。

行政许可决定机关：厦门市规划局。

2．建设工程竣工规划的条件核实

（1）建筑工程规划条件核实内容包括：

1）平面布局。核查建设用地红线、建筑位置、建筑间距以及与周围建筑物或构筑物等平面关系是否符合规划许可内容；

2）空间布局。核查建筑物层数、建筑高度、建筑层高是否符合规划许可内容；

3）建筑立面。核查建筑物或构筑物立面及色彩等是否与所批准的建筑施工图相符；

4）主要技术指标。核查建筑面积、容积率、建筑密度等主要指标是否符合规划许可内容；

5）建设项目配套工程。公共建筑配套设施、物业管理设施、停车设施、环卫设施、市政公用设施等是否按照规划许可内容进行建设；

6）建筑功能。核查建筑内部功能是否符合规划许可内容；

7）其他规划条件。地下室、围墙、阳台等在土地出让合同中的相关规划条件；

8）临时建设情况。用地红线内临时建筑及设施是否已拆除（经规划许可的临时建筑按规划要求执行），未经许可的建〔构）筑物及原经许可但规划要求拆除建（构）筑物是否已拆除。

（2）市政工程竣工规划条件核实内容包括：

1）道路、管线工程实施范围是否与规划许可一致；

2）道路平面布置、中心线、竖向控制节点标高、标准横断面等是否与规划许可一致；

3）管线平面布置、中心线、管径、竖向控制点标高（交叉点标高）、管线综合道路横断面等是否与规划许可一致；

4）道路附属设施（含天桥、地道、架空管线等）是否按规划许可内容进行建设；

5）桥梁、地道、架空线等净空是否按规划许可内容进行建设。

3．行政许可程序

（1）收到建设单位申报的验收材料后，在计算机系统上进行签收；

（2）调阅有关用地、建筑档案；

（3）根据档案对《建设工程竣工测量成果报告书》进行审核；

（4）通知建设单位组织现场规划验收；

（5）填写《厦门市规划局建设工程竣工规划条件核实意见书》（表 13-7）；

（6）发出《建设工程规划验收合格（或不合格）通知书》；

（7）将全部书面材料装订后存档。

4．行政许可时限

法定期限：自受理之日起 30 个工作日。

承诺期限：自受理之日起 7 个工作日。

## 四、竣工规划条件核实与行政权力运行流程

1．《建设工程竣工规划条件核实意见书》表样（表 13-7）与运行流程图（图 13-3）

厦门市规划局建设工程竣工规划条件核实意见书　　表13-7

| 项目名称 | | 建设单位 | |
|---|---|---|---|
| 建设地点 | | 工程许可证编号 | |
| | 建筑规划设计审定意见 | | 实施情况 |
| 建设用地面积 | $m^2$ | | $m^2$ |
| 建筑面积 | 总建筑面积：__________$m^2$，<br>其中地上：__________$m^2$，<br>地下：__________$m^2$。 | | 总建筑面积：__________$m^2$，<br>其中地上：__________$m^2$，<br>地下：__________$m^2$。 |
| 建筑密度 | | | |
| 建筑退让用地红线距离 | | | |
| 建筑间距 | | | |
| 主要出入口设置及泊车位 | 基地主要出入口沿__________设置，泊车位：地上______个，地下______个 | | 基地主要出入口沿________设置，泊车位：地上______个，地下______个 |
| 建筑高度、层数及主要层高 | 建筑高度：__________________米，层数：地上____________层，地下：______________层<br>主要层高： | | 建筑高度：__________________米，层数：地上____________层，地下______________层<br>主要层高： |
| 建筑功能 | | | |
| 建筑立面 | | | |
| 其他规划要求 | | | |
| 规划条件核实意见： | | | |

备注：根据市政府相关规定，建设用地绿地率由市政园林部门核实。　　厦门市规划局

经办：　　签发：

2．领取《厦门市规划局建设工程竣工规划条件核实意见书》之后应注意的事项

（1）建设工程竣工后规划条件核实，是规划实施监督检查中最重要的、不可忽视的环节。对于符合规划许可内容要求的，即可办理建设工程竣工验收备案；对于经核实建设工程违反许可的，规划局会依法提出处理意见。

（2）经规划条件核实不合格的或未经规划条件核实的建设工程，建设单位不得组织竣工验收，相关部门不予办理建设工程竣工验收备案。

## 第四节　违法用地和建设的查处

### 一、违法用地和建筑查处的程序

1．立案阶段

（1）经办人根据违法建设发生的具体情况，确认是否属于自己管辖范围

（2）经办人填写《立案审批表》，报主管领导或室副主任审核。

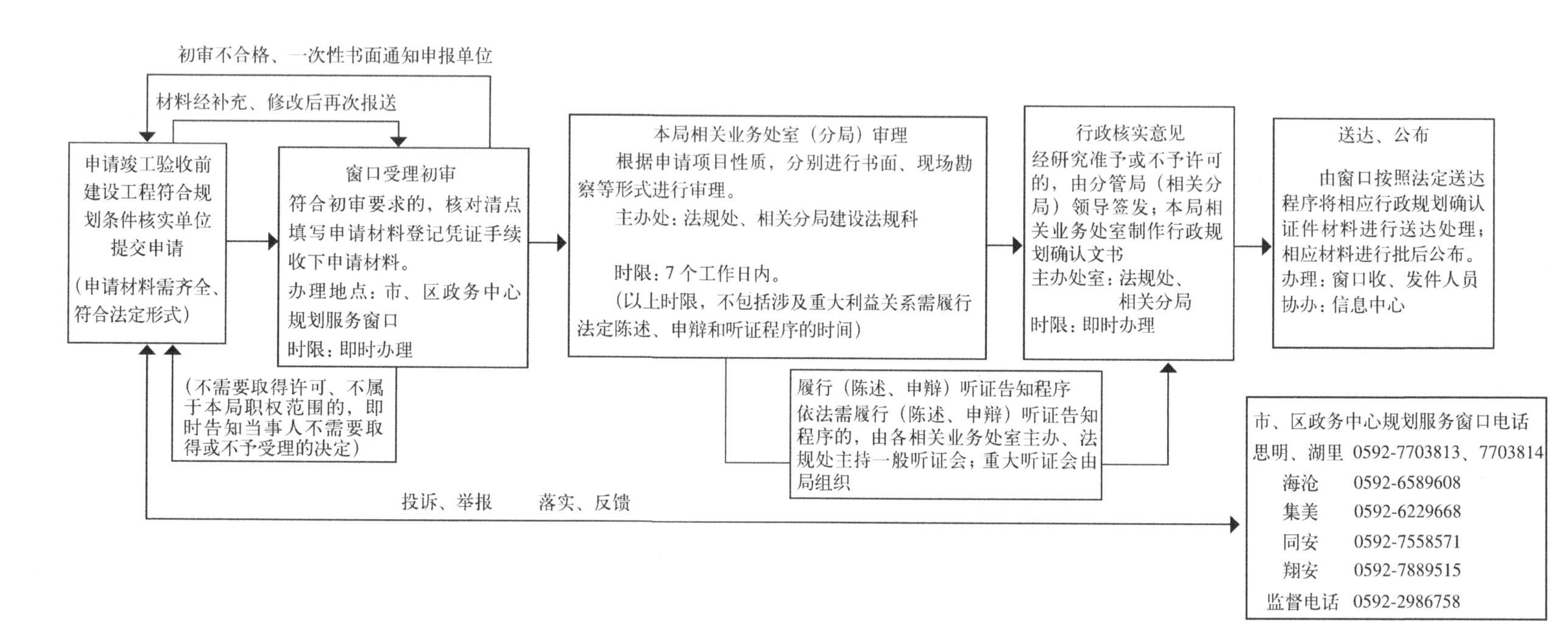
初审不合格、一次性书面通知申报单位
材料经补充、修改后再次报送
申请竣工验收前建设工程符合规划条件核实单位提交申请
（申请材料需齐全、符合法定形式）
窗口受理初审
符合初审要求的，核对清点填写申请材料登记凭证手续收下申请材料。
办理地点：市、区政务中心规划服务窗口
时限：即时办理
（不需要取得许可、不属于本局职权范围的，即时告知当事人不需要取得或不予受理的决定）
本局相关业务处室（分局）审理
根据申请项目性质，分别进行书面、现场勘察等形式进行审理。
主办处：法规处、相关分局建设法规科
时限：7 个工作日内。
（以上时限，不包括涉及重大利益关系需履行法定陈述、申辩和听证程序的时间）
履行（陈述、申辩）听证告知程序
依法需履行（陈述、申辩）听证告知程序的，由各相关业务处室主办、法规处主持一般听证会；重大听证会由局组织
行政核实意见
经研究准予或不予许可的，由分管局（相关分局）领导签发；本局相关业务处室制作行政规划确认文书
主办处室：法规处、相关分局
时限：即时办理
送达、公布
由窗口按照法定送达程序将相应行政规划确认证件材料进行送达处理；相应材料进行批后公布。
办理：窗口收、发件人员
协办：信息中心
投诉、举报
落实、反馈
市、区政务中心规划服务窗口电话
思明、湖里 0592-7703813、7703814
海沧 0592-6589608
集美 0592-6229668
同安 0592-7558571
翔安 0592-7889515
监督电话 0592-2986758

图 13-3 厦门市规划局建设工程规划条件核实运行流程图

（3）主管领导审核或签发《立案审批表》，如主管领导不同意立案的，应注明理由并在“立案审批表”上签署不同意意见。

2．处罚审批阶段

经办人对违法建设单位做询问笔录，并要求该单位提供以下书面材料：

（1）违法建设工程平面图两张（1 ： 500 或1 ： 2000）；

（2）违法建设单位企事业单位法人营业执照复印件（原件验后退还该单位）；

（3）法人授权委托书（原件）；

（4）违法建设单位的书面检查及情况说明；

（5）钉桩坐标成果通知单；

（6）建设用地规划许可证及附件复印件（原件验后退还该单位）；

（7）建设工程规划许可证及附件复印件（原件验后退还该单位）；

（8）违法建设照片两张。

经办人制作《现场勘察记录》。

经办人填写《违法建设处理审批表》报主管领导审核。主管领导审核后，同意经办人意见的在科室意见栏目中签署拟同意意见，并报主管大队长审核或审批；不同意经办人意见的，应在科室意见栏中签署不同意意见和理由。

经行政处罚案件审定委员会集体讨论后，同意行政处罚意见的，逐级批转经办人继续办理。

符合听证要求的，应由经办人填写《听证告知书》，报主管领导。

主管领导审核或签发《听证告知书》。

经办人将《听证告知书》送达违法建设单位或个人，并由接收人填写《送达回证》，与《听证告知书》（存根）一并存档。

违建单位要求听证的，应根据有关行政处罚听证程序实施办法安排听证。

3．制作行政处罚决定书和送达阶段

经办人填写《规划行政主管部门员会行政处罚决定书》，报主管领导审核。

主管领导审核或签发《规划行政主管部门员会行政处罚决定书》。

经办人将《规划行政主管部门员会行政处罚决定书》及《行政处罚缴款书》送达违法建设单位或个人，并由接收人填写《送达回证》存档。

4．结案阶段

经办人收到违法建设单位或个人缴纳罚款收据后，复印一份存档（财政部门转来原件后替换该复印件）、原件退回该单位。

经办人在违法建设单位或个人提供的两份总平面图上，标明违法建设详细位置及《城市规划行政主管部门员会行政处罚决定书》处罚文号。一份总平面图交给违建单位，另一份存档。

经办人填写结案报告，并报主管领导审核。主管领导审核，并在领导意见栏填写同意结案。

经办人制作案卷目录，打印各相关材料后，将案件批转结束。

经办人将所有书面材料认真编号、装订成册，存档保存。

如违法建设单位或个人逾期不申请行政复议、也不向人民法院起诉、又不履行行政处罚决定的，经办人应经主管领导批准后，将案卷递交人民法院申请强制执行。

## 二、违法用地和建筑查处的操作要求

1．立案阶段

确认建设工程是否为违法建设的标准是：

（1）未取得或者以欺骗手段骗取建设用地规划许可证的。

（2）擅自变更建设用地规划许可证的。

（3）未取得或以欺骗手段骗取《建设工程规划许可证》的；擅自变更《建设工程规划许可证》规定事项，改变批准的图纸、文件的。

（4）占用道路、广场、绿地、高压输电线走廊和压占地下管线进行建设的。

（5）未经批转开矿采石、挖砂取土、掘坑填塘等改变地形地貌，破坏城市环境，影响城市规划实施的。

（6）未取得或者以欺骗手段骗取临时用地规划许可证的违反临时用地规划许可证规定事项，擅自变更用地性质、位置、界线；逾期不退回临时用地的。

（7）未取得或者以欺骗子段骗取《临时建设工程规划许可证》的；擅自变更《临时建设工程规划许可证》规定事项，改变批准的图纸、文件的；擅自改变《临时建设工程规划许可证》使用性质的；将临时建设工程建成永久性、半永久性建设工程的；逾期不拆除临时建设工程的。

（8）建设单位代征公共用地，不按规定拆除公共用地范围内的建筑物、构筑物和其他设施的。

（9）城市规划行政主管部门超越或者变相超越职责权限核发规划许可证件以及其他有关部门非法批准进行建设的工程。

（10）对于取得《建设工程规划许可证》但超过许可证时效进行施工的建设工程。

（11）不符合规划监督管理各阶段要求的建设工程。

立案的标准是：

违法事实清楚，且属于经办人查处范围。

2．处罚审批阶段

在审批权限方面，听证的标准是：

（1）依据《中华人民共和国行政处罚法》第四十二条和《市行政处罚听证程序实施办法》相关规定，对公民处以超过1000元罚款的，对法人或其他组织处以超过30000元罚款的，当事人有要求听证的权利。

（2）罚款标准根据各地不同情况确定，但要有细则并公开。

（3）违法建设工程属于下列情形之一的，应予以拆除，不得只给予罚款的行政处罚：

1）占用城市道路、公路、广场、公共绿地、居住小区、铁路干线两侧隔离地区、市区河道两侧隔离地区、文物保护区、风景名胜区、自然保护区、水源保护区、电力设施保护区、工矿区以及占压地下管线地。

2）不符合城市容貌标准、环境卫生标准的。

3）影响市政基础设施、城市公共设施、交通安全设施、交通标志使用或者妨碍安全视距和车辆、行人通行的。

4）危害公共安全的。

5）严重影响生产和人民群众生活的。

3．制作行政处罚决定书和送达阶段

《行政处罚缴款书》应与《城市规划行政主管部门员会行政处罚决定书》一同送达违法建设单位或个人。

对放弃听证权利的违法建设单位或个人，经办人应在送达《听证告知书》3 日后，且作出行政处罚决定 7 日内送达以上文书。

4．结案阶段

向人民法院申请强制执行的时间：如违法建设单位或个人逾期不申请行政复议、也不向人民法院起诉、又不履行行政处罚决定的，可在发出《城市规划行政主管部门员会行政处罚决定书》60 日后，向人民法院申请强制执行。

## 三、行政权力运行流程

以厦门市城市管理行政执法局行政处罚运行流程为例，行政处罚的简易程序流程（图 13-4）和一般程序流程框图（图 13-5）

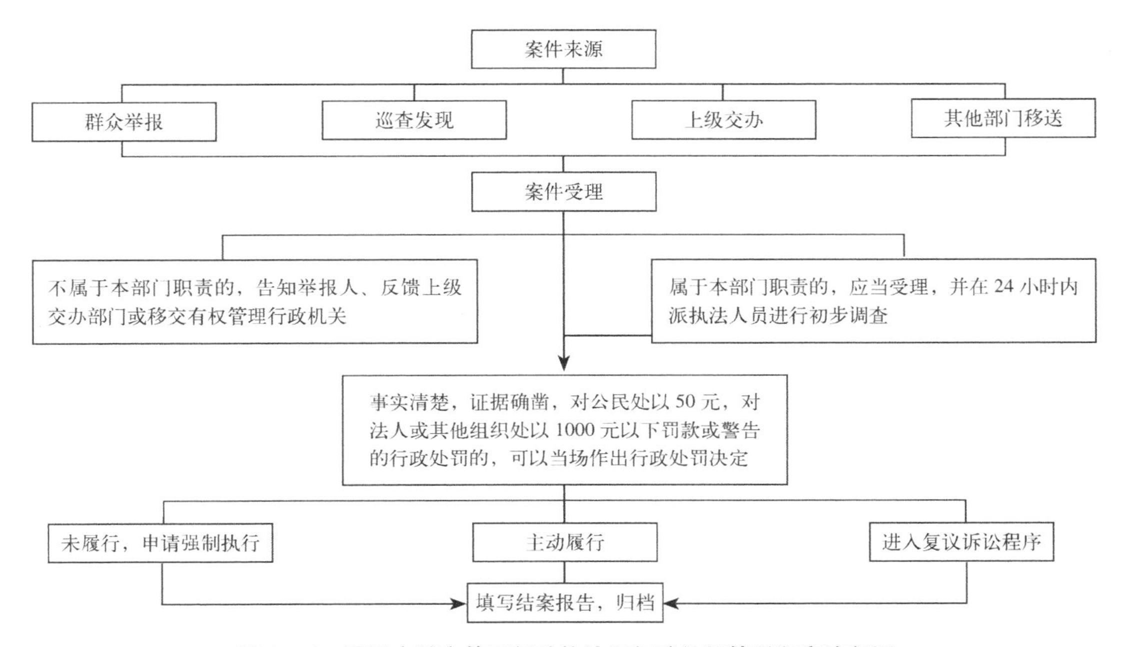


图 13-4　厦门市城市管理行政执法局行政处罚简易程序流程图

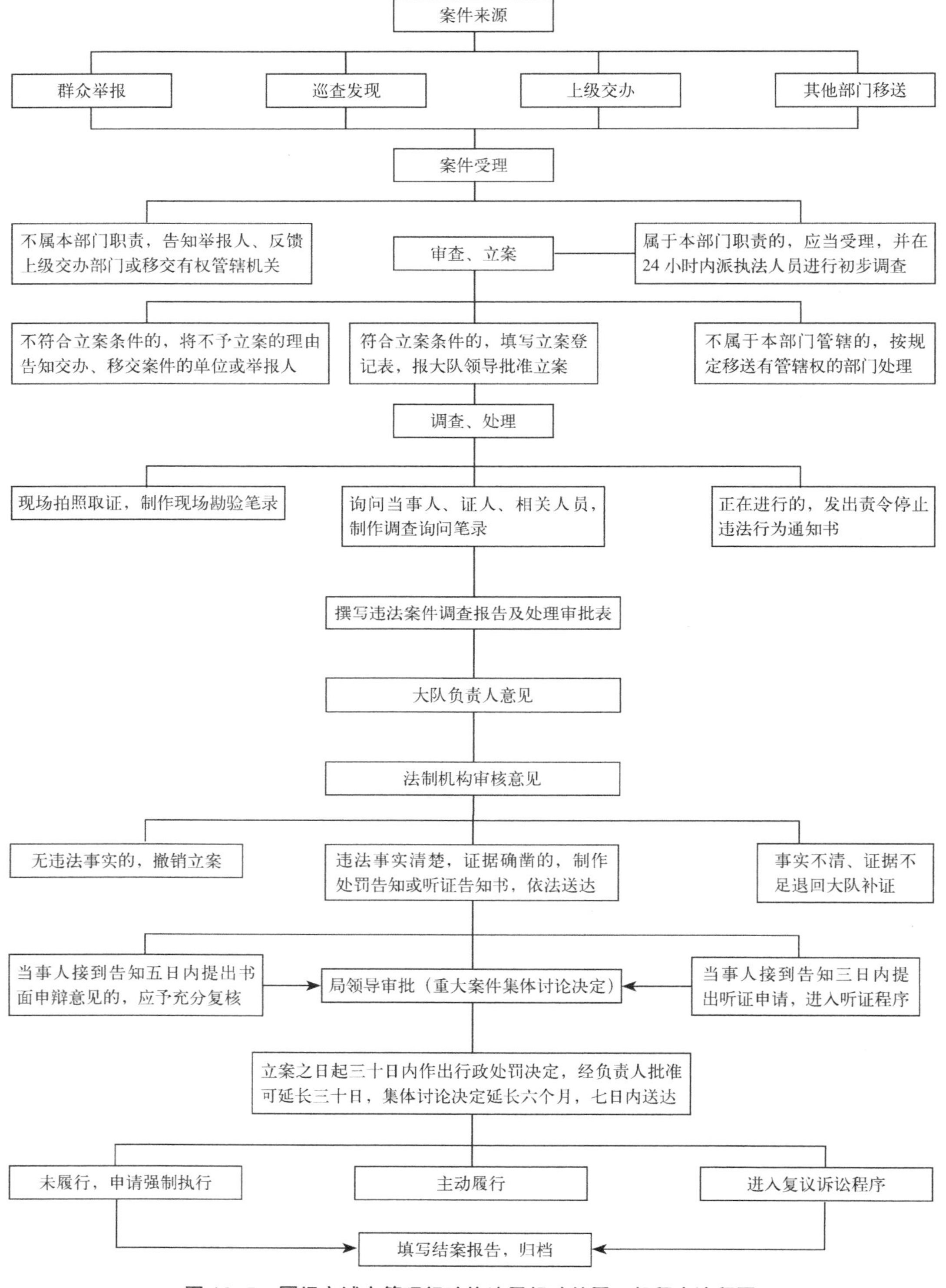


图 13-5　厦门市城市管理行政执法局行政处罚一般程序流程图

# 第十四章　厦门规划管理基础保障

城市规划管理基础保障包括法制建设、信息平台和规划展示等基础性、技术性工作，以及人才队伍建设等，是城市规划实现管理现代化、科学化的重要手段和支撑。近些年来，厦门规划管理工作，在不断加强法制建设的同时，以提高城市规划管理效能为核心，强化规划基础保障体系，不断改革规划管理方法，特别是在规划信息化建设、规划展示、规划管理及审批改革创新等方面进行了积极的探索，为全面有效实施城市规划管理提供了基础保障。

## 第一节　法 制 建 设

### 一、法规的制定与修订

1994 年全国人大授予厦门市立法权，1995 年即制定了第一部《厦门市城市规划条例》，并于 2002 年进行了第一次修订。2005 年，为了进一步严肃城市规划管理，提出了成立城市规划委员会和制定法定图则的规划要求，因此在很短的时间内又进行了第二次《厦门市城市规划条例》的修订。

2013 年为了进一步加强城乡规划管理，协调城乡空间布局，改善人居环境，保护历史文化和生态资源，促进城乡经济社会全面协调可持续发展，根据《中华人民共和国城乡规划法》、《福建省实施 < 中华人民共和国城乡规划法 > 办法》等有关法律、法规，将《厦门市城市规划条例》更名为《厦门市城乡规划条例》进行立法，并于 2013 年 7 月 1 日起施行。

2013 年法规以总结与提升规划行政管理经验、健全与完善规划法制建设为前提，始终坚持强调切实可行、注重开拓创新、突出地方特色和维护法制统一的立法宗旨。并突出了以下 6 个方面的主要内容：

1．明确规划管理适用范围和编制原则

规划管理适用范围既是本法规的生效区域，也是城乡规划管理工作的效力空间。目前我市的规划区范围扩大至全市版图，控制性详细规划也已经覆盖到全市所有区域。有鉴于此，本次立法将规划管理范围由原法规的“城市规划区”扩大到本市行政区域，将我市所有城镇、乡村均纳入到规划管理范围，从而更有利于协调城乡空间布局，统筹城乡发展，促进我市城乡经济社会全面协调可持续发展。其次，条例基于当前我市发展实际，提出了制定和实施城乡规划的指导原则，即依据国民经济和社会发展规划，以建设现代化国际性港口旅游城市为目标，推进岛内外一体化，满足厦漳泉大都市区同城化发展要求，适应海峡西岸经济区发展战略需要，这一规定立足我市今后的城市发展定位，与国务院关于厦门市综合配套改革方案的目标要求相衔接。

2．完善规划行政管理体制

行政管理体制的科学设定对于发挥行政管理效能、提升规划管理科学化具有重大影响。强化集约管理、注重统筹布局、简化管理程序是建立现代规划管理体制的必由之路。我市现行的规划管理体制形成于2003年，利用当时同安等四个区的区划调整之机设立规划分局，形成了规划编制、实施和监督全部由市规划局一体化管理的体制。本次立法进一步明确了市规划主管部门的职责及其派出机构的法律定位和相应职责，对这一行政改革成果加以确认和提升，有利于提高岛内与岛外、城市与农村的规划管理效能，进一步推动我市城乡规划的有效实施。

3．健全城乡规划体系和层次类别

城乡规划是实施规划管理的重要载体和方式。我市的规划编制工作以规划法和省规划法实施办法为主要依据，结合我市行政区划设置的实际，具体划分为城市规划和村庄规划，其中城市规划分为总体规划和详细规划。其次，为实现城乡规划的精细化管理，增强规划内容的针对性，强化重要地区地段的建设品质，条例对省规划法实施办法关于城市设计的规定进行细化，明确了城市设计的要求和相应内容；条例还增设了特定区域规划的规定，要求对生态环境、自然资源、历史文化以及经济社会发展具有重大意义的区域编制特定区域规划，并将其内容纳入控制性详细规划。

4．突出特色风貌保护

城市特色风貌反映了一个城市的景观与形态，表现了城市的气质与性格，体现了城市的文化传承和精神内涵。作为风景园林城市、联合国人居奖城市和三连冠文明城市，我市的建设管理始终得到各界的支持与肯定，然而在科学处理自然保护与社会发展、现代建设与文化传承、质量效益与美好幸福的关系上，还与人民群众的期望有一定差距。法规制定中，我们针对近年来全市建设尤其是本岛建设容量过大等突出问题，列专章对我市特色风貌进行严格保护。条例强调了“科学保护、整体保护、严格保护”的原则，明确了“环境风貌”、“历史文化风貌”等保护内容，制定了严格控制开发、合理控制体量的建设要求，突出了对鼓浪屿、万石山、沿海道路的特殊保护，力求通过本次规划条例的制定，为我市特色风貌的保护、恢复和永续传承提供有力的法制保障。

5．强化规划实施与监督

规划的实施是城市建设管理的主要过程，是落实规划内容、实施依法行政、保护公共利益和个人合法权益的重要环节。条例以两章的篇幅、近三十个条款作了较为全面的规定。一是强化实施原则。规定了全市及岛内外规划实施的具体要求，并依法授权规划主管部门可依据国家规范和本地实际制定规划管理技术规定，报市人民政府批准。二是细化建设工程规划许可程序。区分工程性质、明确办事流程、缩短许可时限，凸显城乡规划管理的公共政策属性和行政许可审批要求，促进规划管理工作的规范化。三是加强部分规划实施环节的公众参与度和科学性。建立规划信息公开平台，规定工程设计方案景观艺术公开评审制和方案征集制，公布设计方案总平面图、方案效果图，实现广大市民与方案设计机构、规划审批机关间的有机互动和监督。四是完善规划行政管理监督机制。实行规划行政审批与技术审查分离，推进规划管理政策研究和系统信息化建设，建立电子报建平台，进一步提高规划行政管理工作效能。五是强化部门协作与联动。市区政府建立工程建设领域信息共享、工作配合、监管联动和查处违法信息抄告反馈制度，执法部门及时将设计、施工、监理违法责任人员通报建设行政部门处理，实现对规划违法活动及查处行为的综合监管。

6．科学处理与原规划条例的效力衔接

相对于原《厦门市城市规划条例》，本次规划立法修改内容较大，在法规名称、篇章结构、创新内容等方面多有不同。因此，立法技术上采取了废旧立新形式。为实现新旧法规效力的有机衔接，条例第六十四条规定在本条例施行之日，原规划条例同时废止。

## 二、规划管理制度规范

近些年来，为了进一步促进依法行政，规范规划管理行为，市规划局在推进管理体制创新的同时，加强了在规划行政管理、效能建设、廉政建设和推进信息公开等方面的制度建设，并制定了系列的管理制度规范。

1．规划行政管理

加强制度建设、推进依法行政，是建设法治政府的基础和根本。厦门市规划局在行政管理制度建设中坚持突出重点、提升质量、强化效果，着力完善规划管理制度体系，不断提高制度执行力，为推进依法行政、建设法治政府提供了制度保障。为此，厦门市规划局出台了行政工作规则、职能与事权划分、会议管理规定、公文处理规定、规划成果管理规定、行政复议工作规定、信访工作规定与应急预案、规划编制专项经费管理、文档管理规定，以及工作人员守则等 50 余项规划行政管理制度。

以上行政管理制度的确定，一是突出重点，围绕发展中的重点、难点问题制定和完善制度。比如，针对如何提高机关的效能建设，出台了首问负责制、否定报备制、一次性告知制、限时办结制、同岗代替制、联合办公制、行政执法错案追究制和效能考评制等八项制度，形成一套完整的项目管理体系和流程，建立了既相互协调又相互制约提高机关效能建设的管理模式。

二是提升质量，如何制定和完善制度，是推进制度建设的关键环节，直接关系制度建设的质量。在这方面，厦门市规划局主要做了三项工作：一是明确制度的提出机制。坚持少而精的原则，一方面围绕落实国家法律法规和上级各项规章制度提出制度建设规划；二是围绕政府运行中出现的问题和群众反映强烈的问题提出制度建设要求；三是坚持制度的可操作性，解决好制度用来管什么、谁来执行监督、违反制度怎么办等问题，坚持制度闭合性，尽量不留制度空白，形成层次分明、职责清晰的制度体系。

三是强化效果，着力解决如何贯彻和执行制度的问题。“有制度不执行，比没有制度危害还要大。”着眼于提高制度执行力，厦门市规划局采取了多种措施。一是在规范行政行为上下功夫。严格规范行政许可自由裁量权，形成了行政许可自由裁量公开、自由裁量说明理由、自由裁量审核、自由裁量集体讨论决定和过错责任追究等系列制度。二是在强化公开监督上下功夫。建立了信息化管理规则、规划信息公开指南、信息主动公开程序和信息公开目录等管理制度，实现规划管理在“阳光”下运作，直觉接受群众监督。三是在强化考评问责上下功夫。推进规划综合绩效管理，注重群众和专家评估相结合，逐步建立规划的社会评价奖惩机制，以规划工作绩效反映制度建设效果，对因制度执行不力而贻误工作或造成重大损失的部门及工作人员，按规定严肃追究相应责任。

2．规划的业务管理

规划管理实际上是行政与业务的结合。在行政许可事项的办理中，特别是一书二证的办理过程中，建设项目审批人员需要审查规划设计方案。审批人员要审查方案本身是否符合法律、法规和技术标准呢？或者不需要分析研究方案，只对设计人员汇总的各项指标进行审核就可以了呢？换言之，行政审批人员对技术方案的审核是只作合法性审查，还是进行全面的技术审查？如果只是合法性审查，方案中存在的欺骗如何发现？如果作全面的技术审查，审判人员的素质能否胜任？

针对上述问题，厦门市规划局一方面对规划业务管理类的事项进行了规范，制定了《厦门市规划局规划业务管理文件汇编》，其包括林林总总的各种业务管理通知、暂行办法、审批规程和建设标准等内容，同时也制定了各类技术业务的规划指引。以此，进一步规范规划的业务管理工作。

《厦门市城乡规划条例》第二十二条第二款要求：“市城乡规划主管部门应当推行规划行政审批与技术审查分离制度，加强规划管理政策研究和规划管理系统信息化建设，建立电子报建审查平台，提高城乡规划管理工作效能。”该条款规定了市城乡规划主管部门实施城乡规划管理的业务管理要求。

一是行政审批与技术审查分离。2011 年，规划局探索了行政审批与技术审查分离的规划改革思路，将建设工程设计方案和建筑工程规划许可证的行政审批和技术审查进行分离，由专业的规划技术审查和指标复核服务单位（厦门市规划信息中心）对建设项目的设计成果在设计阶段先行进行技术审查和指标复核，包括技术指标核算、日照分析及三维建模报告等，并出具建设项目技术审查意见书，作为规划行政许可审批的参考意见。通过行政审批与技术审查分离，提高了城乡规划管理的效率与质量。

二是设立建筑设计方案景观艺术公开评审制度。建筑设计文字景观艺术评审主要针对空间形态和建筑外观进行审查，其内容包括项目与环境的协调关系、建筑空间布局、建筑风格、建筑立面（含建筑造型、高度、体量、色彩、细部等）方面提出控制区要求。规划局根据建筑工程设计方案景观艺术公开评审意见及技术审查意见书核发建筑工程设计方案审查意见。公开评审制度的建立，体现了建筑设计方案审查的透明、公开、公平和公正。

三是加强规划管理政策研究。转型期城市建设与管理的内涵已远远超出简单的物质规划设计方案，规划管理公共政策作用越来越凸显，通过加强规划管理相关政策内容研究，处理物质规划设计不能处理好的社会和经济问题；通过出台规划指引、审批流程、管理办法等政策，规范规划管理审批制度和工作流程。

四是建立电子报建审查平台。包括报建材料的数字化报建，即建设单位或设计单位申请人可通过网络或窗口将报审查项目的电子资料进行提交，打破传统纸质报批模式；建设工程规划许可证（施工图）技术审查的网上报批，达到“快捷、便民、高效”的效果；实行规划指标电子核算，提高规划审批的科学性、准确性；推行规划技术审查“菜单化”审查管理系统，将建设项目技术审查内容、审批流程、审查要点进行系统规范梳理，形成规划技术审查办理“菜单”，提高规划管理工作效率。

### 三、规划管理技术规范

《厦门市城乡规划条例》第二十二条第三款要求：“市城乡规划主管部门应当依据国家有关规范，结合厦门市实际，制定城乡规划管理技术规定，报市人民政府批准。”厦门市规划局历来十分重视对规划管理技术规定的制定，大约每隔 5 年（上一版是 2005 年制定）就要对规划管理技术规定进行一次全面的修改，最新一版的《厦门市城市规划管理技术规定》（2010 年版）已由市人民政府批复，并于 2010 年 11 月 1 日起实施。

规划管理技术规定是实现对城市规划设计标准化、规范化和法制化的管理要求，其适用于厦门规划区范围内各项新建、改建、扩建的建设工程及一切与城市规划、设计和管理有关的活动。

规划管理技术规定根据规划管理业务要求一般分为：城市规划编制管理、用地管理、建筑管理、市政工程管理、城市防灾管理和建设工程竣工规划条件核实等 6 部分主要内容。技术规定中既有原则性要求、引导性要求，也有具体的规划技术指标与标准，是规划管理的技术规范，是强制性的执行文件。

## 第二节　信息化建设

厦门规划局一直致力于办公自动化、互联网等信息化技术在城市规划管理中的研究和应用，不断提高规划管理信息化水平。逐步形成了以城市地理信息系统和规划系统政务网为信息化管理平台，实现了建设项目电子报建、方案技术查验和网上审批信息化管理网络。规划管理信息化系统建设从“技术导向”走向“应用导向”，从“静态信息系统”走向了“动态信息系统”。目前，已经形成了覆盖各区和派出机构的规划信息共享平台，以及规划管理决策平台。

以下以规划电子报建系统、规划成果管理系统、规划建筑与市政管线三维仿真系统建设为例，对厦门市规划管理的信息化建设作一个粗略的了解。

## 一、规划电子报建系统

（一）项目背景

近年来，随着厦门市城市建设规模不断扩大与建设步伐的加速，城市规划管理工作日益繁重，涉及数据量越来越大，加上政府对城市规划现代化、规划政务公开的要求越来越高，现有的管理方法已经不能适应新形势的发展和变化的要求。因此，客观要求建立电子化的项目报建与电子化的辅助审批信息管理系统。建设项目的报建工作是实施城市总体规划及各类规划，进行建设项目行政审批的重要环节。随着政府信息公开力度的增大，对规划管理工作的规范性、严密性、高效性要求的提高，在规划管理工作中遇到的问题也越来越复杂，建设单位上报的图纸与文字存在不一致，项目办结后注记不及时，信息不能第一时间共享等等，因此，为了充分利用设计部门的电子成果，实现规划管理与设计的对接，必须建立一套规划设计单位和规划管理部门之间共同的技术标准，实行建设项目电子报建。

（二）项目的意义

（1）有助于建设项目报建方案标准的统一和完善。

规划电子报建系统的实施必须基于一个明确的技术标准。通过对标准的制定，原有存在于多个标准体系、规划管理部门办事指南的原则得到了汇合，某些含糊的甚至冲突的概念得到了明确统一。设计部门、建设单位、规划局内部各业务处室、测绘部门之间对规范理解的差异变得一目了然，统一认识有了基础。

（2）有助于规划局的阳光审批。

指标计算规则的公开发布有利于提高规划局的审批透明度，同时树立了城市规划管理的公正性、公开性与科学严谨性。

（3）可将规划业务人员从烦琐的工作中解脱出来

规划电子报建系统可以应用信息化的手段实现指标自动计算，可解决工作效率低下、审核结果的准确性难以保证等问题，使用电子校核后可使业务人员摆脱大量的面积计算工作，而将精力用于更具价值的定性因素审查上。审批周期缩短，社会效益巨大。

（4）有效地体现出全过程数字规划支持的理念。

规划电子报建技术，不仅仅是规划管理方法上的一次创新，同时也是将城市规划设计、城市规划管理审批及城市规划信息建库三个环节衔接起来，为将来规划管理全过程的数字规划支持打下基础。

（三）系统模块组成和功能设计

规划电子报建系统从不同的角度可以分析出不同类型的模块，各类型模块间相互重叠共生，结构情况复杂。从功能的角度来看，通过对规划局各审批阶段内容的分析可知，每个阶段报建的项目均存在总平面和建筑单体，总平面贯穿了规划局的各个审批阶段，单体对应规划局的建筑设计审批阶段（通常称作“报建”或“建管”阶段），总平面和单体之间又交融涵括了各种规划成果。审批主要围绕着总平面、单体展开。因此，从功能上将规划电子报建系统一期划分为两个模块：总平面模块、单体模块。

1．总平面模块

（1）总平转换

1）用地转换。包括规划总用地、道路用地和公共绿地转换功能，对于住宅和公建用地的生成，系统可根据建筑状况自动分析计算得到，用户无需特别考虑。

2）建筑转换。设计了动态拉伸的功能，用户可以在任何视角状态下，实现对建筑的动态拉伸，以灵活地改变建筑的体量。在拉伸的同时，建筑顶部始终跟随鼠标位置，动态反映当前建筑高度和层数，项目的技术经济指标也随着建筑体量的变化而变化。

3）建筑构件。建筑拉伸后，其上面的阳台、雨棚、屋顶水箱等附属要素统称为建筑构件。针对这些构件，系统设计了灵活适用的工具，用户可根据原建筑上样式内容快速构建各类构件。

4）公共建筑。根据国标或者地方标准，分类公共建筑，用户只需要轻移鼠标即可实现公共建筑的转换定义。

5）室外车场。根据国标或者地方标准，设计车场类型及其计算标准，用户只需勾画出整个车场的轮廓，系统即可自动统计并复核车位的数量。

6）室外构件。针对楼间交通、户外设施、建筑台阶、构筑物、地理突起等室外构件，系统设计了与之相适应的转换（绘制）功能。设计通盘考虑了绿地影响、日照遮挡和功能应用等多种综合因素，全方位地满足了小区构成和定量核查等要求。

7）编辑修改。设计了“撤销、重做、移动、旋转、复制、格式刷”等简单适用的功能，使得方案的转换更加灵活方便。

（2）总平审核

1）查询浏览。设计了图类控制、视图浏览和透明检查等查询工具，规划审批人员可以灵活方便地了解方案状况。

图类控制：按照专业构件分类分层，可以快速地控制方案的显示内容。

视图浏览：设计了放缩、移屏、环视等多类常用视图工具，使视图浏览非常便捷。

透视查询：提供了高效的透明透视工具，可以使设计者或规划管理人员透过建筑、道路等已转换的实体比对原地貌和设计图，以利于审批的条件对比。

2）专业检测。系统针对《城市居住区规划设计规范》等国家和地方规范，设计了方便高效的专业检测功能，如：间距系数检测、红线间距检测、公共绿地面积和日照检测，建筑和道路间距检测，车位数量复核等。

3）日照分析。自动读取图中的建筑参数，进行静态和动态日照分析。系统可以随建筑的高度拉伸或者位置平移快速计算出日照结果，标识于分析对象之上，同时随着检测建筑的变化同步刷新其日照时数，实现了动态日照的效果。

4）指标核查。转换完成的小区方案图中，建筑、道路、阳台等构件的属性一目了然，用地平衡表、经济指标表等所有常规的指标均已经自动随着转换方案的提交自动生成备查，规划审批人员将无须任何多余的负担，打开图形就可以轻松查看到各类数据，实现指标审核的“傻瓜化”操作，极大地方便了审批人员，大大地提高了规划审批的效率。

2．单体模块

（1）单体转换。根据建筑设计的特点，采用局部创建，整体组装的办法实现整个建筑单体的模型转换。功能设计包括单体体块创建、体块附属构件创建和单体组装等。

1）构件转换。针对单体细部特点，设计了建筑主体、阳台、雨棚、台阶、屋顶水箱和架空层等单体构造功能，利用这些功能可快速实现任何复杂单体的转换，既全面细致又生动高效。

2）单体组装。复杂的单体可以根据其各部分详细设计图样逐个体块分别转换，本功能将把这些已转换的分散的体块组装到一起，构造为完整的建筑单体。单体组装过程中，系统可根据体块的属性和特征，实现智能耦合，并将按照转换者的意愿自动整合组合后的单体数据。

（2）单体审核

1）查询浏览。包括三维视角、分类检测、三维环视和分类浏览等，系统提供了强大的组合浏览查询工具，帮助审批人员快速了解建筑外在的概况。

2）面积构成。对于任何复杂的建筑，系统均提供了属性栏，并在属性栏内分类各体块的面积构成，同时还清楚地反应各体块叠加后的综合面积指标。规划审批人员只需打开图纸，便可一览无余单体建筑的面积指标。

3）户型分析。为每个单体提供了方便的户型记录单元，系统可根据各单体的户型状况，对单体自身或者指定范围内的单体进行户型统计。根据各地的习惯不同，用户可以对统计方式进行方便的调整，也可就“国六条”等国家政策性热点对单体进行针对性的分析统计。

4）图形输出。根据规整好的分层平面图，可以对分层平面图的图形轮廓和定义的属性信息（面积、尺寸等）进行输出打印。

## 二、规划成果管理系统

城市建设的发展产生了大量不同时期、不同专业、不同层次的规划编制成果，为规划审批提供依据，但未经整合的大量成果使用非常困难。为加强规划成果在规划审批中的实施，规划局运用信息化技术支撑平台，建立了规划成果管理信息系统。全面整合了各层面规划成果，实现无缝衔接。制定了相关的制度保障及技术规范和动态维护更新机制，及时、准确地掌握最新规划成果。为规划行政管理和规划编制工作提供更加准确、全面的信息支持。

（一）建设背景

为解决规划成果间的矛盾，和解决多版本、多来源、多层次等因素为规划审批成果利用带来的困难，减轻成果使用人员的工作负担、提高工作效率和质量。迫切需要利用信息化技术建立规划成果管理平台。对规划成果进行有效的组织、核实、规整和更新，为规划管理提供完整、统一、有效、权威的规划成果。充分发挥城市规划对城市建设的指导作用，为管理决策提供清晰，明确的规划成果，减少因规划信息相互矛盾对城市建设造成的浪费和困扰。

（二）规划成果管理系统建设思路

各层面规划成果因编制过程存在：规划范围重叠、同时平行编制、编制背景的差别、设计师之间沟通欠缺、原始资料收集困难等原因，会产生以下问题：

（1）成果间相互冲突、矛盾，与周边规划未能衔接，各类专项规划脱离控规，彼此孤立；

（2）成果分散于各规划师、审批人员手中，缺少统一的组织和系统的管理；

（3）成果与审批数据、控规图则、市政数据脱节，未能实时反馈变更调整信息。

为解决以上问题，规划成果管理信息系统的建设思路：

利于 GIS 空间数据库技术，制定规划成果的相关标准，通过数据的规范整合，形成在全市范围、成果内容完整的规划成果数据库；通过实现更新流程的电子化管理，建立高效更新维护机制；建立规范的监督机制保证信息的权威性；通过统一的版本管理和数据发布机制，实现规划成果信息的全面共享，使不论何时、何地、何人都使用同样规划成果。

（三）项目建设历程

厦门规划成果信息系统建设自 2005 年起，经历了从数据提供的混乱到标准，管理制度的从无到有、不断完善。空间上从岛内扩展到全市；内容上从静态发展到动态更新维护，成果之间从相互冲突到无缝衔接；共享方式从 CAD 成果到 GIS 数据库同步等一系列的过程。现已实现了真正意义的全市域规划成果信息系统，在规划行政管理、规划编制管理、对外信息服务工作中发挥重要作用。

（1）2005~2008 年，规划、用地、市政数据收集阶段，发布相关技术标准，仅形成岛内 2 个区规划成果信息库；

（2）2009~2010 年，实现全市域 6 个区全覆盖。建立相关规章制度，推行动态更新维护机制；

（3）2011~2012 年，推动专项规划、控规图则反馈机制，解决矛盾数据，完善数据内容，全面形成全局共享规划成果“一张图”，CAD、GIS 数据同步更新；

（4）2012 年之后，开展用地审批数据与规划成果的一致性检查，有效保证审批选址、用地信息与规划成果的一致性。将市政修规内容落实到规划成果“一张图”，开始进行历史控规图则与规划成果的一致性检查。

（四）管理体系建设

规划成果信息系统的建设核心是制度建设，这体现在需要对规划成果管理机构的数据入库、更新管理进行规范，更重要的是需要对规划成果的编制和使用部门提出要求。制度的建设应该由规划部门领导和主管处室来主持，只有获得他们的支持和理解，建设才能顺利开展。

项目建设结合了厦门规划管理的特色，即控规编制改革（将控规编制分成：大纲和科级两个阶段）和责任规划师制度。

1．业务管理框架

为确保规划成果信息管理系统的搭建，规划局先后发布了一系列完善的管理制度、技术规范和入库与更新机制。明确了各部门在系统管理中的职能分工、片区责任规划师跟踪服务制度及动态更新审批流程，保证规划成果信息的权威性及可靠性（图 14-1)。

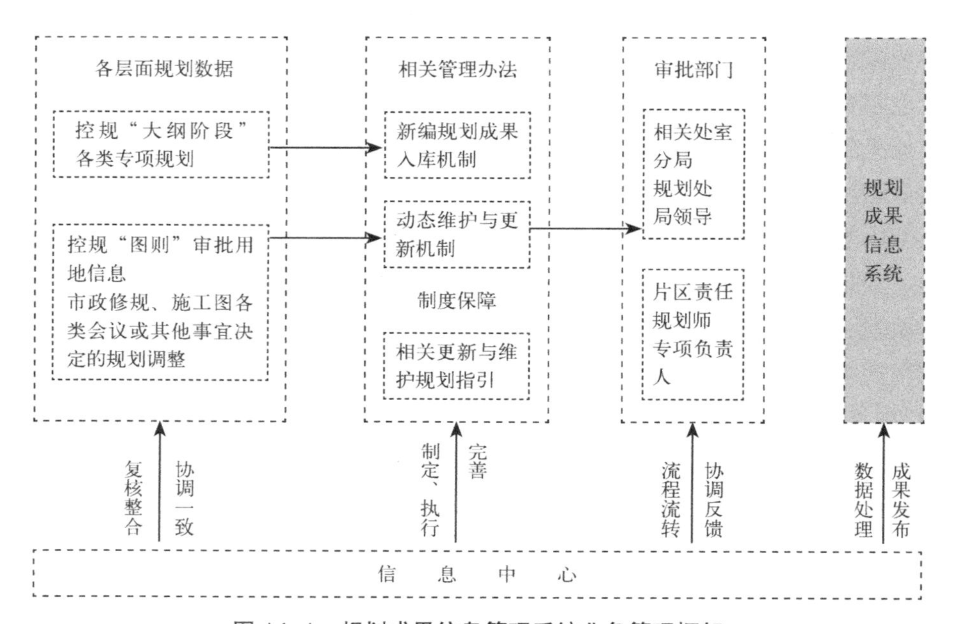


图 14-1 规划成果信息管理系统业务管理框架

2．管理制度建设

为了加强城市规划成果维护更新的管理，切实指导规划项目审批工作，提高行政审批的效率和质量，更好地指导城市建设。规划局先后发布《厦门市城市规划成果维护更新规程》、《关于加强控制性详细规划组织编制管理工作的通知》、《关于加强控规成果信息系统维护的通知》等管理制度。并详细制定了《规划编制成果更新和维护的规划指引》，明确动态维护与更新机制的审批流程、审批部门、引起维护的情况。

动态维护与更新机制要求任何知情人员在发现规划成果或其他项目与规划成果不一致的第一时间发起更新和维护申请，通过规定的审批程序，由信息中心按要求进行更新并发布共享。目标是及时更新信息系统规划编制成果，避免出现各处室、分局、规划院使用的规划成果不一致。

维护内容包括：各类会议决定的规划调整、控规图则、市政修规、项目施工图阶段优化成果、新编规划入库过程中与系统规划信息不一致引起的维护等（图 14-2)。

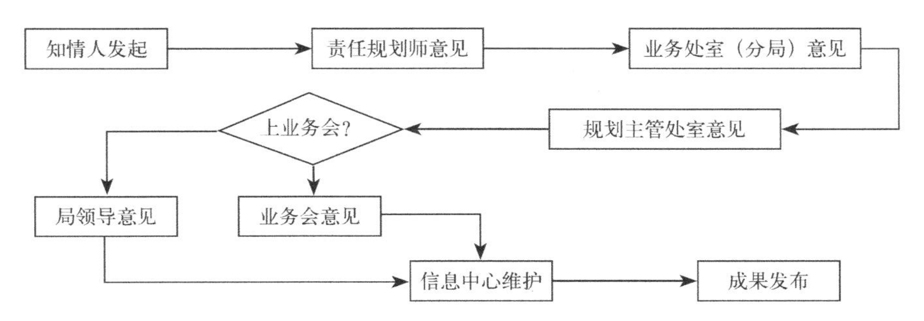


**图 14–2 规划成果更新与维护审批流程**

为规范处理规划审批选址、用地项目与规划成果信息不一致的情况，确保选址、用地项目与规划保持一致。发布了《关于解决规划审批选址、用地项目与控规“一张图”不一致情况的规划指引》，包括了对应的监督检查办法。

3．信息系统管理工作机制

动态更新机制是规划成果信息现势有效性的保证，工作机制中规范了信息中心处理规划成果信息的内容和办法，工作重点围绕着动态更新。

全市划分为 95 个规划管理单元为基础，整合成一张图的形式。合理的融合了各层次规划成果，解决成果间相互矛盾，形成一个统一的整体。包括了：土地利用规划、道路系统规划、公共服务设施、市政设施、控制线和控规图则等信息。

（1）基础框架的搭建：收集、梳理总体规划、分区规划、控规等各层面规划。按全市 95 个管理单元边界搭建规划成果信息库的初步框架，解决各单元间路网衔接与空缺。

（2）新编成果入库：整体入库，需详细说明对上一版本规划的调整，各专项规划的落实与一致性，与周边单元路网的衔接和落实以往的规划调整。

（3）专项规划规整：落实、分布到各个管理单元，与信息系统数据协调一致后入库。涉及专项规划调整的需经过专项负责人论证后维护。

（4）控规图则规整：清理历史控规图则边界、用地性质等信息。核实图则边界、用地性质是否与规划一致、配套设施是否在信息系统数据一致，原规划一张图中设施是否取消或移位。提出解决措施，以控规图则为准规整至信息系统。新增控规图则采用事前维护模式，保持实时更新。

（5）历史数据存档：成果维护后，被新规划替代的原规划成果进入历史文档管理，不再作为规划审批依据。

（五）规划成果信息系统发挥的作用

规划成果信息管理系统 2012 年全面部署实施以来为城市建设的管理发挥了积极的作用：

（1）为城市建设管理决策提供了统一的规划信息平台；为市重大建设项目决策及轨道的选址和选线提供规划信息支持；

（2）为城市每年巨额投资的编制的城市规划成果提供有效管理，使其能高效应用到城市建设管理中；完整、现势、共享的规划成果，提高了规划对城市建设的指导作用，减少了部门间规划信息不一致造成的城市建设浪费；

（3）为公共服务设施规划布局提供了一个监督平台，一定程度上避免了公共服务设施的随意调整或取消，加强了城市建设对社会公共利益建设的关注。

随着厦门市生态红线规划、溪流整治规划、水系、山体保护规划、公园、绿道系统规划成果相继进入信息系统，为城市建设搭建完整的规划成果信息系统。

## 三、规划建筑三维仿真系统

1．建设背景与构思

现阶段，我国城市正处于急剧发展的时期，城市规划建设已摆在十分显著的位置。城市规划与建设工程的审批工作是一项法规严密、专业性强、既有审批时限又有权限规定、纵横联系复杂的集体性工作，审批过程纵横交错，资料传递环节繁多，要求审批过程的高度协调和统一。目前规划局的业务审批系统虽已实现对城市规划业务的信息化审批管理，但是这仍是二维的审批模式，难以在应用中再现三维的实体，无法满足城市的三维空间特征要求，规划方案无法及时有效、直观、形象地与周边现势相对比，使得规划方案产生了一定的滞后性和局限性。因此，现阶段急需在规划局建立一个聚集各种数据信息包括卫星影像、城市三维现状、规划、建设、人口、单位、经济、交通社会保障等综合数据资源并能够快速分析和输出的三维仿真系统。

《厦门市城市规划三维仿真系统》的构建，是一个聚集各种数据信息包括卫星影像、城市三维地理空间信息、规划、建设、人口、单位、经济、交通社会保障等综合数据资源并能够快速分析和输出的三维仿真系统。该系统的建立可以将我局目前建筑方案的二维审批模式转变到三维审批并辅助规划决策，并可利用 GIS 和 VR 技术，以 3D 建模互动技术和虚拟现实技术，如实表现三维信息；建成后的系统可应用于城市景观设计和规划方案成果的比选，通过调整建筑单体的纹理、位置、形体、高度、然后输出规划效果图，甚至是多媒体的动画展现，决策者还通过在三维的场景中任意漫游，可以发现许多不易察觉的设计缺陷，减少由于事先规划不周全而造成的无法挽回的损失与遗憾，从而打破规划设计在地理空间信息表达和处理方面的限制。

2．主要内容

规划局在 2011 年建设完成“厦门市城市三维规划建筑仿真系统项目”，分三期建设完成。共完成了约 300km$^2$ 厦门建成区三维现状模型制作、约 90km$^2$ 岛外四新城规划三维模型制作、20km$^2$ 夜景现状三维模型制作、鼓浪屿约 1.8km$^2$ 的现状三维模型制作、岛内约 5km$^2$ 的现状三维模型制作以及 5 个公共建筑的室内现状三维建模制作，数据基本覆盖全厦门建成区，为三维建筑方案报建的开展打下了坚实的基础。

在三维现状及规划数据完成的基础上，还建设完成了规划辅助决策系统、公共服务及便民查询系统。辅助规划决策支持系统可应用于城市规划辅助决策，通过城市三维仿真系统，可以实现对规划方案、建筑方案的多屏比较，城市景观设计的直观比选。公共服务及便民查询系统不仅仅应用于基于网站对规划方案、重大项目等三维方案公示，分批、分专题对各区域进行三维场景展现，在政府专网以GIS技术为支撑，建立厦门基础三维地理信息共享平台，在统一坐标系下对数据共享和交换、互通互联、未来为政府各大职能部门应用系统集成提供支撑平台，实现跨网络、跨系统和跨多元异构数据的信息共享交换与集成整合，实现城市空间信息展现。

系统可应用于城市规划辅助决策，通过城市三维仿真系统，可以实现对规划方案、建筑方案的多屏比较，城市景观设计的直观比选。通过三维电子报建，在建筑方案专家审上直观的三维展示，提高了厦门城市的建筑品质和建筑品味。过去需要对街区进行立面整体改造，通过三维仿真系统，可以在项目前期就严格把关，减少重复建设。通过三维仿真系统，可以将成片的规划进行数字化，进行天际线分析，日照分析等，整体外立面把控（如海沧CBD规划方案，三维仿真系统直观地展现了规划方案表现力，大大避免了由于天际线控制不到位造成的城市景观不协调，提升了城市的品位，避免了事后重复建设，产生巨大的社会效益和经济效益）。

3．项目特色与实施情况

此项目的完成意味着厦门所有新建项目均可将建筑设计方案放置“系统”中与周边现状建筑进行直观、形象的对比和各类规划指标分析。该系统还可应用于城市景观设计和规划方案成果的比选，通过调整建筑单体输出规划效果图，甚至是多媒体的动画展现，还可通过在三维的场景中任意漫游，发现许多不易察觉的设计缺陷，减少由于事先规划不周全而造成的无法挽回的损失与遗憾，从而打破规划设计在地理空间信息表达和处理方面的限制。

为保障系统基础三维数据的更新和各类规划、建筑设计方案数据的来源，市规划局已开展三维报建业务。此业务是指在建设工程设计方案阶段，将建筑设计方案按照特定的标准制作完成三维模型，并导入《厦门市规划三维仿真系统》中，以作为规划管理、规划审批的依据之一。

三维地理信息共享平台以GIS技术为支撑，建立厦门基础三维地理信息系统在统一坐标系下对数据共享和交换、互通互联、未来为政府各大职能部门应用系统集成提供支撑平台，实现跨网络、跨系统和跨多元异构数据的信息共享交换与集成整合，实现城市空间信息展现。通过高标准的建模和精细的景观场景，有效避免了政府部门三维底层资料及平台的重复建设，同时结合规划部门审批的有利条件，确定完整的更新机制，保持数据的生命力，为政府节约了大量人力、物力、财力。

在建设的三维数字城市的数据基础上，可建设建筑应急资料库，为现状建筑模型添加应急资料信息，包括建筑结构图等图片和文本数据。当发生紧急事件时，通过政务专网的三维地理信息共享平台，可直接访问三维数据，并可调取需要的建筑的应急资料，从而快速获得第一手现场资料，并能够以三维仿真的方式对现场状况进行直观的了解。三维仿真系统对保护重要数据及争取时间应对紧急状况有着重要作用。

通过三维地理信息共享平台，能够把厦门市的现状建筑以三维数字城市的方式真实再现出来。在此基础上建设城市广告牌管理系统，能够以三维仿真的形式对广告牌进行直观的设置和管理，为城建市政广告管理部门提供新的管理思路和技术手段。避免了由于广告牌设置不合理产生的城市景观破坏。

“厦门市城市三维规划仿真系统项目”自 2011 年 11 月份验收以来，各软件、硬件系统运行稳定。通过长效、稳定的三维报建更新机制，数据得到不断更新维护，有效服务于规划局的日常审批，已经成为规划局各个部门不可或缺的一个办公系统，对城市规划辅助及建筑品味的提示起到了举足轻重的作用。同时通过三维信息共享平台，政府其他职能部门在此基础之上，展开适合不同部门的应用，政府各职能部门对数据及平台的反应良好。

## 四、规划市政管线三维仿真系统

在我们生活的城市脚下，如蛛网密布的地下管线，像迷宫一样，为城市运转着。随着计算机信息技术的发展，更加便捷、直观的三维可视系统将取代传统二维图形，在空间关系表现、运用交互等方面取得更高水平。通过研发高性能三维系统平台，建立标准化数据及健全的数据共享、数据更新体制，充分挖掘系统潜力，在科学管理市政设施的同时，拓展运用，为城市管理提供便利，节约社会资源，创造巨大的社会和经济效益。

厦门市于 1995 年进行了建城区的地下管线普查工作，成果资料为城市建设提供了管线各项服务。但是因为没能实现全面的动态更新，造成管线资料不齐全，管线信息日益老化，渐渐失去数据原有的生命力，滞后于城市的快速发展。一个科学的平台和机制成为混乱的地下空间设施管理的一针良药。三维市政管线系统是在完善的地上三维仿真数据及已有管线普查数据的基础上建设完成的。管线数据涵盖全市岛内、岛外建成区给水、污水、燃气、电力、电信、热力等 9 大类 33 小类的地下管线，管线全长约 15 万公里，覆盖城市道路约 2 万公里。实现地上、地下一体化。

城市规划三维市政管线系统将先进的软件设计技术与管理理念相结合，其优势在于系统的创新与特色。具有以下特点：

1．运用虚拟现实技术的管线、景观三维一体化

以先进的 3DGIS 平台为基础，实现三维管线数据、三维地表数据以及城市景观数据的一体化管理，提供全三维形式系统用户界面，实现三维观察、查询功能，实现三维的缩放、任意角度观察、单管追踪、管道漫游，用户可以在一个虚拟真实的全三维环境中，清晰明了观察各管线的具体走向和属性信息，查看管线与建筑、道路和其他管线的相对位置等。

2．市政信息一体化思想

大型市政的信息化建设需要市政设施管理系统、市政资产管理系统、市政调度系统等之间的相互协作，信息共享与集成；市政设施管理信息管理系统与调度系统实现数据集成，能够实时显示管网中机泵或者流量计等设备的动态检测数据，保证数据的安全性；市政设施管理信息系统与资产管理系统实现数据集成，能够将资产详细信息和对应的设施进行关

联，实现市政设施资产信息与图形的交互查询，为市政资产规划提供良好的辅助决策信息。

3．全方位市政设施数据管理

系统将设施属性与设施相关多媒体图片相结合，直观地再现了各类设施的现场情况。对设施得维护状况实行实时表记录，方便了大型市政对固定资产的评估和管理。

4．完整的管道数据模型

系统提供完整的管道数据管理功能，实现从市政资源中心、资源管网、管网附属设备（阀门、泵站等）以及资源使用点的全面的管网设备管理。通过与安全数据库的接口，监测机泵、仪表的压力、流量等实时数据。利用系统的附属数据以及多媒体数据的管理功能，能够管理与管网设备相关的维修、施工以及多媒体资料。

5．数据模型合理先进

管点分为节点、阀门、机泵、储油塔、流量仪、煤气柜、压缩机等子类型，各个管点子类型拥有不同的属性。每个类型的数据库字段结构都可以根据用户的需要进行任意修改和扩展；也可以对管点子类型实施改名、删除等操作，任意增添新的子类型。

6．灵活的管网数据更新方式

外业测量数据自动建库：在读取过程中自动实施数据校验和一致性检查，并给出错误信息，实现“外业勘测—内业成图—建立信息系统”的一体化。

设计——更新一体化管理：确定要进行管线设计的区域，在设计模块中进行设计，完成后可以生成竣工图，再回帖进原管网（属性、图形一起回帖），自动维护管网设备的拓扑关系，同时保证管网空间数据的拓扑完整性和属性数据的一致性，实现了管网数据的更新。

7．个性化系统定制功能

系统提供了在可视化环境中动态定制菜单、输出配置、风格配置等工具，用户可以根据自己的需要定制系统，隐藏不需要的系统功能。

8．管网信息网络发布

以 B/S 模式开发面向互联网的管网信息发布功能。在这种框架之下，浏览器端向 WEB 服务器发出查询请求，WEB 服务器调用组件服务器实现对数据进行查询分析，并将结果形成 HTML 页面发回客户端，能够在实现高效、快速的管网信息查询。

9．嵌入式离线应用

采用 E- 嵌入式地理信息系统平台技术，对市政管网阀门进行定位、管理。维护人员将从数据服务器上下载数据到掌上机，用于野外操作或仅仅用于连线离线状态，结合 GPS 技术，不仅运用在阀门定位管理上，还可以运用在管线的定位、资料修正等方面。

10．灵活的系统扩展和维护

系统具有较强的可扩展性和易维护性，对由于业务管理内容和工作流程变化造成的系统需求的变化具有很强的自适应能力。主要包括：功能扩展性、软硬件平滑升级。

系统建设后，在市规划局已应用于市政设施规划评审会。在评审会上，由建设单位、设计单位、专家参与，并可邀请公众旁听会议。在评审会上由经办汇报项目情况，专家进行点评，设计单位与建设单位如对意见存在异议，可在会上提问征询答复，最后由会议主持进行项目总结。利用信息化技术，在多屏会议室进行方案文本、三维市政系统、传统二维 GIS 系统联动进行评审。可通过形象客观的方式进行方案评审，将地下管线统筹规划好。

市规划局在规划审批的各个阶段，对管线数据实行市政设施电子报建，要求管线建设单位在方案、工程证和竣工阶段分别按要求报送管线资料，这样一来可以保证市政设施数据的实时更新。同时可将实时更新的各专业地下管线现状通过三维共享平台提供给建设单位，避免由于设计不足引起的施工安全问题。以前的三维仿真技术仅仅运用在规划审批和城市管理的某些领域，在今后的应用中，三维仿真数据的来源应该不仅仅在某一个部门，只有通过各个部门合作，各自共享专题数据，建立起一个完整、精确、有生命力、应用广泛的地上、地下城市三维仿真平台，广泛应用于各个领域。

## 第三节　规划展示

### 一、概况与展示内容

厦门规划展览馆位于厦门市文化艺术中心，规划局 1~2 层。建筑面积 8000m$^2$，展示面积 6000m$^2$，定位为专业、互动、前瞻的“城市规划展示窗口”。

展馆一层以时间为展示主线，布局有序言厅、历史展区、多媒体影院、主模型、总体规划展区、重点片区展区、美丽厦门展厅、公示区等；二层突出城市性质特色，以专题厅形式布置了重点建筑展区、历史风貌保护展区、宜居城市展区、风景旅游展区、3D 影院、360 度环幕影院、地铁体验厅以及临展区。

展馆以灯箱展板为立体空间展示的基础，800m$^2$ 主模型为展示的核心，辅以数字沙盘、多媒体影片、360° 环幕影院、虚拟互动城市游、多媒体互动查询系统、互动游戏等高科技手段，使规划展示准确直观、生动形象。全方位地诠释了厦门城市规划的发展历史，当今成就和未来方向。是宣传和展示厦门城市形象的重要窗口和招商引资的平台，是厦门市重要的接待单位，是国内外宾客以及广大市民了解厦门、关注厦门城市发展的一个新亮点。

### 二、规划馆展示亮点

1．历史展区

《千秋厦门》历史影片：以娓娓道来的方式上溯千年厦门演进史，在城市发展的历史长河中，截取几次“规划”和“变迁”的重要节点，串联起厦门生动可视的发展脉络，诠释了地域变迁、城市沿革、规划成果、经济势态及人文遗产。

幻影成像：展现了 20 世纪二三十年代厦门中山路的生活场景。

《鹭江两岸》：展示鹭江两岸的变迁。

2．总体规划影片及模型声光电演示

馆中央 800m² 主模型以 1 ： 1000 比例展现厦门海湾型城市格局。模型范围覆盖了 900km² 市域范围。总体规划影片与模型演示相结合，介绍了厦门的城市概况与区位、分为城市概况、大海湾战略、大山海战略、大花园战略、旅游天堂等篇章。

3．360° 环幕影院创造展示高潮

360° 环幕影院将实景以三维动画的形式等比例投影在巨型投影幕上，令观众恍若置身现实环境之中。一部《海湾之恋——厦门未来城市之旅》影片，让观众在了解厦门远景规划的同时，得到视觉的震撼、艺术的体验、精神的振奋，更好的表达与诠释了城市未来发展的磅礴气势。成为厦门规划馆的高潮展项。

4．拓展功能——数字城市虚拟现实中心

作为专业性展示规划的场馆，应开发更多的拓展功能。厦门规划馆结合数字影院设置了虚拟现实中心，引入数字城市虚拟现实规划三维辅助决策系统，可以进行基本的漫游浏览、多屏方案比较、日照分析等专业规划分析操作。还可实现规划设计成果的导入，把城市规划设计与规划管理有机地结合起来。为规划局进行重大项目论证和重要问题的决策提供科学的辅助支持。

### 三、展示空间艺术氛围

厦门规划馆展示空间设计风格简约时尚，整体色彩以黑、白、灰为主基调，饰以木色展墙，较好地突出了展示内容，简洁的氛围有利于人们沉浸于观览体验之中。同时，厦门规划馆把海的主题作为地域文化特色的体现。馆标螺旋式纹样体现了海与城柔美的相融感。主入口雕塑墙用优美的曲线和平面构成的手法传达了海的气息与韵味。

独特的展示空间设计，让观众的参观体验同空间体验融为一体，使得厦门规划馆别具风格。

## 第四节　规划管理创新

近些年来，市规划局注重了规划管理的创新。在城市规划管理中，坚持以人为本的发展理念，以群众参与为核心、以项目活动为载体、以分类统筹为手段，着力共谋共建共管共享，统筹推进经济、政治、文化、社会和生态文明建设，在创新规划编制方法、规划更新机制、规划管理实施体制和规划公众参与方式等方面进行了积极富有成效的探索。

### 一、创新规划编制方法，构建“空间布局规划”与“规划管理政策”管理双平台

1．统筹规划编制项目，实行规划编制立项管理制度

转型背景下规划编制主体、规划编制类型多样，规划与规划之间相互矛盾、规划编

制委托程序不规范、编制费用不透明的情况时有发生。为统筹全市的规划编制工作，从2006年开始，厦门市推行规划编制项目立项制度，要求凡是要落实到城市空间的规划编制项目，必须纳入城乡规划主管部门立项程序，用立项形式下达规划编制任务，规定内部审批程序，精简提炼编制任务要求。重点审核立项依据、立项经费额度以及计费标准、项目编制主要内容等，使得全市规划编制委托程序基本规范化、制度化、高效化。

2．改革传统规划编制方式，建构“空间布局规划”平台

（1）在现行的法定规划编制体系外编制非法定性的务实规划。在城市快速发展和不断出现各种问题和需求的情形下，厦门市主动开展非法定规划研究工作，对需要研究的重点问题进行专项深化，作为对法定规划的补充和支撑，切实解决城市发展实际问题。厦门市城市非法定规划编制分为发展战略规划、概念咨询规划、项目行动规划三个层次。发展战略规划是宏观层面上的非法定规划，对全市或分区发展中具有方向性、战略性的重大问题进行专题研究，提出宏观、全局性的发展政策和设想，一般不设定具体的规划期限；概念咨询规划是中观层面上的非法定规划，对城市片区或基于某种目标进行整合的地区进行专题研究，提出开发建设设想和规划设计导则；项目行动规划是微观层面上的非法定规划，对近期需要建设、改造或予以保护的具体地块开发提出规划指导，或对某一种类型的项目提出专项规划标准和策划方案。

（2）对控制性详细规划（以下简称控规）的编制方法进行创新，有效把握控规的刚性与弹性。市场经济体制下，控规在现实中所暴露出来的开发强度指标制定随意、成果可操作性较弱和变更频繁等诸多普遍性问题，使其科学性和合理性受到一定程度的质疑。而控规编制的缺陷与成果法定化加剧了这一矛盾，为应对市场经济体制下城市快速开发建设，同时切实保障控规的实施性，厦门市将全市划分为若干个规划管理单元，按照每个规划管理单元编制控规，实现控规全市域覆盖。厦门市控规编制分为大纲阶段和图则阶段，大纲阶段落实城市总体规划、专项规划的要求，包括公共设施及基础设施布局、建设容量控制等内容；图则阶段则依据大纲阶段的要求制定，落实相关规划要求，同时结合市场需求，主要设定用地规划设计条件。

（3）实行空间布局规划“一张图机制”，构建“空间布局规划一张图”管理平台。通过单元控规全覆盖，落实总体规划、分区规划等上层次规划要求，同时将各个片区微观层次的详细规划、专项规划、项目策划、非法定规划等经过汇总、梳理，纳入各单元控规，由单元控规拼合成空间布局规划“一张图”，形成总体规划、分区规划、单元控规统一的“一张图”，保证规划管理层次的统一，作为规划管理审批的依据。通过推行空间布局规划“一张图”管理制度，统一规划管理空间技术平台。

3．强化规划管理政策研究，创建“规划管理政策”平台

转型期城乡建设与管理的内涵已远远超出简单的物质规划设计方案，规划管理公共政策作用越来越凸显。从2007年起，规划局开始着力加强规划管理政策研究，处理物质规

划设计不能处理好的社会和经济问题。一是通过“空间规划技术——公共政策深化及出台”的政策设计及实施路径，将规划内容转换为公共政策，制定规划实施保障政策。如公共停车场、历史风貌建筑保护、集体土地私有住宅建设、环岛路景观控制等相关政策。将规划技术要求上升到地方法规条例，或纳入其他部门的法规，强化其实施效力。二是适应市场经济体制下具体行政行为中管理对象多样化的特点，根据不同的情况，区分管理对象大与小、简单与复杂，兼顾便民和效率的原则，通过分类出台规划指引、审批流程、管理办法等政策，规范规划管理审批制度和工作流程。对应“空间布局规划一张图”管理平台，形成“规划管理政策”平台。

### 二、创新规划更新机制，实时修改与维护规划管理平台

城乡在不断变化发展，影响城乡发展的因素也在发展变化，这就要求必须时刻关注规划的具体实施情况以及城乡的发展变化，实时对城乡规划进行必要的调整和修改，以适应城乡发展需要。城乡规划调整与修改既包括对城市总体战略层面的反思，也包括城市各片区微观层面的更新。

1. 建立总规年度检讨机制，实现对城市总体战略层面的长效反思与反馈

市场经济下对单一项目导致的规划调整对城市整体发展的不利影响也许不突出，但多个项目叠加后对城市整体发展的影响也许非常严重，有可能对规划系统性和延续性造成冲击。

为把控城市总体发展战略方向，厦门市从 2011 年开始，每年编制“总规实施年度检讨报告”。总规检讨报告分为两大部分：一是总规年度实施统计分析报告，总结梳理年度规划编制情况、重大规划事件，分析其特点；总结规划审批和规划许可情况，分析其特点。二是总规实施年度战略分析报告，在统计分析报告的基础上，分析规划实施与总规战略之间的关系，分析成效及存在问题，提出规划改进或政策调整的建议。固定聘请国内规划知名专家，为厦门城市发展战略思路把脉，跟踪厦门城市发展变化。以总规长效检讨机制为保障，实现对城市总体战略层面的反思与反馈，及时调整，并落实至下一层次规划。

2. 创新控规分类修改方法，实现对城市片区微观层面的实时更新

控制性详细规划是规划管理的基本技术依据，各类规划均须进行梳理并纳入控规才能得以实施，控制性详细规划一经批准便具有法律效力，在城乡规划实施过程中必须严格执行，以保证城乡建设的有序、协调和可持续发展。

城乡规划修改矛盾焦点主要集中于控规的修改，由于市场经济体制下城市发展及投资项目的不确定性往往导致控规与市场需求脱节，控规面临频繁调整与修改，而对控规修改过于刚性的规定使得控规难以有效指导项目规划管理与实施。为进一步完善控规编制和项目实施之间的衔接，同时力求兼顾刚性和灵活性，厦门将控规修改分成修编和局部调整两种类型，明确涉及城市总体规划发生重大变更以及重大招商选址等因素，对控规控制区域功能与布局产生重大影响的，则必须修编控规。如果控制性详细规划变更的只是次要部分，如施工图设计中导致规划道路线位进行调整的，或落实已明确项目导致规划调整等，不涉

及相对人的利益或相对人对控规的变更没有异议，就无须经过控规确定程序，而可以由市城乡规划主管部门直接作出决定，进入控规局部调整程序。

3．设立责任规划师制度，实现对规划管理技术动态更新与维护

为做好规划跟踪服务工作，适应城乡发展变化需要，厦门市创新性地设立了责任规划师制度。责任规划师分为片区责任规划师和专项责任规划师，主要是做好规划实时维护及连续跟踪服务。责任规划师承担职责包括：①负责责任范围内的规划信息与政策维护，定期更新一次本责任区的规划总图，经规划部门审核后提供电子文件和图纸；②列席规划部门关于责任区内重大建设项目或责任范围内相关规划政策的会审，提供技术意见及其他规划服务。

推行责任规划师制度，一是改变了规划设计师只管规划编制，不管规划实施的情况，有效保障了土地开发沿着城市规划的框架进行；二是为城乡规划主管部门项目前期选址、规划审批提供技术建议，相当于项目总工的职能，有效缓解了城乡规划主管部门人员不足的情况，提高了行政水平及行政效率。

通过责任规划师跟踪服务机制，实现了城市宏观战略反馈与微观规划调整的统一，形成动态更新维护“一张图”和“规划管理政策”的机制，实现了城市动态精细化规划管理。

## 三、创新规划实施管理体制，行政审批与技术审查相分离

面对转型期城市快速发展的新形势，规划管理任务越来越重，加之规划管理人员不足，传统内部封闭式规划实施管理体制越来越难以为继。

经过近10年来的不断探索与实践，规划局已基本实现了对传统规划实施管理体制的变革，其变革的核心内容是行政审批与技术审查分离，即将建设工程设计方案和建筑工程规划许可证的行政审批和技术审查进行分离，由专业的规划技术审查和指标复核服务单位对建设项目的设计成果在设计阶段先行进行技术审查（三维景观建模报告、日照分析、交通影响分析等）和指标复核，并出具建设项目技术审查意见书，作为规划行政许可审批的参考意见。通过行政审批与技术审查分离，适应城乡规划管理转型的需要，使规划管理人员从“微观”的烦琐管理中释放出来，减少规划管理寻租空间，提高城乡规划管理的效率与质量。

为应对城乡规划管理的复杂局面，在变革规划实施管理体制的同时，规划局积极研究和开发新的城乡规划管理信息系统，提高规划管理信息化水平，针对规划行政审批建立电子报建审查平台，包括报建材料的数字化报建，即建设单位或设计单位申请人可通过网络或窗口将报审查项目的电子资料进行提交，打破传统纸质报批模式；建设工程规划许可证（施工图）技术审查的网上报批，达到“快捷、便民、高效”的效果；实行规划指标电子核算，提高规划审批的科学性、准确性；推行规划技术审查“菜单化”审查管理系统，将建设项目技术审查内容、审批流程、审查要点进行系统规范梳理，形成规划技术审查办理“菜单”，进一步提高规划管理工作效率。

## 四、创新规划审批制度，为项目建设开工提速

如何推动土地出让后的项目尽快开工？如何提速项目审批？规划局以提高审批效能为目标，突出体现“早、快、优”的工作特点，努力促进建设项目早落地、早开工、早投产、早受益。

1.“提前许可”制度

为了使建设项目能够早开工建设，规划局采取的务实措施，推行项目审批“提前许可”制度。提前许可制度采用“先易后难、简易从略、提前推进”的方法，项目业主拿到土地后，在规划窗口即时领取《建设用地规划许可证》的同时，一并准予基坑支护，土方开挖先行动工建设，无须等到整个项目方案设计完成走完各部门的审批流程方可动工。企业在进行上述工程开工建设期间，可同步进行方案设计和施工图设计，并抓紧办理后续相关项目的基建审批手续，压缩建设项目周期，比以往的建设项目开工时间至少可提前半年以上。

实施提前许可制度后，一方面破解了项目开工需等待中后期的设计及审批时间（从设计方案到建设工程规划许可），另一方面，通过交叉推进，让企业和设计单位有更充裕的时间进一步优化方案设计，与规划部门的衔接也更加紧密了。该制度的实施，不仅促进了项目早开工建设，并且提高了设计水平和质量。

2.“模拟审批”制度

一直以来，审批条件前、后置的制约是让工程项目业主特别头疼的一件事，也是工程进度的“拦路虎”。为了改变这一状况，规划局建立“模拟审批”制度，让项目开建实现“零等待”。“模拟审批”是指建设项目由于前置条件不完备或相关资料不齐而导致不能及时办理正式批复件时，规划部门提前对项目进行审核，出具模拟审批意见，直至该建设项目补齐材料后，即将模拟审批转化为正式审批的一种审批模式，提前进入审批程序，提前开展审批工作，解决制约审批提速瓶颈。

这样一来，相当于把审批环节分成两条线，平行而动，交叉而行，从而解决了各审批事项之间互为前置、条件交叉，互相制约的问题，充分利用时间空当，企业可同步办理所有事项的准备、编制、审查、审批等相关工作，大大缩短了项目前期审批时间，实现项目审批的“零等待”。

3.“直通车”服务

规划局在2014年被福建省效能办确定为“马上就办、办就办好”示范点后，努力发挥示范引领作用，开展了一系列创新创优工作，变管理为服务，变被动为主动，大力推进效能建设，倾情打造规划服务“直通车”，竭力为投资者提供高效、便捷、优质的服务。

直通车服务由局领导带队，走进企业，走进园区，走进社区，与企业、群众零距离接触，第一时间了解企业办事过程中的实际困难，及时提供技术支撑，为企业排忧解难。同时，建立项目信息库，全面掌握项目审批进展情况，健全企业联通机制，建立当日会议通过、当日反馈，次日办理的工作制度，减少等待会议纪要时间，确保建设项目快速推进。许多项目在

建设单位足不出户的情况下，就可办好相关的规划审批手续，为企业提供规划服务“直通车”。

4.“审批流程”再造

规划局紧紧围绕政府职能转变这个中心，在行政审批上做好“减法”，在项目监督管理上做好“加法”，作为行政审批制度改革的两个关键点。

2014年9月，规划局进行“审批流程”再造，取消建设工程设计方案审批事项，将《建设项目工程规划许可证》的申请办理由原来的施工图阶段前置到方案设计阶段办理，即建设项目只需在完成项目设计方案后，无须办理设计方案批复，凭设计方案文本即可向市规划局申请办理《建设工程规划许可证》，大大降低了申办的门槛。此次改革，将原来施工图审查中涉及的17项规划审批内容全部下放给施工图审查所审查，规划部门仅保留核对建设用地面积、建筑面积、容积率、建筑退线等12项内容是否符合规划设计条件要求。

通过“审批流程”再造，减权“瘦身”，合并审批环节，让规划行政审批效率再上了一个台阶。

## 五、创新规划公众参与机制，打造“阳光”规划服务

城乡规划要保证公共产品和服务的提供，这必然与现实公众利益直接关联，如何体现城乡规划的公开、公平、公正原则，越来越受到公众的关注。相比政府其他职能，城乡规划更倡导阳光规划与服务。厦门市在公众参与的压力下与过程学习中开创了一种公共行政的新模式，实现了城乡规划从政府权力到“阳光”服务的转型。

1．建立方案征集制度，开放规划市场

重视国际著名规划设计单位的信息、资料搜集工作，明确可以采取邀请招标方式确定国际知名设计机构委托设计，征集优秀设计方案。方案征集的做法切实提高了建设项目方案设计水平，塑造了品质优良、特色鲜明的城市景观形象。

2．建立公众参与制度，充分保障公众的知情权和参与渠道

明确任何单位和个人有权对城乡规划的制定、修改和实施提出意见和建议；有权就涉及其利害关系的建设活动是否符合城乡规划向城乡规划主管部门进行查询；有权对违反城乡规划的行为进行检举和控告。在城乡规划的具体实施过程中，设置了征求相关利害关系人意见的环节。推行方案公开评审制度，在建筑设计方案审查过程中，邀请项目建设单位代表、项目主创建筑设计师、部分厦门年度十佳建筑师参加，允许市民、媒体旁听，变闭门审查为公众参与的公开评审，增加审批透明度，实现“阳光”规划服务。

3．保证规划政务公开，打造阳光规划服务

建立规划信息公开平台，设立规划展示固定场所（城市规划展览馆），并配备方便查询的设施、设备，及时公布依法批准的城乡规划及相关城乡规划信息，公布经审定的建设工程设计方案总平面图、方案效果图；设置规划许可公告牌制度，要求建设单位或者个人在建设工程开工前，应当在施工现场设立建设工程规划许可公告牌，对外公示建设工程规划许可证及建设工程设计方案总平面图。

# 第十五章　走向法治化的城乡规划管理

推进行政审批制度改革是建设法治政府的内在要求。建设法治政府的核心是促进各级政府依法行政，约束和规范行政权力，使行政权力授予有据、行使有规、监督有效。走向法治化的城乡规划管理，要求规划部门做到合法行政、合理行政、程序正当、高效便民、诚实守信、权责统一、规范审批权和审批行为，建立结构合理、配置科学、程序严密、制约有效的权力运行机制。

## 第一节　法治的概念

党的十五大确立“依法治国”方略以来，历次党代会报告都要对法治理论和实践问题进行重点论述，推动党的法治理论不断步入新境界，推动国家法治建设不断呈现新局面。党的十八大报告更加重视与凸显法治问题，对法治的定位、法治的作用、法律的权威、法制宣传教育等问题提出了不少新思想、新论断、新主张，把党的法治理论提升到新的发展水平，是党在全面建成小康社会决定性阶段加快法治国家建设的思想纲领。

### 一、法治的基本含义

1．法治的内涵

“法治”（Rule of law）一词很早就出现在古书中。《晏子春秋·谏上九》：“昔者先君桓公之地狭于今，修法治，广政教，以霸诸侯。”《淮南子·氾论训》：“知法治所由生，则应时而变；不知法治之源，虽循古终乱。”法治是一个国家文明、进步的标志，法治属于上层建筑领域的观念系统。

法治是依据法律的治理。法治实际上包含了许多层面的含义，它是指一种治国的方略、社会调控方式，法治是与人治相对立的一种治国方略。法治强调以法治国、法律至上，法律具有最高的地位。

法治又是指一种依法办事而形成的法律秩序，法治是近代资产阶级在追求经济自由、追求政治民主、反抗封建过程中逐步建立的，是一种民主的法制模式。

法治还是指一种法律价值、法律精神，一种社会理想，指通过这种治国的方式、原则和制度的实现而形成的一种社会状态。

总的来说就是法治包括实质意义上的法治和形式意义上的法治，也就是强调两者的统一，形式意义上的法治强调“依法治国”、“依法办事”的治国方式、制度及其运行机制，实质意义的法治强调“法律至上”、“法律主治”、“制约权力”、“保障权利”的价值、原则和精神。

2．法制与法治的区别

法制（Legal of system ）和法治（ Rule of law）是既有区别又有联系的两个概念，不容混淆。二者的主要区别在于：

（1）法制是法律制度的简称，属于制度的范畴，是一种实际存在的东西；而法治是法律统治的简称，是一种治国原则和方法，是相对于“人治”而言的，是对法制这种实际存在东西的完善和改造。

（2）法制的产生和发展与所有国家直接相联系，在任何国家都存在法制；而法治的产生和发展却不与所有国家直接相联系，只在民主制国家才存在法治。

（3）法制的基本要求是各项工作都法律化、制度化，并做到有法可依；而法治的基本要求是严格依法办事，法律在各种社会调整措施中具有至上性、权威性和强制性，不是当权者的任性。

（4）实行法制的主要标志，是一个国家从立法、执法、司法、守法到法律监督等方面，都有比较完备的法律和制度；而实行法治的主要标志，是一个国家的任何机关、团体和个人，包括国家最高领导人在内，都严格遵守法律和依法办事。

当然，“法制”与“法治”并非对立的范畴。法制是法治的基础，法治是法制的升华。法治的理论与原则，是法制建设的指导思想的重要内容。新中国成立以来的历史表明，社会主义法制要健全和发展，必须坚持法治的理论与原则，既要重视法制建设，更要着眼于建成法治国家。

## 二、法治的基本要求

法治是治国理政的基本方式。从党的十五大开始，法治通常被理解为是党领导人民治理国家的基本方略。这是从党的领导、人民当家作主和依法治国有机统一的维度所作出的科学定位。党的十八大从治国理政方式的角度对法治给出了新的定位，即法治是治国理政的基本方式。这一新定位显示了中国法治与各国法治的共通性。从世界范围内来看，法治是现代民主国家治国理政的普遍方式。把法治确立为治国理政的基本方式，顺应了当今时代发展的潮流，体现了世界政治文明的走势。法治的基本要求主要体现在以下 4 个方面：

（一）健全完善立法

1．科学立法

科学立法是党科学执政、科学决策的必然要求，是社会主义法治理念的必然要求。只有在立法工作中坚持科学立法，才能够满足人民对法律的需求，立法的目的才能够真正实现。科学立法必须贯彻落实科学发展观，立足我国国情，遵循客观规律，科学合理地规定权利、义务、权力与责任，健全立法程序。

2．民主立法

民主立法要求在立法过程中坚持群众路线，体现人民的意志和要求，确认和保障人民的利益。坚持民主立法，既要体现立法内容的民主，又要体现立法程序的民主。坚持民主立法，必须坚持立法为民，增强立法主体自身的民主性，扩大公众参与立法。

3．法制统一

从立法层面坚持法制统一原则，包括三层含义：一是一切法律法规都不得与宪法相抵触；二是下位阶的法不能与上位阶的法相抵触；三是相同位阶的法相互之间不能抵触。这三者结合起来，才能保证我国的法律体系的内部和谐一致，从而保证国家法制的统一。

4．体系完备

要完善中国特色社会主义法律体系，继续制定和完善起支架作用的法律，更多地修改、完善法律和制定配套法规，适时进行法律清理和法典编纂。

（二）坚持依法行政

1．行政行为必须具有法律依据

行政机关只能在法律授权的范围内采取行动，这是行政法治原则的根本要求。对于公民而言，只要法律未明文禁止，就可以自由行动，而无须法律授权。但是，对于行政机关来说，则没有这种自由，而必须严格遵循“凡法律所未允许的，都是禁止的”规则。这是行政行为与公民个人行为的最大区别。唯有如此，才能使行政机关职责清晰、分工明确、各司其职、各负其责。

2．行政行为必须符合法律要求

行政法治不仅要求行政行为的存在须有法律依据，而且进一步要求行政行为的实施须符合法律规定的方式、程序和目的。也就是说，行政法治要求行政行为过程必须合法。唯有如此，才能实现法律对行政行为全程的监督和控制，使行政权在法律所设定的轨道上运行。

（1）形式合法。形式合法是指行政行为的方式和程序符合法律的规定。法律往往出于不同的目的和考虑对行政行为规定不同的形式和程序；

（2）目的合法。行政行为的目的合法也是行政法治原则的重要内容。首先，任何行政行为都必须符合法律的一般目的，即必须以实现公共利益为目的，而不能出于以私人或党派或者所属团体的利益。

（三）严格公正司法

1．切实维护司法公正

司法公正是司法工作的灵魂，是依法治国的重要标志。司法人员必须自觉用司法公正理念指导司法工作，维护实体公正、程序公正，做到法律效果、政治效果和社会效果相统一。

2．不断提高司法效率

公正与效率都是人民群众最关心、最直接、最现实的利益问题。司法机关必须不断提高司法效率，努力实现司法公正，正确处理公正与效率的关系。

3．努力树立司法权威

建设公正高效权威的社会主义司法制度，应当以公正高效权威为价值目标。公正是灵魂，没有公正，司法将会徒具形式；高效是生命，没有高效，司法将会难以生存和发展；

权威是品格，没有权威，司法将会失去应有的品行和性格。司法公正、司法效率和司法权威是相互作用的统一体，没有司法权威就很难实现司法公正和司法效率。

4．充分发扬司法民主

司法民主主要指在司法活动中体现和保障人民当家作主的权利。司法民主包括司法主体民主、司法程序民主和司法目的民主三个方面。司法主体民主又体现为两个方面：一是人民直接参与司法，例如陪审员制度和检察机关的人民监督员制度；二是司法人员通过人民代表大会制度产生。司法程序民主的核心内容是司法公开制度。司法目的民主的表现为司法为民，司法权是人民给的，司法工作就必须为人民服务。

（四）制约监督与诚信守法

1．加强制约监督

实现对权力的有效制约与监督，是我国政治体制改革的重要内容，也是发展社会主义民主政治的必然要求。

2．自觉诚信守法

自觉守法是实现依法治国的重要保证，也是现代法治国家的重要标志。必须在全社会培育现代公民意识，提高全民法律素质，使人们形成发自内心的对法律的信仰和崇敬，并把法律内化为行为准则，做到自觉诚信守法，严格依法办事。

## 三、法治规划的建设

1．问题的提出

城市出现了许多问题，是不是规划应该承担最大责任，显然不是。为什么呢？因为规划师不是万能的。再者，城市的发展中也有很多规划师无法解决的问题：首先，规划师不能解决城市的发展历史。第二，在现在市场经济条件下，大量要素的跟进都由市场来决定，带有很多不确定性——这是规划师难以预料的。第三，特别是在中国现行的体制下，政府的长官意志，对规划的干预比较普遍。俗话说，“铁打的衙门流水的官”，但一任官就有一任的规划，这是中国普遍的现实。毕竟目前的规划体制还与政府的管理体制及决策绑在一起。第四，规划很少得到公众的参与——这也是目前规划体制上存在的很大弊病。当这个体制受到公共监督和参与的时候，规划本身也会受到公众的监督和参与，各种利益主体、各种利益结构、各种公众权利的基本反映和公众需求的基本反映，可以尽可能通过规划来体现。但是如果缺少这种公众参与，把这种决策转化为一个人或少数人的决策，规划的偏差显然会越来越大。一个更好的民主和法治社会的建设，是一个好的城市规划的基础。没有这个先决条件，就往往会只关注城市建设中的局部，而忘记了它整体和长远发展的目标。这样的规划，显然并不是规划师所想象的规划。

2．推进法治规划的现实需求

推进依法行政，建设法治规划是今后城乡规划管理的必然趋势。《城乡规划法》赋予了城乡规划明确的法定地位，在引领经济社会发展、配置空间资源、协调空间利益和规范建设行为等方面具有重要职能。充分体现公共政策的引导和调控作用，是城乡规划事业发展的社会价值所在，而法治规划是保障城乡规划实现其价值追求的最佳方式。法治化的城乡规划，才能具有法的规定性，才具有确定力、拘束力和执行力。因此，将依法行政理念、要求贯穿于规划工作的全过程和各个环节，全面建设法治规划，既是新时期全面推进依法行政、建设法治政府的客观需要，更是城乡规划充分发挥对城市发展的引领作用，实现自身价值的内在需求。

当前，我国仍然处在城市化高速发展的阶段，社会主义市场经济体制也在逐步完善过程中，经济利益、社会文化等方面多元化的趋势日益明显，一些深层次的社会矛盾也随之不断显现，城乡规划逐步成为社会各方面利益诉求争议和调整平衡的焦点。通过法治规划建设，可以有效的降低规划的不确定性，使规划更易理解和更可预见，特别是将城乡规划约束在严格的法律框架下。《行政许可法》、《城乡规划法》、《物权法》等法律严格规定了城乡规划制定、实施、修改、许可、处罚、监督检查等相关程序和要求，明确了相应的法律责任，推进法治规划，正在成为协调利益矛盾、构建和谐社会、促进科学发展的有效手段和客观要求。

随着改革开放的不断深入和经济社会的快速发展，我国依法治国方略和构建和谐社会理念不断深入人心，社会各界对行政事务的关注程度、参与程度和认知水平得到显著提高，公众的法制意识和维权意识不断加强。而政府信息公开的实行，为公众了解规划、参与规划、监督规划提供了便利，规划听证、行政复议、行政诉讼等已成为公众表达诉求、主张权利的重要途径；与此同时，随着社会媒体的开放程度越来越高，社会舆论的力量越来越强大，对城乡规划的监督作用也越来越大。舆论监督以其特有的影响力，使规划的依法行政工作感到了空前的压力，也为城乡规划不断改进工作模式，加快法治化进程提供了巨大的动力，倾听民声、广纳民意已成为城乡规划工作不可或缺的重要环节，建设法治规划成为和谐社会的公众诉求。

## 第二节 规划管理的法治化建设

规范而高效的城市规划管理，是确保城市规划全面实施、推进城市建设各项工作顺利开展的关键。城市规划是城市建设和发展的蓝图，是建设和管理城市的基本依据。因此，必须改进城市规划工作，加强城市规划管理的制度化建设。

### 一、规划管理中出现的问题

分析产生这些问题的原因是多方面的，其中人们追求利益最大化的欲望在经济飞速发展中不断膨胀是问题的实质。但是作为指导和约束人们的建设行为和活动的城市规划管理的失灵是产生问题的直接原因之一。致使规划管理的失灵的原因有如下 5 个方面的表现。

1．规划设计本身存在缺陷

由于城市是人类经济、文化、政治、生活等各类活动的载体，要将这些因素融为一体并协调发展，这对规划设计提出了很高的要求。但往往许多城市规划方案在设计上就存在着缺陷，这一方面是受城市规划师的学识水平、知识包容性、对未来的预见性以及规划师的人品和社会责任感的制约，导致规划设计不严谨；另一方面是由于地方政府未对城市未来发展的方向、发展速度以及将达到的规模进行科学的分析、预测和论证，所提出的城市定位不明确或经常变更，使城市规划与现实发展脱节；再加上规划制定阶段部门参与和公众参与的不足，致使许多城市规划方案缺乏系统协调性，在设计阶段就先天不足，用这样的规划方案指导的规划实践自然会出现许多问题。

2．规划的法制力度不够

行政法制的要求对城市规划领域来说就是要规范城市规划的组织编制、审批、实施、监督检查等一系列的行政行为，包括抽象的行政行为和具体的行政行为。抽象的行政行为通常为制定、修改、废止与城市规划相关的行政法规、各级部门规章、技术标准、部门规范性文件，组织编制、审批各层次规划。具体的行政行为通常为城市规划行政许可行为、行政强制行为、行政处罚行为、行政确认行为、行政复议行为、行政撤销和变更行为、行政合同行为、行政检查、行政补偿行为，行政监督、行政奖励、行政给付。就目前我国的城市规划行政立法状况来说，规划编制、审批行为缺乏招投标或政府采购、时限、公式、听证、调整等程序性规定：行政强制行为、行政确认行为、行政合同行为、行政补偿行为缺乏完整的程序、范围、标准、实施条件甚至是原则性的规定；非许可类行政审批的设定权限、范围、监督检查、法律责任在现行法中并没有明确规定，这诸多的问题都是我国的行政程序立法不完善造成的。

通过地方人民代表大会审批的城市总体规划是城市建设中具有法律效力的指导性文件，应该在城市建设活动中得到严格的执行或遵守。但由于城市规划法及相关法规中对整个规划管理的法律地位不够明确和完整，特别是作为规划行政执法依据的详细规划阶段的规划设计成果的法律地位不够，规划行政执法的法律体系不健全，致使规划行政执法随意性大，不具有法律的严肃性和严谨性。违反城市规划，破坏城市规划整体布局的事例时有发生，这其中有其本身不合理、不完善的因素，还有许多外力影响因素，虽然有的城市事后加大力度纠正，但大部分由于更正成本过高而听之任之，即使纠正也已经对自然环境造成了短期内无法恢复的破坏和巨大的资源浪费。

3．局部经济利益的追求影响城市规划的实施

无论是国有还是私营企业，其经营管理的目标都是要为企业获取最大的利润。其利益角度是局部的，所了解的资讯是片面的，考虑的问题是微观的。他们不可能从宏观的角度去考虑整个城市的发展，以及该项目对城市环境和公众利益的长久影响。因此，为了实现自己的目标，他们会采用不同的手段来影响政府的规划行政执法，使之更有利于自己目标的实现。这就对城市规划的实施了一种持续不断的市场影响力，若不加以制约和引导，势

必产生许多负面的影响。

4．对规划管理的职责认识不足

大多数人，包括许多规划管理工作者对规划管理的认识都比较含糊，首先是对城市规划管理的内涵认识模糊不清，导致规划与管理脱节，技术力量分散、技术思想隔断，实施反馈与成果调校渠道不畅。其次是对城市规划管理职能认识狭隘，将规划许可权的使用作为了规划管理的唯一职能，忽略了规划引导职能的履行。这样形成的城市规划管理机制不具备实施城市规划过程管理的条件，也使规划管理越来越远离规划实施。

5．缺乏有效的公众监督

在我国，许多时候的城市规划决策，往往是只有领导者才是“决策者”，规划决策权集中在书记、市长、四套班子及几个规划专家手上，是少数人闭门造车式的决策。规划师和公众只是决策的执行人和贯彻人。地方政府和部门规划自由裁量权过大，对行政审批缺乏约束制度和监督机制。规划主管部门既是规划管理者又是规划编制单位的直接上级和规划的决策方，使得规划编制和实施自始至终在规划管理者的单方动作之中。这种决策主体的位使得规划领域的决策呈现封闭型、政治家型的特点，缺乏公众监督，容易滋生腐败等问题，从而使城市规划决策背离城市规划目标，公共利益的最优化被某些群体、个体利益所替代，最终使城市偏离良性的发展轨道。

## 二、规划管理法治化建设的途径

1．提高执行规划的严肃性

简化城市规划总体规划体系是实现中央政府有效控制的关键；明确近期建设规划内涵是改革城市总体规划体系的关键；刚柔并济是解决城市规划管理与城市经济发展矛盾的关键；修订和完善城市规划法规体系是推进城市规划管理制度变迁的基础；公众参与的制度化才能提供城市规划制定所需要的博弈平台；法定图则是提高城市规划微观层次法治化管理有效性的基本手段。

城市总体规划不仅依靠控制性规划的实施和控制来实现，它更需要各方面政策的支持，在城市规划实施过程中。各相关政策的相互协调、相互配合是实现城市总体规划目标的关键。城市规划控制是城市规划实施中规划管理的核心，其中批前和批后管理的紧密配合才能形成规划控制的闭合管理环。规划引导是城市规划实施中不可或缺的管理手段。

2．健全规划决策机制

传统的城市管理似乎历来是政府的职能，但是现代的城市管理理论已经认识到，政府不是唯一能够履行公共事务职能的组织。城市的管治意味着一系列来自政府但又不限于政府的社会公共机构和行为者，除了政府机关外，还需要公众社会的参与和各种利益集团及组织的介入，共同协商以促进政府与社会的互动。同时，也能取得公众对政府政策的理解和关心，以尽快达到政策的目标。为了实现科学有效的城市和区域管治，建立城市规划委员会制度，由公务员、非公务员、专家、学者等组成的城市规划委员会共同决策或参与决策规划事务，实现对城市的科学治理。设立委员会重在解决有些地方领导随意决策、规划管理部门自由裁量权过大的问题，以强化城市规划重大问题决策的科学性和民主性。委员会是城市规划的决策机构，由政府设立，由公务员和非公务员组成，其中非公务员人数应多于公务员人数，总人数应为单数。

3．深化规划审批制度改革

深化规划审批制度改革，不仅要规范行政许可、减少行政审批事项、简化审批程序，而且还要对那些保留的非许可类审批事项加以制度上的规范，对那些取消的行政审批项目或者没有设立许可的有关事项积极运用规定、标准、协调、监督检查、备案等管理手段，加强后续监管。贯彻实施行政许可法，绝不仅仅是清理和规范行政许可的问题，而且还要求建设行政管理的理念、管理职能、管理体制、管理方式，以及政府工作人员的行为方式，作出重大的转变，加快建立起行为规范、运转协调、公正透明、廉洁高效的建设行政管理体制。

4．转变政府行政管理职能

国务院不断削减行政审批事项，目的在于约束权力，减少行政干预，防止权力滥用，保证权力在法律框架内运行，即“法无授权不可为”。同时，约束权力的过程也是保障权利、赋权于民的过程，削减行政审批事项让公民和市场主体更自由，有利于激发市场活力和民众的创造力，即“法无禁止即可为”。这是改革的大方向，也是时代发展的潮流，谁都不能逆潮流而动，尤其是政府部门和官员，不可抱着权力恋恋不舍，更不能在法律之外自我赋权，进行权力扩张。因此，规划管理部门的制度化建设，是规划管理依法行政的基础。

转变政府行政管理职能，要做到减事放权，削减行政行为。一是要把改革审批制度作为政府职能转变的切入点和突破口，要坚持权责一致的原则，减少或合并交叉、重复的审批事项。二是要科学设事，严格规范审批内容、条件，确定审批时限，最大限度地减少审批人员的自由量裁权。三是科学分解事权，严格内部制约机制。四是要完善责任追究机制，特别是完善监督主体具体实施监督过程中的责任追究机制。

5．加强规划实施的监督

城市发展建设的长期性，决定城市规划管理工作是一项经常性的不间断的长期工作。要保证城市规划能够顺利实施，各级城市规划行政主管部门就必须将规划实施的监督检查工作作为城市规划管理工作一项重要内容抓紧抓好。

(1) 做好土地使用和建设活动的批后管理，促使正在进行中的各项建设严格遵守城市规划行政主管部门提出的要求。

(2) 做好经常性的日常监督检查工作，及时发现和严肃处理各类违反城市规划的违法活动。

(3) 做好城市规划行政主管部门执法过程中的监督检查，及时发现并纠正偏差，严肃管理各种违法渎职行为，督促提高城市规划行政管理的质量水平。只有制度才能保证和维护监督，没有以制度为载体的监督是软弱的监督。监督制度的核心是通过上级政府派出城市规划督察员，依据法律法规和经批准的规划对项目实施事前、事中监督，及时发现、制止违法违规行为。这样有利于强化层级监督，建立快速反馈和处理机制，防止和减少由于违反规划带来的损失。

6．建立权力清单制度

要界定每个职能部门、每个岗位的职责与权力边界，让民众都知晓权力的“家底”。即权力只能在某个部门、岗位被明确赋予的职责和边界之内活动。某个权力岗位能做什么，不能做什么，便一目了然了。权力边界清楚了，能做什么、不能做什么也就清楚了。一旦有人越界，便可依法问责。

建立权力清单制度，有必要重视三个关键词：清理、透明与执行。

（1）之所以强调要清理地方政府的权力，是因为各级政府所掌握的权力种类繁多、数量庞大。中央一再推动简政放权，就是要将地方政府手中不必要的权力削减掉。政府不是万能的，不能包办一切事务。过多的权力集中于政府，也容易导致腐败问题的产生。过往的经验与教训，一再说明这一点。权力的清理过程，必然是一个博弈过程。过多过滥的审批权伤害了市场经济的发展，唯有深入的清理，权力清单才能有质量，权力边界的厘清也因此更具意义。

（2）道理很简单，倘若缺了透明度，权力依旧是在混沌状态，对权力的监督无从谈起，那么这样的权力清单也不过是一个漂亮的“花瓶”——看起来好看，却派不了实际用场。权力的公开当为普遍原则，不公开应是例外。凡是不涉及国家机密的公共权力，理应都在强制公开之列，接受民众监督。

（3）当权力清单制度逐步建立，当权力运行的程序、环节、过程、责任逐渐规范，这个时候，就应该强调可执行、可问责。执行到位与否，关乎权力清单制度最终的成效。

建立权力清单制度，不是制造时髦的概念，实为改革之需。但愿更多地方政府积极行动，探索建立权力清单制度，削减政府的自由裁量权，让公共权力更清晰、更透明。

7．构建权力运行的制约机制

权有大小之分，但不论大小皆有廉政风险。不仅要抓好重要权力的廉政风险防控，也要抓好其他权力的廉政风险防控，通过狠抓重点环节，对权力运行过程中廉政风险最大的环节进行有效防控，实现事前有防、事中有控、事后有督，确保权力规范运行。要全面梳理权力事项，编制“内部岗责手册”，使全体人员准确掌握权力事项、岗位职责等情况；针对不同部门的权力事项，编制“权力运行流程图”，优化运行程序，固化权力行使过程，使每项权力的行使过程做到可视可控；从权力运行廉政风险入手，确认权力运行的关键环节，查找出关键环节存在的廉政风险点，并健全相应的防控措施。

（1）对公共权力进行全面清理，将权力来源和行使依据编制成职权目录；

（2）建立权力运行公开制度，采取包括电子政务在内的多种方式向社会公开权力运行内容和结果；

（3）建立起日常评估和年终评估相结合的权力运行绩效评估制度。

## 第三节 规划管理的法治化决策

城乡规划决策法治化是指决策主体在城乡规划决策中，遵守有法可依、有法必依、执法必严、违法必究原则，规范城乡规划决策行为的过程。城乡规划决策法治化的核心内容是规范城乡规划决策权，避免决策主体的个人或者小众意志凌驾于法律之上。根据城乡规划法，城乡规划决策的主体是政府及城乡规划管理部门。其决策是行政行为，城乡规划决策的法治是行政法治的一部分，因此必须遵循行政法治化的法治原则。

### 一、规划决策法治化的必要性

1．城乡规划的公共政策属性决定城乡规划决策需走向法治化

城乡规划是对一定时期内城市的经济和社会发展、土地利用、空间布局以及各项建设的综合部署、具体安排和实施管理。狭义的城乡规划是指空间形态规划设计，与社会、经济规划相区别。广义的城乡规划是维护公共利益、实现经济、社会和环境协调发展的公共政策，其本质是通过土地、空间等资源的安排来实现利益分配。依法确定的城乡规划是维护公共利益，实现经济、社会和环境协调发展的重要公共政策。

公共政策是指在一定时期内公共权力机关为实现一定目标而规定的行为依据和准则，是公共权力在政策领域中的具体运用。城乡规划是重要的公共政策，它主要通过对城市空间，尤其是土地使用的分配和安排来实现。城乡规划对城市社会经济发展和城乡建设起着综合协调和控制引导的作用。作为公共政策的城乡规划涵盖城市的方方面面，对城市的各项建设进行规划管理、控制和引导。法治化是一个动态的过程，其根本宗旨是体现大多数人的意志，并保障多数人的利益，它追求的是人类治理的根本价值。我国要建设社会主义法治国家，城乡规划的公共政策属性要求其必须保障公共利益，而行政决策法治化的根本动力在于公众权利的实现和保障，这就决定了城乡规划决策需走向法治化。

2．城乡建设的持久延续性决定了城乡规划决策需走向法治化

城乡规划和建设在时间上具有持久延续性，在空间及形态上具有统一协调性的要求。城乡规划正是对城乡建设项目的全面部署和安排，对城市空间形态和功能布局的协调控制。城乡规划的安排对于城市近期发展和远期调控具有十分重要的作用。例如：今天广州市的珠江新城，就是经过20多年才发展形成的，该地区的城乡规划也进行了多次的检讨和修改完善。如果没有城乡规划对近期项目和远景规划作合理的安排，没有法规化的规划加以控制和保障，就不可能形成现在的珠江新城。城乡建设的延续性和协调性，决定了必须有法律法规等权威来保障其实施，以保持城乡规划和建设的稳定延续性，促使政府依法行政来推进城乡建设。一个综合性、连续性的规划必须是经济可行的，它在促进公共利益的同时，保护个人的权利与利益。因此，城乡建设的延续性和协调性决定了城乡规划决策需走向法治化。

3．经济体制的转型决定了城乡规划决策需走向法治化

我国经济的发展经历了从计划经济体制向市场经济体制的转变。计划经济体制下的权

力至上、决策行政化、人治治理等理念逐渐演变成市场经济体制下的人权至上、决策民主化、法治治理等理念。市场经济体制的转型，要求城乡规划管理体制作出相应的调整。市场经济体制下的城乡规划决策应完善相关法律法规和规范等，制约城乡规划决策权，建立相关监督机构来充分保障公民权利，落实依法执政，从而实现市场经济体制下社会治理的民主化、人权化、法治化。历史证明，合理的体制有利于促进城乡规划充分发挥作用，不合理的体制将制约城市的建设和发展。国家权力不能逾越法律规则侵犯公民个人的权力，只能在法律法规的权限范围内运行。从某种意义上说，市场经济就是法治经济。在新的体制转型下，城乡规划决策必须加强法治观念，规范自由裁量权，限制“权大于法、以言代法”的行政行为。体制的转型为城乡规划决策走向法治化提供社会基础。

## 二、规划决策法治化面临的主要问题

1．城乡规划决策法治化的规范体系尚未完善

目前，城乡规划在规划编制、规划管理、行政审批及实施管理等方面已形成一定的法律规范，但是对于城乡规划决策领域却仍缺少相关法律规范。这并不表示需要制定一部关于城乡规划决策的专门法规，而是在相关法规中对决策行为应有明确规范。城乡规划的地方性和可操作性要求很高，因此不能仅仅依靠“粗线条”的《城乡规划法》，更要建立和完善地方性法规和规章等城乡规划法规体系。法制的匮乏，意味着人治的泛滥，人治的泛滥则增加了城乡规划决策失误的可能性。法制的不健全意味着在城乡规划决策过程中难以控制决策者的主观性和随意性，决策失误的概率大增。2008 年《城乡规划法》实施，标志着新的城乡规划主干法形成，但仍有许多与之配套政府法规和技术规范迟迟未能出台。

除了综合性的法规和规范外，城乡规划决策法治化仍需要相关程序性和实体性规范的支持。目前，我国仍欠缺规划编制项目的准入机制，一个城市要编制什么规划项目，都是由城市的主要领导和规划管理部门确定。对于城乡规划决策中的执法及行政许可审批等环节，尤其需要通过程序性的规定予以规范，体现程序正义性，应保障公共利益的实现。

2．制约行政决策权力的机制尚未形成

（1）城乡规划决策权力的过分集中。实际上，城市的主要领导拥有城乡规划决策所需要的人权、事权和财权。而领导有可能使规划屈从于政府的行政目标，特别是实现近期目标，集中于解决当前问题，而不顾城市的长远利益和可持续发展。因而历史保护建筑、历史街区、河湖绿地、农田用地屡受破坏就不难理解了。规划经几任领导的修改往往与原有的规划思路大相径庭，这使规划描述城市发展轨迹的作用就被大大削弱了。因此，在城乡规划的决策过程中，人大、政协没有发挥应有的影响力，专家咨询的作用也被弱化了，而群体决策方面就更为薄弱了。

（2）决策部门的双重角色。政府既是城乡规划决策的“裁判员”，又是规划活动的“运动员”，政府既是城乡规划的制定者，又是城乡规划的执行者。一方面，地方政府出台了

一系列的法规、规章、政策和其他游戏规则，成为制约城乡规划和城乡建设的基本规则体系。另一方面，地方行政首长不仅参与城乡规划的审批决策，还参与城乡规划的具体编制，甚至成立专门的公司（机构）参与到城市具体的建设过程中，最典型的例子就是某市设立的“城投”、“水投”、“三旧办”等，直接参与到城市的实际项目建设之中。换而言之就是政府的左手监督右手，给城市的建设和经济的发展带来危害，难以进行有效监督。

3．城乡规划决策的问责机制尚未完善

法治要求责、权、利相一致、相匹配，但城乡规划决策中却体现权责不清或有权无责的情况。但是城乡规划决策失误的情况仍然时有发生，相关责任追究机制还较为欠缺。关键在于问责机制没有落实。同时，城乡规划决策的问责机制也涉及如何划分权责范围的问题，以及决策过程中前后任官员的责任划分、如何按照职权范围进行问责等，特别是个人责任与集体责任的界定。如何建立合理的问责机制是城乡规划决策法治化的重要内容。

我国城乡规划决策的问责机制中，没有充分发挥公众监督的力量。缺乏外部监督必然会导致权力的滥用。城乡规划涉及众多经济利益，应以保障公共利益为目标，因此城乡规划决策法治化需要广泛的公众监督。在公共利益领域中，社会公众最有发言权，在城乡规划决策过程中应充分征询公众意见。但目前公众参与领域仅限于规划批前公示时或规划竞赛方案评审前征求市民意见，由于城乡规划的专业性较强，一般市民难以提出有针对性的意见，仅仅从自身利益出发，从公示图的图面或文字中揣摩和评论。这些意见成为规划决策中的重要组成部分，但是被采纳的意见很少或根本不被采纳。同样，各种规划听证会流于形式，听证会成为过场会。

## 三、规划决策法治化的实现途径

1．必须完善城乡规划决策法治化的规范体系

政治权力应以保护个人自由权利为目的，应依据公开的、明确的、有效的法律来行使，而不能依靠临时的命令或政策。法律具有行为规范尺度的作用。法律必须是公开、明确的，否则行为的尺度就是模糊的，相应的行为就很难得到社会的认同。法律本身必须符合这种价值追求，如对正义、自由、平等的追求。城乡规划决策的法治必然贯穿于城乡规划的组织编制、规划管理和规划实施全过程之中。城乡规划行政全过程中最重要的是法定规划或者是“法规化的规划”，如经审批的城市总体规划、镇总体规划、控制性详细规划和修建性详细规划。法定规划经公布实施后，实质上就成为城乡规划管理的法律法规和规范。因此编制规划的过程其实从某种意义上来说也是创设法律或规范的过程。

2．必须建立和完善制约城市规划决策权的机制

（1）城乡规划决策必须严格守法。有法必依是国家加强法制对公民所作的基本要求，它要求国家机关、政党、社会团体的工作人员及全体公民都必须执行和遵守法律。除了法

律法规、地方性法规和规章外，法定规划通过审批并公布实施后，就成为法规化的城乡规划成果，它是城乡规划管理的规范依据，任何单位和个人都必须服从，包括经过法定的程序才能对法定规划进行调整。对城乡规划决策法治来说，就是政府部门和市民都必须尊重和服从城乡规划，特别是针对城乡规划的决策者而言。首先，规划部门自己必须依照法律、规范及法定规划开展行政管理和决策，不能擅自更改规划，随意行政。其次是市民必须服从规划。在实际规划管理中，应注意向广大市民开展城乡规划相关法律法规的宣传，同时对违法行为予以严肃处罚。

在城乡规划行政管理和决策的过程中，不仅应注意“合法性”，还要注意“合理性”，即要注意在合理的范围内行使自由裁量权。同时，政府和规划部门应转变观念，树立服务意识，一切的城乡规划决策都是为了更好地服务社会和广大市民，为了让市民增强幸福感、更好地工作和生活，因此，城乡规划行政管理和决策必然要求有法必依。

（2）城乡规划决策必须严格执法。执法必严是指执法机关和执法人员必须严格按照法律开展行政执法活动，绝不允许违法行政、越权执法。城乡规划管理是城乡规划的行政管理机关严格按照法律法规、地方性法规、部门规章、规范性文件进行行政管理，是应有之义。行政机关是权力机关的执法机关，行政机关的行政行为是把权力机关的意志化作具体行动,而权力机关的意志主要体现在法律法规上。执法的主要依据是“实体性规范”和“程序性规范”。根据行政执法的特征，城乡规划行政决策中的以下行为属于执法行为，必须从严执法。

3．必须建立和完善城乡规划决策的问责机制

城乡规划决策法治必须制定完善的权责制度，明晰违法责任和追究办法，建立相应的问责制度。我国各级政府实行行政首长负责制，这是官员问责的要义之所在。另外，应该追究有关人员的直接责任和领导责任。总之，人人要对自己的决定和行为负责，有过失、有过错就应当承担责任。

（1）建立和完善责任追究机制。可参照西方，采用业务判断规则（Business Judgment Rule）作为对官员（决策者）问责的基本标准。通过该规则，对公务人员起到震慑作用，令其注意遵守相关行为规范、履行相关义务，对其不作为、不恰当作为或渎职行为承担责任，有应允许其有合理的失误，促进官员积极进取。责任追究关键在于“权”与“责”相一致，根据岗位的具体情况进行问责。如：广州市政府制定了《广州市行政执法责任追究办法》（2008 年 6 月 1 日施行），广州市规划局正相应制定《广州市规划局行政责任追究办法》，进一步促使城乡规划行政管理公务人员依法行政。同时应注意问责机制应与监督机制相结合，完善责任追究机制。

（2）建立和完善监督机制。在建立和完善责任追究机制的同时，要加强对规划决策的监督和问责，既要完善法律监督和行政监督，又要重视人民群众监督和社会舆论监督。从完善监督机制入手，不断改进对城乡规划实施的监督检查和公众参与机制。建立城乡规划督察制度，监督各级城市规划的实施。健全城乡规划委员会制度，推进规划的民主

决策和社会监督。完善城乡规划政务公开制度，规划和建设项目要批前公示、批后公开，听取公众对规划编制和实施的意见，确保社会公众对规划的知情权、参与权、表达权和监督权。

作为行政法治的城乡规划管理，其基本价值取向就是“依法行政”。因此。城乡规划管理的科学化、民主化、规范化和效率化，归根结底就是要形成规划管理的法治化。实现城乡规划管理的法治化，应该是我们每一个规划工作者不懈努力的目标。

# 附　录　城乡规划相关法律法规

## 附录一　中华人民共和国城乡规划法

（2007年10月28日第十届全国人民代表大会常务委员会第三十次会议通过）

### 第一章　总　　则

第一条　为了加强城乡规划管理，协调城乡空间布局，改善人居环境，促进城乡经济社会全面协调可持续发展，制定本法。

第二条　制定和实施城乡规划，在规划区内进行建设活动，必须遵守本法。

本法所称城乡规划，包括城镇体系规划、城市规划、镇规划、乡规划和村庄规划。城市规划、镇规划分为总体规划和详细规划。详细规划分为控制性详细规划和修建性详细规划。

本法所称规划区，是指城市、镇和村庄的建成区以及因城乡建设和发展需要，必须实行规划控制的区域。规划区的具体范围由有关人民政府在组织编制的城市总体规划、镇总体规划、乡规划和村庄规划中，根据城乡经济社会发展水平和统筹城乡发展的需要划定。

第三条　城市和镇应当依照本法制定城市规划和镇规划。城市、镇规划区内的建设活动应当符合规划要求。

县级以上地方人民政府根据本地农村经济社会发展水平，按照因地制宜、切实可行的原则，确定应当制定乡规划、村庄规划的区域。在确定区域内的乡、村庄，应当依照本法制定规划，规划区内的乡、村庄建设应当符合规划要求。

县级以上地方人民政府鼓励、指导前款规定以外的区域的乡、村庄制定和实施乡规划、村庄规划。

第四条　制定和实施城乡规划，应当遵循城乡统筹、合理布局、节约土地、集约发展和先规划后建设的原则，改善生态环境，促进资源、能源节约和综合利用，保护耕地等自然资源和历史文化遗产，保持地方特色、民族特色和传统风貌，防止污染和其他公害，并符合区域人口发展、国防建设、防灾减灾和公共卫生、公共安全的需要。

在规划区内进行建设活动，应当遵守土地管理、自然资源和环境保护等法律、法规的规定。

县级以上地方人民政府应当根据当地经济社会发展的实际，在城市总体规划、镇总体规划中合理确定城市、镇的发展规模、步骤和建设标准。

第五条　城市总体规划、镇总体规划以及乡规划和村庄规划的编制，应当依据国民经济和社会发展规划，并与土地利用总体规划相衔接。

第六条　各级人民政府应当将城乡规划的编制和管理经费纳入本级财政预算。

第七条　经依法批准的城乡规划，是城乡建设和规划管理的依据，未经法定程序不得修改。

第八条　城乡规划组织编制机关应当及时公布经依法批准的城乡规划。但是，法律、行政法规规定不得公开的内容除外。

第九条　任何单位和个人都应当遵守经依法批准并公布的城乡规划，服从规划管理，并有权就涉及其利害关系的建设活动是否符合规划的要求向城乡规划主管部门查询。

任何单位和个人都有权向城乡规划主管部门或者其他有关部门举报或者控告违反城乡规划的行为。城乡规划主管部门或者其他有关部门对举报或者控告，应当及时受理并组织核查、处理。

第十条　国家鼓励采用先进的科学技术，增强城乡规划的科学性，提高城乡规划实施及监督管理的效能。

第十一条　国务院城乡规划主管部门负责全国的城乡规划管理工作。

县级以上地方人民政府城乡规划主管部门负责本行政区域内的城乡规划管理工作。

## 第二章　城乡规划的制定

第十二条　国务院城乡规划主管部门会同国务院有关部门组织编制全国城镇体系规划，用于指导省域城镇体系规划、城市总体规划的编制。

全国城镇体系规划由国务院城乡规划主管部门报国务院审批。

第十三条　省、自治区人民政府组织编制省域城镇体系规划，报国务院审批。

省域城镇体系规划的内容应当包括：城镇空间布局和规模控制，重大基础设施的布局，为保护生态环境、资源等需要严格控制的区域。

第十四条　城市人民政府组织编制城市总体规划。

直辖市的城市总体规划由直辖市人民政府报国务院审批。省、自治区人民政府所在地的城市以及国务院确定的城市的总体规划，由省、自治区人民政府审查同意后，报国务院审批。其他城市的总体规划，由城市人民政府报省、自治区人民政府审批。

第十五条　县人民政府组织编制县人民政府所在地镇的总体规划，报上一级人民政府审批。其他镇的总体规划由镇人民政府组织编制，报上一级人民政府审批。

第十六条　省、自治区人民政府组织编制的省域城镇体系规划，城市、县人民政府组织编制的总体规划，在报上一级人民政府审批前，应当先经本级人民代表大会常务委员会审议，常务委员会组成人员的审议意见交由本级人民政府研究处理。

镇人民政府组织编制的镇总体规划，在报上一级人民政府审批前，应当先经镇人民代表大会审议，代表的审议意见交由本级人民政府研究处理。

规划的组织编制机关报送审批省域城镇体系规划、城市总体规划或者镇总体规划，应当将本级人民代表大会常务委员会组成人员或者镇人民代表大会代表的审议意见和根据审议意见修改规划的情况一并报送。

第十七条　城市总体规划、镇总体规划的内容应当包括：城市、镇的发展布局，功能分区，用地布局，综合交通体系，禁止、限制和适宜建设的地域范围，各类专项规划等。

规划区范围、规划区内建设用地规模、基础设施和公共服务设施用地、水源地和水系、基本农田和绿化用地、环境保护、自然与历史文化遗产保护以及防灾减灾等内容，应当作为城市总体规划、镇总体规划的强制性内容。

城市总体规划、镇总体规划的规划期限一般为二十年。城市总体规划还应当对城市更长远的发展作出预测性安排。

第十八条　乡规划、村庄规划应当从农村实际出发，尊重村民意愿，体现地方和农村特色。

乡规划、村庄规划的内容应当包括：规划区范围，住宅、道路、供水、排水、供电、垃圾收集、畜禽养殖场所等农村生产、生活服务设施、公益事业等各项建设的用地布局、建设要求，以及对耕地等自然资源和历史文化遗产保护、防灾减灾等的具体安排。乡规划还应当包括本行政区域内的村庄发展布局。

第十九条　城市人民政府城乡规划主管部门根据城市总体规划的要求，组织编制城市的控制性详细规划，经本级人民政府批准后，报本级人民代表大会常务委员会和上一级人民政府备案。

第二十条　镇人民政府根据镇总体规划的要求，组织编制镇的控制性详细规划，报上一级人民政府审批。县人民政府所在地镇的控制性详细规划，由县人民政府城乡规划主管部门根据镇总体规划的要求组织编制，经县人民政府批准后，报本级人民代表大会常务委员会和上一级人民政府备案。

第二十一条　城市、县人民政府城乡规划主管部门和镇人民政府可以组织编制重要地块的修建性详细规划。修建性详细规划应当符合控制性详细规划。

第二十二条　乡、镇人民政府组织编制乡规划、村庄规划，报上一级人民政府审批。村庄规划在报送审批前，应当经村民会议或者村民代表会议讨论同意。

第二十三条　首都的总体规划、详细规划应当统筹考虑中央国家机关用地布局和空间安排的需要。

第二十四条　城乡规划组织编制机关应当委托具有相应资质等级的单位承担城乡规划的具体编制工作。

从事城乡规划编制工作应当具备下列条件，并经国务院城乡规划主管部门或者省、自治区、直辖市人民政府城乡规划主管部门依法审查合格，取得相应等级的资质证书后，方可在资质等级许可的范围内从事城乡规划编制工作：

（一）有法人资格；

（二）有规定数量的经国务院城乡规划主管部门注册的规划师；

（三）有规定数量的相关专业技术人员；

（四）有相应的技术装备；

（五）有健全的技术、质量、财务管理制度。

规划师执业资格管理办法，由国务院城乡规划主管部门会同国务院人事行政部门制定。

编制城乡规划必须遵守国家有关标准。

第二十五条　编制城乡规划，应当具备国家规定的勘察、测绘、气象、地震、水文、环境等基础资料。

县级以上地方人民政府有关主管部门应当根据编制城乡规划的需要，及时提供有关基础资料。

第二十六条　城乡规划报送审批前，组织编制机关应当依法将城乡规划草案予以公告，并采取论证会、听证会或者其他方式征求专家和公众的意见。公告的时间不得少于三十日。

组织编制机关应当充分考虑专家和公众的意见，并在报送审批的材料中附具意见采纳情况及理由。

第二十七条　省域城镇体系规划、城市总体规划、镇总体规划批准前，审批机关应当组织专家和有关部门进行审查。

## 第三章　城乡规划的实施

第二十八条　地方各级人民政府应当根据当地经济社会发展水平，量力而行，尊重群众意愿，有计划、分步骤地组织实施城乡规划。

第二十九条　城市的建设和发展，应当优先安排基础设施以及公共服务设施的建设，妥善处理新区开发与旧区改建的关系，统筹兼顾进城务工人员生活和周边农村经济社会发展、村民生产与生活的需要。

镇的建设和发展，应当结合农村经济社会发展和产业结构调整，优先安排供水、排水、供电、供气、道路、通信、广播电视等基础设施和学校、卫生院、文化站、幼儿园、福利院等公共服务设施的建设，为周边农村提供服务。

乡、村庄的建设和发展，应当因地制宜、节约用地，发挥村民自治组织的作用，引导村民合理进行建设，改善农村生产、生活条件。

第三十条　城市新区的开发和建设，应当合理确定建设规模和时序，充分利用现有市政基础设施和公共服务设施，严格保护自然资源和生态环境，体现地方特色。

在城市总体规划、镇总体规划确定的建设用地范围以外，不得设立各类开发区和城市新区。

第三十一条　旧城区的改建，应当保护历史文化遗产和传统风貌，合理确定拆迁和建设规模，有计划地对危房集中、基础设施落后等地段进行改建。

历史文化名城、名镇、名村的保护以及受保护建筑物的维护和使用，应当遵守有关法律、行政法规和国务院的规定。

第三十二条　城乡建设和发展，应当依法保护和合理利用风景名胜资源，统筹安排风景名胜区及周边乡、镇、村庄的建设。

风景名胜区的规划、建设和管理，应当遵守有关法律、行政法规和国务院的规定。

第三十三条　城市地下空间的开发和利用，应当与经济和技术发展水平相适应，遵循统筹安排、综合开发、合理利用的原则，充分考虑防灾减灾、人民防空和通信等需要，并符合城市规划，履行规划审批手续。

第三十四条　城市、县、镇人民政府应当根据城市总体规划、镇总体规划、土地利用总体规划和年度计划以及国民经济和社会发展规划，制定近期建设规划，报总体规划审批机关备案。

近期建设规划应当以重要基础设施、公共服务设施和中低收入居民住房建设以及生态环境保护为重点内容，明确近期建设的时序、发展方向和空间布局。近期建设规划的规划期限为五年。

第三十五条　城乡规划确定的铁路、公路、港口、机场、道路、绿地、输配电设施及输电线路走廊、通信设施、广播电视设施、管道设施、河道、水库、水源地、自然保护区、防汛通道、消防通道、核电站、垃圾填埋场及焚烧厂、污水处理厂和公共服务设施的用地以及其他需要依法保护的用地，禁止擅自改变用途。

第三十六条　按照国家规定需要有关部门批准或者核准的建设项目，以划拨方式提供国有土地使用权的，建设单位在报送有关部门批准或者核准前，应当向城乡规划主管部门申请核发选址意见书。

前款规定以外的建设项目不需要申请选址意见书。

第三十七条　在城市、镇规划区内以划拨方式提供国有土地使用权的建设项目，经有关部门批准、核准、备案后，建设单位应当向城市、县人民政府城乡规划主管部门提出建设用地规划许可申请，由城市、县人民政府城乡规划主管部门依据控制性详细规划核定建设用地的位置、面积、允许建设的范围，核发建设用地规划许可证。

建设单位在取得建设用地规划许可证后，方可向县级以上地方人民政府土地主管部门申请用地，经县级以上人民政府审批后，由土地主管部门划拨土地。

第三十八条　在城市、镇规划区内以出让方式提供国有土地使用权的，在国有土地使用权出让前，城市、县人民政府城乡规划主管部门应当依据控制性详细规划，提出出让地块的位置、使用性质、开发强度等规划条件，作为国有土地使用权出让合同的组成部分。未确定规划条件的地块，不得出让国有土地使用权。

以出让方式取得国有土地使用权的建设项目，在签订国有土地使用权出让合同后，建设单位应当持建设项目的批准、核准、备案文件和国有土地使用权出让合同，向城市、县人民政府城乡规划主管部门领取建设用地规划许可证。

城市、县人民政府城乡规划主管部门不得在建设用地规划许可证中，擅自改变作为国有土地使用权出让合同组成部分的规划条件。

第三十九条　规划条件未纳入国有土地使用权出让合同的，该国有土地使用权出让合同无效；对未取得建设用地规划许可证的建设单位批准用地的，由县级以上人民政府撤销有关批准文件；占用土地的，应当及时退回；给当事人造成损失的，应当依法给予赔偿。

第四十条　在城市、镇规划区内进行建筑物、构筑物、道路、管线和其他工程建设的，建设单位或者个人应当向城市、县人民政府城乡规划主管部门或者省、自治区、直辖市人民政府确定的镇人民政府申请办理建设工程规划许可证。

申请办理建设工程规划许可证，应当提交使用土地的有关证明文件、建设工程设计方案等材料。需要建设单位编制修建性详细规划的建设项目，还应当提交修建性详细规划。对符合控制性详细规划和规划条件的，由城市、县人民政府城乡规划主管部门或者省、自治区、直辖市人民政府确定的镇人民政府核发建设工程规划许可证。

城市、县人民政府城乡规划主管部门或者省、自治区、直辖市人民政府确定的镇人民政府应当依法将经审定的修建性详细规划、建设工程设计方案的总平面图予以公布。

第四十一条　在乡、村庄规划区内进行乡镇企业、乡村公共设施和公益事业建设的，建设单位或者个人应当向乡、镇人民政府提出申请，由乡、镇人民政府报城市、县人民政府城乡规划主管部门核发乡村建设规划许可证。

在乡、村庄规划区内使用原有宅基地进行农村村民住宅建设的规划管理办法，由省、自治区、直辖市制定。

在乡、村庄规划区内进行乡镇企业、乡村公共设施和公益事业建设以及农村村民住宅建设，不得占用农用地；确需占用农用地的，应当依照《中华人民共和国土地管理法》有关规定办理农用地转用审批手续后，由城市、县人民政府城乡规划主管部门核发乡村建设规划许可证。

建设单位或者个人在取得乡村建设规划许可证后，方可办理用地审批手续。

第四十二条　城乡规划主管部门不得在城乡规划确定的建设用地范围以外作出规划许可。

第四十三条　建设单位应当按照规划条件进行建设；确需变更的，必须向城市、县人民政府城乡规划主管部门提出申请。变更内容不符合控制性详细规划的，城乡规划主管部门不得批准。城市、县人民政府城乡规划主管部门应当及时将依法变更后的规划条件通报同级土地主管部门并公示。

建设单位应当及时将依法变更后的规划条件报有关人民政府土地主管部门备案。

第四十四条　在城市、镇规划区内进行临时建设的，应当经城市、县人民政府城乡规划主管部门批准。临时建设影响近期建设规划或者控制性详细规划的实施以及交通、市容、安全等的，不得批准。

临时建设应当在批准的使用期限内自行拆除。

临时建设和临时用地规划管理的具体办法，由省、自治区、直辖市人民政府制定。

第四十五条　县级以上地方人民政府城乡规划主管部门按照国务院规定对建设工程是否符合规划条件予以核实。未经核实或者经核实不符合规划条件的，建设单位不得组织竣工验收。

建设单位应当在竣工验收后六个月内向城乡规划主管部门报送有关竣工验收资料。

## 第四章　城乡规划的修改

第四十六条　省域城镇体系规划、城市总体规划、镇总体规划的组织编制机关，应当组织有关部门和专家定期对规划实施情况进行评估，并采取论证会、听证会或者其他方式征求公众意见。组织编制机关应当向本级人民代表大会常务委员会、镇人民代表大会和原审批机关提出评估报告并附具征求意见的情况。

第四十七条　有下列情形之一的，组织编制机关方可按照规定的权限和程序修改省域城镇体系规划、城市总体规划、镇总体规划：

（一）上级人民政府制定的城乡规划发生变更，提出修改规划要求的；

（二）行政区划调整确需修改规划的；

（三）因国务院批准重大建设工程确需修改规划的；

（四）经评估确需修改规划的；

（五）城乡规划的审批机关认为应当修改规划的其他情形。

修改省域城镇体系规划、城市总体规划、镇总体规划前，组织编制机关应当对原规划的实施情况进行总结，并向原审批机关报告；修改涉及城市总体规划、镇总体规划强制性内容的，应当先向原审批机关提出专题报告，经同意后，方可编制修改方案。

修改后的省域城镇体系规划、城市总体规划、镇总体规划，应当依照本法第十三条、第十四条、第十五条和第十六条规定的审批程序报批。

第四十八条　修改控制性详细规划的，组织编制机关应当对修改的必要性进行论证，征求规划地段内利害关系人的意见，并向原审批机关提出专题报告，经原审批机关同意后，方可编制修改方案。修改后的控制性详细规划，应当依照本法第十九条、第二十条规定的审批程序报批。控制性详细规划修改涉及城市总体规划、镇总体规划的强制性内容的，应当先修改总体规划。

修改乡规划、村庄规划的，应当依照本法第二十二条规定的审批程序报批。

第四十九条　城市、县、镇人民政府修改近期建设规划的，应当将修改后的近期建设规划报总体规划审批机关备案。

第五十条　在选址意见书、建设用地规划许可证、建设工程规划许可证或者乡村建设规划许可证发放后，因依法修改城乡规划给被许可人合法权益造成损失的，应当依法给予补偿。

经依法审定的修建性详细规划、建设工程设计方案的总平面图不得随意修改；确需修改的，城乡规划主管部门应当采取听证会等形式，听取利害关系人的意见；因修改给利害关系人合法权益造成损失的，应当依法给予补偿。

## 第五章　监 督 检 查

第五十一条　县级以上人民政府及其城乡规划主管部门应当加强对城乡规划编制、审批、实施、修改的监督检查。

第五十二条　地方各级人民政府应当向本级人民代表大会常务委员会或者乡、镇人民代表大会报告城乡规划的实施情况，并接受监督。

第五十三条　县级以上人民政府城乡规划主管部门对城乡规划的实施情况进行监督检查，有权采取以下措施：

（一）要求有关单位和人员提供与监督事项有关的文件、资料，并进行复制；

（二）要求有关单位和人员就监督事项涉及的问题作出解释和说明，并根据需要进入现场进行勘测；

（三）责令有关单位和人员停止违反有关城乡规划的法律、法规的行为。

城乡规划主管部门的工作人员履行前款规定的监督检查职责，应当出示执法证件。被监督检查的单位和人员应当予以配合，不得妨碍和阻挠依法进行的监督检查活动。

第五十四条　监督检查情况和处理结果应当依法公开，供公众查阅和监督。

第五十五条　城乡规划主管部门在查处违反本法规定的行为时，发现国家机关工作人员依法应当给予行政处分的，应当向其任免机关或者监察机关提出处分建议。

第五十六条　依照本法规定应当给予行政处罚，而有关城乡规划主管部门不给予行政处罚的，上级人民政府城乡规划主管部门有权责令其作出行政处罚决定或者建议有关人民政府责令其给予行政处罚。

第五十七条　城乡规划主管部门违反本法规定作出行政许可的，上级人民政府城乡规划主管部门有权责令其撤销或者直接撤销该行政许可。因撤销行政许可给当事人合法权益造成损失的，应当依法给予赔偿。

## 第六章　法律责任

第五十八条　对依法应当编制城乡规划而未组织编制，或者未按法定程序编制、审批、修改城乡规划的，由上级人民政府责令改正，通报批评；对有关人民政府负责人和其他直接责任人员依法给予处分。

第五十九条　城乡规划组织编制机关委托不具有相应资质等级的单位编制城乡规划的，由上级人民政府责令改正，通报批评；对有关人民政府负责人和其他直接责任人员依法给予处分。

第六十条　镇人民政府或者县级以上人民政府城乡规划主管部门有下列行为之一的，由本级人民政府、上级人民政府城乡规划主管部门或者监察机关依据职权责令改正，通报批评；对直接负责的主管人员和其他直接责任人员依法给予处分：

（一）未依法组织编制城市的控制性详细规划、县人民政府所在地镇的控制性详细规划的；

（二）超越职权或者对不符合法定条件的申请人核发选址意见书、建设用地规划许可证、建设工程规划许可证、乡村建设规划许可证的；

（三）对符合法定条件的申请人未在法定期限内核发选址意见书、建设用地规划许可证、建设工程规划许可证、乡村建设规划许可证的；

（四）未依法对经审定的修建性详细规划、建设工程设计方案的总平面图予以公布的；

（五）同意修改修建性详细规划、建设工程设计方案的总平面图前未采取听证会等形式听取利害关系人的意见的；

（六）发现未依法取得规划许可或者违反规划许可的规定在规划区内进行建设的行为，而不予查处或者接到举报后不依法处理的。

第六十一条　县级以上人民政府有关部门有下列行为之一的，由本级人民政府或者上级人民政府有关部门责令改正，通报批评；对直接负责的主管人员和其他直接责任人员依法给予处分：

（一）对未依法取得选址意见书的建设项目核发建设项目批准文件的；

（二）未依法在国有土地使用权出让合同中确定规划条件或者改变国有土地使用权出让合同中依法确定的规划条件的；

（三）对未依法取得建设用地规划许可证的建设单位划拨国有土地使用权的。

第六十二条　城乡规划编制单位有下列行为之一的，由所在地城市、县人民政府城乡规划主管部门责令限期改正，处合同约定的规划编制费一倍以上二倍以下的罚款；情节严重的，责令停业整顿，由原发证机关降低资质等级或者吊销资质证书；造成损失的，依法承担赔偿责任：

（一）超越资质等级许可的范围承揽城乡规划编制工作的；

（二）违反国家有关标准编制城乡规划的。

未依法取得资质证书承揽城乡规划编制工作的，由县级以上地方人民政府城乡规划主管部门责令停止违法行为，依照前款规定处以罚款；造成损失的，依法承担赔偿责任。

以欺骗手段取得资质证书承揽城乡规划编制工作的，由原发证机关吊销资质证书，依照本条第一款规定处以罚款；造成损失的，依法承担赔偿责任。

第六十三条　城乡规划编制单位取得资质证书后，不再符合相应的资质条件的，由原发证机关责令限期改正；逾期不改正的，降低资质等级或者吊销资质证书。

第六十四条　未取得建设工程规划许可证或者未按照建设工程规划许可证的规定进行建设的，由县级以上地方人民政府城乡规划主管部门责令停止建设；尚可采取改正措施消除对规划实施的影响的，限期改正，处建设工程造价百分之五以上百分之十以下的罚款；无法采取改正措施消除影响的，限期拆除，不能拆除的，没收实物或者违法收入，可以并处建设工程造价百分之十以下的罚款。

第六十五条　在乡、村庄规划区内未依法取得乡村建设规划许可证或者未按照乡村建设规划许可证的规定进行建设的，由乡、镇人民政府责令停止建设、限期改正；逾期不改正的，可以拆除。

第六十六条　建设单位或者个人有下列行为之一的，由所在地城市、县人民政府城乡规划主管部门责令限期拆除，可以并处临时建设工程造价一倍以下的罚款：

（一）未经批准进行临时建设的；

（二）未按照批准内容进行临时建设的；

（三）临时建筑物、构筑物超过批准期限不拆除的。

第六十七条　建设单位未在建设工程竣工验收后六个月内向城乡规划主管部门报送有关竣工验收资料的，由所在地城市、县人民政府城乡规划主管部门责令限期补报；逾期不补报的，处一万元以上五万元以下的罚款。

第六十八条　城乡规划主管部门作出责令停止建设或者限期拆除的决定后，当事人不停止建设或者逾期不拆除的，建设工程所在地县级以上地方人民政府可以责成有关部门采取查封施工现场、强制拆除等措施。

第六十九条　违反本法规定，构成犯罪的，依法追究刑事责任。

## 第七章　附　　则

第七十条　本法自 2008 年 1 月 1 日起施行。

# 附录二　福建省实施《中华人民共和国城乡规划法》办法

（2011年3月24日福建省第十一届人民代表大会常务委员会第二十一次会议通过）

## 第一章　总　　则

第一条　为了加强城乡规划管理，协调城乡空间布局，改善人居环境，促进我省城乡经济社会全面协调可持续发展，加快海峡西岸经济区建设，根据《中华人民共和国城乡规划法》和有关法律、法规，结合本省实际，制定本办法。

第二条　在本省行政区域内制定和实施城乡规划，在规划区内进行建设活动，必须遵守《中华人民共和国城乡规划法》和本办法。

第三条　城市、镇、乡人民政府应当制定城市、镇、乡、村庄规划。规划区内的建设活动应当符合规划要求。

城市总体规划确定的建设用地范围内的镇、乡、村庄以及镇总体规划、乡规划确定的建设用地范围内的村庄，不单独编制镇总体规划、乡规划、村庄规划。

第四条　省人民政府城乡规划主管部门负责全省的城乡规划管理工作。

城市、县人民政府城乡规划主管部门负责本行政区域内的城乡规划管理工作。城市、县人民政府城乡规划主管部门可以将其职权范围内的镇、乡、村庄规划管理具体事务委托镇、乡人民政府实施。

设区的城市人民政府城乡规划主管部门经同级人民政府批准，可以在市辖区设置派出机构。

镇、乡人民政府在其职责范围内负责本行政区域内城乡规划管理的相关工作。

第五条　制定、实施和修改城乡规划，应当适应本地区城乡经济社会发展要求，遵循城乡统筹、合理布局、节约土地、集约发展和先规划后建设的原则，执行国家和本省有关城乡规划的标准和规范，履行法定程序，并符合经依法批准的上一层级城乡规划。

第六条　经依法批准的城乡规划，是城乡建设和规划管理的依据，未经法定程序不得修改。

第七条　建立健全城乡规划公众参与制度。制定、实施和修改城乡规划，应当采取论证会、听证会或者其他方式和渠道，广泛听取专家和公众意见。

经依法批准的城乡规划，应当及时通过当地政府网站或者其他形式公布。城乡规划行政许可事项的办理结果以及对违反城乡规划违法建设行为的查处结果应当依法公开。

第八条　城市人民政府应当成立城乡规划咨询委员会，建立健全相关制度。县人民政府根据需要可以成立城乡规划咨询委员会。

城乡规划咨询委员会由政府及其相关部门、有关组织、专家学者和公众代表组成，其中公众代表不得少于成员总数的三分之一。公众代表的产生办法由成立城乡规划咨询委员会的人民政府确定。

城市、县人民政府应当将城乡规划咨询委员会的意见作为规划决策的重要依据。

第九条　地方各级人民政府应当健全城乡规划管理机构，按照城市、镇、乡规模，配备相应的城乡规划管理和专业技术人员。

地方各级人民政府应当将城乡规划的编制和管理经费纳入本级财政预算。

第十条　鼓励开展城乡规划科学研究，推广先进技术，增强城乡规划的科学性。

县级以上地方人民政府应当加强城乡规划测绘工作及自然资源、地理空间数据库建设，提高城乡规划管理信息化水平，促进有关行政主管部门之间的信息共享，保障城乡规划的科学制定、有效实施。

## 第二章　城乡规划的制定

第十一条　编制城市、县人民政府所在地镇的总体规划，应当统筹考虑城市、县行政区域内的乡、镇发展布局，对城市、县行政区域内的资源保护和利用、各项基础设施和公共服务设施布局进行综合安排。

第十二条　省人民政府组织编制的省域城镇体系规划，城市、县人民政府组织编制的城市总体规划、县人民政府所在地镇的总体规划在报送审批前，应当先经本级人民代表大会常务委员会审议；镇人民政府组织编制的总体规划和乡人民政府组织编制的乡规划在报送审批前，应当先经镇、乡人民代表大会审议。常务委员会组成人员或者代表的审议意见交由本级人民政府研究处理。人民政府应当在规定的期限内将研究处理情况向本级人民代表大会常务委员会或者镇、乡人民代表大会提出书面报告。

规划的组织编制机关报送审批省域城镇体系规划、城市总体规划、镇总体规划、乡规划，应当将本级人民代表大会常务委员会组成人员或者镇、乡人民代表大会代表的审议意见和根据审议意见修改规划的情况一并报送。

镇、乡人民政府组织编制的村庄规划在报送审批前，应当依法经村民会议或者村民代表会议讨论同意。

第十三条　省人民政府根据本省经济和社会发展需要，可以确定一定区域作为重点区域，由重点区域所在地城市或者县人民政府组织编制重点区域城镇体系规划或者总体规划，报省人民政府审批。

跨行政区域的重点区域城镇体系规划和总体规划，由共同的上一级人民政府或者省人民政府城乡规划主管部门组织编制。

重点区域城镇体系规划或者总体规划报送审批前，应当经组织编制机关同级人民代表大会常务委员会审议，审议意见交由组织编制机关研究处理。组织编制机关应当在规定的期限内将研究处理情况向本级人民代表大会常务委员会书面报告。

第十四条　城市总体规划、县人民政府所在地镇总体规划中的专项规划，由县级以上地方人民政府城乡规划主管部门或者相关主管部门组织编制，报同级人民政府审批。其他镇总体规划中的专项规划，由镇人民政府组织编制，报上一级人民政府审批。

城市、县人民政府在审批城乡规划主管部门组织编制的专项规划时，应当征求其他有关部门的意见；在审批其他有关部门组织编制的涉及总体规划的专项规划时，应当征求城乡规划主管部门的意见。各类专项规划之间应当相互衔接。

城市、县人民政府城乡规划主管部门依据城市总体规划、县人民政府所在地镇的总体规划，组织编制地下空间开发和利用规划，报同级人民政府审批。规划应当对地下的交通设施、人民防空设施、通信设施、公共服务设施、管线、文物及其他地下建筑物、构筑物等进行统筹安排，并与地面建筑衔接。

第十五条 国家级和省级开发区总体规划按照下列程序组织编制和审批：

（一）开发区位于城市总体规划确定的建设用地范围内的，由城市人民政府组织编制，报省人民政府审批；

（二）开发区位于镇总体规划确定的建设用地范围内的，由县（市）人民政府组织编制，并征得省人民政府城乡规划主管部门同意后，报设区的市人民政府审批。

第十六条 城市、镇总体规划批准后应当及时组织编制控制性详细规划。编制城市、镇的控制性详细规划，应当依据城市总体规划、镇总体规划，明确建设用地的各项控制指标和规划管理要求，并不得改变城市、镇总体规划的强制性内容；确需改变的，应当先修改城市、镇总体规划。

控制性详细规划中地块的用途、建筑密度、建筑高度、容积率、绿地率、公共绿地面积、基础设施、公共服务设施和历史文化保护区建设控制指标等，应当作为强制性内容。

控制性详细规划编制完成后，组织编制机关应当及时报送审批机关批准。审批机关应当在收到报告之日起六个月内决定是否批准。

经批准的城市、镇总体规划以及城市、镇控制性详细规划，应当自批准之日起三十日内，由组织编制机关通过当地政府网站或者其他形式公布。

第十七条 城市、镇规划区内重要地块需要编制修建性详细规划的，由城市、县人民政府城乡规划主管部门或者镇人民政府组织编制，报城市、县人民政府审批；其他地块需要编制修建性详细规划的，可以由建设单位组织编制，并经城市、县人民政府城乡规划主管部门依据控制性详细规划审定。

第十八条 鼓励编制城市设计。城市、县人民政府所在地镇重点地段的城市设计由城市、县人民政府城乡规划主管部门组织编制，报同级人民政府审批。

城乡规划应当因地制宜，体现传统建筑特色与现代建筑风格的有机结合。

第十九条 省会城市的总体规划、详细规划应当统筹考虑省级国家机关用地布局和空间安排的需要。

第二十条 承担城乡规划编制的单位应当取得城乡规划编制资质证书，并在资质等级许可的范围内从事城乡规划编制工作。

省外城乡规划编制单位承担本省行政区域内城市总体规划编制任务的，应当向省人民政府城乡规划主管部门备案；承担其他规划编制任务的，应当向所在地市、县人民政府城乡规划主管部门备案。

第二十一条　城市规划区与风景名胜区重合区域，城市规划与风景名胜区规划应当协调一致。风景名胜区内的镇、乡、村庄规划，应当符合风景名胜区规划。

## 第三章　城乡规划的实施

第二十二条　实施跨行政区域的重点区域城镇体系规划或者总体规划，有关人民政府应当就区域内基础设施、公共服务设施共建共享、生态环境和历史文化遗产保护，以及行政区域界线相邻两侧重大项目建设和规划管理等事宜进行磋商、协调。必要时由共同的上一级人民政府组织协调。

第二十三条　各类开发区和城市新区的规划管理工作，由城市、县人民政府城乡规划主管部门统一实施。

第二十四条　城乡规划确定的下列基础设施、公共服务设施和生态环境保护用地，禁止擅自改变用途：

（一）铁路、公路、轨道交通、港口、机场、道路、广场；

（二）管道设施、核电站、输配电设施、输电线路走廊、通信设施、广播电视设施、人民防空设施、燃气设施、殡葬设施；

（三）绿地、公园、湿地、河道、湖泊、水库、水源地、自然保护区；

（四）消防通道、防汛通道、避震通道；

（五）消防站、公共停车场、公交场站、公厕、垃圾填埋场及焚烧厂、垃圾中转站、自来水厂、污水处理厂、牲畜定点屠宰厂（场）、医疗废弃物处理厂、危险废弃物处理厂、危险品仓库；

（六）学校、幼儿园、医院、乡镇卫生院、养老院、福利院、博物馆、科技馆、文化馆、图书馆、体育馆（场）、影剧院；

（七）其他需要依法保护的用地。

违反城乡规划擅自改变上述用地用途建设或者占用上述用地建设的，城乡规划主管部门不得办理规划许可，有关主管部门不得办理建设项目审批、核准、备案手续和建设用地批准手续。

第二十五条　地下空间的开发和利用，应当与经济和技术发展水平相适应，符合地下空间开发和利用规划，依法办理有关的规划许可手续。与地面建设工程同步开发地下空间的，应当与地面建设工程一并办理规划许可手续。

利用地下空间进行市政设施建设的，建设单位应当提前向城乡规划主管部门提供市政设施建设计划，由城乡规划主管部门会同有关主管部门统筹安排。

新建道路、桥梁、隧道上的各类管线工程，应当按照市政规划设计要求统筹布置，并遵循先地下后地上，先深埋后浅埋的建设程序，综合组织施工，与道路、桥梁、隧道同步建设。

第二十六条　历史文化名城、名镇、名村、历史文化街区所在地城市、县人民政府负责组织编制历史文化名城、名镇、名村、历史文化街区保护规划，报省人民政府审批。

省人民政府城乡规划主管部门、文物主管部门应当公布需要保护的城市优秀近现代建筑。

第二十七条　省人民政府城乡规划主管部门应当依据国家有关技术标准和规范，制定城乡规划管理技术规定，报省人民政府批准。

城市人民政府城乡规划主管部门应当依据省城乡规划管理技术规定，制定本地区的城乡规划管理技术规定，报同级人民政府批准。

县人民政府城乡规划主管部门可以依据省和设区的市城乡规划管理技术规定，制定本地区的城乡规划管理技术规定。

第二十八条　建设项目选址意见书实行分级审批：

（一）需经国务院有关部门审批与核准的建设项目以及省域城镇体系规划确定的重点监管区域内的建设项目，由省人民政府城乡规划主管部门核发建设项目选址意见书；

（二）省级以下地方人民政府有关部门审批、核准的建设项目，由项目所在地城市、县人民政府城乡规划主管部门核发建设项目选址意见书；

（三）跨行政区域的建设项目由共同的上一级人民政府城乡规划主管部门核发建设项目选址意见书。

规划区与风景名胜区重合区域内的建设项目的选址方案，应当按规定程序报经风景名胜区主管部门核准后，由所在地城市、县人民政府城乡规划主管部门核发建设项目选址意见书。

城乡规划主管部门在核发涉及群众切身利益的重大建设项目选址意见书前，应当通过当地政府网站、主要报刊或者其他形式征求公众意见，时间不少于七日。公众意见应当作为核发选址意见书的重要依据。

第二十九条　建设单位申请建设项目选址意见书，应当提供下列材料：

（一）建设项目选址书面申请；

（二）建设项目情况和选址要求的说明；

（三）建设项目选址方案；

（四）标明选址意向用地位置的选址地点地形图；

（五）由省人民政府城乡规划主管部门核发选址意见书的项目，应当附建设项目所在地城市、县人民政府城乡规划主管部门出具的选址初审意见和建设项目选址红线图。

经审查符合条件的，城乡规划主管部门应当自受理申请之日起三十日内核发建设项目选址意见书。

第三十条　国家和省确定的重大建设项目，确需在城乡规划确定的建设用地范围以外选址的，应当委托相应资质的城乡规划编制单位出具选址可行性论证报告后，由城乡规划主管部门组织论证，确定是否核发项目选址意见书。

第三十一条　国有建设用地使用权出让前，城市、县人民政府城乡规划主管部门应当依据控制性详细规划、规划管理技术规定，出具拟出让地块的规划条件，并附建设用地规划红线图，作为国有建设用地使用权出让合同的组成部分。需要建设单位编制修建性详细规划的，应当在规划条件中予以明确。

建设用地规划条件应当包括下列内容：

（一）建设用地的位置、范围、性质、面积以及建筑面积、建筑密度、容积率、绿地率、建筑界线、建筑退让、建筑高度控制、停车场（库）设置、停车泊位、主要出入口、地下空间开发利用；

（二）必须配置的公共设施和市政基础设施以及物业服务用房；

（三）有关法律、法规、规章规定的其他事项以及有关规范、标准规定的强制性内容和要求。

第三十二条　未经城乡规划主管部门确定规划条件的，国有建设用地使用权不得出让。规划条件未纳入国有建设用地使用权出让合同的，该出让合同无效。

转让国有建设用地使用权的，受让方不得擅自变更原出让合同确定的规划条件。

城乡规划主管部门不得在建设用地规划许可证、建设工程规划许可证中，擅自改变作为国有建设用地使用权出让合同组成部分的规划条件。

建设单位应当按照国有建设用地使用权出让合同或者国有建设用地划拨决定书的规定同步建设基础设施、公共服务设施。

第三十三条　以出让方式取得国有建设用地使用权的建设项目，在签订国有建设用地使用权出让合同后，建设单位或者个人应当持书面申请、国有建设用地使用权出让合同以及建设项目批准、核准或者备案文件等，向项目所在地城市、县人民政府城乡规划主管部门领取建设用地规划许可证。城市、县人民政府城乡规划主管部门应当自受理申请之日起十日内颁发建设用地规划许可证。

第三十四条　在城市、镇规划区内以划拨方式提供国有建设用地使用权的建设项目，建设单位应当持书面申请、地形图以及建设项目批准、核准、备案文件等，向项目所在地城市、县人民政府城乡规划主管部门申请核发建设用地规划许可证。经审查符合条件的，城市、县人民政府城乡规划主管部门应当自受理申请之日起三十日内核发建设用地规划许可证。

第三十五条　建设单位或者个人不得擅自变更规划条件，确需变更的，应当按照以下程序进行：

（一）依法向城乡规划主管部门提出变更申请，说明变更内容和依据；

（二）城乡规划主管部门应当在审批前组织专家对变更的必要性进行论证，并通过当地政府网站或者主要报刊公示，采用多种形式征求利害关系人的意见，必要时组织听证；

（三）城乡规划主管部门应当及时将变更后的规划条件在当地政府网站或者主要报刊公示，同时通报同级土地主管部门。

变更用地性质、容积率的，城乡规划主管部门应当报请同级人民政府批准。

变更内容不符合控制性详细规划的，不得批准。

第三十六条　在城市、镇规划区内进行下列工程建设的，建设单位或者个人应当向城市、县人民政府城乡规划主管部门申请办理建设工程规划许可证：

（一）建筑物、构筑物、道路、管线工程；

（二）广场、停车场；

（三）地下空间开发和利用工程；

（四）城市雕塑；

（五）占用城市用地和空间的户外广告设施；

（六）法律、法规规定的其他工程建设项目。

建设工程规划许可证的内容，应当符合建设用地规划许可证规定的规划条件，包括建设项目位置、建设规模和使用功能，并附经审定的建设工程设计方案、修建性详细规划。

依法变更建设工程规划许可证内容的，建设单位或者个人应当向原发证机关办理变更手续。建设单位或者个人应当在施工现场对外公示建设工程规划许可证及建设工程设计方案总平面图，接受社会监督。

第三十七条　建设工程规划许可证按照下列程序办理：

（一）建设单位或者个人持书面申请、使用土地的有关证明文件、建设工程设计方案等材料向项目所在地城乡规划主管部门申请办理建设工程规划许可证，需要建设单位编制修建性详细规划的建设项目，还应当提交修建性详细规划；

（二）城乡规划主管部门组织有关部门对建设工程设计方案、修建性详细规划进行审查。经审查符合条件的，城乡规划主管部门应当自受理申请之日起三十日内核发建设工程规划许可证。建设单位修改建设工程设计方案、修建性详细规划所需时间不计算在许可期限内。建设单位或者个人取得建设工程规划许可证后，方可办理施工许可证、商品房销（预）售许可证。

第三十八条　在乡、村庄规划区内进行下列建设，建设单位或者个人应当持下列材料，向建设项目所在地镇、乡人民政府申请办理乡村建设规划许可证：

（一）进行乡镇企业、乡村公共设施和公益事业建设的，应当提交乡村建设规划许可证申请表、建设工程设计方案、标明项目位置的地形图等相关资料。依法应当经审批、核准、备案的，还应当提交相关文件。

（二）农村村民进行住宅建设的，应当提交乡村建设规划许可证申请表、村民委员会同意意见等相关材料。

第三十九条　镇、乡人民政府受理乡村建设规划许可证的申请后，应当派人到现场踏勘。对使用原有宅基地建设的村民住宅项目，经审查符合规划要求的，镇、乡人民政府应当自受理之日起二十日内核发乡村建设规划许可证。

其他建设项目，由镇、乡人民政府提出初审意见，报送城市、县人民政府城乡规划主管部门审批。经审查符合规划要求的，城市、县人民政府城乡规划主管部门对农村村民住宅建设项目应当自收到转报材料之日起二十日内核发乡村建设规划许可证；对非农村村民住宅建设项目应当自收到转报材料之日起六十日内核发乡村建设规划许可证。

乡村建设规划许可证应当载明规划条件。

建设单位或者个人在取得乡村建设规划许可证后，方可办理用地审批手续。

第四十条　在乡、村庄规划区内使用国有土地进行工程建设的，应当按照城市、镇规划区内国有土地工程建设规划许可的程序，依据乡、村庄规划或者专项规划办理规划许可手续。

第四十一条　依法需要办理建设项目选址意见书的，建设单位应当在取得建设项目选址意见书之日起一年内依法办理建设项目审批、核准手续。

建设单位或者个人应当在取得建设用地规划许可证之日起一年内依法办理用地批准手续，在取得建设工程规划许可证、乡村建设规划许可证之日起一年内依法办理施工许可证。确需延期的，建设单位或者个人可以在本条第一款、第二款规定期限届满前三十日内，向原审批机关申请延期一次，延长期限不得超过一年。建设单位或者个人未在规定的期限内办理相关手续，又未申请延期的，原建设项目选址意见书、建设用地规划许可证、建设工程规划许可证、乡村建设规划许可证自动失效。

第四十二条　建设单位或者个人在建设项目开工建设前，应当向核发建设工程规划许可证、乡村建设规划许可证的机关申请验线。

发证机关应当自受理申请之日起十日内向建设单位或者个人出具验线意见。经验线合格，建设单位或者个人方可开工建设。

第四十三条　在城市、镇规划区内进行临时建设的，应当报经城市、县人民政府城乡规划主管部门批准。

有下列情形之一的，城乡规划主管部门不得批准临时建设：

（一）影响近期建设规划或者控制性详细规划实施以及交通、市容、安全和其他公共利益的；

（二）侵占电力、通信、人民防空、广播电视、防洪保护区域、公共绿地或者压占城市地下管线的；

（三）建造住宅或者建造用于商业、旅游、娱乐、教育、工业、仓储、餐饮、畜禽养殖等活动的建筑物、构筑物或者其他设施的；

（四）法律、法规、规章规定不得批准的其他情形。

第四十四条　临时建设不得擅自改变使用性质，不得办理房屋登记。

临时建设为商品房售楼屋或者工地建筑工棚的，使用期限不得超过该建设项目工期；其他临时建设使用期限不得超过两年。确需延长的，可以向原批准机关申请延长一次，延长期限不得超过两年。

临时建设使用期限届满，或因国家建设需要，原批准机关通知提前终止使用的，建设单位或者个人应当自届满之日或者接到原批准机关通知之日起十五日内自行拆除临时建设并清理场地，退还临时用地。

第四十五条 建设单位或者个人在组织建设工程竣工验收前，应当向城乡规划主管部门申请核实规划条件，并提交建设工程规划许可证或者乡村建设规划许可证及附件、附图、竣工测绘报告、竣工图等资料。

城乡规划主管部门应当自受理申请之日起十日内，派人到现场对规划条件的落实情况进行核实。经核实，符合规划条件的，城乡规划主管部门应当自受理之日起三十日内向建设单位或者个人出具规划条件核实意见；不符合规划条件的，责令其限期改正，重新办理规划条件核实，并依法予以查处。

未经核实规划条件或者经核实不符合规划条件的建设工程，建设单位不得组织竣工验收，建设主管部门和其他有关部门不予办理竣工验收备案，房屋登记机构不予办理房屋登记。

第四十六条 建设单位或者个人应当按照建设工程规划许可证、乡村建设规划许可证的规定进行建设。需要变更规划许可证规定进行建设的，应当报经原发证机关批准后，方可实施。

违法建设的建筑物、构筑物以及其他设施投入经营使用的，或者擅自改变建筑物、构筑物以及其他设施使用功能的，县级以上地方人民政府有关部门不得核发相关许可证照。

第四十七条 规划编制单位、设计单位应当依据国家和本省有关技术标准和规范，计算用地面积、建筑面积、建筑高度、容积率、建筑密度、绿地率、停车泊位等规划技术经济指标，并对指标的真实性、准确性负责。

设计单位应当依据建设用地规划许可证规定的规划条件和经审定的建设工程设计方案、修建性详细规划进行工程设计。

第四十八条 测绘单位应当按照国家和本省有关测绘技术规范、程序和建设工程规划许可证、乡村建设规划许可证的规定，开展建设工程勘测、放样和竣工测绘，并对其成果的真实性、准确性负责。

## 第四章 城乡规划的修改

第四十九条 省域城镇体系规划、城市总体规划、镇总体规划的组织编制机关应当自规划批准实施之日起，每五年进行一次评估。

评估应当形成评估报告，评估报告的主要内容包括：

（一）城市发展方向和空间布局是否与规划一致；

（二）规划阶段性目标的落实情况；

（三）各项强制性内容的执行情况；

（四）制定各类专项规划、近期建设规划、控制性详细规划的情况；

（五）相关建议。

第五十条 修改省域城镇体系规划、城市总体规划、镇总体规划、乡规划前，组织编制机关应当对原规划的实施情况进行评估，并向原审批机关报告。评估报告要明确原规划实施中遇到的问题及修改的必要性，提出拟修改的主要内容。

修改城市总体规划、镇总体规划涉及强制性内容的，还应当就修改强制性内容的必要性和可行性进行专题论证，编制专题论证报告，并经原审批机关同意后，方可编制修改方案。

第五十一条　修改重点区域城镇体系规划、城市总体规划或者镇总体规划中的专项规划、开发区总体规划的，应当依照本办法第十三条、第十四条、第十五条规定的审批程序报批。

第五十二条　除下列情形之外，城乡规划组织编制机关不得修改城市、镇控制性详细规划：

（一）总体规划发生变更，确需修改的；

（二）基础设施、公共服务设施等规划内容存在明显缺陷，确需修改的；

（三）经评估，原控制性详细规划确需修改的。

修改后的控制性详细规划，应当按照《中华人民共和国城乡规划法》规定的审批程序报批。

第五十三条　修改经依法审定的修建性详细规划、建设工程设计方案的总平面图，采取听证会形式听取意见的，城乡规划主管部门应当将原修建性详细规划、建设工程设计方案的总平面图及其修改方案、申请听证的期限，在规划地段、区域内的公共场所、当地政府网站、主要报刊或者其他渠道以公告形式告知利害关系人，公告时间不得少于七日。利害关系人申请听证的，城乡规划主管部门应当举行听证。

城乡规划主管部门应当将修改后的修建性详细规划、建设工程设计方案的总平面图，在规划地段、区域内的公共场所、当地政府网站、主要报刊或者其他渠道公告。

## 第五章　监督检查

第五十四条　县级以上地方人民政府及其城乡规划主管部门应当加强对城乡规划编制、审批、实施、修改的监督检查。

镇、乡人民政府应当加强对镇、乡、村庄规划区内建设活动的监督检查。

城市、县人民政府城乡规划主管部门应当逐步建立和完善城乡规划动态信息监测系统，对城乡规划实施情况进行实时监督。

第五十五条　地方各级人民政府应当向本级人民代表大会常务委员会或者乡、镇人民代表大会报告城乡规划的编制、实施、修改情况，并接受监督。地方各级人民代表大会常务委员会或者乡、镇人民代表大会应当加强对城乡规划工作的监督检查，保障城乡规划法律法规、决议决定在本行政区域的有效实施。

第五十六条　县级以上地方人民政府逐步建立城乡规划督察员制度，对城市总体规划、镇总体规划、乡规划、村庄规划的实施情况进行督察，受督察单位应当予以配合。

第五十七条　城市、县（区）、镇、乡人民政府应当建立违法建设行政责任追究制度。上级人民政府应当加强对下级人民政府违法建设行政责任追究制度落实情况的监督检查和考核评价。

第五十八条　县级以上地方人民政府城乡规划主管部门和其他有关部门应当建立违反城乡规划行为的举报、控告受理制度。对举报或者控告行为，应依法及时处理。

第五十九条　镇、乡人民政府对本行政区域内违反城乡规划的行为，应当依法予以制止。在乡、村庄规划区内的，镇、乡人民政府应当依法查处；在城市、镇规划区内的，应当配合城市、县人民政府城乡规划主管部门或者其他有关部门依法查处。

居（村）民委员会、物业服务企业发现本区域内违反城乡规划的行为，应当及时向城市、县人民政府城乡规划主管部门、街道办事处或者镇、乡人民政府报告。

## 第六章　法律责任

第六十条　地方各级人民政府违反本办法第十六条第一款和第三款、第四十九条第一款、第五十一条、第五十二条规定的，由上级人民政府责令改正，通报批评；对有关人民政府负责人和其他直接责任人员依法给予处分。

镇、乡人民政府违反本办法第五十九条第一款规定的，由有权机关责令改正，通报批评；对直接负责的主管人员和其他直接责任人员依法给予处分。

第六十一条　县级以上地方人民政府城乡规划主管部门违反本办法第十六条第一款和第三款、第二十四条、第三十一条第一款、第三十二条第三款、第四十三条第二款规定的，由本级人民政府、上级人民政府城乡规划主管部门或者监察机关依据职权责令改正，通报批评；对直接负责的主管人员和其他直接责任人员依法给予处分。

第六十二条　县级以上地方人民政府有关部门违反本办法第二十四条第二款、第四十五条第三款、第四十六条第二款规定的，由本级人民政府或者上级人民政府有关部门责令改正，通报批评；对直接负责的主管人员和其他直接责任人员依法给予处分。

第六十三条　城乡规划编制单位、设计单位违反本办法第四十七条规定的，由县级以上地方人民政府城乡规划主管部门、建设主管部门责令限期改正，处合同约定的规划编制费、设计费一倍以上二倍以下的罚款；情节严重的，可以依法由颁发资质证书的机关责令停业整顿、降低资质等级或者吊销资质证书；有违法所得的，没收违法所得；造成损失的，依法承担赔偿责任。

省外城乡规划编制单位违反本办法第二十条第二款规定的，由城乡规划主管部门责令限期改正，逾期不改的，处一万元以上三万元以下的罚款。

第六十四条　测绘单位违反本办法第四十八条规定的，由县级以上地方人民政府城乡规划主管部门责令限期改正，处合同约定的测绘费用一倍以上二倍以下的罚款；情节严重的，可以依法由颁发资质证书的机关责令停业整顿、降低资质等级或者吊销资质证书；有违法所得的，没收违法所得；造成损失的，依法承担赔偿责任。

第六十五条　建设单位或者个人违反本办法第四十二条规定的，由县级以上地方人民政府城乡规划主管部门或者城市管理执法部门责令改正，处建设工程造价百分之二以上百分之四以下的罚款。

对未取得建设工程规划许可证建设的，建设工程造价为整体建设工程造价；对未按照建设工程规划许可证规定建设的，建设工程造价为建设工程违法部分的工程造价。

第六十六条　建设单位违反本办法第四十五条第三款规定，未取得建设工程规划条件核实意见，组织竣工验收的，由县级以上地方人民政府城乡规划主管部门或者城市管理执法部门责令改正，处建设工程造价百分之二以上百分之四以下的罚款；已经办理竣工验收备案、房屋登记的，由备案、登记机关撤销备案、登记。

第六十七条　未取得建设工程规划许可证进行建设或者未按照建设工程规划许可证的规定进行建设的，由城市、县人民政府城乡规划主管部门责令停止建设；尚可采取改正措施消除对规划实施影响的，限期改正，处建设工程造价百分之五以上百分之十以下的罚款；无法采取改正措施消除影响的，限期拆除，不能拆除的，没收实物或者违法收入，可以并处建设工程造价百分之十以下的罚款；造成他人损失的，应当赔偿损失。

有下列情形之一，认定为无法采取改正措施消除对规划实施影响的违法建设：

（一）违反本办法第二十四条规定进行建设的；

（二）擅自占用地下工程或者压占城市管线、永久性测量标志进行建设的；

（三）影响国家和省重点工程项目建设的；

（四）对文物保护、风景名胜区保护造成严重影响的；

（五）其他无法采取改正措施消除对规划实施影响的。

可以采取改正措施消除对规划实施的影响的违法建设，是指前款规定情形以外，经改建或者采取其他改正措施可以达到城乡规划要求的违法建设。

第六十八条　对无法确定所有人、管理人的违法建设工程，城乡规划主管部门应当通过主要媒体或者在该违法建设工程所在地发布公告，督促其所有人、管理人依法接受处理。公告期限不得少于三十日。公告期届满，仍无法确定所有人、管理人或者所有人、管理人拒不接受处理的，报经建设工程所在地县级以上地方人民政府批准后拆除。

第六十九条　违反本办法规定，构成犯罪的，依法追究刑事责任。

## 第七章　附　　则

第七十条　本办法自2011年5月1日起施行。1991年6月28日福建省第七届人民代表大会常务委员会第二十二次会议通过的《福建省实施〈中华人民共和国城市规划法〉办法》同时废止。

# 附录三　厦门市城乡规划条例

（2012年12月21日厦门市第十四届人民代表大会常务委员会第七次会议通过，2013年4月1日福建省第十二届人民代表大会常务委员会第二次会议批准）

## 第一章　总　　则

第一条　为了加强城乡规划管理，协调城乡空间布局，改善人居环境，保护历史文化和生态资源，促进城乡经济社会全面协调可持续发展，根据《中华人民共和国城乡规划法》、《福建省实施<中华人民共和国城乡规划法>办法》等有关法律、法规，结合本市实际，制定本条例。

第二条　本市行政区域全部为规划区。

本市城乡规划的制定、实施和相关城乡建设活动，应当遵守本条例。

第三条　制定和实施城乡规划，应当依据国民经济和社会发展规划，以建设现代化国际性港口风景旅游城市为目标，推进岛内外一体化，满足厦漳泉大都市区同城化发展要求，适应海峡西岸经济区发展战略需要。

第四条　经依法批准的城乡规划是城乡建设和规划管理的依据，未经法定程序不得修改，任何单位和个人都应当遵守。

第五条　市人民政府领导全市城乡规划工作。

市城乡规划主管部门负责全市城乡规划管理工作。市城乡规划主管部门的派出机构按照规定权限承担辖区内的城乡规划管理工作。

区、镇人民政府按照规定的职责，负责本行政区域内的城乡规划管理工作。

市、区人民政府相关行政主管部门在各自职责范围内，做好城乡规划管理的相关工作。

第六条　市人民政府应当根据城乡规划管理的需要加强规划编制、规划展示和规划信息工作建设。

各级人民政府应当将城乡规划的编制和管理经费纳入本级财政预算。

第七条　市城乡规划主管部门应当建立规划信息公开平台，及时公布依法批准的城乡规划及相关城乡规划信息，但依法不得公开的内容除外。

第八条　城乡规划的制定、修改、实施和监督检查，应当建立健全公众参与制度，听取公众意见。

任何单位和个人有权对城乡规划的制定、修改和实施提出意见和建议；有权就涉及其利害关系的建设活动是否符合城乡规划向城乡规划主管部门进行查询；有权对违反城乡规划的行为进行检举和控告。

## 第二章　城乡规划的制定与修改

第九条　城乡规划按照以下规定组织编制：

（一）本市行政区域编制城市规划、村庄规划，城市规划分为总体规划和详细规划，详细规划分为控制性详细规划和修建性详细规划；

（二）在总体规划的基础上，编制公共服务设施、绿化、地下空间、市政、交通设施等涉及城乡空间布局和土地利用的专项规划；

（三）特定区域编制特定区域规划；

（四）城市规划确定的重要地区、重点地段编制城市设计。

编制城乡规划应当依法确定规划的强制性内容。下一层次规划的编制，不得违背和变更上一层次规划确定的强制性内容，并应当对上一层次规划确定的强制性内容作出具体安排。

第十条　城市总体规划由市人民政府组织编制，并依法报送审批。城市总体规划在报送审批前，应当先经市人民代表大会常务委员会审议。常务委员会组成人员的审议意见交由市人民政府研究处理。市人民政府应当在规定的期限内将研究处理情况向市人民代表大会常务委员会提出书面报告。

第十一条　控制性详细规划由市城乡规划主管部门组织编制，经市人民政府批准后，报市人民代表大会常务委员会和省人民政府备案。

市城乡规划主管部门依据规划布局确定规划管理单元，按照规划管理单元编制控制性详细规划。控制性详细规划由大纲和图则组成。

控制性详细规划大纲落实城市总体规划、专项规划的要求，明确管理单元主导属性、用地功能、建筑总量、公共服务设施和基础设施用地配套规定等强制性内容。

控制性详细规划图则依据控制性详细规划大纲的要求制定，落实相关规划要求，明确规划地块的用地性质、容积率、公共绿地面积、公共服务设施和基础设施配套规定等强制性内容。

第十二条　城市规划区内重要地块需要编制修建性详细规划的，由市城乡规划主管部门组织编制，报市人民政府审批；其他地块需要编制修建性详细规划的，由建设单位组织编制，并经市城乡规划主管部门依据控制性详细规划审定。

修建性详细规划依据控制性详细规划的要求编制。

第十三条　村庄规划由所在地的镇人民政府、街道办事处组织编制，经市城乡规划主管部门审查后，报区人民政府批准。村庄规划在报送审批前，应当经村（居）民会议或者村（居）民代表会议讨论同意。

第十四条　专项规划由相关行政主管部门和市城乡规划主管部门联合组织编制。法律、法规规定由相关行政主管部门单独组织编制的专项规划，应当征求市城乡规划主管部门的意见。

专项规划由法律、法规规定的审批机关审批；法律、法规未规定审批机关的，由市人民政府审批。

第十五条 下列特定区域应当依法编制特定区域规划：

（一）自然保护区、风景名胜区、滨水岸线、海湾、海岛、森林公园、饮用水源保护区等区域；

（二）历史风貌街（片）区；

（三）台商投资区、保税区、高新技术产业开发区、出口加工区等区域；

（四）城市重大基础设施综合开发区域；

（五）对本市生态环境、自然资源、历史文化遗产保护以及对经济社会发展具有重大意义的其他区域。

特定区域规划应当划定特定区域的范围以及规划控制线，明确功能结构、空间布局、资源保护措施。

特定区域规划按照法律、法规的规定报批；法律、法规未作规定的，报市人民政府审批。经批准的特定区域规划内容应当纳入控制性详细规划。

第十六条 城市设计由市城乡规划主管部门会同相关单位组织编制，对规划区域内的建筑、公共空间的形态、布局和景观控制提出规划管理的要求。

城市设计应当遵守城市总体规划和控制性详细规划的强制性内容。城市设计内容应当纳入控制性详细规划或者作为控制性详细规划相关内容的补充。

第十七条 市人民政府应当对经批准实施的城市总体规划每五年进行一次评估，采取论证会、听证会或者其他方式公开征求意见，并将附具征求意见情况的评估报告报市人民代表大会常务委员会和原审批机关。

市城乡规划主管部门应当建立城乡规划实施情况年度分析制度，促进城乡规划目标的落实和规划强制性内容的执行，为城乡规划动态调整和修编提供依据，并将分析结果报市人民政府和市人民代表大会常务委员会。

第十八条 有下列情形之一，涉及控制性详细规划强制性内容需要修改，可以修改控制性详细规划：

（一）因城市总体规划修改导致控制性详细规划相应修改的；

（二）因有关专项规划、城市设计的编制，需要完善控制性详细规划的；

（三）因重大基础设施、公共服务设施建设或者国家、省、市重点工程项目需要修改的；

（四）经评估、分析确需修改的。

控制性详细规划修改涉及城市总体规划的强制性内容的，应当先修改城市总体规划。

第十九条 城乡规划的修改，应当按照规定的权限、条件和程序进行，并按照原程序报批、备案。

第二十条 本市城乡规划编制工作由市城乡规划主管部门统筹安排，建立项目立项管理制度。

第二十一条　市城乡规划主管部门应当根据城乡发展需要，开展城市发展战略规划、项目概念咨询规划以及行动规划等规划研究工作。

市城乡规划主管部门应当按照规划管理单元确定责任规划单位及其责任规划师。

## 第三章　城乡规划的实施

第二十二条　城乡规划实施应当优先安排基础设施以及公共服务设施的建设。控制岛内开发强度，降低建设容量，优化土地使用，完善功能配套，提升环境品质；做好岛外基础设施配套和环境建设，加快拓展建设发展空间，促进城市化建设。

市城乡规划主管部门应当推行规划行政审批与技术审查分离制度，加强规划管理政策研究和规划管理系统信息化建设，建立电子报建审查平台，提高城乡规划管理工作效能。

市城乡规划主管部门应当依据国家有关规范，结合厦门市实际，制定城乡规划管理技术规定，报市人民政府批准。

第二十三条　各项建设用地和建设工程，应当符合城乡规划和规划管理的技术规定，依法取得相应规划许可后方可进行建设。规划许可包括选址意见书、建设用地规划许可证、建设工程规划许可证、乡村建设规划许可证和相应的临时工程规划许可证。

第二十四条　以出让等有偿使用方式提供国有土地使用权的，市城乡规划主管部门应当依据控制性详细规划和相关规定提出相应规划条件，作为建设用地使用权有偿使用合同的组成部分。未确定规划条件的，不得提供国有土地使用权。

市城乡规划主管部门应当向社会公开拟出让用地的规划信息，征集项目策划及规划方案，完善出让规划条件。

第二十五条　规划条件分为强制性规划条件、限制性规划条件和建议性规划条件。建设单位或者个人应当按照规划条件进行建设，不得擅自变更。

因国家政策调整、重大基础设施建设、公益性公共设施建设、生态环境保护和文物保护等需要，确需变更强制性规划条件的，由市城乡规划主管部门会同市土地主管部门组织论证、公示后，报市人民政府决定并向社会公布。

变更限制性和建议性规划条件的，由建设单位或者个人报市城乡规划主管部门审查。决定变更的，由市城乡规划主管部门向社会公布。其中，变更限制性规划条件须由市城乡规划主管部门组织论证、公示，并将变更后的规划条件通报市土地主管部门。

上述公示时间不得少于十日。

第二十六条　以划拨方式提供国有土地使用权的建设项目，建设单位在报送有关部门批准或者核准前，应当向市城乡规划主管部门申请核发选址意见书，核定规划条件。市城乡规划主管部门应当自受理申请之日起二十日内作出决定。

第二十七条　国家、省、市确定的重大建设项目，确需在城乡规划确定的建设用地范围以外选址的，建设单位应当委托相应资质的城乡规划编制单位出具选址可行性论证报告，经市城乡规划主管部门组织论证，报市人民政府批准后，由市城乡规划主管部门核发项目选址意见书。

第二十八条 在已取得建设用地红线范围内进行改建、扩建的，建设单位或者个人应当向市城乡规划主管部门申请核定规划条件。市城乡规划主管部门应当自受理申请之日起二十日内作出决定。

建设单位或者个人应当在规划条件核定后一年内申请建设工程规划许可证。确需延期的，可以在期限届满前三十日内向市城乡规划主管部门提出申请，经批准可以延期一次，延长期限不得超过一年。未申请延期的，原核定规划条件的文件自行失效。

第二十九条 以划拨方式提供国有土地使用权的建设项目，经有关主管部门批准、核准或者备案后，建设单位应当向市城乡规划主管部门申请建设用地规划许可证。市城乡规划主管部门应当自受理申请之日起二十日内作出决定。

以出让等有偿使用方式取得国有土地使用权的建设项目，建设单位应当持国有土地使用权有偿使用合同，向市城乡规划主管部门领取建设用地规划许可证。

第三十条 建设单位或者个人应当依法向市城乡规划主管部门申请建设工程规划许可证，市城乡规划主管部门应当自受理申请之日起二十日内作出决定。

第三十一条 依法需要办理建设项目选址意见书的，建设单位或者个人应当在取得选址意见书之日起一年内依法办理建设项目审批、核准手续。

建设单位或者个人应当在建设用地规划许可证核发之日起一年内依法办理用地批准手续，在取得建设工程规划许可证、乡村建设规划许可证之日起一年内依法办理建设工程施工许可证。

确需延期的，建设单位或者个人可以在本条第一款、第二款规定期限届满前三十日内向原审批机关提出申请，经批准可以延期一次，延长期限不得超过一年。建设单位或者个人未在规定的期限内办理相关手续，又未申请延期的，原建设项目选址意见书、建设用地规划许可证、建设工程规划许可证、乡村建设规划许可证自行失效。

第三十二条 建设单位或者个人在申请建设工程规划许可证前，应当由市城乡规划主管部门组织建筑工程设计方案景观艺术公开评审。建设单位或者个人应当将评审意见及其技术指标、日照分析、三维建模报告，报市城乡规划主管部门核发建筑工程设计方案审查意见。

对市政道路及管线等市政工程建设项目，建设单位或者个人在申请建设工程规划许可证前，应当委托相应资质的设计单位依据控制性详细规划、市政专项规划编制市政工程修建性详细规划，并报市城乡规划主管部门审查。

市城乡规划主管部门应当依法将经审定的建设工程设计方案总平面图、方案效果图予以公布。

第三十三条 建设单位或者个人依法进行临时建设的，应当持使用土地的有关证明文件、建设项目相关批准文件、施工图等材料向市城乡规划主管部门申请临时建设工程规划许可证。市城乡规划主管部门应当自受理申请之日起二十日内作出决定。

临时建设工程规划许可证有效期不得超过二年；确需延期的，可以申请延期一次，延长期限不得超过二年。临时建设工程规划许可证有效期满或者国家建设需要，建设单位或者个人应当负责无偿自行拆除。

临时建筑物不得超过两层，总高度不得超过七米，不得开发地下空间，并设置明显标识。

第三十四条　村（居）民在村庄规划区内进行住宅建设的，应当向村（居）民委员会提出建房申请。村（居）民委员会受理后，应当在本村（居）公示三十日。村（居）民委员会同意建设的，应当出具书面同意意见。

村（居）民应当将建房申请、村（居）民委员会的书面同意意见、使用土地的有关证明文件、住宅设计图件一并报镇人民政府、街道办事处审查。

使用原有宅基地建设的住宅项目规划许可，按照有关规定办理。其他的住宅建设项目，镇人民政府、街道办事处应当自受理申请之日起二十日内进行审查；符合规定要求的，由镇人民政府、街道办事处报送市城乡规划主管部门。市城乡规划主管部门应当自收到报送材料之日起十日内核发乡村建设规划许可证。

第三十五条　在村庄规划区内集体土地上进行乡镇企业、乡村公共设施和公益事业建设的，建设单位或者个人应当向村（居）民委员会提出建设申请。村（居）民委员会受理后，应当在本村公示三十日。村（居）民委员会同意建设的，应当出具书面同意意见。

建设单位或者个人应当将建设申请、村（居）民委员会的书面同意意见、使用土地的有关证明文件报市城乡规划主管部门。市城乡规划主管部门应当自受理申请之日起五日内依据村庄规划核定建设用地位置、建设范围、基础标高、建筑高度等规划条件。

建设单位或者个人应当依据规划条件向市城乡规划主管部门提交建设工程设计方案。建设工程设计方案符合村庄规划和规划条件的，市城乡规划主管部门应当自收到建设工程设计方案之日起二十日内核发乡村建设规划许可证。

在村庄规划区内国有土地上进行建设的，应当按照城市规划区内建设项目规划许可的程序，依据村庄规划办理规划许可手续。

第三十六条　利用地下空间进行建设的项目，应当符合地下空间规划，并充分考虑防灾减灾、人民防空和通信等需要。建设单位或者个人应当依法向市城乡规划主管部门申请办理有关规划许可。与地面建设工程一并开发利用地下空间的，应当与地面建设工程一并办理规划许可手续；独立开发利用地下空间的，单独办理规划许可手续。

市城乡规划主管部门应当会同市建设、民防等行政管理部门建立城市地下建筑物、构筑物以及管线动态管理系统。

第三十七条　对城市景观有特殊要求的重点建设工程，经依法批准，可以采取邀请招标的方式征集优秀设计方案。

第三十八条　建设单位或者个人在建设工程开工前，应当在施工现场设立建设工程规划许可公告牌，对外公示建设工程规划许可证及建设工程设计方案总平面图，并在建设工程竣工验收前，保持公告牌及其内容的完整。

第三十九条 建设单位或者个人在建设项目开工建设前，应当向市城乡规划主管部门申请验线。

建筑工程的基础施工达到设计标高时，建设单位或者个人应当通知原放线单位进行复测，经市规划主管部门验线合格后方可继续建设。

市城乡规划主管部门应当在受理申请之日起七日内向建设单位或者个人出具验线意见。经验线合格，建设单位或者个人方可开工建设。

第四十条 建设单位或者个人在组织建设工程竣工验收前，应当向市城乡规划主管部门申请核实规划条件，并提交建设工程规划许可证或者乡村建设规划许可证及附件、附图、竣工测绘报告、竣工图等资料。

市城乡规划主管部门应当自受理之日起十日内核实。经核实，建设项目符合规划条件的，应当出具规划条件核实意见，不符合规划条件的，应当提出书面整改意见。

未取得规划条件核实意见的建设项目，建设单位或者个人不得组织竣工验收，建设、交通主管部门不予办理建设工程竣工验收备案。

第四十一条 村（居）民在村庄规划区内进行住宅建设的，市城乡规划主管部门可以委托镇人民政府、街道办事处进行开工前的验线和竣工后的核实工作。

第四十二条 建设单位或者个人需要变更建设工程规划许可进行建设的，应当报经原发证机关批准后，方可实施。变更的内容涉及利害关系人合法权益的，市城乡规划主管部门应当采取听证等形式听取利害关系人意见。

建设单位或者个人在申请变更建设工程规划许可前，应当采用公告等方式征求相关利害关系人的意见。建设单位或者个人应当充分考虑公众意见，并在申请材料中附具意见征求过程以及采纳情况。

第四十三条 建设工程竣工验收后，未经市城乡规划主管部门规划许可，任何单位和个人不得擅自改建、扩建或者改变建筑物、构筑物和其他设施使用功能。确需改建、扩建或者改变使用功能的，应当按照本条例第二十八条、第三十条的规定重新申办规划许可。

第四十四条 建设单位或者个人未取得相应建设工程规划许可证、乡村建设规划许可证、临时建设工程规划许可证进行建设的，供水、供电单位不得提供施工用水、用电。

## 第四章 特色风貌保护

第四十五条 制定和实施城乡规划，应当突出本市特色风貌的保护。特色风貌保护应当遵循科学规划、整体保护、严格保护的原则，正确处理经济社会发展与自然资源、生态环境和历史文化遗产保护的关系。

第四十六条 特色风貌的主要保护内容包括：

（一）由山体、水体、海岸、沙滩、礁石等自然要素构成的环境风貌；

（二）历史城区、历史风貌街（片）区、历史风貌建筑、文物古迹、历史文化遗产、古树名木等历史文化风貌；

（三）市人民政府确定的其他保护内容。

第四十七条　对环境风貌的保护，应当按照法律、法规和相关规划的要求，严格控制开发建设行为，合理控制建筑物的高度、密度和空间形态，保护城市景观视廊、景点和城市天际轮廓线，保护城市整体风貌。

第四十八条　本市沿海道路临海一侧地带应当作为重点地段进行规划和管理。

沿海道路临海一侧生活岸线，应当规划建设为公园、绿地；部分未划入公园的用地，应当明确用地性质，严格界定用地范围、控制建筑高度和建设容量。

第四十九条　鼓浪屿、万石山应当根据鼓浪屿—万石山风景名胜区总体规划的要求进行建设。

鼓浪屿应当严格保护历史风貌，控制建筑总量、建筑体量、层数，降低建筑密度，绿地率必须大于百分之五十。万石山应当严格保护自然景物和人文景观，控制各类建设行为，有计划地往外迁移景区内居民。

第五十条　历史风貌街区应当整体保护，保持其传统的空间尺度、道路线形、历史风貌和建筑环境，严格控制历史城区内的建设强度，合理控制人口密度，完善基础设施。

中山路、思明北路、思明南路镇海路口以北路段、集美学村以及由规划确定的保护范围内的建设，应当保持原历史风貌。

第五十一条　历史风貌街（片）区、历史风貌建筑和依照城乡规划确定需要进行建筑立面控制管理区域的建筑涉及外立面改变的，建设单位应当将建筑外立面变更设计方案报市城乡规划主管部门审查。

历史风貌建筑保护范围内不符合保护规划要求的现有建筑物、构筑物以及其他设施，应当按照保护规划的要求进行改造、迁建或者拆除。

## 第五章　监督检查

第五十二条　市人民政府应当向本级人民代表大会常务委员会报告城乡规划的制定和实施情况，并接受监督。

第五十三条　市人民政府应当加强对规划、国土资源等行政主管部门和下级政府实施有关城乡规划的监督检查，及时处理城乡规划的制定与修改、实施中的违法或者不当行为。

第五十四条　市、区人民政府应当建立工程建设领域信息共享、工作配合、监管联动机制和查处违法建设信息抄告反馈制度，记录和查处违反城乡规划的建设活动。

第五十五条　市城乡规划主管部门应当在规划信息公开平台将以下城乡规划信息，自形成或者批准之日起二十日内向社会公开：

（一）经依法制定和修改的城乡规划；

（二）规划许可的条件、程序和作出的许可决定；

（三）城乡规划实施的监督检查情况以及处理结果；

（四）其他依照法律、法规和国家有关规定应当主动公开的信息。

市城乡规划主管部门应当设立规划展示固定场所，并配备方便查询的设施、设备。

第五十六条　市城乡规划主管部门应当将规划实施过程中建设、设计、测绘等单位及个人的不良行为予以记录并公布。

对违法建设的设计单位、施工单位、监理单位及其直接责任人员，市城乡规划主管部门、城市管理行政执法部门应当及时通报市建设行政管理部门处理。

## 第六章　法律责任

第五十七条　违反本条例规定，未取得建设工程规划许可证或者乡村建设规划许可证进行建设的，由城市管理行政执法部门责令停止建设，限期拆除，不能拆除的，没收实物或者违法收入，可以并处整体建设工程造价百分之五以上百分之十以下的罚款。

已取得批准的建设工程设计方案但未办理建设工程规划许可证的，责令限期补办建设工程规划许可证，并处整体建设工程造价百分之五的罚款。

第五十八条　违反本条例规定，未按照建设工程规划许可证或者乡村建设规划许可证的规定进行建设的，由城市管理行政执法部门责令停止建设；尚可采取改正措施消除对规划实施的影响的，限期改正，处以违法部分建设工程造价百分之五以上百分之十以下的罚款；无法采取改正措施消除影响的，限期拆除，不能拆除的，没收实物或者没收违法收入，可以并处违法部分建设工程造价百分之十以下的罚款。

前款所指尚可采取改正措施消除对规划实施的影响的违法建设工程，应当符合下列条件：

（一）处于城乡规划确定的建设用地范围内，且不影响控制性详细规划实施的；

（二）不危害公共安全、公共卫生，不影响基础设施和公共服务设施正常运行的；

（三）不违反城乡规划确定的生态环境、自然资源、历史文化遗产保护要求的；

（四）法律、法规和市人民政府规定的其他条件。

第五十九条　违反本条例第三十八条规定，未在施工现场设立建设工程规划许可公告牌，对外公示建设工程规划许可证以及建设工程设计方案总平面图的，由城市管理行政执法部门责令限期改正；逾期未改正的，处以一万元罚款。

第六十条　违反本条例第三十九条第二款规定，未经建设工程复测，擅自继续建设的，由城市管理行政执法部门责令改正，处以一万元以上五万元以下罚款。

第六十一条　违反本条例规定，建设单位未按照临时建设工程规划许可证进行建设的，由城市管理行政执法部门责令限期改正；逾期不改正的，予以拆除，可以并处临时建设工程造价一倍以下的罚款。

第六十二条　违反本条例第四十三条规定，建设工程竣工验收后，擅自改变建筑物、构筑物和其他设施使用功能影响城乡规划实施的，由城市管理行政执法部门责令限期改正，处以每平方米五十元以上二百元以下的罚款。

第六十三条　市城乡规划主管部门及相关行政管理部门工作人员玩忽职守、滥用职权、徇私舞弊的，由其所在单位或者上级主管机关给予行政处分；构成犯罪的，依法追究刑事责任。

市城乡规划主管部门、相关行政管理部门及其工作人员违法行使职权侵犯公民、法人或者其他组织合法权益造成损害的，市城乡规划主管部门及相关行政管理部门应当依法承担赔偿责任。

## 第七章　附　　则

第六十四条　本条例自 2013 年 7 月 1 日起施行。2003 年 5 月 29 日厦门市第十二届人民代表大会常务委员会第四次会议通过，2003 年 8 月 1 日福建省第十届人民代表大会常务委员会第四次会议批准，根据 2005 年 4 月 15 日厦门市第十二届人民代表大会常务委员会第十八次会议通过的《厦门市人民代表大会常务委员会关于修改 < 厦门市城市规划条例 > 和 < 厦门市砂、石、土资源管理规定 > 的决定》修正，2005 年 6 月 2 日福建省第十届人民代表大会常务委员会第十七次会议批准的《厦门市城市规划条例》同时废止。

# 主要参考文献

[1] 邱跃，苏海龙 . 2013 年执业资格考试丛书第 3 分册 • 城市规划管理与法规 [M]. 北京：中国建筑工业出版社，2013.

[2] 邱跃，苏海龙 . 2013 年执业资格考试丛书第 4 分册 • 城市规划实务 [M] . 北京：中国建筑工业出版社，2013.

[3] 王国恩 . 城乡规划管理 [M]. 北京：中国建筑工业出版社，2009.

[4] 戴慎志，边经卫 . 城市规划与管理 [M]. 北京：中国建筑工业出版社，2011.

[5] 刘欣葵，韩蕊 . 城市规划管理制度于法规 [M]. 北京：机械工业出版社，2012.

[6] 刘维彬，王玉芬等 . 城乡规划管理与法规 [M]. 北京：科学出版社，2011.

[7] 耿毓修 . 城市规划管理 [M]. 北京：中国建筑工业出版社，2007.

[8] 耿毓修，黄均德 . 城市规划行政与法制 [M]. 上海：科学技术文献出版社，2002.

[9] 全国人大常委会法制工作委员会经济法室等 . 中华人民共和国城乡规划法解说 [M] . 北京：知识产权出版社，2008.

[10] 郑文武 . 当代城乡规划法制建设研究 [M]. 广州：中山大学出版社，2007.

[11] 严军兴 . 依法行政必读 [M]. 北京：中共党史出版社，2010.

[12] 楚天骄，谭文柱 . 快速城市化进程中的城市规划和城市管理 [M]. 北京：人民出版社，2010.

[13] 李侃桢 . 城市规划编制与实施管理整合研究 [M]. 北京：中国建筑工业出版社，2008.

[14] 何丹 . 中国法治化进程中的城市规划管理 [J]. 现代城市研究，2001（3）.

[15] 刑谷锐，蔡克光 . 城市总体规划实施效果评估框架研究 [J]. 城市问题，2013（6）.

[16] 汪光焘 . 全国城镇体系规划（2006—2020 年）[M]. 北京：商务印书馆，2010.

# 后　记

笔者在湖北省和厦门市城市规划设计研究院工作近20年，之后在厦门市规划管理局工作6年，现在厦门市人大城市建设环境资源委员会从事规划建设与环境保护方面的立法和监督工作。作为一名城乡规划专业人员，本人有幸经历了从规划设计、规划管理，到规划建设立法的全过程，深切感受到要实施好城乡规划，必须将规划技术、规划管理和规划法规三者紧密结合，才能提高城乡规划的科学性与可操作性，将规划真正变成现实。

近几年，笔者在国立华侨大学承担《城乡规划管理与法规》和《城乡规划实务》2门课的研究生教学。在教学实践中发现，学生们对规划管理、法规与实务三者之间的关系难以理解，而现有的教科书又没有完整的规划管理案例介绍给学生，特别是结合《城乡规划法》的要求，如何在规划管理中做到依法行政，更是让学生难以领悟。

厦门市规划局在规划管理的制度建设和工作创新方面做了大量工作。结合2012年《厦门市城乡规划条例》的立法要求，笔者对规划局的工作业务重新进行了认真的梳理，由此，完成了这本集法规、实务和案例为一体的规划管理一书的编写工作。

本书的许多资料来自于厦门市规划局的相关规划政策文件、行政和业务管理制度，以及市规划设计研究院的相关规划管理研究报告。在本书的编写过程中，得到了市规划局、规划院同仁们提供的许多基础性资料，本书的出版也得到了中国建筑工业出版社吴宇江先生的热情帮助，在此一并表示衷心的感谢。

边经卫

2014年5月于厦门